교통안전공단 주관·시행

2027 개정최신판

화물운송종사 자격시험

화물운송자격시험 연구팀

- 2025년 개정법령 수록
- 체계적인 핵심 이론 요약정리
- 출제 기준에 맞춘 실전 모의고사 수록

화물운송종사자격시험

화물운송종사 자격시험 안내

1 화물운송 종사자격시험 응시자격 및 결격사유 등

1. 응시자격
① 운전면허/연령: 운전면허 소지자 (제2종 보통 이상)/만 20세 이상일 것
② 운전경력: 운전경력 2년 이상 또는 사업용 자동차 운전경력 1년 이상 (운전면허 보유기간 기준이며 취소 · 정지기간 제외)
③ 운전적성정밀검사: 화물자동차 운수사업법 시행규칙 제18조의2에 따른 신규검사 기준에 적합한 사람

2. 결격사유: 화물자동차 운수사업법 제9조 준용

3. 필기시험: 응시 수수료(11,500원)

시험과목	교통 및 화물자동차 운수사업 관련법규	화물취급 요령	안전운행	운송 서비스	계
문항수	25문항	15문항	25문항	15문항	80문항
배점	문항당 1.25점				100점

4. 합격자 결정: 총점의 60% 이상(총 80문항 중 48점 이상)을 얻은 사람

5. 합격자 교육 (필기시험 합격자에 한함)
• 교육 방법: 국가자격시험 홈페이지(https://lic.kotsa.or.kr)에서 온라인 교육 수강 (8시간)
• 교육 수수료 : 11,500원

2 화물운송종사 자격시험 접수 안내

1. 시험 접수
① 인터넷: 화물(http://lic.kotsa.or.kr) 자격시험 홈페이지
② 방문: 응시하고자하는 시험장
③ 인터넷 · 방문접수 시작일: 각 시험일 2개월 전 09:00 ~ 시험일 1일 전 18:00 / 선착순 접수
※ 접수인원 초과(선착순)로 불가능 시: 타 지역 또는 다음 차수 접수 가능

2. 시험 시작일: 2026년 1월 2일(금)~

3. 시험 장소(주차시설 부족으로 대중교통 이용을 권장)
① 시험당일 준비물: 운전면허증, 사진(원서접수 시 미제출한 자에 한함)
② CBT(컴퓨터를 활용한 필기 시험)운영

CBT 필기시험 장소(공휴일 · 토요일 제외)			
자격시험 입실시간	서울구로, 수원, 대전, 대구, 부산, 광주, 인천, 춘천, 전주, 창원, 울산	서울노원, 서울성산, 서울송파, 의정부, 청주, 제주, 화성	서울송파, 홍성, 상주
시작 20분전	매일 4회 (오전 2회, 오후 2회)	매주 화요일, 목요일 각 2~4회	매주 수요일 각 1~2회

※ 시험장 사정에 따라 시험일정 및 장소가 변경될 수 있음, 변동사항은 화물자격시험 홈페이지 안내

4. 합격자 발표: 시험 종료 직후 합격자 발표

5. 자격증 발급 방법 및 장소
• 인터넷: 국가자격시험 홈페이지(https://lic.kotsa.or.kr)
• 방문 : 한국교통안전공단 전국 시험장 또는 7개 검사소 방문 신청(공휴일 · 토요일 제외)요일 제외)
※ 7개 검사소: 홍성, 포항, 안동, 목포, 강릉, 충주, 진주
• 준비물: 운전면허증, 자격증 발급신청서 1부, 자격증 교부 수수료(10,000원/등기수수료별도)

3 기타사항

1. 문의 전화 : 1577-0990(고객콜센터)

2. 환불기준 안내
시험 1일 전 18:00까지 응시 수수료 전액(이후 환불 불가)

3. 결격사유
① 화물자동차운수사업법을 위반하여 징역이상의 실형을 선고받고 그 집행이 끝나거나(집행이 끝난 것으로 보는 경우를 포함한다) 집행이 면제된 날부터 2년이 지나지 아니한 자
② 화물자동차운수사업법을 위반하여 징역이상의 형의 집행유예를 선고받고 그 유예기간 중에 있는 자
③ 화물자동차운수사업법 제23조 제1항 제1호부터 제6호의까지의 규정에 따라 화물운송종사 자격이 취소 된 날부터 2년이 경과되지 아니한 자
④ 자격시험일 전 또는 교통안전체험교육일 전 5년간 다음 각 목의 어느 하나에 해당하는 사람 (2017.7.18 이후 발생한 건만 해당됨)
• 도로교통법 제93조제1항제1호부터 제4호까지에 해당하여 운전면허가 취소된 사람
• 도로교통법 제43조를 위반하여 운전면허를 받지 아니하거나 운전면허의 효력이 정지된 상태로 같은 법 제2조제21호에 따른 자동차등을 운전하여 벌금형 이상의 형을 선고받거나 같은 법 제93조제1항제19호에 따라 운전면허가 취소된 사람이다. 운전 중 고의 또는 과실로 3명 이상이 사망 (사고발생일부터 30일 이내에 사망한 경우를 포함한다)하거나 20명 이상의 사상자가 발생한 교통사고를 일으켜 도로교통법 제93조제1항 제10호에 따라 운전면허가 취소된 사람
• 운전 중 고의 또는 과실로 3명 이상이 사망(사고발생일부터 30일 이내에 사망한 경우를 포함한다)하거나 20명 이상의 사상자가 발생한 교통사고를 일으켜 도로교통법 제93조제1항제10호에 따라 운전면허가 취소된 사람
⑤ 자격시험일 전 또는 교통안전체험교육일 전 3년간 도로교통법 제93조제1항 제5호 및 제5호의2에 해당하여 운전면허가 취소된 사람 (2017.7.18 이후 발생한 건만 해당됨)

4 시험장소

1. 상시 CBT 필기시험장
① (12개 지역) 전용 상시 CBT 필기시험장 (주차시설 없으므로 대중교통 이용 필수)

시험장소	주 소	안내전화
서울본부(구로)	서울 구로구 경인로 113 (오류동)	02)372-5347
경기남부본부(수원)	경기 수원시 권선구 수인로 24(서둔동)	031)297-9123
인천본부	인천 남동구 백범로 357한국교직원공제회(간석동)	032)330-5930
대전충남본부	대전 대덕구 대덕대로 1417번길 31 (문평동)	042)933-4328
대구경북본부	대구 수성구 노변로 33(노변동)	053)794-3816
부산본부	부산 사상구 학장로 256(주례3동)	051)315-1421
광주전남본부	광주 남구 송암로 96(송하동)	062)606-7634
전북부(전주)	전북 전주시 덕진구 신행로 44 (팔복동3가)	063)212-4743
울산본부	울산 남구 번영로 90-17층	052)256-9373
경남부(창원)	경남 창원시 의창구 차룡로 48번길 44,(팔용동) 창원 스마트업타워 2층	055)270-0550
강원본부(춘천)	강원 춘천시 동내로 10(석사동)	033)240-0101
화성드론자격센터	경기 화성시 송산면 삼존로 200(삼존리)안내전화	031)655-2100

② (9개 지역)운전정밀검사장 활용 CBT 시험장 (주차시설 없으므로 대중교통 이용 필수)

시험장소	주 소	안내전화
서울본부(성산)	서울 마포구 월드컵로 220(성산동)	02)373-1271
서울본부(노원)	서울 노원구 공릉로 62길 41 (하계동 252) 노원자동차검사소 내 2층	02)973-0586
서울본부(송파)	서울 송파구 올림픽로 319, 교통회관 1층	02)423-0269
경기북부본부(의정부)	경기 의정부시 평화로 285 (호원동)	031)837-7602
홍성검사소	충남 홍성군 충서로 1207(남장리 217)	041)632-4328
충북본부(청주)	충북 청주시 흥덕구 사운로 386번길 21(신봉동)	043)266-5400
제주본부	제주시 삼봉로 79(도련2동)	064)723-3111
강원본부(강릉)	강원 강릉시 강변로 636-5(두산동) 개인택시강릉시지부 1층	033)240-0172
상주체험교육센터	경북 상주시 청리면 마공공단로 80-15(마공리)	054)530-0100

CONTENTS

제1편 교통 및 화물자동차 운수사업 관련 법규

제1장 도로교통법령
제1절	총칙	6
제2절	신호기 및 안전표지	7
제3절	차마 및 노면전차의 통행	10
제4절	자동차등의 속도	12
제5절	서행 및 일시정지 등	13
제6절	교차로 통행방법	13
제7절	통행의 우선순위	14
제8절	자동차의 정비 및 점검	14
제9절	운전면허	15

제2장 교통사고처리특례법
제1절	처벌의 특례	23
제2절	중대 법규위반 교통사고의 개요	24

제3장 화물자동차운수사업법령
제1절	총칙	30
제2절	화물자동차 운송사업	31
제3절	화물자동차 운송주선사업	41
제4절	화물자동차 운송가맹사업	41
제5절	화물운송 종사자격시험 · 교육	42
제6절	사업자단체	46
제7절	자가용화물자동차의 사용	47
제8절	보칙 및 벌칙 등	48

제4장 자동차관리법령
제1절	총칙	51
제2절	자동차의 등록	51
제3절	자동차의 안전기준 및 자기인증	53
제4절	자동차의 점검 및 정비	54
제5절	자동차의 검사	54

제5장 도로법령
제1절	총칙	57
제2절	도로의 보전 및 공용부담	58

제6장 대기환경보전법령
제1절	총칙	60
제2절	자동차배출가스의 규제	60

▶실전문제 62

제2편 화물취급요령

제1장 운송장 작성과 화물포장
제1절	운송장의 기능과 운영	67
제2절	운송장 기재요령	69
제3절	운송장 부착요령	69
제4절	운송화물의 포장	70

제2장 화물의 상·하차
제1절	화물취급 전 준비사항	73
제2절	창고 내 및 입·출고 작업요령	73
제3절	하역방법	74
제4절	적재함 적재방법	74
제5절	운송방법	75
제6절	기타작업	76
제7절	고압가스의 취급	76
제8절	컨테이너의 취급	77
제9절	위험물 탱크로리 취급 시의 확인·점검	77
제10절	주유취급소의 위험물 취급기준	77
제11절	독극물 취급 시 주의사항	78
제12절	상·하차 작업 시 확인사항	78

제3장 적재물 결박·덮개 설치
제1절	파렛트(Pallet) 화물의 붕괴 방지요령	79
제2절	화물붕괴 방지요령	79
제3절	포장화물 운송과정의 외압과 보호요령	80

제4장 운행요령
제1절	일반사항	81
제2절	운행요령	81

제5장 화물의 인수·인계요령
제1절	화물의 인수요령	84
제2절	화물의 적재요령	84
제3절	화물의 인계요령	84
제4절	인수증 관리요령	85
제5절	고객 유의사항	85
제6절	사고발생 방지와 처리요령	86

제6장 화물자동차의 종류
제1절	자동차관리법령상 화물자동차 유형별 세부기준	88
제2절	산업현장의 일반적인 화물자동차 호칭	88
제3절	트레일러의 종류	89
제4절	적재함 구조에 의한 화물자동차의 종류	90

제7장 화물운송의 책임한계
제1절	이사화물 표준약관의 규정	92
제2절	택배 표준약관의 규정	93

▶실전문제 95

CONTENTS

제3편 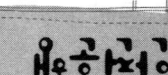 안전운행

제1장 교통사고의 원인 … 101

제2장 운전자 요인과 안전운행
- 제1장 운전특성 … 101
- 제2장 시가능력 … 102
- 제3장 사고의 직접 … 104
- 제4장 운전피로 … 105
- 제5장 음주와 운전 … 105
- 제7장 교통약자 … 106
- 제8장 사업용자동차 위험운전행태 분석 … 109

제3장 자동차 요인과 안전운행
- 제1장 주요 안전장치 장치 … 111
- 제2장 물리적 현상 … 112
- 제3장 정지거리와 정지시간 … 115
- 제4장 자동차의 일상점검 … 115
- 제5장 자동차 응급조치 방법 … 116

제4장 도로요인과 안전운행
- 제1장 도로의 선형과 사고 … 120
- 제2장 횡단면과 교통사고 … 120

제5장 안전운전
- 제1장 방어운전 … 123
- 제2장 상황별 운전 … 125
- 제3장 계절별 운전 … 129
- 제4장 위험물 운송 … 133
- 제5장 고속도로 교통안전 … 137

▶ 실전문제 … 142

제4편  운송서비스

제1장 직업 운전자의 기본자세
- 제1장 직업윤리 … 147
- 제2장 고객서비스 … 147
- 제3장 고객만족을 위한 3요소 … 147
- 제4장 기본예절 … 148
- 제5장 고객응대 행동예절 … 148

제2장 물류의 이해
- 제1장 물류의 기초 개념 … 154
- 제2장 제3자 물류의 이해와 기대효과 … 160
- 제3장 물류 … 162
- 제4장 물류시스템의 이해 … 162
- 제5장 화물운송정보시스템의 이해 … 164

제3장 화물운송서비스의 이해
- 제1장 물류의 신시대와 트럭수송의 역할 … 166
- 제2장 신물류서비스 기법의 이해 … 167

제4장 화물운송서비스와 문제점
- 제1장 물류고객서비스 … 171
- 제2장 택배운송서비스 … 172
- 제3장 운송서비스의 사업용·자가용 특징 비교 … 174
- 제4장 국내 화물자동차 물류의 문제점 … 175

▶ 실전문제 … 176

정답 및 해설

제1회
- 1교시 … 181
- 2교시 … 185

제2회
- 1교시 … 189
- 2교시 … 193

제3회
- 1교시 … 197
- 2교시 … 201

제4회
- 1교시 … 205
- 2교시 … 209

제1편 교통 및 화물자동차 운수사업 관련 법규

▶ 실전문제

제1장 도로교통법령
- 제1절 총칙
- 제2절 신호기 및 안전표지
- 제3절 차마 및 노면전차의 통행
- 제4절 자동차등의 속도
- 제5절 서행 및 일시정지 등
- 제6절 교차로 통행방법
- 제7절 통행의 우선순위
- 제8절 자동차의 정비 및 점검
- 제9절 운전면허

제2장 교통사고처리특례법
- 제1절 처벌의 특례
- 제2절 중대 법규위반 교통사고의 개요

제3장 화물자동차운수사업법령
- 제1절 총칙
- 제2절 화물자동차 운송사업
- 제3절 화물자동차 운송주선사업
- 제4절 화물자동차 운송가맹사업
- 제5절 화물운송종사 자격시험·교육
- 제6절 사업자단체
- 제7절 자가용화물자동차의 사용
- 제8절 보칙 및 벌칙 등

제4장 자동차관리법령
- 제1절 총칙
- 제2절 자동차의 등록
- 제3절 자동차의 안전기준 및 자기인증
- 제4절 자동차의 점검 및 정비
- 제5절 자동차의 검사

제5장 도로법령
- 제1절 총칙
- 제2절 도로의 보전 및 공용부담

제6장 대기환경보전법령
- 제1절 총칙
- 제2절 자동차배출가스의 규제

▶ 실전문제

제1편

교통 및 화물자동차 운수사업 관련 법규

제1장 도로교통법령

제1절 총칙

1. 정의(법 제2조)

1) 도로
   ① 도로법에 따른 도로
   ② 유료도로법에 따른 유료도로
   ③ 농어촌도로 정비법에 따른 농어촌도로
   ④ 그 밖에 현실적으로 불특정 다수의 사람 또는 차마가 통행할 수 있도록 공개된 장소로서 안전하고 원활한 교통을 확보할 필요가 있는 장소를 말한다.

2) 자동차전용도로
   자동차만이 다닐 수 있도록 설치된 도로를 말한다.

3) 고속도로
   자동차의 고속운행에만 사용하기 위하여 지정된 도로를 말한다.

4) 차도
   ① 연석선(차도와 보도를 구분하는 돌 등으로 이어진 선)
   ② 안전표지나 그와 비슷한 인공구조물을 이용하여 경계를 표시하여 모든 차가 통행할 수 있도록 설치된 도로의 부분을 말한다.

5) 중앙선
   ① 차마의 통행 방향을 명확하게 구분하기 위하여 도로에 황색 실선 또는 황색 점선 등의 안전표지로 표시한 선 또는 중앙분리대나 울타리 등으로 설치한 시설물을 말한다.
   ② 가변차로가 설치된 경우에는 신호기가 지시하는 진행방향의 가장 왼쪽의 황색 점선을 말한다.

6) 차로
   차마가 한 줄로 도로의 정하여진 부분을 통행하도록 차선으로 구분한 차도의 부분을 말한다.

7) 차선
   차로와 차로를 구분하기 위하여 그 경계지점을 안전표지로 표시한 선을 말한다.

8) 보도
   연석선, 안전표지나 그와 비슷한 인공구조물로 경계를 표시하여 보행자(유모차 및 보행보조용 의자차를 포함)가 통행할 수 있도록 한 도로의 부분을 말한다.

9) 길가장자리구역
   보도와 차도가 구분되지 아니한 도로에서 보행자의 안전을 확보하기 위하여 안전표지 등으로 경계를 표시한 도로의 가장자리 부분

10) 횡단보도
   보행자가 도로를 횡단할 수 있도록 안전표지로 표시한 도로의 부분을 말한다.

11) 교차로
   +자로, T자로나 그 밖에 둘 이상의 도로(보도와 차도가 구분되어 있는 도로에서는 차도)가 교차하는 부분을 말한다.

12) 안전지대
   도로를 횡단하는 보행자나 통행하는 차마의 안전을 위하여 안전표지나 그와 비슷한 인공구조물로 표시한 도로의 부분을 말한다.

13) 신호기
   도로교통에 관하여 문자·기호 또는 등화를 사용하여 진행·정지·방향전환·주의 등의 신호를 표시하기 위하여 사람이나 전기의 힘으로 조작하는 장치를 말한다.

14) 안전표지
   교통안전에 필요한 주의·규제·지시 등을 표시하는 표지판이나 도로의 바닥에 표시하는 기호·문자 또는 선 등을 말한다.

15) 차마
   다음 각 목의 차와 우마
   ① 차: 자동차, 건설기계, 원동기장치자전거, 자전거, 사람 또는 가축의 힘이나 그 밖의 동력으로 도로에서 운전되는 것. 다만, 철길이나 가설된 선을 이용하여 운전되는 것, 유모차와 행정자치부령으로 정하는 보행보조용 의자차는 제외한다.
   ② 우마: 교통이나 운수에 사용되는 가축

16) 노면전차
   「도시철도법」 제2조2제2호에 따른 노면전차로서 도로에서 궤도를 이용하여 운행되는 차

17) 자동차
   철길이나 가설된 선을 이용하지 아니하고 원동기를 사용하여 운전되는 차(견인되는 자동차도 자동차의 일부로 봄)로서 다음 각 목의 차
   ① "자동차관리법"에 따른 승용자동차, 승합자동차, 화물자동차, 특수자동차, 이륜자동차(원동기장치자전거 제외)
   ② "건설기계관리법"에 따른 덤프트럭, 아스팔트살포기, 노상안정기, 콘크리트믹서트럭, 콘크리트펌프, 천공기(트럭 적재식) 등

18) 긴급자동차
   소방차, 구급차, 혈액 공급차량, 그 밖에 대통령령으로 정하는 자동차

19) 주차
   운전자가 승객을 기다리거나 화물을 싣거나 차가 고장 나거나 그 밖의 사유로 차를 계속 정지 상태에 두는 것 또는 운전자가 차에서 떠나서 즉시 그 차를 운전할 수 없는 상태에 두는 것을 말한다.

20) 정차
   운전자가 5분을 초과하지 아니하고 차를 정지시키는 것으로서 주차 외의 정지 상태를 말한다.

제1장 화물자동차운수사업법

21) 운전

도로(술에 취한 상태에서의 운전금지, 과로한 때 등의 운전금지, 사고발생시의 조치 등은 도로 외의 곳을 포함)에서 차마 또는 노면전차를 그 본래의 사용방법에 따라 사용하는 것(조종을 포함한다)을 말한다.

22) 서행

운전자가 차마 또는 노면전차를 즉시 정지시킬 수 있는 정도의 느린 속도로 진행하는 것을 말한다.

23) 앞지르기

차의 운전자가 앞서가는 다른 차의 옆을 지나서 그 차의 앞으로 나가는 것을 말한다.

24) 일시정지

차마 또는 노면전차의 운전자가 그 차의 바퀴를 일시적으로 완전히 정지시키는 것을 말한다.

25) 모범운전자

무사고운전자 또는 유공운전자의 표시장을 받거나 2년 이상 사업용 자동차 운전에 종사하면서 교통사고를 일으킨 전력이 없는 사람으로서 경찰청장이 정하는 바에 따라 선발되어 교통안전 봉사활동에 종사하는 사람

2. 도로의 개념(법 제2조제1호)

1) 도로법에 의한 도로

일반의 교통에 공용되는 도로로서 고속국도, 일반국도, 특별시도·광역시도, 지방도, 시도, 군도, 구도로 그 노선이 지정 또는 인정된 도로를 말하는 바, 이러한 요건을 갖추지 못한 것은 도로법상의 도로가 아니다.

2) 유료도로법에 따른 유료도로

도로법에 의한 도로로서 통행료 또는 사용료를 받는 도로를 말한다.

3) 농어촌도로 정비법에 따른 농어촌도로

농어촌지역 주민의 교통 편익과 생산·유통활동 등에 공용(共用)되는 공로(公路) 중 고시된 도로
① 면도: 군도(郡道) 및 그 상위 등급의 도로(군도 이상의 도로)와 연결되는 읍·면 지역의 기간(基幹)도로
② 이도: 군도 이상의 도로 및 면도와 갈라져 마을 간이나 주요 산업단지 등과 연결되는 도로
③ 농도: 경작지 등과 연결되어 농어민의 생산 활동에 직접 공용되는 도로

4) 그 밖에 현실적으로 불특정 다수의 사람 또는 차마가 통행할 수 있도록 공개된 장소로서 안전하고 원활한 교통을 확보할 필요가 있는 장소를 말한다.

제2절 신호기 및 안전표지

1. 신호기가 표시하는 신호의 종류 및 신호의 뜻 (시행규칙 별표 2)

구분	신호의 종류	신호의 뜻
차량 신호등	녹색의 등화 (원형등화)	1. 차마는 직진 또는 우회전할 수 있다. 2. 비보호좌회전표지 또는 비보호좌회전표시가 있는 곳에서는 좌회전할 수 있다.
	황색의 등화 (원형등화)	1. 차마는 정지선이 있거나 횡단보도가 있을 때에는 그 직전이나 교차로의 직전에 정지하여야 하며, 이미 교차로에 차마의 일부라도 진입한 경우에는 신속히 교차로 밖으로 진행하여야 한다. 2. 차마는 우회전할 수 있고 우회전하는 경우에는 보행자의 횡단을 방해하지 못한다.
	적색의 등화 (원형등화)	1. 차마는 정지선, 횡단보도 및 교차로의 직전에 정지해야 한다. 2. 차마는 우회전하려는 경우 정지선, 횡단보도 및 교차로의 직전에서 정지한 후 신호에 따라 진행하는 다른 차마의 교통을 방해하지 않고 우회전할 수 있다. 3. 제2호에도 불구하고 차마는 우회전 삼색등이 적색의 등화인 경우 우회전할 수 없다.
	황색등화의 점멸 (원형등화)	차마는 다른 교통 또는 안전표지의 표시에 주의하면서 진행할 수 있다.
	적색등화의 점멸 (원형등화)	차마는 정지선이나 횡단보도가 있는 때에는 그 직전이나 교차로의 직전에 일시정지한 후 다른 교통에 주의하면서 진행할 수 있다.
	녹색화살표의 등화 (화살표등화)	차마는 화살표시 방향으로 진행할 수 있다.
	황색화살표의 등화 (화살표등화)	화살표시 방향으로 진행하려는 차마는 정지선이 있거나 횡단보도가 있을 때에는 그 직전이나 교차로의 직전에 정지하여야 하며, 이미 교차로에 차마의 일부라도 진입한 경우에는 신속히 교차로 밖으로 진행하여야 한다.
	적색화살표의 등화 (화살표등화)	화살표시 방향으로 진행하려는 차마는 정지선, 횡단보도 및 교차로의 직전에서 정지하여야 한다.
	황색화살표등화의 점멸 (화살표등화)	차마는 다른 교통 또는 안전표지의 표시에 주의하면서 화살표시 방향으로 진행할 수 있다.
	적색화살표등화의 점멸 (화살표등화)	차마는 정지선이나 횡단보도가 있을 때에는 그 직전이나 교차로의 직전에 일시정지한 후 다른 교통에 주의하면서 화살표시 방향으로 진행할 수 있다.
	녹색화살표의 등화(하향) (사각형등화)	차마는 화살표로 지정한 차로로 진행할 수 있다.
	적색×표 표시 등화 (사각형등화)	차마는 ×표가 있는 차로로 진행할 수 없다.
	적색×표 표시 등화의 점멸 (사각형등화)	차마는 ×표가 있는 차로로 진입할 수 없고, 이미 차마의 일부라도 진입한 경우에는 신속히 그 차로 밖으로 진로를 변경하여야 한다.

제1장
화물자동차운수사업법

화물운송종사자격시험

구 분	신호의 종류	신호의 뜻
보행 신호등	녹색의 등화	보행자는 횡단보도를 횡단할 수 있다.
	녹색등화의 점멸	보행자는 횡단을 시작하여서는 아니 되고, 횡단하고 있는 보행자는 신속하게 횡단을 완 료하거나 그 횡단을 중지하고 보도로 되돌아 와야 한다.
	적색의 등화	보행자는 횡단보도를 횡단하여서는 아니 된다.
자전거 신호등	녹색의 등화 (자전거주행신호등)	자전거는 직진 또는 우회전할 수 있다.
	황색의 등화 (자전거주행신호등)	1. 자전거는 정지선이 있거나 횡단보도가 있 을 때에는 그 직전이나 교차로의 직전에 정지하여야 하며, 이미 교차로에 차마의 일부라도 진입한 경우에는 신속히 교차로 밖으로 진행하여야 한다. 2. 자전거는 우회전을 할 수 있고, 우회전하는 경우에는 보행자의 횡단을 방해하지 못한다.
	적색의 등화 (자전거주행신호등)	1. 자전거등은 정지선, 횡단보도 및 교차로의 직전에서 정지해야 한다. 2. 자전거등은 우회전하려는 경우 정지선, 횡단보도 및 교차로의 직전에서 정지한 후 신호에 따라 진행하는 다른 차마의 교 통을 방해하지 않고 우회전할 수 있다. 3. 제2호에도 불구하고 자전거등은 우회전 삼색 등이 적색의 등화인 경우 우회전할 수 없다.
	황색등화의 점멸 (자전거주행신호등)	자전거는 다른 교통 또는 안전표지의 표시에 주의하면서 진행할 수 있다.
	적색등화의 점멸 (자전거주행신호등)	자전거는 정지선이나 횡단보도가 있는 때에 는 그 직전이나 교차로의 직전에 일시정지한 후 다른 교통에 주의하면서 진행할 수 있다.
	녹색의 등화 (자전거횡단신호등)	자전거는 자전거횡단도를 횡단할 수 있다.
	녹색등화의 점멸 (자전거횡단신호등)	자전거는 횡단을 시작하여서는 아니 되고, 횡단하고 있는 자전거는 신속하게 횡단을 종 료하거나 그 횡단을 중지하고 진행하던 차도 또는 자전거도로로 되돌아와야 한다.
	적색의 등화 (자전거횡단신호등)	자전거는 자전거횡단도를 횡단하여서는 아 니 된다.
버 스 신호등	녹색의 등화	버스전용차로에 차마는 직진할 수 있다.
	황색의 등화	버스전용차로에 있는 차마는 정지선이 있거 나 횡단보도가 있을 때에는 그 직전이나 교 차로의 직전에 정지하여야 하며, 이미 교차 로에 차마의 일부라도 진입한 경우에는 신속 히 교차로 밖으로 진행하여야 한다.
	적색의 등화	버스전용차로에 있는 차마는 정지선, 횡단보 도 및 교차로의 직전에서 정지하여야 한다.
	황색 등화의 점멸	버스전용차로에 있는 차마는 다른 교통 또는 안전표지의 표시에 주의하면서 진행할 수 있다.
	적색 등화의 점멸	버스전용차로에 있는 차마는 정지선이나 횡 단보도가 있을 때에는 그 직전이나 교차로의 직전에 일시정지한 후 다른 교통에 주의하면 서 진행할 수 있다.
노면 전차 신호등	황색 T자형의 등화	노면전차가 직진 또는 좌회전·우회전할 수 있는 등화가 점등될 예정이다.
	황색 T자형등화의 점멸	노면전차가 직진 또는 좌회전·우회전할 수 있는 등화의 점등이 임박하였다.
	백색 가로 막대형의 등화	노면전차는 정지선, 횡단보도 및 교차로의 직전에서 정지해야 한다.

구 분	신호의 종류	신호의 뜻
노면 전차 신호등	백색 가로 막대형 등화의 점멸	노면전차는 정지선이나 횡단보도가 있는 경 우에는 그 직전이나 교차로의 직전에 일시정 지한 후 다른 교통에 주의하면서 진행할 수 있다.
	백색 점형의 등화	노면전차는 정지선이 있거나 횡단보도가 있 는 경우에는 그 직전이나 교차로의 직전에 정지해야 하며, 이미 교차로에 노면전차의 일부가 진입하는 경우에는 신속하게 교차로 밖으로 진행해야 한다.
	백색 점형 등화의 점멸	노면전차는 다른 교통 또는 안전표지의 표시 에 주의하면서 진행할 수 있다.
	백색 세로 막대형의 등화	노면전차는 직진할 수 있다.
	백색 사선 막대형의 등화	노면전차는 백색사선막대의 기울어진 방향 으로 좌회전 또는 우회전할 수 있다.

비고 1. 자전거를 주행하는 경우 자전거주행신호등이 설치되지 않은 장소
에서는 차량신호등의 지시에 따른다.
2. 자전거횡단도에 자전거횡단신호등이 설치되지 않은 경우 자전거
는 보행신호등의 지시에 따른다. 이 경우 보행신호등란의 "보행
자"는 "자전거"로 본다.
3. 우회전하려는 차마는 우회전 삼색등이 있는 경우 다른 신호등에
도 불구하고 이에 따라야 한다.

2. 안전표지의 종류(시행규칙 8조)

안전표지란 교통안전에 필요한 주의·규제·지시 등을 표시하는
표지판이나 도로의 바닥에 표시하는 기호·문자 또는 선 등의 노
면표시를 말한다.

1) 주의표지

도로상태가 위험하거나 도로 또는 그 부근에 위험물이 있는 경우
에 필요한 안전조치를 할 수 있도록 이를 도로사용자에게 알리는
표지

+자형교차로	T자형교차로	Y자형교차로	ㅏ자형교차로	ㅓ자형교차로
우선도로	우합류도로	좌합류도로	회전형교차로	철길건널목
우로굽은도로	좌로굽은도로	우좌로이중굽은도로	좌우로이중굽은도로	2방향통행
오르막경사	내리막경사	도로폭이좁아짐	우측차로없어짐	좌측차로없어짐

제1장 화물자동차운수사업법

2) 규제표지
도로교통의 안전을 위하여 각종 제한·금지 등의 규제를 하는 경우에 이를 도로사용자에게 알리는 표지

3) 지시표지
도로의 통행방법·통행구분 등 도로교통의 안전을 위하여 필요한 지시를 하는 경우에 도로사용자가 이를 따르도록 알리는 표지

4) 보조표지
주의표지·규제표지 또는 지시표지의 주기능을 보충하여 도로사용자에게 알리는 표지

100m 앞 부터	여기부터500m	시 내 전 역	일요일·공휴일제외	08:00~20:00
거리	거리	구역	일자	시간
1시간이내 차둘수있음	적신호시	앞에 우선도로	안전속도 30	안개지역
시간	신호등화상태	전방우선도로	안전속도	기상상태

제1장
화물자동차운수사업법

화물운송종사자격시험

	차로엄수	건너가지마시오	승용차에 한함	속도를줄이시오
노면상태	교통규제	통행규제	차량한정	통행주의
터널길이 258m	구간시작 ← 200m	구간 내 ↔ 400m	구간 끝 600m →	→
표지설명	구간시작	구간내	구간끝	우방향
←	↑ 전방 50M	3.5t	3.5m	100m
좌방향	전방	중량	노폭	거리
해제	견인지역			
해제	견인지역			

5) 노면표시
① 도로교통의 안전을 위하여 각종 주의·규제·지시 등의 내용을 노면에 기호·문자 또는 선으로 도로사용자에게 알리는 표시
② 노면표시에 사용되는 각종 선에서 점선은 허용, 실선은 제한, 복선은 의미의 강조를 나타낸다.
③ 노면표시의 기본색상 중
    ㉠ 백색은 동일방향의 교통류 분리 및 경계 표시
    ㉡ 황색은 반대방향의 교통류분리 또는 도로이용의 제한 및 지시(중앙선표시, 노상장애물 중 도로중앙장애물표시, 주차금지표시, 정차·주차금지 표시 및 안전지대표시)
    ㉢ 청색은 지정방향의 교통류 분리 표시(버스전용차로표시 및 다인승차량 전용차선표시)
    ㉣ 적색은 어린이보호구역 또는 주거지역 안에 설치하는 속도제한표시의 테두리선 및 소방시설 주변 정차·주차·주차금지표시에 사용

중앙선	유턴구역선	차선	버스전용차로	길가장자리구역선
진로변경제한선	진로변경제한선	진로변경제한선	노상장애물	우회전금지
좌회전금지	직진금지	좌우회전금지	유턴금지	주차금지
정차·주차금지	속도제한 40	속도제한(어린이보호구역안) 30	천천히 서행	서행

일시정지	양보	주차	정차금지지대	유도선
유도	유도	유도	횡단보도예고	정지선
안전지대	횡단보도	고원식 횡단보도	자전거횡단보	자전거전용도로
진행방향	진행방향	진행방향	진행방향및방면	진행방향및방면
비보호좌회전	차로변경	오르막경사면		

제3절 차마 및 노면전차의 통행

1. 차로에 따른 통행차의 기준
(시행규칙 별표 9)

도로		차로구분	통행할 수 있는 차종
고속도로 외의 도로		왼쪽 차로	• 승용자동차 및 경형·소형·중형 승합자동차
		오른쪽 차로	• 대형승합자동차, 화물자동차, 특수자동차, 법 제2조제18호나목에 따른 건설기계, 이륜자동차, 원동기장치자전거(개인형 이동장치는 제외한다)
고속도로	편도 2차로	1차로	• 앞지르기를 하려는 모든 자동차. 다만, 차량통행량 증가 등 도로상황으로 인하여 부득이하게 시속 80킬로미터 미만으로 통행할 수밖에 없는 경우에는 앞지르기를 하는 경우가 아니라도 통행할 수 있다.
		2차로	• 모든 자동차
	편도 3차로 이상	1차로	• 앞지르기를 하려는 승용자동차 및 앞지르기를 하려는 경형·소형·중형 승합자동차. 다만, 차량통행량 증가 등 도로상황으로 인하여 부득이하게 시속 80킬로미터 미만으로 통행할 수밖에 없는 경우에는 앞지르기를 하는 경우가 아니라도 통행할 수 있다.
		왼쪽 차로	• 승용자동차 및 경형·소형·중형 승합자동차
		오른쪽 차로	• 대형 승합자동차, 화물자동차, 특수자동차, 법 제2조제18호나목에 따른 건설기계

제1장 화물자동차운수사업법

※ 모든 차는 위 표에서 지정된 차로보다 오른쪽에 있는 차로로 통행할 수 있다.
※ 위 표에서 사용하는 용어의 뜻은 다음 각 목과 같다.
　가. "왼쪽 차로"란 다음에 해당하는 차로를 말한다.
　　1) 고속도로 외의 도로의 경우: 차로를 반으로 나누어 1차로에 가까운 부분의 차로. 다만, 차로가 홀수인 경우 가운데 차로는 제외
　　2) 고속도로의 경우: 1차로를 제외한 차로를 반으로 나누어 그 중 1차로에 가까운 부분의 차로. 다만, 1차로를 제외한 차로의 수가 홀수인 경우 그 중 가운데 차로는 제외한다.
　나. "오른쪽 차로"란 다음에 해당하는 차로를 말한다.
　　1) 고속도로 외의 도로의 경우: 왼쪽 차로를 제외한 나머지 차로
　　2) 고속도로의 경우: 1차로와 왼쪽 차로를 제외한 나머지 차로

2. 차로에 따른 통행차의 기준에 의한 통행방법(법 제13조)

1) 차마의 운전자는 보도와 차도가 구분된 도로에서는 차도를 통행하여야 한다. 다만, 도로 외의 곳으로 출입할 때에는 보도를 횡단하여 통행할 수 있다.
2) 도로 외의 곳으로 출입할 때 차마의 운전자는 보도를 횡단하기 직전에 일시정지하여 좌측과 우측부분 등을 살핀 후 보행자의 통행을 방해하지 아니하도록 횡단하여야 한다.
3) 차마의 운전자는 도로(보도와 차도가 구분된 도로에서는 차도)의 중앙(중앙선이 설치되어 있는 경우에는 그 중앙선을 말한다. 이하 같다) 우측부분을 통행하여야 한다.
4) 차마의 운전자는 '3)'항에도 불구하고 다음 각 호의 어느 하나에 해당하는 경우에는 도로의 중앙이나 좌측 부분을 통행할 수 있다.
　① 도로가 일방통행인 경우
　② 도로의 파손, 도로공사나 그 밖의 장애 등으로 도로의 우측부분을 통행할 수 없는 경우
　③ 도로 우측 부분의 폭이 6미터가 되지 아니하는 도로에서 다른 차를 앞지르려는 경우. 다만, 도로의 좌측 부분을 확인할 수 없는 경우, 반대 방향의 교통을 방해할 우려가 있는 경우, 안전표지 등으로 앞지르기를 금지하거나 제한하고 있는 경우에는 통행할 수 없다.
　④ 도로 우측부분의 폭이 차마의 통행에 충분하지 아니한 경우
　⑤ 가파른 비탈길의 구부러진 곳에서 교통의 위험을 방지하기 위하여 시·도경찰청장이 필요하다고 인정하여 구간 및 통행방법을 지정하고 있는 경우에 그 지정에 따라 통행하는 경우
5) 차마의 운전자는 안전지대 등 안전표지에 의하여 진입이 금지된 장소에 들어가서는 아니 된다.
6) 차마(자전거는 제외)의 운전자는 안전표지로 통행이 허용된 장소를 제외하고는 자전거도로 또는 길가장자리구역으로 통행하여서는 아니 된다. 다만,「자전거 이용 활성화에 관한 법률」제3조제4호에 따른 자전거 우선도로의 경우에는 그러하지 아니하다.
7) 앞지르기를 할 때에는 위 표에서 지정된 차로의 왼쪽 바로 옆 차로로 통행할 수 있다.(시행규칙 별표 9)
8) 도로의 진·출입 부분에서 진·출입하는 때와 정차 또는 주차한 후 출발하는 때의 상당한 거리 동안은 "1. 차로에 따른 통행차의 기준"에 따르지 아니할 수 있다.(시행규칙 별표 9)
9) "1. 차로에 따른 통행차 기준" 중 승합자동차의 차종구분은 「자동차관리법 시행규칙」별표 1에 따른다.(시행규칙 별표9)

10) 다음 각 목의 차마는 도로의 가장 오른쪽에 있는 차로로 통행하여야 한다.(시행규칙 별표9)
　① 자전거
　② 우마
　③ 법 제2조제18호 나목에 따른 건설기계 이외의 건설기계
　④ 다음의 위험물 등을 운반하는 자동차
　　㉠「위험물안전관리법」제2조제1항제1호 및 제2호에 따른 지정수량 이상의 위험물
　　㉡「총포·도검·화약류 등의 안전관리에 관한 법률」제2조제3항에 따른 화약류
　　㉢「화학물질관리법」제2조제2호에 따른 유독물질
　　㉣「폐기물관리법」제2조제4호에 따른 지정폐기물과 같은 조 제5호에 따른 의료폐기물
　　㉤「고압가스 안전관리법」제2조 및 같은 법 시행령 제2조에 따른 고압가스
　　㉥「액화석유가스의 안전관리 및 사업법」제2조제1호에 따른 액화석유가스
　　㉦「원자력안전법」제2조제5호에 따른 방사성물질 또는 그에 따라 오염된 물질
　　㉧「산업안전보건법」제117조제1항 및 같은 법 시행령 제87조에 따른 제조 등의 금지 유해물질과「산업안전보건법」제118조제1항 및 같은 법 시행령 제88조에 따른 허가대상 유해물질
　　㉨「농약관리법」제2조제3호에 따른 원제
　⑤ 그 밖에 사람 또는 가축의 힘이나 그 밖의 동력으로 도로에서 운행되는 것

11) 좌회전 차로가 2차로 이상 설치된 교차로에서 좌회전하려는 차는 그 설치된 좌회전 차로 내에서 "1. 차로에 따른 통행차 기준" 중 고속도로 외의 도로에서의 차로 구분에 따라 좌회전하여야 한다.(시행규칙 별표9)

12) 안전거리확보 등(법 제19조)
　① 모든 차의 운전자는 같은 방향으로 가고 있는 앞차의 뒤를 따르는 경우에는 앞차가 갑자기 정지하게 되는 경우 그 앞차와의 충돌을 피할 수 있는 필요한 거리를 확보하여야 한다.
　② 자동차 및 원동기장치자전거 운전자는 같은 방향으로 가고 있는 자전거 운전자에 주의하여야 하며, 그 옆을 지날 때에는 자전거와의 충돌을 피할 수 있도록 거리를 확보하여야 한다.
　③ 모든 차의 운전자는 차의 진로를 변경하려는 경우에 그 변경하려는 방향으로 오고 있는 다른 차의 정상적인 통행에 장애를 줄 우려가 있을 때에는 진로를 변경하여서는 아니 된다.
　④ 모든 차의 운전자는 위험방지를 위한 경우와 그 밖의 부득이한 경우가 아니면 운전하는 차를 갑자기 정지시키거나 속도를 줄이는 등의 급제동을 하여서는 아니된다.

13) 진로양보의무(법 제20조)
　① 긴급자동차를 제외한 모든 차의 운전자는 뒤에서 따라오는 차보다 느린 속도로 가려는 경우에는 도로의 우측 가장자리로 피하여 진로를 양보하여야 한다. 다만, 통행 구분이 설치된 도로의 경우에는 그러하지 아니하다.
　② 좁은 도로에서 긴급자동차 외의 자동차가 서로 마주보고 진행할 때에는 다음 각 호의 구분에 따른 자동차가 도로의 우측 가장자리로 피하여 진로를 양보하여야 한다.

제1장 화물자동차운수사업법

ⓐ 비탈진 좁은 도로에서 자동차가 서로 마주보고 진행하는 경우에는 올라가는 자동차
ⓑ 비탈진 좁은 도로 외의 좁은 도로에서 사람을 태웠거나 물건을 실은 자동차와 동승자가 없고 물건을 싣지 아니한 자동차가 서로 마주보고 진행하는 경우에는 동승자가 없고 물건을 싣지 아니한 자동차

3. 승차 또는 적재의 방법과 제한(법 제39조)

1) 모든 차의 운전자는 승차 인원, 적재중량 및 적재용량에 관하여 대통령령으로 정하는 운행상의 안전기준을 넘어서 승차시키거나 적재한 상태로 운전하여서는 아니 된다. 다만, 출발지를 관할하는 경찰서장의 허가를 받은 경우에는 그러하지 아니하다.
2) 모든 차 또는 노면전차의 운전자는 운전 중 타고 있는 사람 또는 타고 내리는 사람이 떨어지지 아니하도록 하기 위하여 문을 정확히 여닫는 등 필요한 조치를 하여야 한다.
3) 모든 차의 운전자는 운전 중 실은 화물이 떨어지지 아니하도록 덮개를 씌우거나 묶는 등 확실하게 고정될 수 있도록 필요한 조치를 하여야 한다.
4) 모든 차의 운전자는 영유아나 동물을 안고 운전 장치를 조작하거나 운전석 주위에 물건을 싣는 등 안전에 지장을 줄 우려가 있는 상태로 운전하여서는 아니 된다.
5) 시·도경찰청장은 도로에서의 위험을 방지하고 교통의 안전과 원활한 소통을 확보하기 위하여 필요하다고 인정하는 경우에는 차의 운전자에 대하여 승차 인원, 적재중량 또는 적재용량을 제한할 수 있다.

4. 운행상의 안전기준 및 안전기준을 넘는 승차 및 적재의 허가(시행령 제22조, 제23조, 시행규칙 제26조)

1) '3. 승차 또는 적재의 방법과 제한' 중 '1)' 항의 대통령령으로 정하는 운행상의 안전기준은 다음 각 호의 구분과 같다.
   ① 화물자동차의 적재중량은 구조 및 성능에 따르는 적재중량의 110퍼센트 이내
   ② 화물자동차의 적재용량은 다음 각 목의 구분에 따른 기준을 넘지 아니할 것
      ⓐ 길이는 자동차 길이에 그 길이의 10분의 1을 더한 길이(이륜자동차는 그 승차장치의 길이 또는 적재장치의 길이에 30센티미터를 더한 길이)
      ⓑ 너비는 자동차의 후사경으로 뒤쪽을 확인할 수 있는 범위(후사경의 높이보다 낮게 적재한 경우에는 그 화물을, 후사경의 높이보다 높게 적재한 경우에는 뒤쪽을 확인할 수 있는 범위)의 너비
      ⓒ 높이는 화물자동차는 지상으로부터 4미터(도로구조의 보전과 통행의 안전에 지장이 없다고 인정하여 고시한 도로노선의 경우에는 4.2미터), 소형 3륜자동차는 지상으로부터 2.5미터, 이륜자동차는 지상으로부터 2미터의 높이
2) '3. 승차 또는 적재의 방법과 제한' 중 '1)' 항 단서에 따른 경찰서장의 허가는 다음 각 호의 어느 하나에 해당하는 경우에 한한다.
   ① 전신·전화·전기공사, 수도공사, 제설작업 그 밖에 공익을 위한 공사 또는 작업을 위하여 부득이 화물자동차의 승차정원을 넘어서 운행하고자 하는 경우
   ② 분할할 수 없어 화물자동차의 적재중량 및 적재용량에 따른 기준을 적용할 수 없는 화물을 수송하는 경우

3) 안전기준을 넘는 화물의 적재허가를 받은 사람은 그 길이 또는 폭의 양 끝에 너비 30센티미터, 길이 50센티미터 이상의 빨간 헝겊으로 된 표지를 달아야 한다. 다만, 밤에 운행하는 경우에는 반사체로 된 표지를 달아야 한다.

제4절 자동차등의 속도(시행규칙 제19조)

1. 도로별 차로 등에 따른 속도

도로 구분		최고속도	최저속도
일반 도로	주거지역·상업지역 및 공업지역	매시 50km 이내	제한 없음
	지정한 노선 또는 구간의 일반 도로	매시 60km 이내	
	주거지역·상업지역 및 공업지역 외 편도 2차로 이상	매시 80km 이내	
	주거지역·상업지역 및 공업지역 외 편도 1차로 이상	매시 60km 이내	
고속 도로	편도 2차로 이상 / 고속도로	• 매시 100km(적재중량 1.5톤 초과 화물자동차) • 매시 80km(특수자동차, 위험물운반자동차, 건설기계)	매시 50km
	편도 2차로 이상 / 지정·고시한 노선 또는 구간의 고속도로	• 매시 120km 이내 • 매시 90km 이내(특수자동차, 위험물운반자동차, 건설기계)	매시 50km
	편도 1차로	매시 80km	매시50km
자동차 전용도로		매시 90km	매시30km

2. 이상 기후 시의 운행 속도(시행규칙 제19조)

이상기후 상태	운행속도
① 비가 내려 노면이 젖어있는 경우 ② 눈이 20mm 미만 쌓인 경우	최고속도의 20/100을 줄인 속도
① 폭우, 폭설, 안개 등으로 가시거리가 100m이내인 경우 ② 노면이 얼어 붙은 경우 ③ 눈이 20mm 이상 쌓인 경우	최고속도의 50/100을 줄인 속도

※ 경찰청장 또는 시·도경찰청장이 법 제17조제2항에 따라 구역 또는 구간을 지정하여 자동차등과 노면전차의 속도를 제한하려는 경우에는 「도로의 구조·시설기준에 관한 규칙」제8조에 따른 설계속도, 실제 주행속도, 교통사고 발생 위험성, 도로주변 여건 등을 고려하여야 한다.

제1장 화물자동차운수사업법

제5절 서행 및 일시정지 등(법 제31조)

구분	내용	이행해야 할 장소
서행	차 또는 노면전차가 즉시 정지할 수 있는 느린 속도로 진행하는 것을 의미(위험 예상한 상황적 대비)	〈서행하여야 하는 경우〉 ① 교차로에서 좌·우회전할 때 각각 서행(법 제25조제1~2항) ② 교통정리를 하고 있지 아니하는 교차로에 들어가려고 하는 차의 운전자는 그 차가 통행하고 있는 도로의 폭보다 교차하는 도로의 폭이 넓은 경우에는 서행(법 제26조제2항) ③ 모든 차 또는 노면전차의 운전자는 도로에 설치된 안전지대에 보행자가 있는 경우와 차로가 설치되지 아니한 좁은 도로에서 보행자의 옆을 지나는 경우에는 안전거리를 두고 서행(법 제27조제4항) 〈서행하여야 하는 장소 : 법 제31조제1항〉 ① 교통정리를 하고 있지 아니하는 교차로 ② 도로가 구부러진 부근 ③ 비탈길의 고갯마루 부근 ④ 가파른 비탈길의 내리막 ⑤ 시·도경찰청장이 안전표지로 지정한 곳 ⑥ 모든 차 또는 노면전차의 운전자는 다음 각 호의 어느 하나에 해당하는 곳에서는 일시정지하여야 한다. 1. 교통정리를 하고 있지 아니하고 좌우를 확인할 수 없거나 교통이 빈번한 교차로 2. 시·도경찰청장이 도로에서의 위험을 방지하고 교통의 안전과 원활한 소통을 확보하기 위하여 필요하다고 인정하여 안전표지로 지정한 곳
정지	자동차가 완전히 멈추는 상태. 즉, 당시의 속도가 0km/h인 상태로서 완전한 정지상태의 이행	① 차량신호등이 황색의 등화인 경우 차마는 정지선이 있거나 횡단보도가 있을 때에는 그 직전이나 교차로의 직전에 정지(시행규칙 제6조제2항 별표2) ② 차량신호등이 적색의 등화인 경우 차마는 정지선, 횡단보도 및 교차로의 직전에서 정지(시행규칙 제6조제2항 별표2)
일시정지	반드시 차가 멈추어야 하되, 얼마간의 시간동안 정지상태를 유지해야 하는 교통상황의 의미(정지상황의 일시적 전개)	① 차마의 운전자는 보도와 차도가 구분된 도로에서 도로 외의 곳을 출입할 때에는 보도를 횡단하기 직전에 일시정지(법 제13조제2항) ② 모든 차의 운전자는 신호기 등이 표시하는 신호가 없는 철길 건널목을 통과하려는 경우에는 철길 건널목 앞에서 일시정지(법 제24조제1항) ③ 모든 차의 운전자는 보행자(자전거에서 내려서 자전거를 끌고 통행하는 자전거 운전자를 포함)가 횡단보도를 통행하고 있을 때에는 보행자의 횡단을 방해하거나 위험을 주지 아니하도록 그 횡단보도 앞(정지선이 설치되어 있는 곳에서는 그 정지선)에서 일시정지(법 제27조제1항) ④ 보행자전용도로의 통행이 허용된 차마의 운전자는 보행자를 위험하게 하거나 보행자의 통행을 방해하지 아니하도록 차마를 보행자의 걸음 속도로 운행하거나 일시정지(법 제28조제3항) ⑤ 모든 차의 운전자는 교차로나 그 부근에서 긴급자동차가 접근하는 경우에는 교차로를 피하여 도로의 우측 가장자리에 일시정지(법 제29조제4항) ⑥ 모든 차의 운전자는 교통정리를 하고 있지 아니하고 좌우를 확인할 수 없거나 교통이 빈번한 교차로에서는 일시정지(법 제31조제2항) ⑦ 시·도경찰청장이 필요하다고 인정하여 안전표지로 지정한 곳(법제31조제2항) ⑧ 어린이가 보호자 없이 도로를 횡단할 때, 어린이가 도로에서 앉아 있거나 서 있을 때 또는 어린이가 도로에서 놀이를 할 때 등 어린이에 대한 교통사고의 위험이 있는 것을 발견한 경우, 앞을 보지 못하는 사람이 흰색 지팡이를 가지거나 장애인보조견을 동반하는 등의 조치를 하고 횡단하고 있는 경우, 지하도나 육교 등 도로횡단시설을 이용할 수 없는 지체장애인이나 노인 등이 도로를 횡단하고 있는 경우에는 일시정지(법 제49조제1항제2호) ⑨ 차량신호등이 적색등화의 점멸인 경우 차마는 정지선이나 횡단보도가 있을 때에는 그 직전이나 교차로의 직전에 일시정지(시행규칙 제6조제2항, 별표2)

제6절 교차로 통행방법

1. 교차로 통행방법(법 25조)

1) 좌회전 - 미리 도로의 중앙선을 따라 서행하면서 교차로의 중심 안쪽을 이용하여 좌회전하여야 한다. 다만, 시·도경찰청장이 교차로의 상황에 따라 특히 필요하다고 인정하여 지정한 곳에서는 교차로의 중심 바깥쪽을 통과할 수 있다.

2) 우회전 - 미리 도로의 우측 가장자리를 서행하면서 우회전하여야 한다. 이 경우 우회전하는 차의 운전자는 신호에 따라 정지하거나 진행하는 보행자 또는 자전거에 주의하여야 한다.

3) 우회전이나 좌회전을 하기 위하여 손이나 방향지시기 또는 등화로써 신호를 하는 차가 있는 경우에 그 뒤차의 운전자는 신호를 한 앞차의 진행을 방해하여서는 아니된다.

4) 모든 차 또는 노면전차의 운전자는 신호기로 교통정리를 하고 있는 교차로에 들어가려는 경우에는 진행하려는 진로의 앞쪽에 있는 차의 상황에 따라 교차로(정지선이 설치되어 있는 경우에는 그 정지선을 넘은 부분)에 정지하게 되어 다른 차의 통행에 방해가 될 우려가 있는 경우에는 그 교차로에 들어가서는 아니 된다.

5) 모든 차의 운전자는 교통정리를 하고 있지 아니하고 일시정지나 양보를 표시하는 안전표지가 설치되어 있는 교차로에 들어가려고 할 때에는 다른 차의 진행을 방해하지 아니하도록 일시정지하거나 양보하여야 한다.

2. 교통정리가 없는 교차로에서의 양보운전(법 26조)

1) 교통정리를 하고 있지 아니하는 교차로에 들어가려고 하는 차의 운전자는 이미 교차로에 들어가 있는 다른 차가 있을 때에는 그 차에 진로를 양보하여야 한다.

2) 교통정리를 하고 있지 아니하는 교차로에 들어가려고 하는 차의 운전자는 그 차가 통행하고 있는 도로의 폭보다 교차하는 도로의 폭이 넓은 경우에는 서행하여야 하며, 폭이 넓은 도로로부터 교차로에 들어가려고 하는 다른 차가 있을 때에는 그 차에 진로를 양보하여야 한다.

3) 교통정리를 하고 있지 아니하는 교차로에 동시에 들어가려고 하는 차의 운전자는 우측도로의 차에 진로를 양보하여야 한다.

4) 교통정리를 하고 있지 아니하는 교차로에서 좌회전하려고 하는 차의 운전자는 그 교차로에서 직진하거나 우회전하려는 다른 차가 있을 때에는 그 차에 진로를 양보하여야 한다.

제7절 통행의 우선순위

1. 긴급자동차의 우선 통행 등(법 제29~30조)

1) 긴급자동차의 우선 통행
 ① 긴급자동차는 긴급하고 부득이한 경우에는 도로의 중앙이나 좌측 부분을 통행할 수 있다.
 ② 긴급자동차는 도로교통법이나 이 법에 따른 명령에 따라 정지하여야 하는 경우에도 불구하고 긴급하고 부득이한 경우에는 정지하지 아니할 수 있다.
 ③ 긴급자동차의 운전자는 긴급하고 부득이한 경우에 교통안전에 특히 주의하면서 통행하여야 한다.
 ④ 교차로나 그 부근에서 긴급자동차가 접근하는 경우에는 차마와 노면전차의 운전자는 교차로를 피하여 일시정지하여야 한다.
 ⑤ 모든 차 또는 노면전차의 운전자는 교차로나 그 부근 외의 곳에서 긴급자동차가 접근한 경우에는 긴급자동차가 우선통행할 수 있도록 진로를 향보하여야 한다.
 ⑥ 소방차 · 구급차 · 혈액 공급차량 등의 자동차 운전자는 해당 자동차를 그 본래의 긴급한 용도로 운행하지 아니하는 경우에는 「자동차관리법」에 따라 설치된 경광등을 켜거나 사이렌을 작동하여서는 아니 된다. 다만, 대통령령으로 정하는 바에 따라 범

죄 및 화재예방 등을 위한 순찰 · 훈련 등을 실시하는 경우에는 그러하지 아니하다.

2) 긴급자동차에 대한 특례: 긴급자동차에 대하여는 다음 각 호의 사항을 적용하지 아니한다. 다만, 제4호부터 제12호까지의 사항은 긴급자동차 중 제2조제22호가목부터 다목까지의 자동차와 대통령령으로 정하는 경찰용 자동차에 대해서만 적용하지 아니한다.
 ① 법 제17조에 따른 자동차의 속도 제한
 ※ 다만, 긴급자동차에 대하여 속도를 제한한 경우에는 속도 제한 규정을 적용
 ② 법 제22조에 따른 앞지르기 금지
 ③ 법 제23조에 따른 끼어들기 금지
 ④ 법 제5조에 따른 신호위반
 ⑤ 법 제13조제1항에 따른 보도침범
 ⑥ 법 제13조제3항에 따른 중앙선 침범
 ⑦ 법 제18조에 따른 횡단 등의 금지
 ⑧ 법 제19조에 따른 안전거리 확보 등
 ⑨ 법 제21조제1항에 따른 앞지르기 방법 등
 ⑩ 법 제32조에 따른 정차 및 주차의 금지
 ⑪ 법 제33조에 따른 주차금지
 ⑫ 법 제66조에 따른 고장 등의 조치

제8절 자동차의 정비 및 점검

1. 자동차의 정비

1) 모든 차의 사용자, 정비책임자 또는 운전자는 자동차관리법 · 건설기계관리법이나 그 법에 따른 명령에 의한 장치가 정비되어 있지 아니한 차(이하 "정비불량차"라 한다)를 운전하도록 시키거나 운전하여서는 아니 된다.(법 제40조)

2) 운송사업용 자동차 또는 화물자동차 등으로서 행정안전부령이 정하는 자동차의 운전자는 그 자동차를 운전할 때에는 다음 각 호의 어느 하나에 해당하는 행위를 하여서는 아니 된다.(법 제50조5항)
 ① 운행기록계가 설치되어 있지 아니하거나 고장 등으로 사용할 수 없는 운행기록계가 설치된 자동차를 운전하는 행위
 ② 운행기록계를 원래의 목적대로 사용하지 아니하고 자동차를 운전하는 행위
 ③ 승차를 거부하는 행위

2. 자동차의 점검(법 제41조)

1) 경찰공무원은 정비불량차에 해당된다고 인정되는 차가 운행되고 있는 경우에는 우선 그 차를 정지시킨 후, 운전자에게 그 차의 자동차등록증 또는 자동차운전면허증을 제시하도록 요구하고 그 차의 장치를 점검할 수 있다.

2) 경찰공무원은 '1)'항에 따라 점검한 결과 정비불량 사항이 발견된 경우에는 정비불량 상태의 정도에 따라 그 차의 운전자로 하여금 응급조치를 하게 한 후에 운전을 하도록 하거나 도로 또는 교통 상황을 고려하여 통행구간, 통행로와 위험방지를 위한 필요한 조건을 정한 후 그에 따라 운전을 계속하게 할 수 있다.

제1장 화물자동차운수사업법

3) 시·도경찰청장은 '2)'항에도 불구하고 정비상태가 매우 불량하여 위험발생의 우려가 있는 경우에는 그 차의 자동차등록증을 보관하고 운전의 일시 정지를 명할 수 있다. 이 경우 필요하면 10일의 범위에서 정비기간을 정하여 그 차의 사용을 정지시킬 수 있다.
   ① 국가경찰공무원이 '3)' 항 전단에 따라 운전의 일시정지를 명하는 경우에는 정비 불량표지를 자동차등의 앞면 창유리에 붙이고, 정비명령서를 교부하여야 한다.
   ② 국가경찰공무원이 운전의 일시정지를 명하였을 경우에는 시·도경찰청장에게 지체없이 그 사실을 보고하여야 한다.
   ③ 누구든지 자동차등에 붙인 정비불량표지를 찢거나 훼손하여 못쓰게 하여서는 아니되며, 시·도경찰청장의 정비확인을 받지 아니하고는 이를 떼어내지 못한다.

4) '1)'항 부터 '3)'항까지의 규정에 따른 장치의 점검 및 사용의 정지에 필요한 사항은 대통령령으로 정한다.
   ① 시·도경찰청장은 정비확인을 위하여 점검한 결과 필요한 정비가 행하여지지 아니하였다고 인정하여 '3)' 항 후단에 따라 자동차등의 사용을 정지시키고자 하는 때에는 행정안전부령이 정하는 자동차사용정지통고서를 교부받아야 한다.

제9절 운전면허

1. 운전할 수 있는 차의 종류
(시행규칙 제53조관련 별표18)

운전면허 종별	구분	운전할 수 있는 차량
제1종	대형면허	- 승용자동차, 승합자동차, 화물자동차 - 건설기계 : 덤프트럭, 아스팔트살포기, 노상안정기, 콘크리트믹서트럭, 콘크리트펌프, 천공기(트럭적재식), 콘크리트믹서트레일러, 아스팔트콘크리트재생기, 도로보수트럭, 3톤 미만의 지게차 - 특수자동차(대형견인차, 소형견인차 및 구난차(이하 "구난차등"이라 한다)는 제외) - 원동기장치자전거
제1종	보통면허	- 승용자동차 - 승차정원 15인 이하의 승합자동차 - 적재중량 12톤 미만의 화물자동차 - 건설기계(도로를 운행하는 3톤 미만의 지게차에 한정한다.) - 총중량 10톤 미만의 특수자동차(구난차 등은 제외) - 원동기장치자전거
제1종	소형면허	- 3륜화물자동차 - 3륜승용자동차 - 원동기장치자전거
제1종	특수면허 - 대형견인차	- 견인형 특수자동차 - 제2종 보통면허로 운전할 수 있는 차량
제1종	특수면허 - 소형견인차	- 총중량 3.5톤 이하의 견인형 특수자동차 - 제2종 보통면허로 운전할 수 있는 차량
제1종	특수면허 - 구난차	- 구난형 특수자동차 - 제2종 보통면허로 운전할 수 있는 차량
제2종	보통면허	- 승용자동차 - 승차정원 10인승 이하의 승합자동차 - 적재중량 4톤 이하 화물자동차 - 총중량 3.5톤 이하의 특수자동차(구난차 등은 제외) - 원동기장치자전거
제2종	소형면허	- 이륜자동차(운반차를 포함) - 원동기장치자전거
제2종	원동기장치자전거면허	- 원동기장치자전거

주 1. 자동차관리법 제30조에 따라 자동차의 형식이 변경 승인되거나 동법 34조에 따라 자동차의 구조 또는 장치가 변경승인된 경우에는 다음의 자동차 구분에 의한 기준에 따라 이 표를 적용한다.
   가. 자동차의 형식이 변경된 경우(다음의 구분에 따른 정원 또는 중량 기준)
      (1) 차종이 변경되거나 승차정원 또는 적재중량이 증가한 경우 : 변경승인 후의 차종이나 승차정원 또는 적재중량
      (2) 차종의 변경없이 승차정원 또는 적재중량이 감소된 경우 : 변경승인 전의 승차정원 또는 적재중량
   나. 자동차의 구조 또는 장치가 변경된 경우 : 변경승인 전의 승차정원 또는 적재중량
2. 도로교통법 시행규칙 별표 9의 (주) 제6호 각 목에 따른 위험물 등을 운반하는 적재중량 3톤 이하 또는 적재용량 3천리터 이하의 화물자동차는 제1종 보통면허가 있어야 운전을 할 수 있고, 적재중량 3톤 초과 또는 적재용량 3천리터 초과의 화물자동차는 제1종 대형면허가 있어야 운전할 수 있다.
3. 피견인자동차는 제1종 대형면허, 제1종 보통면허 또는 제2종 보통면허를 가지고 있는 사람이 그 면허로 운전할 수 있는 자동차(자동차관리법 제3조에 따른 이륜자동차는 제외)로 견인할 수 있다. 이 경우 총중량 750킬로그램을 초과하는 3톤 이하의 피견인자동차를 견인하기 위해서는 견인하는 자동차를 운전할 수 있는 면허와 소형견인차면허 또는 대형견인차면허를 가지고 있어야 하고, 3톤을 초과하는 피견인자동차를 견인하기 위해서는 견인하는 자동차를 운전할 수 있는 면허와 대형견인차면허를 가지고 있어야 한다.

2. 운전면허취득 응시기간의 제한(법 제82조)

다음 각 호의 어느 하나의 경우에 해당하는 사람은 해당 각 호에 규정된 기간이 지나지 아니하면 운전면허를 받을 수 없다. 다만, 다음 각 호의 사유로 인하여 벌금 미만의 형이 확정되거나 선고유예의 판결이 확정된 경우 또는 기소유예나 「소년법」 제32조에 따른 보호처분의 결정이 있는 경우에는 각 호에 규정된 기간 내라도 운전면허를 받을 수 있다.(법 제82조 제2항)

1) 무면허운전 등의 금지 또는 국제운전면허증에 의한 자동차등의 운전 금지(이하 무면허운전 금지 등)를 위반하여 자동차등을 운전한 경우에는 그 위반한 날(운전면허효력 정지기간에 운전하여 취소된 경우에는 그 취소된 날)부터 1년(원동기장치자전거면허를 받으려는 경우에는 6개월, 공동 위험행위의 금지 규정을 위반한 경우에는 그 위반한 날부터 1년). 다만, 사람을 사상한 후 구호조치 및 사고발생에 따른 신고를 하지 아니한 경우에는 그 위반한 날부터 5년

2) 무면허운전 금지의 규정을 3회 이상 위반하여 자동차 및 원동기장치자전거를 운전한 경우에는 그 위반한 날부터 2년

3) 다음 각 목의 경우에는 운전면허가 취소된 날(무면허운전 금지 등을 위반한 경우 그 위반한 날)부터 5년
　① 음주운전의 금지, 과로·질병·약물의 영향과 그 밖의 사유로 정상적으로 운전하지 못할 우려가 있는 상태에서 운전금지, 공동위험행위의 금지를 위반(무면허운전 금지 등 위반 포함)하여 사람을 사상한 후 필요한 조치 및 신고를 하지 아니한 경우
　② 음주운전의 금지를 위반(무면허운전 금지 등 위반 포함)하여 운전을 하다가 사람을 사망에 이르게 한 경우

4) 무면허운전 금지, 음주운전금지, 과로·질병·약물의 영향과 그 밖의 사유로 정상적으로 운전하지 못할 우려가 있는 상태에서 자동차 및 원동기장치자전거의 운전금지, 공동위험행위의 금지 규정 외의 사유로 사람을 사상한 후 구호조치 및 사고발생에 따른 신고를 아니한 경우에는 운전면허가 취소된 날부터 4년

5) 음주운전 또는 경찰공무원의 음주측정을 위반하여 운전을 하다가 2회 이상 교통사고를 일으킨 경우에는 운전면허가 취소된 날부터 3년, 자동차 및 원동기장치자전거를 이용하여 범죄행위를 하거나 다른 사람의 자동차 및 원동기장치자전거를 훔치거나 빼앗은 사람이 무면허운전 금지 규정을 위반하여 그 자동차 및 원동기장치자전거를 운전한 경우에는 그 위반한 날부터 3년

6) 다음 각 목의 경우에는 운전면허가 취소된 날(무면허운전 금지 등을 위반한 경우 그 위반한 날)부터 2년
　① 음주운전 또는 경찰공무원의 음주측정을 2회 이상 위반(무면허운전 금지 등 위반포함)한 경우
　② 음주운전 또는 경찰공무원의 음주측정을 위반(무면허운전 금지 등 위반포함)하여 교통사고를 일으킨 경우
　③ 공동 위험행위의 금지를 2회 이상 위반(무면허운전 금지 등 위반포함)한 경우
　④ 운전면허를 받을 자격이 없는 사람이 운전면허를 받거나, 거짓이나 그 밖의 부정한 수단으로 운전면허를 받은 경우 또는 운전면허효력의 정지기간 중 운전면허증 또는 운전면허증을 갈음하는 증명서를 발급받은 사실이 드러난 경우
　⑤ 다른 사람의 자동차 등을 훔치거나 빼앗은 경우
　⑥ 다른 사람이 부정하게 운전면허를 받도록 하기 위하여 운전면허시험에 대신 응시한 경우

7) '1)'부터 '6)'까지의 규정에 따른 경우가 아닌 다른 사유로 운전면허가 취소된 경우에는 운전면허가 취소된 날부터 1년(원동기장치자전거면허를 받으려는 경우에는 6개월로 하되, 공동 위험행위의 금지 규정을 위반하여 운전면허가 취소된 경우에는 1년). 다만, 적성검사를 받지 아니하여 운전면허가 취소된 사람 또는 제1종 운전면허를 받은 사람이 적성검사에 불합격되어 다시 제2종 운전면허를 받으려는 사람의 경우에는 그러하지 아니하다.

8) 운전면허의 효력의 정지처분을 받고 있는 경우에는 그 정지기간

3. 운전면허 행정처분기준의 감경(시행규칙 별표 28)

1) 감경사유
　① 음주운전으로 운전면허 취소처분 또는 정지처분을 받은 경우 : 운전이 가족의 생계를 유지할 중요한 수단이 되거나, 모범운전자로서 처분당시 3년 이상 교통봉사활동에 종사하고 있거나, 교통사고를 일으키고 도주한 운전자를 검거하여 경찰서장 이상의 표창을 받은 사람으로서 다음의 어느 하나에 해당되는 경우가 없어야 한다.
　　㉠ 혈중알콜농도가 0.1퍼센트를 초과하여 운전한 경우
　　㉡ 음주운전 중 인적피해 교통사고를 일으킨 경우
　　㉢ 경찰관의 음주측정요구에 불응하거나 도주한 때 또는 단속경찰관을 폭행한 경우
　　㉣ 과거 5년 이내에 3회 이상의 인적피해 교통사고의 전력이 있는 경우
　　㉤ 과거 5년 이내에 음주운전의 전력이 있는 경우
　② 벌점·누산점수 초과로 인하여 운전면허 취소처분을 받는 경우 : 운전이 가족의 생계를 유지할 중요한 수단이 되거나, 모범운전자로서 처분 당시 3년 이상 교통봉사활동에 종사하고 있거나, 교통사고를 일으키고 도주한 운전자를 검거하여 경찰서장 이상의 표창을 받은 사람으로서 다음의 어느 하나에 해당되는 경우가 없어야 한다.
　　㉠ 과거 5년 이내에 운전면허 취소처분을 받은 전력이 있는 경우
　　㉡ 과거 5년 이내에 3회 이상 인적피해 교통사고를 일으킨 경우
　　㉢ 과거 5년 이내에 3회 이상 운전면허 정지처분을 받은 전력이 있는 경우
　　㉣ 과거 5년 이내에 운전면허 행정처분 이의심의위원회의 심의를 거치거나 행정심판 또는 행정소송을 통하여 행정처분이 감경된 경우
　③ 그 밖에 정기 적성검사에 대한 연기신청을 할 수 없었던 불가피한 사유가 있는 등으로 취소처분 개별기준 및 정지처분 개별기준을 적용하는 것이 현저히 불합리하다고 인정되는 경우

2) 감경기준
위반행위에 대한 처분기준이 운전면허의 취소처분에 해당하는 경우에는 해당 위반행위에 대한 처분벌점을 110점으로 하고, 운전면허의 정지처분에 해당하는 경우에는 처분 집행일수의 2분의 1로 감경한다. 다만, 벌점·누산점수 초과로 인한 면허취소에 해당하는 경우에는 면허가 취소되기 전의 누산점수 및 처분벌점을 모두 합산하여 처분벌점을 110점으로 한다.

3) 취소처분 개별기준

일련번호	위반사항	내용
1	교통사고를 일으키고 구호조치를 하지 아니한 때	• 교통사고로 사람을 죽게 하거나 다치게 하고, 구호조치를 하지 아니한 때
2	술이 취한 상태에서 운전한 때	• 술에 취한 상태의 기준(혈중알콜농도 0.03퍼센트 이상)을 넘어서 운전을 하다가 교통사고로 사람을 죽게 하거나 다치게 한 때 • 혈중알코올농도 0.08퍼센트 이상의 상태에서 운전한 때 • 술에 취한 상태의 기준을 넘어 운전하거나 술에 취한 상태의 측정에 불응한 사람이 다시 술에 취한 상태(혈중알콜농도 0.03퍼센트 이상)에서 운전한 때
3	술에 취한 상태의 측정에 불응한 때	• 술에 취한 상태에서 운전하거나 술에 취한 상태에서 운전하였다고 인정할 만한 상당한 이유가 있음에도 불구하고 경찰공무원의 측정 요구에 불응한 때
4	다른 사람에게 운전면허증 대여(도난, 불실 제외)	• 면허증 소지자가 다른 사람에게 면허증을 대여하여 운전하게 한 때 • 면허 취득자가 다른 사람의 면허증을 대여 받거나 그 밖의 부정한 방법으로 입수한 면허증으로 운전한 때

제1장 화물자동차운수사업법

일련번호	위반사항	내용
5	결격사유에 해당	• 교통상의 위험과 장해를 일으킬 수 있는 정신질환자 또는 뇌전증환자로서 영 제42조제1항에 해당하는 사람 • 앞을 보지 못하는 사람(한쪽 눈만 보지 못하는 사람의 경우에는 제1종 운전면허 중 대형면허·특수면허로 한정한다.) • 듣지 못하는 사람(제1종 운전면허 중 대형면허·특수면허로 한정한다.) • 양 팔의 팔꿈치 관절 이상을 잃은 사람, 또는 양팔을 전혀 쓸 수 없는 사람. 다만, 본인의 신체장애 정도에 적합하게 제작된 자동차를 이용하여 정상적으로 운전할 수 있는 경우에는 제외한다. • 다리, 머리, 척추 그 밖의 신체장애로 인하여 앉아 있을 수 없는 사람 • 교통상의 위험과 장해를 일으킬 수 있는 마약, 대마, 향정신성 의약품 또는 알콜 중독자로서 영 제42조제3항에 해당하는 사람
6	약물을 사용한 상태에서 자동차 등을 운전한 때	• 약물(마약·대마·향정신성 의약품 및 「화학물질 관리법 시행령」 제11조에 따른 환각물질)의 투약·흡연·섭취·주사 등으로 정상적인 운전을 하지 못할 염려가 있는 상태에서 자동차등을 운전한 때
6의2	공동위험행위	• 법 제46도제1항을 위반하여 공동위협행위로 구속된 때
6의3	난폭운전	• 법 제46조의3을 위반하여 난폭운전으로 구속된 때
6의4	속도위반	• 법 제17조제3항을 위반하여 최고속도보다 100km/h를 초과한 속도로 3회 이상 운전한 때
7	정기적성검사 불합격 또는 정기적성검사기간 1년경과	• 정기적성검사에 불합격하거나 적성검사 기간 만료일 다음 날부터 적성검사를 받지 아니하고 1년을 초과한 때
8	수시적성검사 불합격 또는 수시적성검사기간 경과	• 수시적성검사에 불합격하거나 수시적성 검사기간을 초과한 때
10	운전면허 행정처분기간 중 운전행위	• 운전면허 행정처분 기간 중에 운전한 때
11	허위 또는 부정한 수단으로 운전면허를 받은 경우	• 허위·부정한 수단으로 운전면허를 받은 때 • 법 제82조에 따른 결격사유에 해당하여 운전면허를 받을 자격이 없는 사람이 운전면허를 받은 때 • 운전면허 효력의 정지기간 중에 면허증 또는 운전면허증에 갈음하는 증명서를 교부받은 사실이 드러난 때
12	등록 또는 임시운행 허가를 받지 아니한 자동차를 운전한 때	• 「자동차관리법」에 따라 등록되지 아니하거나 임시운행 허가를 받지 아니한 자동차(이륜자동차를 제외한다)를 운전한 때
12의2	자동차 등을 이용하여 형법상 특수상해 등을 행한 때(보복운전)	• 자동차 등을 이용하여 형법상 특수상해, 특수폭행, 특수협박, 특수손괴를 행하여 구속된 때
15	다른 사람을 위하여 운전면허시험에 응시한 때	• 운전면허를 가진 사람이 다른 사람을 부정하게 합격시키기 위하여 운전면허 시험에 응시한 때

일련번호	위반사항	내용
16	운전자가 단속 경찰공무원 등에 대한 폭행	• 단속하는 경찰공무원 등 및 시·군·구 공무원을 폭행하여 형사입건된 때
17	연습면허 취소사유가 있었던 경우	• 제1종 보통 및 제2종 보통면허를 받기 이전에 연습면허의 취소사유가 있었던 때(연습면허에 대한 취소절차 진행 중 제1종 보통 및 제2종 보통면허를 받은 경우를 포함한다)

4) 정지처분 개별기준

① 이 법이나 이 법에 의한 명령을 위반한 때

범칙행위	적용법조(도로교통법)	벌점
1. 속도위반(100km/h 초과)	제17조제3항	100
2. 술에 취한 상태의 기준을 넘어서 운전한 때(혈중알코올농도 0.03퍼센트 이상 0.08퍼센트 미만)	제44조제1항	
2의2. 자동차등을 이용하여 형법상 특수상해 등(보복운전)을 하여 입건된 때	제93조	
3. 속도위반(80km/h 초과 100km/h 이하)	제17조제3항	80
3의 2. 속도위반(60km/h 초과 80km/h 이하)	제17조제3항	60
4. 정차·주차위반에 대한 조치불응(단체에 소속되거나 다수인에 포함되어 경찰공무원의 3회 이상의 이동명령에 따르지 아니하고 교통을 방해한 경우에 한한다)	제35조제1항	40
4의 2. 공동위험행위로 형사입건된 때	제46조제1항	
4의3. 난폭운전으로 형사입건된 때	제46조의3	
5. 안전운전의무위반(단체에 소속되거나 다수인에 포함되어 경찰공무원의 3회 이상의 안전운전 지시에 따르지 아니하고 타인에게 위험과 장애를 주는 속도나 방법으로 운전한 경우에 한한다)	제48조	
6. 승객의 차내 소란행위 방치운전	제49조2제1항제9호	
7. 출석기간 또는 범칙금 납부기간 만료일부터 60일이 경과될 때까지 즉결심판을 받지 아니한 때	제138조 및 제165조	
8. 통행구분 위반(중앙선 침범에 한함)	제13조제3항	30
9. 속도위반(40km/h 초과 60km/h 이하)	제17조제3항	
10. 철길건널목 통과방법위반	제24조	
10의2. 회전교차로 통행방법 위반(통행 방향 위반에 한정한다)	제2조의2제1항	
10의3. 어린이통학버스 특별보호 위반	제51조	
10의4. 어린이통학버스 운전자의 의무위반(좌석안전띠를 매도록 하지 아니한 운전자는 제외한다)	제53조제1항·제2항·제4항·제5항 및 제53조의5	
11. 고속도로·자동차전용도로 갓길통행	제60조제1항	
12. 고속도로·버스전용차로·다인승전용차로 통행위반	제61조제2항	
13. 운전면허증 등의 제시의무위반 또는 운전자 신원확인을 위한 경찰공무원의 질문에 불응	제92조제2항	
14. 신호·지시위반	제5조	15
15. 속도위반(20km/h 초과 40km/h 이하)	제17조제3항	
15의2. 속도위반(어린이보호구역 안에서 오전 8시부터 오후 8시까지 사이에 제한속도를 20km/h 이내에서 초과한 경우에 한정한다)	제17조제3항	
16. 앞지르기 금지시기·장소위반	제22조	
16의2. 적재 제한 위반 또는 적재물 추락 방지 위반	제39조제1항·제4항	

제1장
화물자동차운수사업법

범칙행위	적용법조 (도로교통법)	벌점
17. 운전 중 휴대용 전화 사용	제49조제1항제10호	
17의2. 운전 중 운전자가 볼 수 있는 위치에 영상 표시	제49조제1항제11	
17의3. 운전 중 영상표시장치 조작	제49조제1항제11호의2	15
18. 운행기록계 미설치 자동차 운전금지 등의 위반	제50조제5항	
20. 통행구분 위반(보도침범, 보도 횡단방법 위반)	제13조제1항·제2항	
21. 차로통행 준수의무 위반, 지정차로 통행위반(진로변경 금지장소에서의 진로변경 포함)	제14조제2항·제5항, 제60조제1항	
22. 일반도로 전용차로 통행위반	제15조제3항	
23. 안전거리 미확보(진로변경 방법위반 포함)	제19조제1항·제3항·제4항	
24. 앞지르기 방법위반	제21조제1항·제3항, 제60조제2항	
25. 보행자 보호 불이행(정지선위반 포함)	제27조	10
26. 승객 또는 승하차자 추락방지조치위반	제39조제3항	
27. 안전운전 의무 위반	제48조	
28. 노상 시비·다툼 등으로 차마의 통행 방해행위	제49조제1항제5호	
29. 자율주행자동차 운전자의 준수사항 위반	제50조의2제1항	
30. 돌·유리병·쇳조각이나 그 밖에 도로에 있는 사람이나 차마를 손상시킬 우려가 있는 물건을 던지거나 발사하는 행위	제68조제3항제4호	
31. 도로를 통행하고 있는 차마에서 밖으로 물건을 던지는 행위	제68조제3항제5호	

주 2. 범칙금 납부기간 만료일부터 60일이 경과될 때까지 즉결심판을 받지 아니하여 정지처분 대상자가 되었거나, 정지처분을 받고 정지처분 기간중에 있는 사람이 위반 당시 통고받은 범칙금액에 그 100분의 50을 더한 금액을 납부하고 증빙서류를 제출한 때에는 정지처분을 하지 아니하거나 그 잔여기간의 집행을 면제한다. 다만, 다른 위반행위로 인한 벌점이 합산되어 정지처분을 받은 경우 그 다른 위반행위로 인한 정지처분 기간에 대하여는 집행을 면제하지 아니한다.
　3. 제7호, 제8호, 제10호, 제12호, 제14호, 제16호, 제20호부터 제27호까지 및 제30호부터 제31호까지의 위반행위에 대한 벌점은 자동차등을 운전한 경우에 한하여 부과한다.
　4. 위 표에도 불구하고 어린이보호구역 및 노인·장애인보호구역 안에서 오전 8시부터 오후 8시까지 사이에 다음 각 목에 따른 위반행위를 한 운전자에게는 해당 목에서 정하는 벌점을 부과한다.
　　가. 제1호 및 제3호 중 어느 하나에 해당하는 위반행위: 120점
　　나. 제3호의2, 제9호, 제14호, 제15호 또는 제25호(법 제27조제7항은 제외한다) 중 어느 하나에 해당하는 위반행위: 해당 호에 따른 위반행위에 부과하는 벌점의 2배
　5. 제25호에도 불구하고 법 제27조제6항제3호에 따른 도로 외의 곳에서 보행자 보호 의무를 불이행한 경우에는 벌점을 부과하지 않는다.

5) 정지처분 개별기준
　① 이 법이나 이 법에 의한 명령을 위반할 때

범칙행위	벌점
• 술에 취한 상태의 기준을 넘어서 운전한 때(혈중 알콜농도 0.03% 이상 00.8% 미만) • 자동차 등을 이용하여 형법상 특수상해 등(보복운전)을 하여 입건된 때	100
• 속도위반(80km/h 초과 100km/h 이하)	80
• 속도위반(60km/h 초과)	60
• 정차·주차위반에 대한 조치불응(단체에 소속되거나 다수인에 포함되어 경찰공무원의 3회 이상의 이동명령에 따르지 아니하고 교통을 방해한 경우에 한한다) • 공동 위험행위 또는 난폭운전으로 형사입건 된 때 • 안전운전의무위반(단체에 소속되거나 다수인에 포함되어 경찰공무원의 3회 이상의 안전운전 지시에 따르지 아니하고 타인에게 위험과 장해를 주는 속도나 방법으로 운전한 경우에 한한다) • 승객의 차내 소란행위 방치 운전 • 출석기간 또는 범칙금 납부기간 만료일부터 60일이 경과될 때까지 즉결심판을 받지 아니한 때	40
• 통행구분 위반(중앙선 침범에 한함) • 속도위반(40km/h 초과 60km/h 이하) • 철길건널목 통과방법위반 • 어린이통학버스 특별보호 위반 • 어린이통학버스 운전자의 의무위반(좌석안전띠를 매도록 하지 아니한 운전자는 제외한다) • 고속도로·자동차전용도로 갓길통행 • 고속도로 버스전용차로·다인승전용차로 통행위반 • 운전면허증 등의 제시의무위반 또는 운전자 신원 확인을 위한 경찰공무원의 질문에 불응	30
• 신호·지시위반 • 속도위반(20km/h 초과 40km/h 이하) • 속도위반(어린이보호구역 안에서 오전 8시부터 오후 8시까지 사이에 제한속도를 20km/h 이내에서 초과한 경우) • 앞지르기 금지시기·장소위반 • 적재 제한 위반 또는 적재물 추락 방지 위반 • 운전 중 휴대용 전화 사용 • 운전 중 운전자가 볼 수 있는 위치에 영상 표시 • 운전 중 영상표시장치 조작 • 운행기록계 미설치 자동차 운전금지 등의 위반	15
• 통행구분 위반(보도침범, 보도 횡단방법 위반) • 지정차로 통행위반(진로변경 금지장소에서의 진로변경 포함) • 일반도로 전용차로 통행위반 • 안전거리 미확보(진로변경 방법위반 포함) • 앞지르기 방법위반 • 보행자 보호 불이행(정지선위반 포함) • 승객 또는 승하차자 추락방지조치위반 • 안전운전 의무 위반 • 노상시비·다툼 등으로 차마의 통행 방해행위 • 돌·유리병·쇳조각이나 그 밖에 도로에 있는 사람이나 차마를 손상시킬 우려가 있는 물건을 던지거나 발사하는 행위 • 도로를 통행하고 있는 차마에서 밖으로 물건을 던지는 행위	10

제1장 화물자동차운수사업법

② 자동차등의 운전 중 교통사고를 일으킨 때
  ㉠ 사고결과에 따른 벌점기준

구분		벌점	내용
인적 피해 교통 사고	사망 1명마다	90	사고발생 시부터 72시간 내에 사망한 때
	중상 1명마다	15	3주 이상의 치료를 요하는 의사의 진단이 있는 사고
	경상 1명마다	5	3주 미만 5일 이상의 치료를 요하는 의사의 진단이 있는 사고
	부상신고 1명마다	2	5일 미만의 치료를 요하는 의사의 진단이 있는 사고

비고 1. 교통사고 발생원인이 불가항력이거나 피해자의 명백한 과실인 때에는 행정처분을 하지 아니한다.
2. 자동차 등 대 사람 교통사고의 경우 쌍방과실인 때에는 그 벌점을 2분의 1로 감경한다.
3. 자동차 등 대 자동차 등 교통사고의 경우에는 그 사고원인 중 중한 위반행위를 한 운전자만 적용한다.
4. 교통사고로 인한 벌점산정에 있어서 처분 받을 운전자 본인의 피해에 대하여는 벌점을 산정하지 아니한다.

㉡ 조치 등 불이행에 따른 벌점기준

불이행 사항	적용법조 (도로교통법)	벌점	내용
교통사고 야기시 조치 불이행	제54조 제1항	15	1. 물적 피해가 발생한 교통사고를 일으킨 후 도주한 때
		30	2. 교통사고를 일으킨 즉시(그때, 그 자리에서 곧) 사상자를 구호하는 등 조치를 하지 아니하였으나 그 후 자진신고를 한 때 가. 고속도로, 특별시·광역시 및 시의 관할구역과 군(광역시의 군을 제외한다)의 관할구역 중 경찰관서가 위치하는 리 또는 동지역에서 3시간(그 밖의 지역에서는 12시간) 이내에 자진신고를 한 때
		60	나. 가목에 따른 시간 후 48시간 이내에 자진신고를 한 때

㉢ 자동차 등 이용 범죄 및 자동차 등 강도·절도 시의 운전면허 행정처분 기준

(취소처분 기준)

일련번호	위반사항	적용법조 (도로교통법)	내용
1	자동차 등을 다음 범죄의 도구나 장소로 이용한 경우 •「국가보안법」중 제4조부터 제9조까지의 죄 및 같은 법 제12조 중 증거를 날조·인멸·은닉한 죄 •「형법」중 다음 어느 하나의 범죄 - 살인, 사체유기, 방화 - 강도, 강간, 강제추행 - 약취·유인·감금 - 상습절도(절취한 물건을 운반한 경우에 한정한다) - 교통방해(단체 또는 다중의 위력으로써 위반한 경우에 한정한다)	제93조 제1항제 11호	•자동차 등을 법정형 상한이 유기징역 10년을 초과하는 범죄의 도구나 장소로 이용한 경우 •자동차 등을 범죄의 도구나 장소로 이용하여 운전면허 취소·정지 처분을 받은 사실이 있는 사람이 다시 자동차 등을 범죄의 도구나 장소로 이용한 경우. 다만, 일반 교통방해죄의 경우는 제외한다.
2	다른 사람의 자동차 등을 훔치거나 빼앗은 경우	제93조 제1항제 12호	•다른 사람의 자동차 등을 빼앗아 이를 운전한 경우 •다른 사람의 자동차 등을 훔치거나 빼앗아 이를 운전하여 운전면허 취소·정지 처분을 받은 사실이 있는 사람이 다시 자동차 등을 훔치고 이를 운전한 경우

(정지처분 기준)

일련번호	위반사항	적용법조 (도로교통법)	내용	벌점
1	자동차 등을 다음 범죄의 도구나 장소로 이용한 경우 •「국가보안법」중 제5조, 제6조, 제8조, 제9조 및 같은 법 제12조 중 증거를 날조·인멸·은닉한 죄 •「형법」중 다음 어느 하나의 범죄 - 살인, 사체유기, 방화 - 강간·강제추행 - 약취·유인·감금 - 상습절도(절취한 물건을 운반한 경우에 한정한다) - 교통방해(단체 또는 다중의 위력으로써 위반한 경우에 한정한다)	제93조 제1항제 11호	•자동차 등을 법정형상한이 유기징역 10년 이하인 범죄의 도구나 장소로 이용한 경우	100
2	다른 사람의 자동차 등을 훔친 경우	제93조 제1항제 12호	•다른 사람의 자동차 등을 훔치고 이를 운전한 경우	100

1. 행정처분의 대상이 되는 범죄행위가 2개 이상의 죄에 해당하는 경우, 실체적 경합관계에 있으면 각각의 범죄행위의 법정형 상한을 기준으로 행정처분을 하고, 상상적 경합관계에 있으면 가장 중한 죄에서 정한 법정형 상한을 기준으로 행정처분을 한다.
2. 범죄행위가 예비·음모에 그치거나 과실로 인한 경우에는 행정처분을 하지 아니한다.
3. 범죄행위가 미수에 그친 경우 위반행위에 대한 처분기준이 운전면허의 취소처분에 해당하면 해당 위반행위에 대한 처분벌점을 110점으로 하고, 운전면허의 정지처분에 해당하면 처분 집행일수의 2분의 1로 감경한다.

㉣ 다른 법률에 따라 관계 행정기관의 장이 행정처분 요청 시의 운전면허 행정처분 기준

일련번호	적용법조 (도로교통법)	내용	정지기간
1	제93조제1항제18호	「양육비 이행확보 및 지원에 관한 법률」 제21조의3에 따라 여성가족부장관이 운전면허 정지처분을 요청하는 경우	100일

비고 1. 「양육비 이행확보 및 지원에 관한 법률」 제21조의3제3항에 따라 해당 양육비 채무자가 양육비 전부를 이행한 때에는 위 표에 따른 운전면허의 정지처분을 철회한다.
2. 위 표에 따른 운전면허의 정지처분에 대해서는 특별교통안전교육에 따른 정지처분 집행일수의 감경은 적용하지 않는다.

제1장 화물운송종사자격제도

화물운송종사자격시험

⑪ 범칙행위 및 범칙금액(승합차)(제93조 제1항 관련)

범칙행위	근거 법조문 (도로교통법)	차량 종별 범칙금액
1. 속도위반(60km/h 초과)	제17조 제3항	1) 승합자동차등: 13만원 2) 승용자동차등: 12만원 3) 이륜자동차등: 8만원
2. 속도위반(40km/h 초과 60km/h 이하)	제17조 제3항	1) 승합자동차등: 10만원 2) 승용자동차등: 9만원 3) 이륜자동차등: 6만원 4) 자전거등 및 손수레등: 6만원
3. 승객의 차 안 소란행위 방치 운전	제49조 제1항 제9호	1) 승합자동차등: 10만원
3의2. 어린이통학버스 특별보호 위반	제51조	1) 승합자동차등: 9만원 2) 승용자동차등: 8만원 3) 이륜자동차등: 6만원
3의3. 제10조의3제2항에 따른 통행금지 위반	제32조 제6호	1) 승합자동차등: 9만원 2) 승용자동차등: 8만원 3) 이륜자동차등: 6만원
4. 신호·지시 위반	제5조	1) 승합자동차등: 7만원 2) 승용자동차등: 6만원 3) 이륜자동차등: 4만원 4) 자전거등 및 손수레등: 3만원
5. 중앙선 침범, 통행구분 위반	제13조 제3항, 제60조 제1항	
6. 속도위반(20km/h 초과 40km/h 이하)	제17조 제3항	
7. 횡단·유턴·후진 위반	제18조	
8. 앞지르기 방법 위반	제21조	
9. 앞지르기 금지시기·장소 위반	제22조	
10. 철길건널목 통과방법 위반	제24조	
11. 횡단보도 보행자 횡단 방해(신호 또는 지시에 따라 도로를 횡단하는 보행자의 통행 방해를 포함한다)	제27조 제1항·제2항	
12. 보행자전용도로 통행 위반(보행자전용도로 통행방법 위반을 포함한다)	제28조 제2항·제3항	
12의2. 긴급자동차에 대한 양보·일시정지 위반	제29조 제4항·제5항	
12의3. 긴급한 용도나 그 밖에 허용된 사항 외에 경광등이나 사이렌 사용	제29조 제6항	
13. 승차 인원 초과, 승객 또는 승하차자 추락 방지조치 위반	제39조 제1항·제3항	
14. 어린이·앞을 보지 못하는 사람 등의 보호 위반	제49조 제1항 제2호	
15. 운전 중 휴대용 전화 사용	제49조 제1항 제10호	
15의2. 운전 중 운전자가 볼 수 있는 위치에 영상 표시	제49조 제1항 제11호	
15의3. 운전 중 영상표시장치 조작	제49조 제1항 제11호의2	

범칙행위	근거 법조문 (도로교통법)	차량 종별 범칙금액
16. 운행기록계 미설치 자동차 운전 금지 등의 위반	제50조 제5항	1) 승합자동차등: 5만원 2) 승용자동차등: 4만원 3) 이륜자동차등: 3만원 4) 자전거등 및 손수레등: 2만원
17. 삭제(2014. 12. 31)		
18. 삭제(2014. 12. 31)		
19. 고속도로·자동차전용도로 갓길통행	제60조 제1항	
20. 고속도로버스전용차로·다인승전용차로 통행위반	제60조 제1항	
21. 통행 금지·제한 위반	제6조	
22. 일반도로 전용차로 통행 위반	제15조 제3항	
23. 고속도로·자동차전용도로 안전거리 미확보	제19조 제1항	
24. 앞지르기의 방해 금지 위반	제21조 제4항	
25. 교차로 통행방법 위반	제25조	
25의2. 교차로에서의 양보운전 위반	제25조 의2	
26. 보행자의 통행 방해 또는 보호 불이행	제27조 제3항부터 제5항까지 및 제16조·제2호	
27. 정차·주차 금지 위반	제32조	
28. 주차금지 위반	제33조	
29. 정차·주차방법 위반	제34조	
30. 정차·주차 위반에 대한 조치 불응	제35조	
31. 적재 제한 위반, 적재물 추락방지 위반 또는 영유아나 동물을 안고 운전하는 행위	제39조 제1항·제4항·제5항	
32. 안전운전의무 위반	제48조	
33. 도로에서의 시비·다툼 등으로 인한 차마의 통행 방해 행위	제49조 제1항 제5호	
34. 급발진, 급가속, 엔진 공회전 또는 반복적·연속적인 경음기 울림으로 인한 소음 발생 행위	제49조 제1항 제8호	
35. 화물 적재함에의 승객탑승 운행 행위	제49조 제1항 제12호	
36. 개인형 이동장치 인명보호 장구 미착용	제50조 제4항	
37. 자전거 주차장이 설치되어 있는 곳 등에서 자전거등 주차	제50조의2 제1항	
38. 고속도로 지정차로 통행위반	제60조 제1항	
39. 고속도로·자동차전용도로 횡단·유턴·후진 위반	제62조	
40. 고속도로·자동차전용도로 정차·주차 금지 위반	제64조	
41. 고속도로 진입 위반	제65조	
42. 고속도로·자동차전용도로에서의 고장 등의 경우 조치 불이행		

제1장
화물자동차운수사업법

범칙행위	근거 법조문 (도로교통법)	차량 종류별 범칙금액
43. 고속도로·자동차전용도로에서의 고장 등의 경우 조치 불이행	제66조	
44. 혼잡 완화조치 위반	제7조	1) 승합자동차등: 3만원 2) 승용자동차등: 3만원 3) 이륜자동차등: 2만원 4) 자전거등 및 손수레등: 1만원
45. 차로통행 준수의무 위반, 지정차로통행 위반, 차로 너비보다 넓은 차 통행 금지 위반(진로 변경 금지 장소에서의 진로 변경을 포함한다)	제14조제2항·제3항·제5항	
46. 속도위반(20km/h 이하)	제17조제3항	
47. 진로 변경방법 위반	제19조제3항	
48. 급제동 금지 위반	제19조제4항	
49. 끼어들기 금지 위반	제23조	
50. 서행의무 위반	제31조제1항	
51. 일시정지 위반	제31조제2항	
52. 방향전환·진로변경 및 회전교차로 진입·진출 시 신호 불이행	제38조제1항	
53. 운전석 이탈 시 안전 확보 불이행	제49조제1항제6호	
54. 동승자 등의 안전을 위한 조치	제49조제1항제7호	
55. 시·도경찰청 지정·공고 사항 위반	제49조제1항제13호	
56. 좌석안전띠 미착용	제50조제1항	
57. 이륜자동차·원동기장치자전거(개인형 이동장치는 제외한다)인명보호 장구 미착용	제50조제3항	
57의2. 등화점등 불이행·발광장치 미착용(자전거 운전자는 제외한다)	제50조제9항	
58. 어린이통학버스와 비슷한 도색·표지 금지 위반	제52조제4항	
59. 최저속도 위반	제17조제3항	1) 승합자동차등: 2만원 2) 승용자동차등: 2만원 3) 이륜자동차등: 1만원 4) 자전거등 및 손수레등: 1만원
60. 일반도로 안전거리 미확보	제19조제1항	
61. 등화 점등·조작 불이행(안개가 끼거나 비 또는 눈이 올 때는 제외한다)	제37조제1항제1호·제3호	
62. 불법부착장치 차 운전(교통단속용 장비의 기능을 방해하는 장치를 한 차의 운전은 제외한다)	제49조제1항제4호	
62의2. 사업용 승합자동차 또는 노면전차의 승차 거부	제50조제5항제3호	
63. 택시의 합승(장기 주차·정차하여 승객을 유치하는 경우로 한정한다)·승차거부·부당요금징수 행위	제50조제6항	
64. 운전이 금지된 위험한 자전거 등의 운전	제50조제7항	
64의2. 술에 취한 상태에서의 자전거등 운전	제44조제1항	1) 개인형 이동장치: 10만원 2) 자전거: 3만원
64의3. 술에 취한 상태에 있다고 인정할만한 상당한 이유가 있는 자전거등 운전자가 경찰공무원의 호흡조사 측정에 불응	제44조제2항	1) 개인형 이동장치: 13만원 2) 자전거: 10만원
65. 돌, 유리, 쇳조각, 그 밖에 도로에 있는 사람이나 차마를 손상시킬 우려가 있는 물건을 던지거나 발사하는 행위	제68조제3항제4호	모든 차마: 5만원
66. 도로를 통행하고 있는 차마에서 밖으로 물건을 던지는 행위	제68조제3항제5호	

범칙행위	근거 법조문 (도로교통법)	차량 종류별 범칙금액
67. 특별교통안전교육의 미이수 가. 과거 5년 이내에 법 제44조를 1회 이상 위반했던 사람으로서 다시 같은 조를 위반하여 운전면허효력 정지처분을 받게 되거나 받은 사람이 그 처분기간이 끝나기 전에 특별교통안전교육을 받지 않은 경우	제73조제2항	차종 구분 없음: 15만원
나. 가목 외의 경우		10만원
68. 경찰관의 실효된 면허증 회수에 대한 거부 또는 방해	제95조제2항	차종 구분 없음: 3만원

비고 1. 위 표에서 "승합자동차등"이란 승합자동차, 4톤 초과 화물자동차, 특수자동차, 건설기계 및 노면전차를 말한다.
2. 위 표에서 "승용자동차등"이란 승용자동차 및 4톤 이하 화물자동차를 말한다.
3. 위 표에서 "이륜자동차등"이란 이륜자동차 및 원동기장치자전거(개인형 이동장치는 제외한다)를 말한다.
4. 위 표에서 "손수레등"이란 손수레, 경운기 및 우마차를 말한다.
5. 위 표 제65호 및 제66호의 경우 동승자를 포함한다.

ⓑ 어린이보호구역 및 노인·장애인보호구역에서의 과태료 부과기준(제88조제4항 단서 관련)

위반행위 및 행위자	근거 법조문 (도로교통법)	차량 종류별 과태료 금액
1. 법 제5조를 위반하여 신호 또는 지시를 따르지 않은 차 또는 노면전차의 고용주등	제160조 제3항	1) 승합자동차등: 14만원 2) 승용자동차등: 13만원 3) 이륜자동차등: 9만원
2. 법 제17조제3항을 위반하여 제한속도를 준수하지 않은 차 또는 노면전차의 고용주등		
가. 60km/h 초과		1) 승합자동차등: 17만원 2) 승용자동차등: 16만원 3) 이륜자동차등: 11만원
나. 40km/h 초과 60km/h 이하	제160조 제3항	1) 승합자동차등: 14만원 2) 승용자동차등: 13만원 3) 이륜자동차등: 9만원
다. 20km/h 초과 40km/h 이하		1) 승합자동차등: 11만원 2) 승용자동차등: 10만원 3) 이륜자동차등: 7만원
라. 20km/h 이하		1) 승합자동차등: 7만원 2) 승용자동차등: 7만원 3) 이륜자동차등: 5만원
3. 법 제32조부터 제34조까지의 규정을 위반하여 정차 또는 주차를 한 차의 고용주등		
가. 어린이보호구역에서 위반한 경우	제160조 제3항	1) 승합자동차등: 13만원(14만원) 2) 승용자동차등: 12만원(13만원)
나. 노인·장애인보호구역에서 위반한 경우		1) 승합자동차등: 9만원(10만원) 2) 승용자동차등: 8만원(9만원)

비고 1. 위 표에서 "승합자동차등"이란 승합자동차, 4톤 초과 화물자동차, 특수자동차, 건설기계 및 노면전차를 말한다.
2. 위 표에서 "승용자동차등"이란 승용자동차 및 4톤 이하 화물자동차를 말한다.
3. 위 표에서 "이륜자동차등"이란 이륜자동차 및 원동기장치자전거(개인형 이동장치는 제외한다)를 말한다.
4. 위 표 제3호의 과태료 금액에서 괄호 안의 것은 같은 장소에서 2시간 이상 정차 또는 주차 위반을 하는 경우에 적용한다.

제1장
화물자동차운수사업법

⑧ 어린이보호구역 및 노인·장애인보호구역에서의 범칙행위 및 범칙금액(제93조제2항 관련)(시행령 별표 10)

범칙행위	근거 법조문 (도로교통법)	차량 종류별 범칙 금액
1. 신호·지시 위반 2. 횡단보도 보행자 횡단 방해	제5조 제27조제1항·제2항	1) 승합자동차등: 13만원 2) 승용자동차등: 12만원 3) 이륜자동차등: 8만원 4) 자전거등 및 손수레등: 6만원
3. 속도위반 　가. 60km/h 초과	제17조제3항	1) 승합자동차등: 16만원 2) 승용자동차등: 15만원 3) 이륜자동차등: 10만원
나. 40km/h 초과 60km/h 　　이하		1) 승합자동차등: 13만원 2) 승용자동차등: 12만원 3) 이륜자동차등: 8만원
다. 20km/h 초과 40km/h 　　이하		1) 승합자동차등: 10만원 2) 승용자동차등: 9만원 3) 이륜자동차등: 6만원
라. 20km/h 이하		1) 승합자동차등: 6만원 2) 승용자동차등: 6만원 3) 이륜자동차등: 4만원
4. 통행 금지·제한 위반 5. 보행자 통행 방해 또는 보호 불이행	제6조제1항·제2항·제4항 제27조제3항부터제5항까지 및 같은 조 제6항제1호·제2호	1) 승합자동차등: 9만원 2) 승용자동차등: 8만원 3) 이륜자동차등: 6만원 4) 자전거등 및 손수레등: 4만원
6. 정차·주차 금지 위반 　가. 어린이보호구역에서 위반한 경우	제32조	1) 승합자동차등: 13만원 2) 승용자동차등: 12만원 3) 이륜자동차등: 9만원 4) 자전거등: 6만원
나. 노인·장애인보호구역에서 위반한 경우		1) 승합자동차등: 9만원 2) 승용자동차등: 8만원 3) 이륜자동차등: 6만원 4) 자전거등: 4만원
7. 주차금지 위반 　가. 어린이보호구역에서 위반한 경우	제33조	1) 승합자동차등: 13만원 2) 승용자동차등: 12만원 3) 이륜자동차등: 9만원 4) 자전거등: 6만원
나. 노인·장애인보호구역에서 위반한 경우		1) 승합자동차등: 9만원 2) 승용자동차등: 8만원 3) 이륜자동차등: 6만원 4) 자전거등: 4만원
8. 정차·주차방법 위반 　가. 어린이보호구역에서 위반한 경우	제34조	1) 승합자동차등: 13만원 2) 승용자동차등: 12만원 3) 이륜자동차등: 9만원 4) 자전거등: 6만원
나. 노인·장애인보호구역에서 위반한 경우		1) 승합자동차등: 9만원 2) 승용자동차등: 8만원 3) 이륜자동차등: 6만원 4) 자전거등: 4만원
9. 정차·주차 위반에 대한 조치 불응 　가. 어린이보호구역에서 위반한 경우	제35조제1항	1) 승합자동차등: 13만원 2) 승용자동차등: 12만원 3) 이륜자동차등: 9만원 4) 자전거등: 6만원
나. 노인·장애인보호구역에서 위반한 경우		1) 승합자동차등: 9만원 2) 승용자동차등: 8만원 3) 이륜자동차등: 6만원 4) 자전거등: 4만원

비고 1. 위 표에서 "승합자동차등"이란 승합자동차, 4톤 초과 화물자동차, 특수자동차, 건설기계 및 노면전차를 말한다.
2. 위 표에서 "승용자동차등"이란 승용자동차 및 4톤 이하 화물자동차를 말한다.
3. 위 표에서 "이륜자동차등"이란 이륜자동차 및 원동기장치자전거(개인형 이동장치는 제외한다)를 말한다.
4. 위 표에서 "손수레등"이란 손수레, 경운기 및 우마차를 말한다.
5. 위 표 제3가목을 위반하여 범칙금 납부 통고를 받은 운전자가 통고처분을 이행하지 않아 제99조제1항에 따라 가산금을 더할 경우 범칙금의 최대 부과금액은 20만원으로 한다.

제2장 교통사고처리특례법

제1절 처벌의 특례

1. 특례의 적용 및 배제

1) 특례의 적용(법 제3조 제1항 및 제2항)
   ① 제1항 : 차의 운전자가 교통사고로 인하여 형법 제268조의 죄를 범한 경우에는 5년 이하의 금고 또는 2천만원 이하의 벌금에 처한다.
   * 형법 제268조(업무상과실·중과실 치사상)
   업무상 과실 또는 중대한 과실로 인하여 사람을 사상에 이르게 한 자는 5년 이하의 금고 또는 2천만원 이하의 벌금에 처한다.
   * 도로교통법 제151조(벌칙)
   차의 운전자가 업무상 필요한 주의를 게을리 하거나 중대한 과실로 다른 사람의 건조물이나 그 밖의 재물을 손괴한 때에는 2년 이하의 금고나 500만원 이하의 벌금에 처한다.
   ② 제2항 : 차의 교통으로 제1항의 죄 중 업무상과실치상죄 또는 중과실치상죄와 도로교통법 제151조의 죄를 범한 운전자에 대하여는 피해자의 명시적인 의사에 반하여 공소를 제기할 수 없다. (*이어지는 예외단서 11개 항목 사고는 아래 2). 특례의 배제" 참조).

2) 특례의 배제(법 제3조 제2항의 예외단서)
   차의 운전자가 제1항의 죄 중 업무상과실치상죄 또는 중과실치상죄를 범하고도 피해자를 구호하는 등 「도로교통법」 제54조제1항에 따른 조치를 하지 아니하고 도주하거나 피해자를 사고 장소로부터 옮겨 유기하고 도주한 경우, 같은 죄를 범하고 「도로교통법」 제44조제2항을 위반하여 음주측정 요구에 따르지 아니한 경우(운전자가 채혈 측정을 요청하거나 동의한 경우는 제외)와 다음 각 호의 어느 하나에 해당하는 행위로 인하여 같은 죄를 범한 경우에는 법 제3조제2항의 단서규정에 따라 특례의 적용을 배제한다.
   ① 신호·지시위반사고
   ② 중앙선침범, 고속도로나 자동차전용도로에서의 횡단·유턴 또는 후진 위반 사고
   ③ 속도위반(20km/h 초과) 과속사고
   ④ 앞지르기의 방법·금지시기·금지장소 또는 끼어들기 금지 위반사고
   ⑤ 철길건널목 통과방법 위반사고
   ⑥ 보행자보호의무 위반사고
   ⑦ 무면허운전사고
   ⑧ 주취운전·약물복용운전 사고
   ⑨ 보도침범·보도횡단방법 위반사고
   ⑩ 승객추락방지의무 위반사고
   ⑪ 어린이 보호구역내 안전운전의무 위반으로 어린이의 신체를 상해에 이르게 한 사고
   ⑫ 자동차의 화물이 떨어지지 아니하도록 필요한 조치를 하지 아니하고 운전한 경우

2. 처벌의 가중

1) 사망사고
   ① 교통안전법 시행령 별표 3의2에서 규정된 교통사고에 의한 사망은 교통사고가 주된 원인이 되어 교통사고 발생 시부터 30일 이내에 사람이 사망한 사고를 말한다.
   ② 사망사고는 그 피해의 중대성과 심각성으로 말미암아 사고차량이 보험이나 공제에 가입되어 있더라도 이를 반의사불벌죄의 예외로 규정하여 형법 제268조에 따라 처벌한다.
   ③ 도로교통법령상 교통사고 발생 후 72시간내 사망하면 벌점 90점이 부과된다.

2) 도주사고
   ① 교통사고를 야기하고 도주한 운전은 특히 피해자의 생명, 신체에 중대한 위험을 초래하고 민사적 손해배상의 현저한 곤란을 초래한다는 점에서 도로교통법만으로 규율하기에는 미흡하여 이에 대한 가중처벌과 예방적 효과를 위하여 특정범죄가중처벌 등에 관한법률 제5조의3에의 규정을 적용하여 처벌을 가중한다.
   ② 특정범죄 가중처벌 등에 관한 법률 제5조의3(도주차량 운전자의 가중처벌)
      ㉠ 도로교통법 제2조에 규정된 자동차·원동기장치자전거의 교통으로 인하여 형법 제268조의 죄를 범한 해당 차량의 사고운전자가 피해자를 구호하는 등 도로교통법 제54조제1항에 따른 조치를 하지 아니하고 도주한 경우에는 다음 각 호의 구분에 따라 가중처벌한다.
      • 피해자를 사망에 이르게 하고 도주하거나, 도주 후에 피해자가 사망한 경우에는 무기 또는 5년 이상의 징역에 처한다.
      • 피해자를 상해에 이르게 한 경우에는 1년 이상의 유기징역 또는 500만원 이상 3천만원 이하의 벌금에 처한다.
      ㉡ 사고운전자가 피해자를 사고 장소로부터 옮겨 유기하고 도주한 경우에는 다음 각 호의 구분에 따라 가중처벌한다.
      • 피해자를 사망에 이르게 하고 도주하거나, 도주 후에 피해자가 사망한 경우에는 사형, 무기 또는 5년 이상의 징역에 처한다.
      • 피해자를 상해에 이르게 한 경우에는 3년 이상의 유기징역에 처한다.
   ③ 도주(뺑소니)사고의 성립요건

   피해자의 사상 사실 인식(예견됨에도) → 병원후송등 적절한 조치 없이 → 피해자를 방치한 채 현장을 이탈한 경우 등

   사고야기자로써 확정될 수 없는 상태를 초래

3) 도주사고 적용사례
   ① 사상 사실을 인식하고도 가버린 경우
   ② 피해자를 방치한 채 사고현장을 이탈 도주한 경우

제2장
교통사고처리특례법

③ 사고현장에 있었어도 사고사실을 은폐하기 위해 거짓진술·신고한 경우
④ 부상피해자에 대한 적극적인 구호조치 없이 가버린 경우
⑤ 피해자가 이미 사망했다고 하더라도 사체 안치 후송 등 조치 없이 가버린 경우
⑥ 피해자를 병원까지만 후송하고 계속치료 받을 수 있는 조치없이 도주한 경우
⑦ 운전자를 바꿔치기 하여 신고한 경우

4) 도주가 적용되지 않는 경우
① 피해자가 부상 사실이 없거나 극히 경미하여 구호조치가 필요치 않는 경우
② 가해자 및 피해자 일행 또는 경찰관이 환자를 후송 조치하는 것을 보고 연락처 주고 가버린 경우
③ 교통사고 가해운전자가 심한 부상을 입어 타인에게 의뢰하여 피해자를 후송조치한 경우
④ 교통사고 장소가 혼잡하여 도저히 정지할 수 없어 일부 진행한 후 정지하고 되돌아와 조치한 경우

제2절 중대 법규위반 교통사고의 개요

법 제3조(처벌의 특례) 제2항의 단서 규정에 의하여 피해자의 명시한 의사에 반하여 공소를 제기할 수 없다는 반의사불벌죄의 특례적용이 배제되는 중대 법규위반 교통사고를 좀 더 자세히 살펴보면 다음과 같다.

1. 신호·지시 위반 사고

1) 정의
신호 및 지시위반이란 도로교통법 제5조(신호 또는 지시에 따를 의무)의 내용 중 신호기 또는 교통정리를 하는 경찰공무원 등의 신호나, 통행의 금지 또는 일시정지를 내용으로 하는 안전표지가 표시하는 지시에 위반하여 운전한 경우

2) 신호위반의 종류
① 사전출발 신호위반
② 주의(황색)신호에 무리한 진입
③ 신호무시하고 진행한 경우

3) 황색주의신호의 개념
① 황색주의신호 기본 3초
큰 교차로는 다소연장하나 6초 이상의 황색신호가 필요한 경우에는 교차로에서 녹색신호가 나오기 전에 출발하는 경향이 있다.
② 선·후신호 진행차량 간 사고를 예방하기 위한 제도적 장치(3초 여유)
③ 대부분 선신호 차량 신호위반, 단 후신호 논스톱 사전진입 시는 예외
④ 초당거리 역산 신호위반 입증

4) 신호기의 적용범위
신호기의 적용범위는 원칙적으로 해당교차로나 횡단보도에만 적용되지만 다음과 같은 경우에는 확대 적용될 수 있다.
① 신호기의 직접영향 지역
② 신호기의 지주 위치 내의 지역
③ 대향차선에 유턴을 허용하는 지역에서는 신호기 적들 유턴 허용지점으로까지 확대 적용
④ 대향차량이나 피해자가 신호기의 내용을 의식, 신호상황에 따라 진행중인 경우

5) 교통경찰공무원을 보조하는 사람의 수신호에 대한 법률 적용
교통사고처리특례법 개정('93. 7. 1.)으로 교통경찰공무원을 보조하는 사람의 수신호 사고 시 신호위반 적용

6) 좌회전 신호없는 교차로 좌회전중 사고
대형사고의 예방측면에서 신호위반 적용

7) 지시위반: 규제표지 중 통행금지표지, 진입금지표지, 일시정지표지, 통행금지표지, 자동차통행금지표지, 화물자동차통행금지표지, 승합자동차통행금지표지, 이륜자동차 및 원동기 장치자전거통행금지표지, 자동차·이륜자동차 및 원동기장치자전거통행금지표지, 경운기·트랙터 및 손수레통행금지표지, 자전거통행금지표지, 진입금지표지, 일시정지표지 등에 대해 적용

8) 신호·지시위반사고의 성립요건

항목	내용	예외사항
장소적요건	• 신호기가 설치되어 있는 교차로나 횡단보도 • 경찰관 등의 수신호 • 지시표지판(규제표지 중 통행금지·진입금지·일시정지표지)이 설치된 구역내	• 진행방향에 신호기가 설치되지 않은 경우 • 신호기의 고장이나 황색, 적색 점멸신호등의 경우 • 기타 지시표지판(규제표지 중 통행금지·진입금지·일시정지표지 제외)이 설치된 구역
피해자적요건	• 신호·지시위반 차량에 충돌되어 인적피해를 입은 경우	• 대물피해만 입는 경우는 공소권 없음 처리
운전자의과실	• 고의적 과실 • 부주의에 의한 과실	• 불가항력적 과실 • 만부득이한 과실 • 교통상 적절한 행위는 예외
시설물의설치요건	• 도로교통법 제3조에 의거 특별시장·광역시장 또는 시장·군수가 설치한 신호기나 안전표지	• 아파트단지등 특정구역 내부의 소통과 안전을 목적으로 자체적으로 설치된 경우는 제외

2. 중앙선침범, 횡단·유턴 또는 후진 위반 사고

1) 중앙선의 정의
"중앙선"이라 함은 차마의 통행을 방향별로 명확히 구별하기 위하여 도로에 황색실선이나 황색점선 등의 안전표지로 설치한 선 또는 중앙분리대·철책·울타리 등으로 설치한 시설들을 말하며, 도로교통법 제14조(차로의 설치 등)제1항 후단의 규정에 의하여 가변차로가 설치된 경우에는 신호기가 지시하는 진행방향의 제일 왼쪽 황색점선을 말한다.

2) 중앙선침범의 한계
사고의 참혹성과 예방목적상 차체의 일부라도 걸치면 중앙선침범 적용

제2장 교통사고처리특례법

3) 중앙선침범이 적용되는 사례
  ① 고의 또는 의도적인 중앙선침범 사고
    ㉠ 좌측도로나 건물 등으로 가기 위해 회전하며 중앙선을 침범한 경우
    ㉡ 오던 길로 되돌아가기 위해 U턴 하며 중앙선을 침범한 경우
    ㉢ 중앙선을 침범하거나 걸친 상태로 계속 진행한 경우
    ㉣ 앞지르기 위해 중앙선을 넘어 진행하다 다시 진행차로로 들어오는 경우
    ㉤ 후진으로 중앙선을 넘었다가 다시 진행 차로로 들어오는 경우(대향차의 차량 아닌 보행자를 충돌한 경우도 중앙선침범 적용)
    ㉥ 황색점선으로 된 중앙선을 넘어 회전 중 발생한 사고 또는 추월 중 발생한 경우
  ② 현저한 부주의로 중앙선침범 이전에 선행된 중대한 과실사고
    ㉠ 커브길 과속운행으로 중앙선을 침범한 사고
    ㉡ 빗길에 과속으로 운행하다가 미끄러지며 중앙선을 침범한 사고 단, 제한속력 내 운행 중 미끄러지며 발생한 경우는 중앙선침범 적용 불가
    ㉢ 기타 현저한 부주의에 의한 중앙선을 침범한 사고
      (예 : 졸다가 뒤늦게 급제동하여 중앙선을 침범한 사고, 차내 잡담 등 부주의로 인한 중앙선침범, 전방주시 태만으로 인한 중앙선침범, 역주행 자전거 충돌사고 시 자전거는 중앙선침범)
  ③ 고속도로, 자동차전용도로에서 횡단, U턴 또는 후진중 사고 발생시 중앙선침범 적용
    ㉠ 고속도로, 자동차전용도로에서 횡단, U턴 또는 후진 중 발생한 사고
    ㉡ 예외사항 : 긴급자동차, 도로보수 유지 작업차, 사고응급 조치 작업차

4) 중앙선침범 적용

특례법상 11항목 사고로 형사입건	공소권 없는 사고로 처리
• 고의적 U턴, 회전 중 중앙선침범 사고	• 불가항력적 중앙선침범
• 의도적 U턴, 회전 중 중앙선침범 사고	• 만부득이한 중앙선침범
• 현저한 부주의로 인한 중앙선침범 사고	- 사고피양 급제동으로 인한 중앙선침범
- 커브길 과속으로 중앙선침범	- 위험 회피로 인한 중앙선침범
- 빗길 과속으로 중앙선침범	- 충격에 의한 중앙선침범
- 졸다가 뒤늦게 급제동으로 중앙선침범	- 빙판등 부득이한 중앙선침범
- 차내 잡담등 부주의로 인한 중앙선침범	- 교차로 좌회전 중 일부 중앙선침범
- 기타 현저한 부주의로 인한 중앙선침범	

5) 중앙선침범 사고의 성립요건

항목	내용	예외사항
장소적 요건	• 황색실선이나 점선의 중앙선이 설치되어 있는 도로 • 자동차전용도로나 고속도로에서의 횡단·유턴·후진	• 중앙선이 설치되어 있지 않은 경우 • 아파트 단지 내나 군부대 내의 사설 중앙선 • 일반도로에서의 횡단·유턴·후진
피해자적 요건	• 중앙선침범 차량에 충돌되어 인적피해를 입는 경우 • 자동차전용도로나 고속도로에서의 횡단·유턴·후진차량에 충돌되어 인적피해를 입는 경우	• 대물피해만 입는 경우는 공소권 없음 처리
운전자의 과실	• 고의적 과실 • 현저한 부주의에 의한 과실	• 불가항력적 과실 • 만부득이한 과실
시설물의 설치요건	• 도로교통법 제13조에 의거 시·도경찰청장이 설치한 중앙선	• 아파트단지등 특정구역 내부의 소통과 안전을 목적으로 자체적으로 설치된 경우는 제외

6) 중앙선침범이 적용되지 않은 사례
  ① 불가항력적 중앙선침범 사고
    ㉠ 뒤차의 추돌로 앞차가 밀리면서 중앙선을 침범한 경우
    ㉡ 횡단보도에서의 추돌사고(보행자 보호의무 위반 적용)
    ㉢ 내리막길 주행 중 브레이크 파열 등 정비 불량으로 중앙선을 침범한 사고
  ② 사고피양 등 만부득이한 중앙선침범 사고 (안전운전 불이행 적용)
    ㉠ 앞차의 정지를 보고 추돌을 피하려다 중앙선을 침범한 사고
    ㉡ 보행자를 피양하다 중앙선을 침범한 사고
    ㉢ 빙판길에 미끄러지면서 중앙선을 침범한 사고
  ③ 중앙선침범이 성립되지 않는 사고
    ㉠ 중앙선이 없는 도로나 교차로의 중앙부분을 넘어서 난 사고
    ㉡ 중앙선의 도색이 마모되었을 경우 중앙부분을 넘어서 난 사고
    ㉢ 눈 또는 흙더미에 덮여 중앙선이 보이지 않는 경우 중앙부분을 넘어서 발생한 사고
    ㉣ 전반적으로 또는 완전하게 중앙선이 마모되어 식별이 곤란한 도로에서 중앙부분을 넘어서 발생한 사고
    ㉤ 공사장 등에서 임시로 차선규제봉 또는 오뚜기 등 설치물을 넘어 사고 발생된 경우
    ㉥ 운전부주의로 핸들을 과대 조작하여 반대편 도로의 노견을 충돌한 자피사고
    ㉦ 학교, 군부대, 아파트 등 단지내 사설 중앙선침범 사고
    ㉧ 중앙분리대가 끊어진 곳에서 회전하다가 사고 야기된 경우
    ㉨ 중앙선이 없는 굽은 도로에서 중앙부분을 진행 중 사고 발생된 경우
    ㉩ 중앙선을 침범한 동일방향 앞차를 뒤따르다가 그 차를 추돌한 사고의 경우

3. 속도위반(20km/h초과) 과속 사고

1) 과속의 개념

일반적으로 과속이란 도로교통법 제17조 1항과 2항에 규정된 법정속도와 지정속도를 초과한 경우를 말하고, 교통사고처리특례법상의 과속이란 도로교통법 제17조 1항과 2항에 규정된 법정속도와 지정속도를 20km/h 초과된 경우이다.

제2장 교통사고처리특례법

＊경찰에서 사용 중인 속도추정방법
① 운전자의 진술
② 스피드건
③ 타코그래프(운행기록계)
④ 제동흔적 등

2) 과속 사고(20km/h 초과)의 성립요건

항목	내용	예외사항
장소적요건	•도로나 불특정 다수의 사람 또는 차마의 통행을 위하여 공개된 장소로서 안전하고 원활한 교통을 확보할 필요가 있는 장소에서의 사고	•도로나 불특정 다수의 사람 또는 차마의 통행을 위하여 공개된 장소로서 안전하고 원활한 교통을 확보할 필요가 있는 장소가 아닌 곳에서의 사고
피해자적요건	•과속 차량(20km/h 초과)에 충돌되어 인적 피해를 입는 경우	•제한 속도 20km/h 이하 과속 차량에 충돌되어 인적피해를 입은 경우 •제한 속도 20km/h 초과 차량에 충돌되어 대물 피해만 입은 경우
운전자의과실	•제한 속도 20km/h 초과하여 과속 운행 중 사고 야기한 경우 1) 고속도로(일반도로 포함)나 자동차전용도로에서 제한 속도 20km/h 초과한 경우 2) 속도 제한 표지판 설치 구간에서 제한 속도 20km/h를 초과한 경우 3) 비·안개·눈 등으로 인한 악천후 시 감속운행 기준에서 20km/h를 초과한 경우 4) 총중량 2,000kg에 미달자동차를 3배 이상의 자동차로 견인하는 때 30km/h에서 20km/h를 초과한 경우 5) 이륜자동차가 견인하는 때 25km/h에서 20km/h를 초과한 경우	•제한 속도 20km/h 이하로 과속하여 운행 중 사고 야기한 경우 •제한속도 20km/h 초과하여 과속 운행중 대물 피해만 입은 경우
시설물의설치요건	•도로교통법 제3조 시행규칙 제8조에 의거 시·도경찰청장이 설치한 안전표지 중 1) 규제표지 일련번호 224호 (최고속도제한표지) 2) 노면표시 일련번호 517~518호(속도제한표시)	•동 안전표지 중 1) 규제표지 226호(서행표지) 2) 보조표지 409호(안전속도 표지) 3) 노면표시 519~520호(서행표시)의 위반사고에 대하여는 과속사고가 적용되지 않음

4. 앞지르기의 방법·금지시기·금지장소 또는 끼어들기 금지 위반 사고

1) 중앙선침범, 차로변경과 앞지르기 구분
① 중앙선침범 : 중앙선을 넘어서거나 걸친 행위
② 차로변경 : 차로를 바꿔 곧바로 진행하는 행위
③ 앞지르기 : 앞차 좌측 차로로 바꿔 진행하여 앞차의 앞으로 나아가는 행위

2) 앞지르기 방법, 금지 위반 사고의 성립요건

항목	내용	예외사항
장소적요건	•앞지르기 금지 장소 1) 교차로 2) 터널 안 3) 다리 위 4) 도로의 구부러진 곳, 비탈길의 고개마루 부근 또는 가파른 비탈길의 내리막 등 시·도경찰청장이 안전표지에 의하여 지정한 곳	•앞지르기 금지 장소외 지역
피해자적요건	•앞지르기 방법·금지 위반 차량에 충돌되어 인적 피해를 입은 경우	•앞지르기방법·금지 위반 차량에 충돌되어 대물 피해만 입은 경우 •불가항력적, 만부득이한 경우 앞지르기하던 차량에 충돌되어 인적 피해를 입은 경우
운전자의과실	•앞지르기 금지 위반 행위 1) 병진 시 앞지르기 2) 앞차의 좌회전 시 앞지르기 3) 위험방지를 위한 정지·서행 시 앞지르기 4) 앞지르기 금지 장소에서의 앞지르기 5) 실선의 중앙선침범 앞지르기 •앞지르기 방법 위반 행위 1) 우측 앞지르기 2) 2개 차로 사이로 앞지르기	•불가항력, 만부득예한 경우 앞지르기 하던중 사고

※ 병진 : 앞차의 좌측에 다른 차가 앞차와 나란히 가고 있는 경우

5. 철길건널목 통과방법 위반 사고

1) 철길건널목의 종류

종별	내용
1종 건널목	차단기, 건널목경보기 및 교통안전표지가 설치되어 였는 경우
2종 건널목	경보기와 건널목 교통안전표지만 설치하는 건널목
3종 건널목	건널목 교통안전표지만 설치하는 건널목

2) 철길건널목 통과방법 위반사고의 성립요건

항목	내용	예외사항
장소적요건	•철길건널목(1, 2, 3종 불문)	•역구내 철길건널목의 경우
피해자적요건	•철길건널목 통과방법 위반사고로 인적 피해를 입은 경우	•철길건널목 통과방법 위반사고로 대물피해만을 엽은 경우

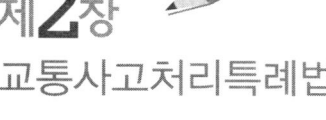

제2장 교통사고처리특례법

항목	내용	예외사항
운전자의 과실	• 철길건널목 통과방법을 위반한 과실 1) 철길건널목직전 일시정지 불이행 2) 안전미확인 통행중 사고 3) 고장시 승객대피, 차량이동 조치 불이행	• 철길건널목 신호기, 경보기 등의 고장으로 일어난 사고 * 신호기 등이 표시하는 신호에 따르는 때에는 일시정지하지 아니하고 통과할 수 있다.

6. 보행자 보호의무 위반 사고

1) 보행자의 보호
모든 차의 운전자는 보행자가 횡단보도를 통행하고 있는 때에는 그 횡단보도 앞(정지선이 설치되어 있는 곳에서는 그 정지선을 말한다)에서 일시정지하여 보행자의 횡단을 방해하거나 위험을 주어서는 아니 된다.

2) 횡단보도 보행자 보호의무 위반의 개념
보행자가 횡단보도 신호에 따라 적법하게 횡단하였고, 신호변경이 되었더라도 미처 건너지 못한 보행자가 예상되므로 운전자의 주의 촉구

3) 횡단보도에서 이륜차(자전거, 오토바이)와 사고 발생 시 결과조치

형태	결과	조치
이륜차를 타고 횡단보도 통행 중 사고	이륜차를 보행자로 볼 수 없고 제차로 간주하여 처리	안전운전 불이행 적용
이륜차를 끌고 횡단보도 보행 중	보행자로 간주	보행자 보호의무 위반 적용
이륜차를 타고가다 멈추고 한 발을 페달에, 한 발을 노면에 딛고 서 있던 중 사고	보행자로 간주	보행자 보호의무 위반 적용

4) 횡단보도 보행자 보호의무 위반 사고의 성립요건

항목	내용	예외사항
장소적 요건	• 횡단보도 내	• 보행자신호가 정지신호(적색등화) 때의 횡단보도
피해자적 요건	• 횡단보도를 건너던 보행자가 자동차에 충돌되어 인적 피해를 입은 경우	• 보행자신호가 정지신호(적색등화) 때 횡단보도 건너던 중 사고 • 횡단보도를 건너는 것이 아니고 드러누워 있거나, 교통정리, 싸우던중, 택시를 잡던 중 등 보행의 경우가 아닌 때
운전자의 과실	• 횡단보도를 건너는 보행자를 충돌한 경우 • 횡단보도 전에 정지한 차량을 추돌, 앞차가 밀려나가 보행자를 충돌한 경우 • 보행신호(녹색등화)에 횡단보도 진입, 건너던중 주의신호(녹색등화의 점멸) 또는 정지신호(적색등화)가 되어 마저 건너고 있는 보행자를 충돌한 경우	• 보행자가 횡단보도를 정지신호(적색등화)에 건너던 중 사고 • 보행자가 횡단보도를 건너던 중 신호가 변경되어 중앙선에서 있던 중 사고 • 보행자가 주의신호(녹색등화의 점멸)에 뒤늦게 횡단보도에 진입하여 건너던 중 정지신호(적색등화)로 변경된 후 사고

항목	내용	예외사항
시설물의 설치요건	• 횡단보도로 진입하는 차량에 의해 보행자가 놀라거나 충돌을 회피하기 위해 도망가다 넘어져 그 보행자를 다치게 한 경우(비접촉사고) • 도로교통법 제10조에 의거 시·도경찰청장이 설치한 횡단보도 * 횡단보도 노면표시가 있고 표지판이 설치되지 아니한 경우 횡단보도로 간주한다.	• 아파트 단지나 학교, 군부대 등 특정구역 내부의 소통과 안전을 목적으로 자체 설치된 경우는 제외

7. 무면허 운전 사고

1) 정의
운전면허를 받지 아니하거나 국제운전면허증을 소지하지 아니하고 운전한 경우, 운전면허의 효력이 정지 중에 있거나 국제운전면허증을 소지한 자 운전이 금지된 경우에 운전하다가 사고

2) 무면허 운전에 해당되는 경우
① 면허를 취득하지 않고 운전하는 경우
② 유효기간이 지난 운전면허증으로 운전하는 경우
③ 면허 취소처분을 받은 자가 운전하는 경우
④ 면허정지 기간 중에 운전하는 경우
⑤ 시험합격 후 면허증 교부 전에 운전하는 경우
⑥ 면허종별외 차량을 운전하는 경우
⑦ 위험물을 운반하는 화물자동차가 적재중량 3톤을 초과함에도 제1종 보통 운전면허로 운전한 경우
⑧ 건설기계(덤프트럭, 아스팔트살포기, 노상안정기, 콘크리트믹서트럭, 콘크리트펌프, 트럭적재식 천공기)를 제1종 보통운전면허로 운전한 경우
⑨ 면허있는 자가 도로에서 무면허자에게 운전연습을 시키던 중 사고를 야기한 경우
⑩ 군인(군속인 자)이 군면허만 취득 소지하고 일반차량을 운전한 경우
⑪ 임시운전증명서 유효기간 지나 운전 중 사고 야기한 경우
⑫ 외국인으로 국제운전면허를 받지 않고 운전하는 경우
⑬ 외국인으로 입국하여 1년이 지난 국제운전면허증을 소지하고 운전하는 경우

2) 무면허 운전 사고의 성립요건

항목	내용	예외사항
장소적 요건	• 도로나 그 밖에 현실적으로 불특정 다수의 사람 또는 차마의 통행을 위하여 공개된 장소로서 안전하고 원활한 교통을 확보할 필요가 있는 장소(교통경찰권이 미치는 장소)	• 현실적으로 불특정 다수의 사람 또는 차마의 통행을 위하여 공개된 장소가 아닌 곳에서의 운전(특정인만 출입하는 장소로 교통경찰권이 미치지 않는 장소)
피해자적 요건	• 무면허 운전 자동차에 충돌되어 인적사고를 입는 경우 • 대물 피해만 입는 경우도 보험면책으로 합의되지 않는 경우	• 대물 피해만 입는 경우로 보험면책으로 합의된 경우
운전자의 과실	• 무면허 상태에서 자동차를 운전하는 경우	• 취소사유 상태이나 취소처분(통지) 전 운전

8. 음주 운전 · 약물복용 운전 사고

1) 정의
도로교통법 제44조 제1항을 위반하여 술에 취한 상태에서 운전을 하거나 동법 제45조의 규정에 위반하여 약물의 영향으로 정상적인 운전을 하지 못할 염려가 있는 상태에서 운전하다가 인사사고를 발생시킨 사고

2) 음주 운전에 해당되는 사례
① 불특정 다수인이 이용하는 도로 및 공개되지 않는 통행로에서의 음주운전 행위도 처벌 대상이 되며, 구체적인 장소는 다음과 같다.
  ㉠ 도로
  ㉡ 불특정 다수의 사람 또는 차마의 통행을 위하여 공개된 장소
  ㉢ 공개되지 않는 통행로(공장, 관공서, 학교, 사기업 등 정문 안쪽 통행로)와 같이 문, 차단기에 의해 도로와 차단되고 관리되는 장소의 통행로
② 술을 마시고 주차장 또는 주차선 안에서 운전하여도 처벌 대상이 된다.

3) 음주 운전에 해당되지 않은 사례
① 술을 마시고 운전을 하였다 하더라도 도로교통법에서 정한 음주 기준(혈중알코올농도 0.03% 이상)에 해당되지 않으면 음주운전이 아니다.

4) 음주 운전 사고의 성립요건

항목	내용	예외사항
장소적 요건	• 도로나 그 밖에 현실적으로 불특정 다수의 사람 또는 차마의 통행을 위하여 공개된 장소로서 안전하고 원활한 교통을 확보할 필요가 있는 장소 • 공장, 관공서, 학교, 사기업 등의 정문 안쪽 통행로와 같이 문, 차단기에 의해 도로와 차단되고 별도로 관리되는 장소 • 주차장 또는 주차선 안	• 도로교통법 개정으로 도로가 아닌 곳에서의 음주운전도 처벌 대상 • 도로가 아닌 곳에서의 음주운전은 형사처벌의 대상이나, 운전면허에 대한 행정처분 대상은 아니다.
피해자적 요건	• 음주 운전 자동차에 충돌되어 인적 사고를 입는 경우	• 대물 피해만 입은 경우(보험에 가입되어 있다면 공소권 없음으로 처리)
운전자의 과실	• 음주한 상태로 자동차를 운전하여 일정거리 운행한 때 • 음주 한계 수치가 0.03% 이상일 때 음주 측정에 불응한 경우	• 혈중알코올농도가 0.03% 미만일 때 음주 측정에 불응한 경우

9. 보도침범 · 보도횡단방법 위반 사고

1) 보도침범에 해당하는 경우
도로교통법 제13조 제1항의 규정에 위반하여 보도가 설치된 도로를 차체의 일부분만이라도 보도에 침범하거나 동법 제13조 제2항의 규정에 의한 보도통행방법에 위반하여 운전한 경우

2) 일단정지와 일시정지의 개념

구분	내용	실예
일단정지	• 반드시 차마가 멈추어야 하는 행위 자체에 대한 의미 (운행의 순간적 정지)	• 길가의 건물이나 주차장 등에서 도로에 들어가고자 하는 때(도로교통법 제18조제3항)
일시정지	• 반드시 차마가 멈추어야 하되 얼마간의 시간동안 정지 상태를 유지해야 하는 교통 상황적 의미 (정지상황의 일시적 전개)	• 철길건널목을 통과할 때 • 횡단보도상에 보행자가 통행할 때 • 교통정리가 행하여지고 있지 아니한 교통이 빈번한 교차로를 통행할 때 • 어린이, 유아, 앞을 보지 못하는 사람이 도로를 횡단하는 때

3) 보도침범 사고의 성립요건

항목	내용	예외사항
장소적 요건	• 보 · 차도가 구분된 도로에서 보도내의 사고 1) 보도침범사고(13조1항) 2) 통행방법위반(13조2항)	• 보 · 차도 구분이 없는 도로
피해자적 요건	• 보도상에서 보행 중 제차에 충돌되어 인적 피해를 입은 경우	• 자전거, 오토바이를 타고 가던 중 보도침범 통행 차량에 충돌된 경우
운전자의 과실	• 고의적 과실 • 현저한 부주의에 의한 과실	• 불가항력적 과실 • 만부득이한 과실 • 단순 부주의에 의한 과실
시설물의 설치요건	• 보도설치 권한이 있는 행정관서에서 설치 관리하는 보도	• 학교, 아파트단지 등 특정구역 내부의 소통과 안전을 목적으로 자체적으로 설치된 경우

제2장 교통사고처리특례법

10. 승객추락 방지의무 위반 사고(개문발차 사고)

1) 정의
'모든 차의 운전자는 운전 중 타고 있는 사람 또는 내리는 사람이 떨어지지 아니하도록 하기 위하여 문을 정확히 여닫는 등 필요한 조치를 하여야 한다'는 도로교통법 제39조 제3항에 의한 승객의 추락방지 의무를 위반하여 인사사고를 일으킨 경우를 말한다.

2) 개문발차 사고의 성립요건

항목	내용	예외사항
자동차적 요건	• 승용, 승합, 화물, 건설기계 등 자동차에만 적용	• 이륜, 자전거 등은 제외
피해자적 요건	• 탑승객이 승하차 중 개문된 상태로 발차하여 승객이 추락함으로써 인적피해를 입은 경우	• 적재되었던 화물이 추락하여 발생한 경우
운전자의 과실	• 차의 문이 열려있는 상태로 발차한 행위	• 차량정차 중 피해자의 과실사고와 차량 뒤 적재함에서의 추락사고의 경우

3) 승객추락 방지의무 위반 사고 사례
① 운전자가 출발하기 전 그 차의 문을 제대로 닫지 않고 출발함으로써 탑승객이 추락, 부상을 당하였을 경우
② 택시의 경우 승하차시 출입문 개폐는 승객자신이 하게 되어 있으므로, 승객탑승 후 출입문을 닫기 전에 출발하여 승객이 지면으로 추락한 경우
③ 개문발차로 인한 승객의 낙상사고의 경우

4) 적용 배제 사례
① 개문 당시 승객의 손이나 발이 끼어 사고 난 경우
② 택시의 경우 목적지에 도착하여 승객 자신이 출입문을 개폐 도중 사고가 발생할 경우

11. 어린이 보호구역내 어린이 보호의무 위반 사고

1) 어린이 보호구역으로 지정될 수 있는 장소
① 유아교육법에 따른 유치원, 초·중등교육법에 따른 초등학교 또는 특수학교
② 영유아보육법에 따른 보육시설 중 정원 100명 이상의 보육시설(관할 경찰서장과 합의된 경우에는 정원이 100명 미만의 보육시설 주변도로에 대해서도 지정 가능)
③ 학원이 설립·운영 및 과외교습에 관한 법률에 따른 학원 중 학원 수강생이 100명 이상인 학원(관할 경찰서장과 협의된 경우에는 정원이 100명 미만의 학원 주변 도로에 대해서도 지정 가능)
④ 초·중등교육법에 따른 외국인학교 또는 대안학교, 제주특별자치도 설치 및 국제자유도시 조성을 위한 특별법에 따른 국제학교 및 경제자유구역 및 제주국제자유도시의 외국교육기관 설립·운영에 관한 특별법에 따른 외국교육기관 중 유치원·초등학교 교육과정이 있는 학교

2) 어린이 보호의무 위반 사고의 성립요건

항목	내용	예외사항
자동차적 요건	• 어린이 보호구역으로 지정된 장소	• 어린이 보호구역이 아닌 장소
피해자적 요건	• 어린이가 상해를 입은 경우	• 성인이 상해를 입은 경우
운전자의 과실	• 어린이에게 상해를 입힌 경우	• 성인에게 상해를 입힌 경우

12. 적재물 추락 방지의무 위반 사고

1) 정의
모든 차의 운전자는 운전 중 실은 화물이 떨어지지 아니하도록 덮개를 씌우거나 묶는 등 확실하게 고정될 수 있도록 필요한 조치를 하여야 한다.

제1편 교통 및 화물자동차 운수사업 관련 법규

제3장 화물자동차 운수사업법령

제1절 총칙

1. 목적(법 제1조)

이 법은 화물자동차 운수사업을 효율적으로 관리하고 건전하게 육성하여 화물의 원활한 운송을 도모함으로써 공공복리의 증진에 기여함을 목적으로 한다.

2. 정의(법 제2조)

1) "화물자동차"란 자동차관리법 제3조에 따른 화물자동차 및 특수자동차로서 "국토교통부령으로 정하는 자동차"를 말한다.

＊화물자동차의 규모별 종류 및 세부기준(자동차관리법 시행규칙 별표1)

구분	종류		세부기준
화물 자동차	경 형	초소형	배기량이 250cc(전기자동차의 경우 최고정격출력이 15킬로와트) 이하이고, 길이 3.6미터·너비 1.5미터·높이 2.0미터 이하인 것
		일반형	배기량이 1,000cc 미만으로서 길이 3.6미터, 너비 1.6미터, 높이 2.0미터 이하인 것
	소형		최대적재량이 1톤 이하인 것으로서 총중량이 3.5톤 이하인 것
	중형		최대적재량이 1톤 초과 5톤 미만이거나, 총중량이 3.5톤 초과 10톤 미만인 것
	대형		최대적재량이 5톤 이상이거나, 총중량이 10톤 이상인 것
특수 자동차	경형		배기량이 1000cc 미만으로서 길이 3.6미터, 너비 1.6미터, 높이 2.0미터 이하인 것
	소형		총중량이 3.5톤 이하인 것
	중형		총중량이 3.5톤 초과 10톤 미만인 것
	대형		총중량이 10톤 이상인 것

＊화물자동차의 유형별 세부기준(자동차관리법 시행규칙 별표1)

구분	유형	세부기준
화물 자동차	일반형	보통의 화물운송용인 것
	덤프형	적재함을 원동기의 힘으로 기울여 적재물을 중력에 의하여 쉽게 미끄러뜨리는 구조의 화물운송용인 것
	밴형	지붕구조의 덮개가 있는 화물운송용인 것
	특수 용도형	특정한 용도를 위하여 특수한 구조로 하거나, 기구를 장치한 것으로서 위 어느 형에도 속하지 아니하는 화물운송용인 것
특수 자동차	견인형	피견인차의 견인을 전용으로 하는 구조인 것
	구난형	고장·사고 등으로 운행이 곤란한 자동차를 구난·견인할 수 있는 구조인 것
	특수 작업형	위 어느 형에도 속하지 아니하는 특수작업용인 것

＊화물자동차의 종류 중 밴형 화물자동차는 다음 각 호의 요건을 모두 충족하는 구조이어야 한다. (화물자동차 운수사업법 시행규칙 제3조)

1. 물품적재장치의 바닥면적이 승차장치의 바닥면적보다 넓을 것
2. 승차정원이 3명 이하일 것. 다만 다음 각 목의 어느 하나에 해당하는 경우에는 예외로 한다.
   가. 「경비업법」제4조제1항에 따라 같은 법 제2조제1호 나목의 호송경비업무 허가를 받은 경비업자의 호송용 차량
   나. 2001년 11월 30일 전에 화물자동차 운송사업 등록을 한 6인승 밴형 화물자동차

2) "화물자동차 운수사업"이란 화물자동차 운송사업, 화물자동차 운송주선사업 및 화물자동차 운송가맹사업을 말한다.

3) "화물자동차 운송사업"이란 다른 사람의 요구에 응하여 화물자동차를 사용하여 화물을 유상으로 운송하는 사업을 말한다. 이 경우 화주(貨主)가 화물자동차에 함께 탈 때의 화물은 중량, 용적, 형상 등이 여객자동차 운송사업용 자동차에 싣기 부적합한 것으로서 그 기준과 대상차량 등은 국토교통부령으로 정한다.

4) "화물자동차 운송주선사업"이란 다른 사람의 요구에 응하여 유상으로 화물운송계약을 중개·대리하거나 화물자동차 운송사업 또는 화물자동차 운송가맹사업을 경영하는 자의 화물 운송수단을 이용하여 자기의 명의(名義)와 계산(計算)으로 화물을 운송하는 사업(화물이 이사화물인 경우에는 포장 및 보관 등 부대서비스를 함께 제공하는 사업을 포함)을 말한다.

5) "화물자동차 운송가맹사업"이란 다른 사람의 요구에 응하여 자기 화물자동차를 사용하여 유상으로 화물을 운송하거나 화물정보망(인터넷 홈페이지 및 이동통신 단말장치에서 사용하는 응용프로그램을 포함)을 통하여 소속 화물자동차 운송가맹점(운송사업자 및 화물자동차 운송사업의 경영의 일부를 위탁받은 사람인 운송가맹점)에 의뢰하여 화물을 운송하게 하는 사업을 말한다.

6) "화물자동차 운송가맹사업자"란 국토교통부장관으로부터 화물자동차 운송가맹사업의 허가를 받은 자를 말한다.

7) "화물자동차 운송가맹점"이란 화물자동차 운송가맹사업자(이하 "운송가맹사업자"라 한다)의 운송가맹점으로 가입한 자로서 다음 각 목의 어느 하나에 해당하는 자를 말한다.
   ① 운송가맹사업자의 화물정보망을 이용하여 운송 화물을 배정받아 화물을 운송하는 운송사업자
   ② 운송가맹사업자의 화물운송계약을 중개·대리하는 운송주선사업자
   ③ 운송가맹사업자의 화물정보망을 이용하여 운송 화물을 배정받아 화물을 운송하는 자로서 제40조제1항에 따라 화물자동차 운송사업의 경영의 일부를 위탁받은 사람. 다만, 경영의 일부를 위탁한 운송사업자가 화물자동차 운송가맹점으로 가입한 경우는 제외한다.

8) "영업소"란 주사무소 외의 장소에서 다음 각 목의 어느 하나에 해당하는 사업을 영위하는 곳을 말한다.

제3장 화물자동차 운수사업법

① 제3조제1항에 따라 화물자동차 운송사업의 허가를 받은 자 또는 화물자동차 운송가맹사업자가 화물자동차를 배치하여 그 지역의 화물을 운송하는 사업
② 제24조제1항에 따라 화물자동차 운송주선사업의 허가를 받은 자가 화물 운송을 주선하는 사업

9) "운수종사자"란 화물자동차의 운전자, 화물의 운송 또는 운송주선에 관한 사무를 취급하는 사무원 및 이를 보조하는 보조원, 그 밖에 화물자동차 운수사업에 종사하는 자를 말한다.

10) "공영차고지"란 화물자동차 운수사업에 제공되는 차고지로서 다음 각 목의 어느 하나에 해당하는 자가 설치한 것을 말한다.
 ① 특별시장·광역시장·특별자치시장·도지사·특별자치도지사
 ② 시장·군수·구청장(자치구의 구청장)
 ③ 「공공기관의 운영에 관한 법률」에 따른 공공기관 중 대통령령으로 정하는 공공기관
 ④ 「지방공기업법」에 따른 지방공사

11) "화물자동차 휴게소"란 화물자동차의 운전자가 화물의 운송 중 휴식을 취하거나 화물의 하역(荷役)을 위하여 대기할 수 있도록 「도로법」에 따른 도로 등 화물의 운송경로나 「물류시설의 개발 및 운영에 관한 법률」에 따른 물류시설 등 물류거점에 휴게시설과 차량의 주차·정비·주유(注油) 등 화물운송에 필요한 기능을 제공하기 위하여 건설하는 시설물을 말한다.

12) "화물차주"란 화물을 직접 운송하는 자로서 다음 각 목의 어느 하나에 해당하는 자를 말한다.
 ① 개인화물자동차 운송사업의 허가를 받은 자(개인 운송사업자)
 ② 운송사업자로부터 경영의 일부를 위탁받은 사람(위·수탁차주)

13) "화물자동차 안전운송원가"란 화물차주에 대한 적정한 운임의 보장을 통하여 과로, 과속, 과적 운행을 방지하는 등 교통안전을 확보하기 위하여 화주, 운송사업자, 운송주선사업자 등이 화물운송의 운임을 산정할 때에 참고할 수 있는 운송원가로서 제5조의2에 따른 화물자동차 안전운임위원회의 심의·의결을 거쳐 제5조의4에 따라 국토교통부장관이 공표한 원가를 말한다.

14) "화물자동차 안전운임"이란 화물차주에 대한 적정한 운임의 보장을 통하여 과로, 과속, 과적 운행을 방지하는 등 교통안전을 확보하기 위하여 필요한 최소한의 운임으로 제12호에 따른 화물자동차 안전운송원가에 적정 이윤을 더하여 제5조의 2에 따른 화물자동차 안전운임위원회의 심의·의결을 거쳐 제5조의4에 따라 국토교통부장관이 공표한 운임을 말하며 다음 각 목으로 구분한다.
 ① 화물자동차 안전운송운임: 화주가 제3조제3항에 따른 운송사업자, 제24조제2항에 따른 운송주선사업자 및 운송가맹사업자(이하 "운수사업자"이 한다) 또는 화물차주에게 지급하여야 하는 최소한의 운임
 ② 화물자동차 안전위탁운임: 운수사업자가 화물차주에게 지급하여야 하는 최소한의 운임

제2절 화물자동차 운송사업

1. 화물자동차 운송사업의 허가(법 제3조)

1) 화물자동차 운송사업을 경영하려는 자는 각 호의 구분에 따라 국토교통부장관의 허가를 받아야 한다.
 ① 일반화물자동차 운송사업: 20대 이상의 범위에서 20대 이상의 화물자동차를 사용하여 화물을 운송하는 사업
 ② 개인화물자동차 운송사업: 화물자동차 1대를 사용하여 화물을 운송하는 사업으로서 대통령령으로 정하는 사업

2) 화물자동차 운송가맹사업의 허가를 받은 자는 "1)"에 따른 허가를 받지 아니한다.

3) 운송사업자가 허가사항을 변경하려면 국토교통부령으로 정하는 바에 따라 국토교통부장관의 변경허가를 받아야 한다. 다만, 대통령령으로 정하는 경미한 사항을 변경하려면 국토교통부령으로 정하는 바에 따라 국토교통부장관에게 신고하여야 한다.

> **허가사항변경신고의 대상(시행령 제3조 제2항)**
> 1. 상호의 변경
> 2. 대표자의 변경(법인인 경우만 해당한다)
> 3. 화물취급소의 설치 또는 폐지
> 4. 화물자동차의 대폐차
> 5. 주사무소·영업소 및 화물취급소의 이전. 다만, 주사무소의 경우 관할관청의 행정구역내에서의 이전만 해당한다.

4) '1)'항에 따른 허가의 신청방법 및 절차 등에 필요한 사항은 국토교통부령으로 정한다.

5) '1)'항 및 '3)'항 본문에 따른 화물자동차 운송사업의 허가 또는 증차를 수반하는 변경허가의 기준은 다음 각 호와 같다.
 ① 국토교통부장관이 화물의 운송 수요를 고려하여 화물자동차 운송사업의 종류에 따라 업종별로 고시하는 공급기준에 맞을 것. 다만, 다음의 어느 하나에 해당하는 경우는 제외한다.
  ㉠ 제12항에 따라 6개월 이내로 기간을 한정하여 허가를 하는 경우
  ㉡ 제13항에 따라 허가를 신청하는 경우
  ㉢ 「환경친화적 자동차의 개발 및 보급 촉진에 관한 법률」제2조에 따른 전기자동차 또는 연료전지자동차로서 국토교통부령으로 정하는 최대 적재량 이하인 화물자동차에 대하여 해당 차량과 그 경영을 다른 사람에게 위탁하지 아니하는 것을 조건으로 허가 또는 변경허가를 신청하는 경우
 ② 화물자동차의 대수, 차고지 등 운송시설, 그 밖에 국토교통부령으로 정하는 기준에 맞을 것

6) 운송사업자는 '1)'항에 따라 허가받은 날부터 5년마다 허가기준에 관한 사항을 국토교통부장관에게 신고하여야 한다.

2. 결격사유(법 제4조)

다음 각 호의 어느 하나에 해당하는 자는 국토교통부장관으로부터 화물자동차 운송사업의 허가를 받을 수 없다. 법인의 경우 그 임원 중 다음 각 호의 어느 하나에 해당하는 자가 있는 경우에도 또한 같다.

1) 피성년후견인 또는 피한정후견인

2) 파산선고를 받고 복권되지 아니한 자

3) 화물자동차 운수사업법을 위반하여 징역 이상의 실형을 선고받고 그 집행이 끝나거나(집행이 끝난 것으로 보는 경우를 포함한다) 집행이 면제된 날부터 2년이 지나지 아니한 자

4) 화물자동차 운수사업법을 위반하여 징역 이상의 형의 집행유예를 선고 받고 그 유예기간중에 있는 자

5) 제19조제1항(허가를 받은 후 6개월간의 운송실적이 국토교통부령으로 정하는 기준에 미달한 경우, 허가기준을 충족하지 못하게 된 경우, 5년마다 허가기준에 관한 사항을 신고하지 아니하였거나 거짓으로 신고한 경우 등)에 따라 허가가 취소(제4조제1호 또는 제2호에 해당하여 제 19조제1항제5호에 따라 허가가 취소된 경우는 제외한다)된 후 2년이 지나지 아니한 자

6) 제19조제1항제1호(부정한 방법으로 허가를 받은 경우) 또는 제2호(부정한 방법으로 변경허가를 받거나, 변경허가를 받지 아니하고 허가사항을 변경한 경우)에 해당하여 허가가 취소된 후 5년이 지나지 아니한 자)

3. 운임 및 요금 등(법 제5조, 시행령 재4조, 시행규칙 제15조)

1) 운송사업자는 운임 및 요금을 정하여 미리 국토교통부장관에게 신고하여야 한다. 이를 변경하려는 때에도 또한 같다.

2) 운임과 요금을 신고하여야 하는 운송사업자의 범위는 아래와 같다.
   ① 구난형 특수자동차를 사용하여 고장차량·사고차량 등을 운송하는 운송사업자 또는 운송가맹사업자(화물자동차를 직접 소유한 운송가맹사업자만 해당한다)
   ② 밴형 화물자동차를 사용하여 화주와 화물을 함께 운송하는 운송사업자 및 운송가맹사업자

3) 화물자동차 운송사업의 운임 및 요금을 신고하거나 변경신고할 때에는 운송사업 운임 및 요금신고서를 국토교통부 장관에게 제출하여야 하며, 다음 각 호의 서류를 첨부하여야 한다.
   ① 원가계산서(행정기관에 등록한 원가계산기관 또는 공인회계사가 작성한 것)
   ② 운임·요금표(구난형 특수자동차를 사용하여 고장차량·사고차량 등을 운송하는 운송사업의 경우에는 구난 작업에 사용하는 장비 등의 사용료를 포함한다)
   ③ 운임 및 요금의 신·구대비표(변경신고인 경우만 해당)

4. 화물자동차 안전운임위원회 설치 등(법 제5조의2)

1) 다음 각 호의 사항을 심의·의결하기 위하여 국토교통부장관 소속으로 화물자동차 안전운임위원회(이하 "위원회"라 한다)를 둔다.
   ① 화물자동차 안전운송원가 및 화물자동차 안전운임의 결정 및 조정에 관한 사항
   ② 화물자동차 안전운송원가 및 화물자동차 안전운임이 적용되는 운송품목 및 차량의 종류 등에 관한 사항
   ③ 화물자동차 안전운임제도의 발전을 위한 연구 및 건의에 관한 사항
   ④ 그 밖에 화물자동차 안전운임에 관한 중요 사항으로서 국토교통부장관이 회의에 부치는 사항

5. 화물자동차 안전운송원가 및 화물자동차 안전운임의 심의기준(법 제5조의3)

1) 위원회는 다음 각 호의 사항을 고려하여 화물자동차 안전운송원가를 심의·의결한다.
   ① 인건비, 감가상각비 등 고정비용
   ② 유류비, 부품비 등 변동비용
   ③ 그 밖에 상·하차 대기료, 운송사업자의 운송서비스 수준 등

평균적인 영업조건을 감안하여 대통령령으로 정하는 사항

화물자동차 안전운송원가 등(시행령 제4조의6)
1. 화물의 상·하차 대기료
2. 운송사업자의 운송서비스 수준
3. 운송서비스 제공에 필요한 추가적인 시설 및 장비 사용료
4. 그 밖에 화물의 안전한 운송에 필수적인 사항으로서 위원회에서 필요하다고 인정하는 사항

2) 위원회는 화물자동차 안전운송원가에 적정 이윤을 더하여 화물자동차 안전운임을 심의·의결한다. 이 경우 적정이윤의 산정에 필요한 사항은 대통령령으로 정한다.

6. 화물자동차 안전운송원가 및 화물자동차 안전운임의 공표(법 제5조의4)

1) 국토교통부장관은 매년 10월 31일까지 위원회의 심의·의결을 거쳐 아래 운송품목에 대하여 다음 연도에 적용할 화물자동차 안전운송원가를 공표하여야 한다.
   ① 「자동차관리법」제2조제1호에 따른 피견인자동차의 경우: 철강재
   ② 「자동차관리법」제3조에 따른 일반형 화물자동차의 경우: 해당 화물자동차로 운송할 수 있는 모든 품목

2) 국토교통부장관은 매년 10월 31일까지 위원회의 심의·의결을 거쳐 다음 각 호의 운송품목에 대하여 다음 연도에 적용할 화물자동차 안전운임을 공표하여야 한다.
   ① 「자동차관리법」제3조에 따른 특수자동차로 운송되는 수출입 컨테이너
   ② 「자동차관리법」제3조에 따른 특수자동차로 운송되는 시멘트

3) 화물자동차 안전운송원가 및 화물자동차 안전운임의 공표 방법 및 절차 등에 필요한 사항은 대통령령으로 정한다.

7. 운송약관(법 제6조)

1) 운송사업자는 운송약관을 정하여 국토교통부장관에게 신고하여야 한다. 이를 변경하고자 하는 때에도 또한 같다.

2) 국토교통부장관은 화물자동차 운수사업법에 따라 설립된 협회 또는 연합회가 작성한 것으로서 「약관의 규제에 관한 법률」에 따라 공정거래위원회의 심사를 거친 화물운송에 관한 표준이 되는 약관이 있으면 운송사업자에게 그 사용을 권장할 수 있다.

3) 운송사업자가 화물자동차 운송사업의 허가(변경허가를 포함)를 받는 때에 표준약관의 사용에 동의하면 운송약관을 신고한 것으로 본다.

8. 운송사업자의 책임(법 제7조)

1) 화물의 멸실(滅失)·훼손(毁損) 또는 인도(引渡)의 지연("적재물사고"라 한다)으로 발생한 운송사업자의 손해배상 책임에 관하여는 상법 제135조를 준용한다.

2) "1)"의 규정을 적용할 때 화물이 인도기한이 지난 후 3개월 이내에 인도되지 아니하면 그 화물은 멸실된 것으로 본다.

3) 국토교통부장관은 "1)"에 따른 손해배상에 관하여 화주가 요청하면 국토교통부령으로 정하는 바에 따라 이에 관한 분쟁을 조

정(調停)할 수 있다.

4) 국토교통부장관은 화주가 "3)"에 따라 분쟁조정을 요청하면 지체 없이 그 사실을 확인하고 손해내용을 조사한 후 조정안을 작성하여야 한다.

5) 당사자 쌍방이 "4)"에 따른 조정안을 수락하면 당사자 간에 조정안과 동일한 합의가 성립된 것으로 본다.

6) 국토교통부장관은 "3)" 및 "4)"에 따른 분쟁조정 업무를 「소비자기본법」제33조제1항에 따른 한국소비자원 또는 같은 법 제29조제1항에 따라 등록한 소비자단체에 위탁할 수 있다.

9. 적재물배상보험등의 의무 가입

1) 적재물배상보험 등의 의무가입(법 제35조, 시행규칙 제41조의13)
다음 각 호의 어느 하나에 해당하는 자는 법 제7조제1항에 따른 손해배상 책임을 이행하기 위하여 대통령령으로 정하는 바에 따라 적재물배상 책임보험 또는 공제(이하 "적재물배상보험등"이라 한다)에 가입하여야 한다.
① 최대 적재량이 5톤 이상이거나 총중량이 10톤 이상인 화물자동차 중 일반형·밴형 및 특수용도형 화물자동차와 견인형 특수자동차를 소유하고 있는 운송사업자. 다만, 다음 각 호의 어느 하나에 해당하는 화물자동차는 제외
  ㉠ 건축폐기물·쓰레기 등 경제적 가치가 없는 화물을 운송하는 차량으로서 국토교통부장관이 정하여 고시하는 화물자동차
  ㉡ 대기환경보전법에 따른 배출가스저감장치를 차체에 부착함에 따라 총중량이 10톤 이상이 된 화물자동차 중 최대적재량이 5톤 미만인 화물 자동차
  ㉢ 특수용도형 화물자동차 중 「자동차관리법」 제2조제1호에 따른 피견인자동차
② 이사화물 운송주선사업자
③ 운송가맹사업자

적재물배상 책임보험등의 가입 범위(시행령 제9조의7)
제9조의7 (적재물배상 책임보험등의 가입 범위) 법 제35조(적재물배상보험등의 의무 가입)에 따라 적재물배상 책임보험 또는 공제(이하 "적재물배상보험등"이라 한다)에 가입하려는 자는 다음 각 호의 구분에 따라 사고 건당 2천만원(이사화물운송주선사업자는 500만원) 이상의 금액을 지급할 책임을 지는 적재물배상보험등에 가입하여야 한다.
1. 운송사업자 : 각 화물자동차별로 가입
2. 운송주선사업자 : 각 사업자별로 가입
3. 운송가맹사업자 : 최대 적재량이 5톤 이상이거나 총중량이 10톤 이상인 화물자동차 중 일반형·밴형 및 특수용도형 화물자동차와 견인형 특수자동차를 소유한 자는 각 화물자동차별 및 각 사업자별로, 그 외의 자는 각 사업자별로 가입

2) 적재물배상 책임보험 또는 공제 계약의 체결의무(법 제36조)
① 보험업법에 따른 보험회사(적재물배상책임 공제사업을 하는 자를 포함한다. 이하 "보험회사등"이라 한다)는 적재물배상보험등에 가입하여야 하는 자(이하 "보험등 의무가입자"라 한다)가 적재물배상보험등에 가입하려고 하면 대통령령으로 정하는 사유가 있는 경우 외에는 적재물배상보험등의 계약(이하 "책임보험계약등"이라 한다)의 체결을 거부할 수 없다.
② 보험등 의무가입자가 적재물사고를 일으킬 개연성이 높은 경우 등 국토교통부령으로 정하는 사유에 해당하면 "①"에도 불구하고 다수의 보험회사등이 공동으로 책임보험계약등을 체결할 수 있다.

국토교통부령이 정하는 사유에 해당하는 경우(시행규칙 제41조의14)
제41조의14(책임보험계약등을 공동으로 체결할 수 있는 경우) 법 제36조제2항에서 "국토교통부령으로 정하는 사유"란 법 제36조제1항에 따른 보험등 의무가입자가 다음 각 목의 어느 하나에 해당하는 경우를 말한다.
1. 운송사업자의 화물자동차 운전자가 그 운송사업자의 사업용 화물자동차를 운전하여 과거 2년 동안 다음 각 목의 어느 하나에 해당하는 사항을 2회 이상 위반한 경력이 있는 경우
   가. 도로교통법 제43조에 따른 무면허운전 등의 금지
   나. 도로교통법 제44조제1항에 따른 술에 취한 상태에서의 운전금지
   다. 도로교통법 제54조제1항에 따른 사고발생 시 조치의무
2. 보험회사가 보험업법에 따라 허가를 받거나 신고한 적재물배상보험요율과 책임준비금 산출기준에 따라 손해배상책임을 담보하는 것이 현저히 곤란하다고 판단한 경우

3) 책임보험 계약 등의 해제(법 제37조)
보험등 의무가입자 및 보험회사등은 다음 각 호의 어느 하나에 해당하는 경우 외에는 책임보험계약등의 전부 또는 일부를 해제하거나 해지하여서는 아니된다.
① 화물자동차 운송사업의 허가사항이 변경(감차만을 말한다)된 경우
② 화물자동차 운송사업을 휴업하거나 폐업한 경우
③ 화물자동차 운송사업의 허가가 취소되거나 감차 조치 명령을 받은 경우
④ 화물자동차 운송주선사업의 허가가 취소된 경우
⑤ 화물자동차 운송가맹사업의 허가사항이 변경(감차만을 말한다)된 경우
⑥ 화물자동차 운송가맹사업의 허가가 취소되거나 감차 조치 명령을 받은 경우
⑦ 적재물배상보험등에 이중으로 가입되어 하나의 책임보험계약등을 해제하거나 해지하려는 경우
⑧ 보험회사등이 파산 등의 사유로 영업을 계속할 수 없는 경우
⑨ 그 밖에 "①"부터 "⑧"까지의 규정에 준하는 경우로서 대통령령으로 정하는 경우

대통령령으로 정하는 경우(시행령 9조의 8)
제9조의8(책임보험계약등을 해제·해지할 수 있는 사유) 법 제37조제9호에서 "대통령령으로 정하는 경우"란「상법」제650조제1항·제2항, 제651조 또는 제652조제1항에 따른 계약해제 또는 계약해지의 사유가 발생한 경우
- 제650조(보험료의 지급과 지체의 효과) ① 보험계약자는 계약체결후 지체없이 보험료의 전부 또는 제1회 보험료를 지급하여야 하며, 보험계약자가 이를 지급하지 아니하는 경우에는 다른 약정이 없는 한 계약성립후 2월이 경과하면 그 계약은 해제된 것으로 본다.
② 계속보험료가 약정한 시기에 지급되지 아니한 때에는 보험자는 상당한 기간을 정하여 보험계약자에게 최고하고 그 기간 내에 지급되지 아니한 때에는 그 계약을 해지할 수 있다.
- 제651조(고지의무위반으로 인한 계약해지) 보험계약당시에 보

제3장 공동주택 공사 사업시행

공동주택공사사업시행

4) 체납관리비등의 재계약 공급중단 통지 등(법 제38조)

① 체납관리비등을 기한 내에 공급중단을 하고자 하는 자는 체납관리비등의 공급중단이 그 사유발생일로부터 30일 정과 전에 체납자에게 공급중단 예정일 등을 서면으로 통지하여야 한다.

② 체납관리비등의 자가 제1항에 따른 통지를 한 후에도 그 체납자가 체납관리비등을 납부하지 아니한 때에는 그 사업자는 공동주택관리공단에 공급중단을 요청할 수 있다.

③ 제1항 및 제2항에 따른 통지·공급중단 절차 등은 국토교통부령으로 정한다.

공동주택관리공단의 공급중단 절차(시행규칙 제15조)

제14조의15 (공동주택관리공단의 체납관리비등의 공급중단 절차)

① 법 제38조제1항에 따른 제36조제1항에 따른 통지는 다음 각 호의 내용을 기재하여 서면으로 하여야 한다.

② 제1항에 따른 통지를 받은 자는 그 통지일부터 30일 이내에 체납관리비등 중 제170조제15조에 따라 500만원 이상의 금액의 납부한 경우에는 체납관리비등의 공급중단 유예를 요청할 수 있다.

③ 부령자등은 법 제38조제2항에 따라 공급중단하는 경우에는 가능한 범위에서 조치하여야 한다.

5) 과태료의 부과기준(제16조 관련)(시행령 별표 5)

① 일반기준
   ㉠ 부과권자는 위반행위 등 이상의 과태료부과에 해당하는 경우에는 그 중 금액이 큰 과태료를 적용한다.
   ㉡ 부과(2019.6.25)
   ㉢ 부과권자는 다음의 어느 하나에 해당하는 경우에는 제2호에 따른 과태료 금액의 2분의 1의 범위에서 그 금액을 줄일 수 있다. 다만, 과태료를 체납하고 있는 위반행위자의 경우에는 그러하지 아니하다.
     ㉮ 위반행위자가 「질서위반행위규제법」 제12조의2 경우에는 그러하지 아니하다.
     ㉯ 위반행위가 사소한 부주의나 오류로 인한 것으로 인정되는 경우
     ㉰ 위반행위자가 법 위반상태를 시정하거나 해소하기 위한 노력하는 경우
     ㉱ 그 밖에 위반행위의 정도, 위반행위의 동기 등 그 결과 등을 고려하여 그 금액을 줄일 필요가 있다고 인정되는 경우

② 개별기준

위반행위	근거 법조문	과태료 금액
가. 법 제170조제2항제1호에 따른 하자심사·분쟁조정위원회의 조사에 응하지 아니한 경우	법 제170조제2항제1호	50만원
나. 법 제133조의 공동주택의 관리 등에 따른 공고 또는 고지 등을 하지 아니한 경우	법 제170조제2항제2호	50만원
다. 법 제170조의2에 따른 공동주택 관리정보시스템의 공개를 하지 아니한 경우 제13조	법 제170조제2항제3호	500만원
라. 그 자기의 직무에 관하여 등 위원의 공동주택관리지원기구 등을 거짓으로 보고한 경우	법 제170조제2항제4호 제13조	50만원
마. 법 제170조의2에 따른 공동주택관리정보체계를 운영하는 자가 그 자기가 알게 된 비밀 또는 정보를 이용한 경우	법 제170조제2항제5호	50만원
바. 법 제170조의2에 따른 공동주택관리정보체계를 운영하는 자가 그 자기가 알게 된 비밀 또는 정보를 이용한 경우 제5호	법 제170조제2항제6호	50만원
사. 공문중요사자 법 제133조에서 준용하는 법 제28조 및 제170조(등) 제15호, 제16호	법 제170조제2항제7호 제15호	200만원
1) 법 제12조제2항에 따른 공사사장실시 위반		
2) 1) 외의 공사사항을 위반한 경우		50만원
아. 공문중요사자 법 제133조에서 준용하는 법 제28조 및 제170조(등) 제16호	법 제170조제2항제8호 제16호	200만원
1) 법 제12조제2항에 따른 공사사항실시 위반		
2) 1) 외의 공사사항을 위반한 경우		50만원
자. 조사를 기피·방해한 경우	법 제170조제2항제6호	300만원
차. 법 제28조에서 준용하는 법 제128조의 공사 업무를 하는 경우(법 제170조 제5호 및 제6호) 재임용되지 않는 경우 개인신상상 따른 공동주택 조사(법 제170조제5호)등 이행하지 아니한 경우	법 제170조제2항제9호	300만원

제3장 화물자동차 운수사업법

위반행위	근거 법조문	과태료 금액
파. 법 제16조제1항·제2항 또는 제17조제1항(법 제28조 및 제33조에서 준용하는 경우를 포함한다)에 따른 양도·양수, 합병 또는 상속의 신고를 하지 않은 경우	법 제70조제2항 제8호	100만원
하. 법 제18조제1항(법 제28조 및 제33조에서 준용하는 경우를 포함한다)에 따른 휴업·폐업 신고를 하지 않은 경우	법 제70조제2항 제9호	100만원
거. 법 제20조제1항(법 제33조에서 준용하는 경우를 포함한다)을 위반하여 자동차등록증 또는 자동차등록번호판을 반납하지 않은 경우	법 제70조제2항 제10호	300만원
너. 법 제24조제2항에 따른 허가사항 변경신고를 하지 않은 경우	법 제70조제2항 제11호	50만원
더. 운송주선사업자가 법 제26조 제1항, 제2항, 제4항 및 제6항의 준수사항을 위반한 경우	법 제70조제2항 제12호	100만원
러. 국제물류주선업자가 법 제26조의2에서 적용하는 법 제26조에 따른 운송주선사업자의 준수사항을 위반한 경우	법 제70조제2항 제12호의2	100만원
머. 법 제29조제2항 단서에 따른 허가사항 변경신고를 하지 않은 경우	법 제70조제2항 제13호	50만원
버. 법 제31조에 따른 개선명령을 이행하지 않은 경우	법 제70조제2항 제14호	300만원
서. 법 제35조에 따른 적재물배상보험등에 가입하지 않은 경우	법 제70조제2항 제15호	
1) 운송사업자: 미가입 화물자동차 1대당		1만5천원
가) 가입하지 않은 기간이 10일 이내인 경우		
나) 가입하지 않은 기간이 10일을 초과한 경우		1만5천원에 11일째부터 기산하여 1일당 5천원을 가산한 금액. 다만, 과태료의 총액은 자동차 1대당 50만원을 초과하지 못한다.
2) 운송주선사업자		3만원
가) 가입하지 않은 기간이 10일 이내인 경우		
나) 가입하지 않은 기간이 10일을 초과한 경우		3만원에 11일째부터 기산하여 1일당 1만 원을 가산한 금액. 다만, 과태료의 총액은 100만원을 초과하지 못한다.
3) 운송가맹사업자		15만원
가) 가입하지 않은 기간이 10일 이내인 경우		
나) 가입하지 않은 기간이 10일을 초과한 경우		15만원에 11일째부터 기산하여 1일당 5만 원을 가산한 금액. 다만, 과태료의 총액은 자동차 1대당 500만원을 초과하지 못한다.
어. 보험회사등이 법 제36조를 위반하여 책임보험계약등의 체결을 거부한 경우	법 제70조제2항 제16호	50만원
저. 보험등 의무가입자 또는 보험회사등이 법제37조를 위반하여 책임보험계약등을 해제하거나 해지한 경우	법 제70조제2항 제17호	50만원
처. 보험회사등이 법 제38조제1항 및 제2항을 위반하여 해당 사항을 알리지 않은 경우	법 제70조제2항 제18호	30만원
커. 운송사업자가 법 제40조제4항에 따라 서명날인한 계약서를 위·수탁차주에게 교부하지 않은 경우	법 제70조제2항 제18호의2	300만원
터. 제40조의3제4항을 위반하여 운송사업자가 위·수탁계약의 체결을 명목으로 부당한 금전지급을 요구한 경우	법 제70조제2항 제18호의3	300만원
퍼. 법 제44조제1항을 위반하여 보조금 또는 융자금을 보조받거나 융자받은 목적 외의 용도로 사용한 경우	법 제70조제2항 제19호	200만원
허. 법 제47조의6에 따른 화물운송서비스평가를 위한 자료제출 등의 요구 또는 실지조사를 거부하거나 거짓으로 자료제출 등을 한 경우	법 제70조제2항 제21호의2	50만원
고. 법 제51조의8(법 제51조제2항에서 준용하는 경우를 포함한다)에 따른 개선명령을 따르지 않은 경우	법 제70조제1항 제2호	100만원
노. 법 제51조의9(법 제51조제2항에서 준용하는 경우를 포함한다)에 따른 임직원에 대한 징계·해임의 요구에 따르지 않거나 시정명령을 따르지 않은 경우	법 제70조제1항 제3호	300만원
도. 법 제54조제2항에 따른 조치명령을 이행하지 않거나 조사 또는 검사를 거부·방해 또는 기피한 경우	법 제70조제2항 제22호	100만원
로. 법 제55조에 따른 자가용 화물자동차의 사용을 신고하지 않은 경우	법 제70조제2항 제23호	50만원
모. 법 제56조의2에 따른 자가용 화물자동차의 사용 제한 또는 금지에 관한 명령을 위반한 경우	법 제70조제2항 제23호의2	50만원
보. 운수종사자가 법 제59조제1항에 따른 교육을 받지 않은 경우	법 제70조제2항 제23호의3	50만원
소. 법 제61조제1항에 따른 보고를 하지 않거나 거짓으로 보고한 경우	법 제70조제2항 제24호	50만원
오. 법 제61조제1항에 따른 서류를 제출하지 않거나 거짓 서류를 제출한 경우	법 제70조제2항 제25호	50만원
조. 법 제61조제1항에 따른 검사를 거부·방해 또는 기피한 경우	법 제70조제2항 제26호	100만원
초. 법 제62조의2에 따른 화물자동차 안전운송가의 산정을 위한 자료 제출 또는 의견 진술의 요구를 거부하거나 거짓으로 자료제출 또는 의견을 진술한 경우	법 제70조제2항 제27호	250만원

10. 운송사업자의 준수사항(법 제11조)

1) 운송사업자는 허가받은 사항의 범위에서 사업을 성실하게 수행하여야 하며, 부당한 운송조건을 제시하거나 정당한 사유 없이 운송계약의 인수를 거부하거나 그 밖에 화물운송 질서를 현저하게 해치는 행위를 하여서는 아니 된다.

2) 운송사업자는 화물자동차 운전자의 과로를 방지하고 안전운행을 확보하기 위하여 운전자를 과도하게 승차근무하게 하여서는 아니 된다.

3) 운송사업자는 제2조제3호 후단에 따른 화물의 기준에 맞지 아니하는 화물을 운송하여서는 아니 된다.

> **법 제2조제3호 후단내용** : 화주(貨主)가 화물자동차에 함께 탈 때의 화물은 중량, 용적, 형상 등이 여객자동차 운송사업용 자동차에 싣기 부적합한 것으로서 그 기준 및 대상차량 등은 국토교통부령으로 정한다.

> **법 제2조제3호 후단에서 국토교통부령으로 정하는 화물의 기준**
> **제3조의2(화물의 기준 및 대상차량)**
> ① 법 제2조제3호 후단에 따른 화물의 기준은 다음 각 호의 어느 하나에 해당하는 것으로 한다.
> 1. 화주 1명당 화물의 중량이 20킬로그램 이상일 것
> 2. 화주 1명당 화물의 용적이 4만 세제곱센티미터 이상일 것
> 3. 화물이 다음 각 목의 어느 하나에 해당하는 물품일 것
> 　가. 불결하거나 악취가 나는 농산물·수산물 또는 축산물
> 　나. 혐오감을 주는 동물 또는 식물
> 　다. 기계·기구류 등 공산품
> 　라. 합판·각목 등 건축기자재
> 　마. 폭발성·인화성 또는 부식성 식품
> ② 법 제2조제3호 후단에 따른 대상차량은 밴형 화물자동차로 한다.

4) 운송사업자는 고장 및 사고차량 등 화물의 운송과 관련하여「자동차관리법」에 따른 자동차관리사업자와 부정한 금품을 주고받아서는 아니 된다.

5) 운송사업자는 해당 화물자동차 운송사업에 종사하는 운수종사자가 법 제12조에 따른 준수사항을 성실히 이행하도록 지도·감독하여야 한다.

6) 운송사업자는 화물운송의 대가로 받은 운임 및 요금의 전부 또는 일부에 해당되는 금액을 부당하게 화주, 다른 운송사업자 또는 화물자동차 운송주선사업을 경영하는 자에게 되돌려주는 행위를 하여서는 아니 된다.

7) 운송사업자는 택시(「여객자동차 운수사업법」제3조제1항제2호에 따른 구역 여객자동차운송사업에 사용되는 승용자동차를 말한다. 이하 같다) 요금미터기의 장착 등 국토교통부령으로 정하는 택시 유사표시행위를 하여서는 아니 된다.

8) 운송사업자는 운임 및 요금과 운송약관을 영업소 또는 화물자동차에 갖추어 두고 이용자가 요구하면 이를 내보여야 한다.

9) 삭제〈2018.4.17〉

10) 삭제〈2018.4.17〉

11) 삭제〈2018.4.17〉

12) 삭제〈2018.4.17〉

13) 위·수탁차주나 개인 운송사업자에게 화물운송을 우탁한 운송사업자는 해당 위·수탁차주나 개인운송사업자가 요구하면 화물적재요청자와 화물의 종류·중량 및 운임 등 국토교통부령으로 정하는 사항을 적은 화물위탁증을 내주어야 한다. 다만, 운송사업자가 최대 적재량 1.5톤 이상의 「자동차관리법」에 따른 화물자동차를 소유한 위·수탁 차주나 개인 운송사업자에게 화물운송을 위탁하는 경우 국토교통부령으로 정하는 화물을 제외하고는 화물위탁증을 발급하여야 하며, 위·수탁차주나 개인 운송사업자는 화물위탁증을 수령하여야 한다.

14) 운송사업자는 제16조제1항에 따라 화물자동차 운송사업을 양도·양수하는 경우에는 양도·양수에 소요되는 비용을 위·수탁차주에게 부담시켜서는 아니 된다.

15) 운송사업자는 위·수탁차주가 현물출자한 차량을 위·수탁차주의 동의 없이 타인에게 매도하거나 저당권을 설정하여서는 아니 된다. 다만, 보험료 납부, 차량 할부금 상환 등 위·수탁차주가 이행하여야 하는 차량관리 의무의 해태로 인하여 운송사업자의 채무가 발생하였을 경우에는 위·수탁차주에게 저당권을 설정한다는 사실을 사전에 통지하고 그 채무액을 넘지 아니하는 범위에서 저당권을 설정할 수 있다.

16) 운송사업자는 제40조제3항에 따른 위·수탁계약으로 차량을 현물출자 받은 경우에는 위·수탁차주를 「자동차관리법」에 따른 자동차등록원부에 현물출자자로 기재하여야 한다.

17) 운송사업자는 위·수탁차주가 다른 운송사업자와 동시에 1년 이상의 운송계약을 체결하는 것을 제한하거나 이를 이유로 불이익을 주어서는 아니 된다.

18) 운송사업자는 제11조의2에 따라 화물운송을 위탁하는 경우 「도로법」제77조 또는 「도로교통법」제39조에 다른 기준을 위반하는 화물의 운송을 위탁하여서는 아니 된다.

19) 운송사업자는 제11조의2제5항에 따라 운송가맹사업자의 화물정보망이나 「물류정책기본법」제38조에 따라 인증 받은 화물정보망을 통하여 위탁 받은 물량을 재위탁하는 등 화물운송질서를 문란하게 하는 행위를 하여서는 아니 된다.

20) 운송사업자는 적재된 화물이 떨어지지 아니하도록 국토교통부령으로 정하는 기준 및 방법에 따라 덮개·포장·고정장치 등 필요한 조치를 하여야 한다.

> **국토교통부령으로 정하는 기준 (시행규칙 제21조의7)**
> 제21조의7 (적재화물 이탈방지 기준) 운송사업자는 법 제11조제20항에 따라 적재된 화물이 떨어지지 않도록 다음 각 호 어느 하나의 기준 및 방법에 따라 덮개·포장·고정장치 등 필요한 조치를 해야 한다.
> 1. 삭제〈2022.1.28〉
> 2. 삭제〈2022.1.28〉

21) 제3조제7항제1호다목에 따라 같은 조 제1항의 허가 또는 같은 조 제3항의 변경허가를 받은 운송사업자는 허가 또는 변경허가의 조건을 위반하여 다른 사람에게 차량이나 그 경경을 위탁하여서는 아니 된다.

제3장
화물자동차 운수사업법

22) 운송사업자는 제59조제1항에 따라 화물자동차의 운전업무에 종사하는 운수종사자가 교육을 받는 데에 필요한 조치를 하여야 하며, 그 교육을 받지 아니한 화물자동차의 운전업무에 종사하는 운수종사자를 화물자동차 운수사업에 종사하게 하여서는 아니 된다.

23) 운송사업자는 「자동차관리법」제35조를 위반하여 전기·전자장치(최고속도제한장치에 한정한다)를 무단으로 해체하거나 조작해서는 아니 된다.

24) 국토교통부장관은 "1)"부터 "23)"까지의 준수사항 외에 다음 각 호의 사항을 국토교통부령으로 정할 수 있다.
   ① 화물자동차 운송사업의 차고지 이용과 운송시설에 관한 사항
   ② 그 밖에 수송의 안전과 화주의 편의를 도모하기 위하여 운송사업자가 지켜야 할 사항

국토교통부령으로 정하는 운송사업자의 준수사항
(시행규칙 제21조)

제21조(운송사업자의 준수사항) 법 제11조제1항 및 제24항에 따른 화물운송 질서 확립, 화물자동차 운송사업의 차고지 이용 및 운송시설에 관한 사항과 그 밖에 수송의 안전 및 화주의 편의를 위하여 운송사업자가 준수하여야 할 사항은 다음 각 호와 같다.

1. 〈삭제, 2014.9.19〉
2. 개인 화물자동차 운송사업자의 경우 주사무소가 있는 특별시·광역시·특별자치시 또는 도와 이와 맞닿은 특별시·광역시·특별자치시 또는 도 외의 지역에 상주하여 화물자동차 운송사업을 경영하지 아니할 것
3. 밤샘주차(0시부터 4시까지 사이에 하는 1시간 이상의 주차를 말한다)하는 경우에는 다음 각 목의 어느 하나에 해당하는 시설 및 장소에서만 할 것
   가. 해당 운송사업자의 차고지
   나. 다른 운송사업자의 차고지
   다. 공영차고지
   라. 화물자동차 휴게소
   마. 화물터미널
   바. 그 밖에 지방자치단체의 조례로 정하는 시설 또는 장소
4. 최대적재량 1.5톤 이하의 화물자동차의 경우에는 주차장, 차고지 또는 지방자치단체의 조례로 인정하는 시설 및 장소에서만 밤샘주차할 것
5. 신고한 운임 및 요금 또는 화주와 합의된 운임 및 요금이 아닌 부당한 운임 및 요금을 받지 아니할 것
6. 화주로부터 부당한 운임 및 요금의 환급을 요구받았을 때에는 환급할 것
7. 신고한 운송약관을 준수할 것
8. 사업용 화물자동차의 바깥쪽에 일반인이 알아보기 쉽도록 해당 운송사업자의 명칭(개인 화물자동차 운송사업자인 경우에는 그 화물자동차 운송사업의 종류를 말한다)을 표시할 것. 이 경우 「자동차관리법 시행규칙」 별표 1에 따른 밴형 화물자동차를 사용하여 화주와 화물을 함께 운송하는 사업자는 "화물"이라는 표기를 한국어 및 외국어(영어, 중국어 및 일본어)로 표시할 것
9. 화물자동차 운전자의 취업 현황 및 퇴직 현황을 보고하지 아니하거나 거짓으로 보고하지 아니할 것
10. 교통사고로 인한 손해배상을 위한 대인보험이나 공제사업에 가입하지 아니한 상태로 화물자동차를 운행하거나 그 가입이 실효된 상태로 화물자동차를 운행하지 아니할 것
11. 적재물배상 책임보험 또는 공제에 가입하지 아니한 상태로 화물자동차를 운행하거나 그 가입이 실효된 상태로 화물자동차를 운행하지 아니할 것
12. 자동차관리법에 따른 검사를 받지 아니하고 화물자동차를 운행하지 아니할 것
13. 〈삭제, 2018.12.31〉
14. 화물자동차 운전자에게 차 안에 화물운송 종사자격증명을 게시하고 운행하도록 할 것
15. 〈삭제, 2014.11.28〉
16. 화물자동차 운전자에게 「자동차 및 자동차부품의 성능과 기준에 관한 규칙」 제56조에 따른 운행기록장치가 설치된 운송사업용 화물자동차를 그 장치 또는 기기가 정상적으로 작동되는 상태에서 운행하도록 할 것
17. 삭제〈2020.6.17〉
18. 개인 화물자동차 운송사업자는 자기 명의로 운송계약을 체결한 화물에 대하여 다른 운송사업자에게 수수료나 그 밖의 대가를 받고 그 운송을 위탁하거나 대행하게 하는 등 화물운송 질서를 문란하게 하는 행위를 하지 말 것
19. 제6조제3항에 따라 허가를 받은 자는 집화등 외의 운송을 하지 말 것
20. 「자동차관리법 시행규칙」 별표1에 따른 구난형 특수자동차를 사용하여 고장·사고차량을 운송하는 운송사업자의 경우 고장·사고차량 소유자 또는 운전자의 의사에 반하여 구난을 지시하거나 구난하지 아니할 것. 다만, 다음 각 목의 어느 하나에 해당하는 경우는 제외한다.
    가. 고장·사고차량 소유자 또는 운전자가 사망·중상 등으로 의사를 표현할 수 없는 경우
    나. 교통의 원활한 흐름 또는 안전 등을 위하여 경찰공무원이 차량의 이동을 명한 경우
21. 「자동차관리법 시행규칙」 별표 1에 따른 구난형 특수자동차를 사용하여 고장·사고 차량을 운송하는 운송사업자는 구난 작업 전에 차량의 소유자 또는 운전자에게 구두 또는 서면으로 총 운임·요금을 통지하거나 소속 운송종사자로 하여금 통지하도록 지시할 것. 다만, 고장·사고 차량의 소유자 또는 운전자의 사망·중상 등 부득이한 사유로 통지할 수 없는 경우는 제외한다.
22. 「자동차관리법 시행규칙」 별표 1에 따른 밴형 화물자동차를 사용하여 화주와 화물을 함께 운송하는 운송사업자는 운송을 시작하기 전에 화주에게 구두 또는 서면으로 총 운임·요금을 통지하거나 소속 운수종사자로 하여금 통지하도록 지시할 것
23. 휴게시간 없이 4시간 연속운전한 운수종사자에게 30분 이상의 휴게시간을 보장할 것. 다만, 다음 각 목의 어느 하나에 해당하는 경우에는 1시간까지 연장운행을 하게 할 수 있으며 운행 후 45분 이상의 휴게시간을 보장하여야 한다.
    가. 운송사업자 소유의 다른 화물자동차가 교통사고, 차량고장 등의 사유로 운행이 불가능하여 이를 일시적으로 대체하기 위하여 수송력 공급이 긴급히 필요한 경우
    나. 천재지변이나 이에 준하는 비상사태로 인하여 수송력 공급을 긴급히 증가할 필요가 있는 경우

제3장 필동사용자 공수사업법

9. 거자재용 이동발기 기준 (시행규칙 별표 1의3)

분기 · 보정 및 고정방법
1. 차량의 주행(급정지, 급발진, 회전 등)과 적재함의 개패 등에 의하여 실려있는 공동수화물이 떨어지지 아니하도록 덮개·포장 및 고정장치를 해야 한다. 다만, 그 운행중 공수회물이 떨어짐 등의 의하여 다른 사람이 상해를 입거나 다른 차량의 안전 운행에 지장을 초래하지 않도록 덮개·포장 및 고정장치를 해야 한다. 가. 「도로교통법 시행규칙」 별표 1에 따른 긴급자동차 나. 「자동차관리법」 제3조제1항에 따른 자동차(이륜자동차는 제외한다) 다. 「건설기계관리법」 제2조제1항제1호에 따른 건설기계 중 덤프트럭, 콘크리트 믹서트럭, 콘크리트 펌프 및 총중량 등 이동이 가능한 기계의 경우에는 자체 적재함에 실려있는 공수회물의 경우로 한정한다. 라. 대형화물차등 마. 특수차, 공수차량, 화물차 등 일반적으로 덮개 의무 대상이 아닌 화물차의 경우에는 화물이 떨어지지 않도록 고정해야 한다. 바. "자동차관리법」 제3조제1항에 따른 자동차(이륜자동차는 제외한다) 중 차량 총중량이 제30조제1항 등 아스팔트 콘크리트 등을 적재한 차량의 경우에는 덮개 시공장치 등으로 전부 밀폐하여 적재된 공수회물이 외부에서 보이지 않고 흘러내림 등이 없도록 고정해야 한다. 사. 그 밖의 기타에서 마차하지 경우로서 공수회물이 돌출·낙하·비산 등이 없도록 고정해야 한다.

24. 필동사용자 공수자는 「도로교통법」 제46조의3에 따른 난폭운전을 하지 않도록 할 것

25. 「자동차관리법 시행규칙」 별표 1에 따라 화물자동차(제12조에 따른 화물자동차 중 공동수화물을 실어 운송하거나 이에 다른 공수회물을 운전하는 경우에는 공동수회물이 차량으로부터 떨어지지 않도록 덮개·포장 등 고정장치를 할 것

10. 공수동사자의 공수사항 (법 제12조)

1) 필동사용자 공수사업이 공수동사자에게 다음 각 호의 어느 하나에 해당하는 행위를 하게 하여서는 아니 된다.
① 정당한 사유 없이 화물을 중도에서 내리게 하는 행위
② 정당한 사유 없이 공동수회물의 수송을 거부하는 행위
③ 부당한 운임 요금을 요구하거나 받는 행위
④ 고장 및 사고차량 등 화물의 운송과 관련하여 자동차관리사업자와 부정한 금품을 주고 받는 행위
⑤ 일정한 장소에 오랜 시간 정차하여 회물을 호객(護客)하는 행위

11. 공수동사자에 대한 개공공용 (법 제13조)

국토교통부장관은 안전운행을 확보하고, 공수 질서를 확립하며, 화물운송질서의 공공복리 증진을 도모하기 위하여 필요하다고 인정하면 공수동사자에게 다음 각 호의 사항을 명할 수 있다.

1) 공공이복리의 명
2) 공수회물의 기준정 및 공수사업의 개시
3) 운임의 인정공로망 조정
4) 가계통합감 보강을 위하여 자동차관리공제에 가 입함에 따라 공수동사는 가입하여야 할 보 험·공제에 가입
5) 위·공제에 가입
위 각 호에 따른 공동수회물 명령 등에 필요한 자동 차관리공동의 공수처분 등 경우의 사항을 명할 수 있다.

제3장 화물자동차 운수사업법

을 받은 즉시 「자동차관리법」제10조제3항에 따른 등록번호판의 부착 및 봉인을 신청하는 등 운행이 가능하도록 조치
6) 위·수탁계약에 따라 운송사업자 명의로 등록된 차량의 노후, 교통사고 등으로 대폐차가 필요한 경우 위·수탁차주의 요청을 받은 즉시 운송사업자가 대폐차 신고 등절차를 진행하도록 조치
7) 위·수탁계약에 따라 운송사업자 명의로 등록된 차량의 사용본거지를 다른 시·도로 변경하는 경우 즉시 자동차등록번호판의 교체 및 봉인을 신청하는 등 운행이 가능하도록 조치
8) 그 밖에 화물자동차 운송사업의 개선을 위하여 필요한 사항으로 대통령령이 정하는 사항

12. 업무개시 명령(법 제14조)

1) 국토교통부장관은 운송사업자나 운수종사자가 정당한 사유 없이 집단으로 화물운송을 거부하여 화물운송에 커다란 지장을 주어 국가경제에 매우 심각한 위기를 초래하거나 초래할 우려가 있다고 인정할 만한 상당한 이유가 있으면 그 운송사업자 또는 운수종사자에게 업무개시를 명할 수 있다.
2) 국토교통부장관은 "1)"항에 따라 운송사업자 또는 운수종사자에게 업무개시를 명하려면 국무회의의 심의를 거쳐야 한다.
3) 국토교통부장관은 "1)"항에 따라 업무개시를 명한 때에는 구체적 이유 및 향후 대책을 국회 소관 상임위원회에 보고하여야 한다.
4) 운송사업자 또는 운수종사자는 정당한 사유 없이 "1)"항에 따른 명령을 거부할 수 없다.

13. 과징금의 부과(법 제21조)

1) 국토교통부장관은 운송사업자가 법 제19조(화물자동차 운송사업의 허가 취소 등)제1항 각 호의 어느 하나에 해당하여 사업정지처분을 하여야 하는 경우로서 그 사업정지처분이 해당 화물자동차 운송사업의 이용자에게 심한 불편을 주거나 그 밖에 공익을 해할 우려가 있으면 대통령령으로 정하는 바에 따라 사업정지처분을 갈음하여 2천만원 이하의 과징금을 부과·징수할 수 있다.

2) 과징금의 용도
 ① 화물터미널의 건설 및 확충
 ② 공동차고지(사업자단체, 운송사업자 또는 운송가맹사업자가 운송사업자 또는 운송가맹사업자에게 공동으로 제공하기 위하여 설치하거나 임차한 차고지를 말한다)의 건설과 확충
 ③ 경영개선이나 그 밖에 화물에 대한 정보 제공사업 등 화물자동차 운수사업의 발전을 위하여 필요한 사항

> **경영개선이나 그 밖에 화물에 대한 정보 제공사업 등 화물자동차 운수사업의 발전을 위하여 필요한 사항(시행령 제8조의2)**
> 제8조의2(과징금의 용도)
> 1. 공영차고지의 설치·운영사업
> 2. 특별시장·광역시장·특별자치시장·도지사 또는 특별자치도지사(이하 "시·도지사"라 한다)가 설치·운영하는 운수종사자의 교육시설에 대한 비용의 보조사업
> 3. 법 제10조제2항에 따른 사업자단체가 법 제49조제3호에 따라 실시하는 교육훈련 사업
> ④ 신고 포상금의 지급

14. 화물자동차 운송사업의 허가취소 등(법 제19조)

국토교통부장관은 운송사업자가 다음 각 호의 어느 하나에 해당하면 그 허가를 취소하거나 6개월 이내의 기간을 정하여 그 사업의 전부 또는 일부의 정지를 명령하거나 감차 조치를 명할 수 있다. 다만, ①과 ⑤ 또는 ⑬의 경우에는 그 허가를 취소하여야 한다.
 ① 부정한 방법으로 화물자동차 운송사업 허가를 받은 경우
 ①-2 허가를 받은 후 6개월간의 운송실적이 국토교통부령으로 정하는 기준에 미달한 경우
 ② 부정한 방법으로 화물자동차 운송사업의 변경허가를 받거나, 변경허가를 받지 아니하고 허가사항을 변경한 경우
 ③ 화물자동차 운송사업의 허가 또는 증차를 수반하는 변경허가에 따른 기준을 충족하지 못하게 된 경우
 ④ 법 제3조(화물자동차 운송사업의 허가 등)제9항에 따른 신고를 하지 아니하였거나 거짓으로 신고한 경우
 ④-2 화물자동차 소유 대수가 2대 이상인 운송사업자가 법 제3조제11항에 따른 영업소 설치 허가를 받지 아니하고 주사무소 외의 장소에서 상주하여 영업한 경우
 ④-3 화물자동차 운송사업의 허가에 따른 조건 또는 기한을 위반한 경우
 ⑤ 법 제4조(결격사유) 각 호의 어느 하나에 해당하게 된 경우. 다만, 법인의 임원 중 제4조 각 호의 어느 하나에 해당하는 자가 있는 경우 3개월 이내에 그 임원을 개임(改任)하면 허가를 취소하지 아니한다.
 ⑥ 화물운송 종사자격이 없는 자에게 화물을 운송하게 한 경우
 ⑦ 제 11조에 따른 준수사항을 위반한 경우
 ⑦-2 법 제11조의2에 따른 직접운송 의무 등을 위반한 경우
 ⑦-3 삭제
 ⑦-4 1대의 화물자동차를 본인이 직접 운전하는 운송사업자, 운송사업자가 채용한 운수종사자 또는 위·수탁차주가 일정한 장소에 오랜 시간 정차하여 화주를 호객하는 행위를 하여 과태료 처분을 1년 동안 3회 이상 받은 경우
 ⑧ 정당한 사유 없이 법 제13조(개선명령)에 따른 개선명령을 이행하지 아니한 경우
 ⑨ 정당한 사유 없이 법 제14조(업무개시 명령)에 따른 업무개시 명령을 이행하지 아니한 경우
 ⑨-2 제16조제9항을 위반하여 사업을 양도한 경우
 ⑩ 이 조에 따른 사업정지처분 또는 감차 조치 명령을 위반한 경우
 ⑪ 중대한 교통사고 또는 빈번한 교통사고로 1명 이상의 사상자를 발생하게 한 경우

> **중대한 교통사고 등의 범위 (시행령 제6조)**
> 제6조(중대한 교통사고 등의 범위) ① 법 제19조제2항에 따른 중대한 교통사고는 다음 각 호의 어느 하나에 해당하는 사유로 별표 1 제2호 개별기준의 제18호가목에 따른 사상자가 발생한 경우로 한다. (※사상의 정도 : 중상 이상)
> 1. 교통사고처리특례법 제3조제2항 단서의 규정에 해당하는 사유
> 2. 화물자동차의 정비불량
> 3. 화물자동차의 전복(顚覆) 또는 추락. 다만, 운수종사자에게 귀책사유가 있는 경우만 해당
> ② 법 제19조제2항에 따른 빈번한 교통사고는 사상자가 발생한 교통사고가 별표 1 제18호 나목에 따른 교통사고지수 또는 교통사고 건수에 이르게 된 경우로 한다.

제3장
화물자동차 운수사업법

화물운송종사자격시험

1. 5대 이상의 차량을 소유한 운송사업자 : 해당 연도의 교통사고 지수가 3 이상인 경우(교통사고지수= $\frac{교통사고건수}{화물자동차의대수} \times 10$)

2. 5대 미만의 차량을 소유한 운송사업자 : 해당 사고 이전 최근 1년 동안에 발생한 교통사고가 2건 이상인 경우

⑫ 제44조의2제1항에 따라 보조금의 지급이 정지된 자가 그 날부터 5년 이내에 다시 같은 항 각 호의 어느 하나에 해당하게 된 경우.

⑫-2 운송사업자(개인 운송사업자는 제외한다), 운송주선사업자 및 운송가맹사업자는 국토교통부령으로 정하는 바에 따라 운송 또는 주선 실적을 관리하고 이를 국토교통부장관에서 신고하여야한다에 따른 신고를 하지 아니하였거나 거짓으로 신고한 경우

⑫-3 제11조의2제1항에 따른 직접운송 의무가 있는 운송사업자는 국토교통부령으로 정하는 기준 이상으로 화물을 운송하여야 한다. 이 경우 기준내역에 관하여는 국토교통부령으로 정한다 에 따른 기준을 충족하지 못하게 된 경우

⑬ 화물자동차 교통사고와 관련하여 거짓이나 그 밖의 부정한 방법으로 보험금을 청구하여 금고 이상의 형을 선고받고 그 형이 확정된 경우

보조금 지급 정지 사유 (법 제44조의2제1항)

제44조의2(보조금의 지급 정지 등) ① 특별시장·광역시장·특별자치시장·특별자치도지사·시장 또는 군수는 운송사업자등이 다음 각 호의 어느 하나에 해당하면 대통령령으로 정하는 바에 따라 1년의 범위에서 법 제43조제2항에 따른 보조금의 지급을 정지하여야 한다.

1. 「석유 및 석유대체연료 사업법」 제2조제9호에 따른 석유판매업자 또는 「액화석유가스의 안전관리 및 사업법」 제2조제5호에 따른 액화석유가스 충전사업자(이하 "주유업자등"이라 한다)로부터 「부가가치세법」 제32조에 따른 세금계산서를 거짓으로 발급받아 보조금을 지급받은 경우

2. 주유업자등으로부터 유류의 구매를 가장하거나 실제 구매금액을 초과하여 「여신전문금융업법」 제2조에 따른 신용카드, 직불카드, 선불카드 등으로서 보조금의 신청에 사용되는 카드(이하 "유류구매카드"라 한다)로 거래를 하거나 이를 대행하게 하여 보조금을 지급받은 경우

3. 화물자동차 운수사업이 아닌 다른 목적에 사용한 유류분에 대하여 보조금을 지급받은 경우

4. 다른 운송사업자등이 구입한 유류 사용량을 자기가 사용한 것으로 위장하여 보조금을 지급받은 경우

5. 그 밖에 제43조제2항에 따라 대통령령으로 정하는 사항을 위반하여 보조금을 지급받은 경우

6. 소명서 및 증거자료의 제출요구에 따르지 아니하거나, 같은 항에 따른 검사나 조사를 거부·기피 또는 방해한 경우

제3장 화물자동차 운수사업법

제3절 화물자동차 운송주선사업

1. 화물자동차 운송주선사업의 허가 등(법 제24조)

1) 화물자동차 운송주선사업을 경영하려는 자는 국토교통부령이 정하는 바에 따라 국토교통부장관의 허가를 받아야 한다. 다만 법 제29조제1항에 따라 화물자동차 운송가맹사업의 허가를 받은 자는 허가를 받지 아니한다.

2) "1)" 본문에 따라 화물자동차 운송주선사업의 허가를 받은 자(이하 "운송주선사업자"라 한다)가 허가사항을 변경하려면 국토교통부령으로 정하는 바에 따라 국토교통부장관에게 신고하여야 한다.

3) 삭제〈2018.4.17〉

4) "1)"에 따른 화물자동차 운송주선사업의 허가기준은 다음과 같다.
   ① 국토교통부장관이 화물의 운송주선 수요를 감안하여 고시하는 공급기준에 맞을 것
   ② 사무실의 면적 등 국토교통부령으로 정하는 기준에 맞을 것

국토교통부령으로 정하는 화물자동차 운송주선사업의 허가기준
(시행규칙 제38조 관련 [별표4])

항목	허가기준
사무실	• 영업에 필요한 면적. 다만, 관리사무소 등 부대시설이 설치된 민영 노외주차장을 소유하거나 그 사용계약을 체결한 경우에는 사무실을 확보한 것으로 본다.

5) 운송주선사업자의 허가기준에 관한 사항의 신고에 관하여는 제3조제9항을 준용한다.

6) 운송주선사업자는 주사무소 외의 장소에서 상주하여 영업하려면 국토교통부령으로 정하는 바에 따라 국토교통부장관의 허가를 받아 영업소를 설치하여야 한다.

2. 운송주선사업자의 준수사항(법 제26조)

1) 운송주선사업자는 자기의 명의로 운송계약을 체결한 화물에 대하여 그 계약금액 중 일부를 제외한 나머지 금액으로 다른 운송주선사업자와 재계약하여 이를 운송하도록 하여서는 아니 된다. 다만, 화물운송을 효율적으로 수행할 수 있도록 위·수탁차주나 1대사업자에게 화물운송을 직접 위탁하기 위하여 다른 운송주선사업자에게 중개 또는 대리를 의뢰하는 때에는 그러하지 아니하다.

2) 운송주선사업자는 화주로부터 중개 또는 대리를 의뢰받은 화물에 대하여 다른 운송주선사업자에게 수수료나 그 밖의 대가를 받고 중개 또는 대리를 의뢰하여서는 아니 된다.

3) 운송주선사업자는 운송사업자에게 화물의 종류·무게 및 부피 등을 거짓으로 통보하거나 「도로법」제77조 또는 「도로교통법」제39조에 따른 기준을 위반하는 화물의 운송을 주선하여서는 아니 된다.

4) 삭제〈2018.4.17〉

5) 운송주선사업자가 운송가맹사업자에게 화물의 운송을 주선하는 행위는 "1)" 및 "2)"에 따른 재계약·중개 또는 대리로 보지 아니한다.

6) "1)"부터 "5)"까지에서 규정한 사항 외에 화물운송질서의 확립 및 화주의 편의를 위하여 운송주선사업자가 지켜야 할 사항은 국토교통부령으로 정한다.

국토교통부령으로 정하는 운송주선사업자의 준수사항 (시행규칙 제38조의3)

1. 신고한 운송주선약관을 준수할 것
2. 적재물배상보험 등에 가입한 상태에서 운송주선사업을 영위할 것
3. 자가용 화물자동차의 소유자 또는 사용자에게 화물운송을 주선하지 아니할 것
4. 허가증에 기재된 상호만 사용할 것
5. 운송주선사업자가 이사화물운송을 주선하는 경우 화물운송을 시작하기 전에 다음 각 목의 사항이 포함된 견적서 또는 계약서(전자문서를 포함한다. 이하 이 호에서 같다)를 화주에게 발급할 것, 다만, 화주가 견적서 또는 계약서의 발급을 원하지 아니하는 경우는 제외한다.
   가. 운송주선사업자의 성명 및 연락처
   나. 화주의 성명 및 연락처
   다. 화물의 인수 및 인도 일시, 출발지 및 도착지
   라. 화물의 종류, 수량
   마. 운송 화물자동차의 종류 및 대수, 작업인원, 포장 및 정리 여부, 장비사용 내역
   바. 운임 및 그 세부내역(포장 및 보관 등 부대서비스 이용 시 해당 부대서비스의 내용 및 가격을 포함한다)
6. 운송주선사업자가 이사화물 운송을 주선하는 경우에 포장 및 운송 등 이사 과정에서 화물의 멸실, 훼손 또는 연착에 대한 사고확인서를 발급할 것(화물의 멸실, 훼손 또는 연착에 대하여 사업자가 고의 또는 과실이 없음을 증명하지 못한 경우로 한정한다)

제4절 화물자동차 운송가맹사업

1. 화물자동차 운송가맹사업의 허가 등(법 제29조)

1) 화물자동차 운송가맹사업을 경영하려는 자는 국토교통부령으로 정하는 바에 따라 국토교통부장관에게 허가를 받아야 한다.

2) "1)"에 따라 허가를 받은 운송가맹사업자는 허가사항을 변경하려면 국토교통부령으로 정하는 바에 따라 국토교통부장관의 변경허가를 받아야 한다. 다만, 대통령령으로 정하는 경미한 사항을 변경하려면 국토교통부령으로 정하는 바에 따라 국토교통부장관에게 신고하여야 한다.

대통령령으로 정하는 경미한 사항(시행령 제9조의2)
제9조의2(운송가맹사업자의 허가사항 변경신고의 대상)법 제29조2항 단서에 따라 변경신고를 하여야 하는 사항은 다음 각호와 같다.
1. 대표자의 변경(법인인 경우에 해당한다)
2. 화물취급소의 설치 및 폐지
3. 화물자동차의 대폐차(화물자동차를 직접 소유한 운송가맹사업자만 해당한다)
4. 주사무소·영업소 및 화물취급소의 이전
5. 화물자동차운송가맹계약의 체결 또는 해제·해지

3) "1)" 및 "2)" 본문에 따른 화물자동차 운송가맹사업의 허가 또는 증차를 수반하는 변경허가의 기준은 다음과 같다.
   ① 국토교통부장관이 화물의 운송수요를 고려하여 고시하는 공급기준에 맞을 것

제3장
화물자동차 운수사업법

② 화물자동차의 대수(운송가맹점이 보유하는 화물자동차의 대수를 포함한다), 운송시설, 그 밖에 국토교통부령으로 정하는 기준에 맞을 것

화물자동차 운송가맹사업의 허가기준(시행규칙 제41조의7 관련 [별표5])

항목	허가기준
허가기준 대수	• 500대 이상(운송가맹점이 소유하는 화물자동차의 대수를 포함하되, 8개 이상의 시·도에 각각 5대 이상 분포되어야 한다)
사무실 및 영업소	• 영업에 필요한 면적
최저보유 차고면적	• 화물자동차 1대당 그 화물자동차의 길이와 너비를 곱한 면적(화물자동차를 직접 소유하는 경우만 해당한다)
화물자동차의 종류	• 시행규칙 제3조에 따른 화물자동차(화물자동차를 직접 소유하는 경우만 해당한다)
그 밖의 운송시설	• 화물운송전산망을 갖출 것(화물운송전산망은 운송가맹사업자와 운송가맹점이 그 전산망을 통하여 물량배정 여부, 공차 위치 등을 확인할 수 있어야 하며, 운임 지급 등의 결재시스템이 구축되어야 한다)

※운송사업자가 화물자동차 운송가맹사업 허가를 신청하는 경우 운송사업자의 지위에서 보유하고 있던 화물자동차 운송사업용 화물자동차는 화물자동차운송가맹사업의 허가기준 대수로 겸용할 수 없다.

4) 운송가맹사업자의 허가기준에 관한 사항의 신고에 관하여는 제3조제9항을 준용한다.

5) 운송가맹사업자는 주사무소 외의 장소에서 상주하여 영업하려면 국토교통부령으로 정하는 바에 따라 국토교통부장관의 허가를 받아 영업소를 설치하여야 한다.

2. 운송가맹사업자 및 운송가맹점의 역할(법 제30조)

1) 운송가맹사업자는 화물자동차 운송가맹사업의 원활한 수행을 위하여 다음 각 호의 사항을 성실히 이행하여야 한다.
　① 운송가맹사업자의 직접운송물량과 운송가맹점의 운송물량의 공정한 배정
　② 효율적인 운송기법의 개발과 보급
　③ 화물의 원활한 운송을 위한 화물정보망의 설치·운영

2) 운송가맹점은 화물자동차 운송가맹사업의 원활한 수행을 위하여 다음 각 호의 사항을 성실히 이행하여야 한다.
　① 운송가맹사업자가 정한 기준에 맞는 운송서비스의 제공(운송사업자 및 위·수탁차주인 운송가맹점만 해당된다)
　② 화물의 원활한 운송을 위한 차량 위치의 통지(운송주선사업자인 운송가맹점만 해당된다)
　③ 운송가맹사업자에 대한 운송화물의 확보·공급(운송주선사업자인 운송가맹점만 해당된다)

3. 운송가맹사업자에 대한 개선명령(법 제31조)
국토교통부장관은 안전운행의 확보, 운송질서의 확립 및 화주의 편의를 도모하기 위하여 필요하다고 인정하면 운송가맹사업자에게 다음 각 호의 사항을 명할 수 있다.

1) 운송약관의 변경

2) 화물자동차의 구조변경 및 운송시설의 개선

3) 화물의 안전운송을 위한 조치

4) 법 제34조에서 준용하는 「가맹사업거래의 공정화에 관한 법률」 제7조·제10조·제11조 및 제13조에 따른 정보공개서의 제공의무 등, 가맹금의 반환, 가맹계약서의 기재사항 등, 가맹계약의 갱신 등의 통지

5) 법 제35조에 따른 적재물배상 책임보험 또는 공제와 「자동차손해배상 보장법」에 따라 운송가맹사업자가 의무적으로 가입하여야 하는 보험·공제의 가입

6) 그 밖에 화물자동차 운송가맹사업의 개선을 위하여 필요한 사항으로서 대통령령으로 정하는 사항

제5절 화물운송 종사자격 시험·교육

1. 화물자동차 운수사업의 운전업무 종사자격

1) 화물자동차 운수사업의 운전업무 종사자격(법 제8조)
　① 화물자동차 운수사업의 운전업무에 종사하려는 자는 ㉠ 및 ㉡의 요건을 갖춘 후 ㉢ 또는 ㉣의 요건을 갖추어야 한다.
　㉠ 국토교통부령으로 정하는 연령·운전경력 등 운전업무에 필요한 요건을 갖출 것

화물자동차운전자의 연령·운전경력 등의 요건(시행규칙 제18조)
제18조(화물자동차운전자의 연령·운전경력 등의 요건) 법 제8조제1항제1호에 따른 화물자동차 운수사업의 운전업무에 종사할 수 있는 자(이하 "화물자동차운전자"라 한다)의 연령·운전경력 등의 요건은 다음 각 호와 같다.
　1. 화물자동차를 운전하기에 적합한 도로교통법 제80조에 따른 운전면허를 가지고 있을 것
　2. 20세 이상일 것
　3. 운전경력이 2년 이상일 것. 다만, 여객자동차 운수사업용 자동차 또는 화물자동차 운수사업용 자동차를 운전한 경력이 있는 경우에는 그 운전경력이 1년 이상일 것

　㉡ 국토교통부령으로 정하는 운전적성에 대한 정밀검사기준에 맞을 것

운전적성에 대한 정밀검사기준(시행규칙 제18조의2제2항제1호)
신규검사 : 화물운송 종사자격증을 취득하려는 사람. 다만 자격시험 실시일 또는 교통안전체험교육 시작일을 기준으로 최근 3년 이내에 신규검사의 적합 판정을 받은 사람은 제외한다.

　㉢ 화물자동차 운수사업법령, 화물취급요령 등에 관하여 국토교통부장관이 시행하는 시험에 합격하고 정하여진 교육을 받을 것.
　㉣ 「교통안전법」제56조에 따른 교통안전체험에 관한 연구·교육시설에서 교통안전체험, 화물취급요령 및 화물자동차 운수사업법령 등에 관하여 국토교통부장관이 실시하는 이론 및 실기 교육을 이수할 것.
　② 국토교통부장관은 ①에 따른 요건을 갖춘 자에게 화물자동차 운수사업의 운전업무에 종사할 수 있음을 표시하는 자격증(화물운송 종사자격증)을 내주어야 한다.
　③ ①과 ②에 따른 시험·교육·자격증의 교부 등에 필요한 사항은 국토교통부령으로 정한다.
　＊①~②의 사항은 한국교통안전공단에 위탁

제3장 화물자동차 운수사업법

2) **화물자동차 운수사업의 운전업무 종사자격 결격사유**(법 제9조)
다음 각 호의 어느 하나에 해당하는 자는 법 제8조에 따른 화물운송 종사자격을 취득할 수 없다.
① 법 제4조(결격사유) 제1호, 제3호 또는 제4호에 해당하는 자
  ㉠ 피성년후견인 또는 피한정후견인
  ㉡ 화물자동차 운수사업법을 위반하여 징역 이상의 실형을 선고받고 그 집행이 끝나거나(집행이 끝난 것으로 보는 경우를 포함한다) 집행이 면제된 날부터 2년이 경과되지 아니한 자
  ㉢ 화물자동차 운수사업법을 위반하여 징역 이상의 형의 집행유예선고를 받고 그 유예기간 중에 있는 자
② 법 제23조제1항(제7호는 제외한다)에 따라 화물운송 종사자격이 취소(화물운송 종사자격을 취득한 자가 제4조제1호에 해당하여 제23조제1항제1호에 따라 허가가 취소된 경우는 제외한다)된 날부터 2년이 지나지 아니한자
③ 제8조제1항제3호에 따른 시험일 전 또는 같은 항 제4호에 따른 교육일 전 5년간 다음 각 목의 어느 하나에 해당하는 사람
  ㉠ 「도로교통법」 제93조제1항제1호부터 제4호까지에 해당하여 운전면허가 취소된 사람
  ㉡ 「도로교통법」 제43조를 위반하여 운전면허를 받지 아니하거나 운전면허의 효력이 정지된 상태로 같은 법 제2조제21호에 따른 자동차등을 운전하여 벌금형 이상의 형을 선고받거나 같은 법 제93조제1항제19호에 따라 운전면허가 취소된 사람
  ㉢ 운전 중 고의 또는 과실로 3명 이상이 사망(사고발생일부터 30일 이내에 사망한 경우를 포함한다)하거나 20며 이상의 사상자가 발생한 교통사고를 일으켜 「도로교통법」 제93조제1항제10호에 따라 운전면허가 취소된 사람
④ 제8조제1항제3호에 따른 시험일 전 또는 같은 항 제4호에 따른 교육일 전 3년간 「도로교통법」 제93조제1항제5호 및 제5호의2에 해당하여 운전면허가 취소된 사람

2. 화물자동차 우수업무의 운전업무 종사의 제한(법 제9조의2)

1) 다음 각 호의 어느 하나에 해당하는 사람은 제8조에 따른 화물운송 종사자격의 취득에도 불구하고 화물을 집화·분류·배송하는 형태의 화물자동차 운송사업의 운전업무에는 종사할 수 없다.
① 다음 각 목의 어느 하나에 해당하는 죄를 범하여 금고 이상의 실형을 선고받고 그 집행이 끝나거나(집행이 끝난 것으로 보는 경우를 포함한다) 면제된 날부터 최대 20년의 범위에서 범죄의 종류, 죄질, 형기의 장단 및 재범위험성 등을 고려하여 대통령령으로 정하는 기간이 지나지 아니한 사람
  ㉠ 「특정강력범죄의 처벌에 관한 특례법」 제2조제1항 각 호에 따른 죄
  ㉡ 「특정범죄 가중처벌 등에 관한 법률」 제5조의2, 제5조의4, 제5조의5, 제5조의9 및 제11조에 따른 죄
  ㉢ 「마약류 관리에 관한 법률」에 따른 죄
  ㉣ 「성폭력범죄의 처벌 등에 관한 특례법」 제2조제1항제2호부터 제4호까지, 제3조부터 제9조까지 및 제15조(제14조의 미수범은 제외한다)에 따른 죄
  ㉤ 「아동·청소년의 성보호에 관한 법률」 제2조제2호에 따른 죄

② '①'에 따른 죄를 범하여 금고 이상의 형의 집행유예를 선고받고 그 유예기간 중에 있는 사람

화물자동차 운수사업의 운전업무 종사의 제한(시행령 제4조의 10)
1. 「특정강력범죄의 처벌에 관한 특례법」 제2조제1항 각 호에 따른 죄: 20년
2. 「특정범죄 가중처벌 등에 관한 법률」 제5조의2, 제5조의4, 제5조의5, 제5조의9(제4항은 제외한다) 및 제11조에 따른 죄: 20년
3. 「특정범죄 가중처벌 등에 관한 법률」 제5조의9제4항에 따른 죄: 6년
4. 「마약류 관리에 관한 법률」 제58조부터 제60조까지의 규정에 따른 죄: 20년
5. 「마약류 관리에 관한 법률」 제61조제1항 각 호에 따른 죄 및 같은 조 제3항에 따른 그 각 미수죄(같은 조 제1항제2호, 제3호 및 제9호의 미수범은 제외한다): 10년
6. 「마약류 관리에 관한 법률」 제61조제2항에 따른 죄 및 같은 조 제3항에 따른 그 각 미수죄(같은 조 제1항제2호, 제3호 및 제9호의 미수범은 제외한다): 15년
7. 「마약류 관리에 관한 법률」 제62조제1항 각 호에 따른 죄 및 같은 조 제3항에 따른 그 각 미수죄: 6년
8. 「마약류 관리에 관한 법률」 제62조제2항에 따른 죄 및 같은 조 제3항에 따른 그 각 미수죄: 9년
9. 「마약류 관리에 관한 법률」 제63조제1항 각 호에 따른 죄 및 같은 조 제3항에 따른 그 각 미수죄(같은 조 제1항제2호부터 제5호까지, 제11호 및 제12호에 따른 죄의 미수범에 한정한다): 4년
10. 「마약류 관리에 관한 법률」 제63조제2항에 따른 죄 및 같은 조 제3항에 따른 그 각 미수죄9같은 조 제2항에 따른 죄의 미수범에 한정한다): 6년
11. 「마약류 관리에 관한 법률」 제64조 각 호에 따른 죄: 2년
12. 「성폭력범죄의 처벌 등에 관한 특례법」 제2조제1항제2호부터 제4호까지, 제3조부터 제9조까지 및 제15조(제14조의 미수범은 제외한다)에 따른 죄: 20년
13. 「아동·청소년의 성보호에 관한 법률」 제2조제2호에 따른 죄: 20년

3. 운전적성정밀검사의 기준(시행규칙 제18조의2)

1) 법 제8조제1항제2호에 따른 운전적성에 대한 정밀검사기준에 맞는지에 관한 검사(이하 "운전적성정밀검사"라 한다)는 기기형 검사와 필기형 검사로 구분

2) "1)"에 따른 운전적성정밀검사는 신규검사, 유지검사(維持檢査) 및 특별검사로 구분하며, 그 대상은 다음 각 호와 같다.
① 신규검사: 화물운송 종사자격증을 취득하려는 사람. 다음 각 목에 해당하는 날을 기준으로 최근 3년 이내에 신규검사의 적합판정을 받은 사람은 제외한다.
  ㉠ 법 제8조제1항제3호에 따라 국토교통부장관이 시행하는 시험(이하 "자격시험"이라 한다) 실시일
  ㉡ 제8조제1항제4호에 따라 국토교통부장관이 실시하는 이론 및 실기교육(이하 "교통안전체험교육"이라 한다) 시작일
② 자격유지검사: 다음 각 목의 어느 하나에 해당하는 사람
  ㉠ 「여객자동차 운수사업법」에 따른 여객자동차 운송사업용

자동차 또는 「화물자동차 운수사업법」에 따른 화물자동차 운송사업용 자동차의 운전업무에 종사하다가 퇴직한 사람으로서 신규검사 또는 유지검사를 받은 날부터 3년이 지난 후 재취업하려는 사람. 다만, 재취업일까지 무사고로 운전한 사람은 제외한다.

ⓒ 신규검사 또는 유지검사의 적합 판정을 받은 사람으로서 해당 검사를 받은 날부터 3년 이내에 취업하지 아니한 사람. 다만, 해당검사를 받은 날부터 취업일까지 무사고로 운전한 사람은 제외한다.

ⓒ 65세 이상 70세 미만인 사람. 다만, 자격유지검사의 적합 판정을 받고 3년이 지나지 않은 사람은 제외한다.

ⓔ 70세 이상인 사람. 다만, 자격유지검사의 적합판정을 받고 1년이 지나지 않은 사람은 제외한다

③ 특별검사: 다음 각 목의 어느 하나에 해당하는 사람
ⓒ 교통사고를 일으켜 사람을 사망하게 하거나 5주 이상의 치료가 필요한 상해를 입힌 사람
ⓒ 과거 1년간 「도로교통법 시행규칙」에 따른 운전면허행정 처분기준에 따라 산출된 누산점수가 81점 이상인 사람

4. 자격시험 및 교통안전체험교육 실시계획 공고 등(시행규칙 제18조의3)

1) 「한국교통안전공단법」에 따라 설립된 한국교통안전공단(이하 "한국교통안전공단"이라 한다)은 월 1회 이상 자격시험 및 교통안전체험교육을 실시하되, 해당 연도의 자격시험 및 교통안전체험교육 실시계획을 최초의 자격시험 90일 전까지 공고하여야 한다. 이 경우 자격시험의 응시 수요 및 교통안전체험교육의 신청 수요를 고려하여 자격시험 및 교통안전체험교육의 실시 횟수를 월 1회 미만으로 줄일 때에는 미리 국토교통부장관의 승인을 받아야 한다.

2) 한국교통안전공단은 자격시험의 응시 수요 및 교통안전체험교육의 신청 수요를 고려하여 제1)항에 따라 공고한 자격시험 및 교통안전체험교육의 실시 횟수를 변경하려면 미리 국토교통부장관의 승인을 받아야 한다.

3) 한국교통안전공단은 제2)항에 따라 자격시험 및 교통안전체험교육의 실시 횟수를 변경하였을 때에는 그 사실을 실시 횟수 변경 후 최초로 시행되는 자격시험 및 교통안전체험교육 30일 전까지 공고하여야 한다.

4) 한국교통안전공단은 자격시험 및 교통안전체험교육을 실시할 때에는 다음 각 호의 사항을 자격시험 및 교통안전체험교육 20일 전에 공고하여야 한다. 다만, 불가피한 사유로 공고 내용을 변경할 때에는 자격시험 및 교통안전체험교육 10일 전까지 그 변경사항을 공고하여야 한다.
① 자격시험 및 교통안전체험교육의 일시·장소·방법·과목
② 자격시험의 응시 요건·절차 및 교통안전체험교육의 신청 요건·절차
③ 자격시험 합격자 및 교통안전체험교육 이수자의 발표일·발표방법
④ 제①호부터 제③호까지 외에 자격시험 및 교통안전체험교육 실시에 필요한 사항

5) "1)"항·"3)"항 및 "4)"항에 따른 공고는 한국교통안전공단의 인터넷 홈페이지 및 「신문 등의 진흥에 관한 법률」 제9조제1항에 따라 보급지역을 전국으로 하여 등록한 둘 이상의 일반일간신문에 게재하는 방법으로 한다. 다만, "4)"항에 따른 공고의 경우에는 일반일간신문 게재를 생략할 수 있다.

5. 자격시험의 과목 및 교통안전체험교육의 과정(시행규칙 제18조의4)

1) 자격시험은 필기시험으로 하며, 그 시험과목은 다음 각 호와 같다.
① 교통 및 화물자동차 운수사업 관련 법규
② 안전운행에 관한 사항
③ 화물 취급 요령
④ 운송서비스에 관한 사항

2) 교통안전체험교육은 총 16시간으로 하며, 그 과정은 별표 1의2와 같다.

교육명	교육과목	교육내용	교육시간
1. 이론교육	소양교육	1) 교통관련 법규 및 화물자동차 운행의 위험요인 이해 2) 자동차 응급처치방법 및 운송서비스 3) 화물취급 및 올바른 적재요령	240분
2. 실기교육	가. 차량점검 및 운전 자세	1) 일상점검을 통한 안전한 차량점검 및 관리 2) 슬라롬(Slalom) 주행을 통한 올바른 운전자세 및 핸들 조작 요령 습득	150분
	나. 긴급제동	1) 제동특성 이해 2) 적재량(중량초과)에 따른 제동거리 실습	90분
	다. 특수로 주행	화물적재 상태에서 특수한 주행노면(물결모양유도로, 비대칭도로)주행 시 적재물의 흔들림, 추락 등 체험	60분
	라. 위험예측 및 회피	1) 돌발상황 발생 시 운전자의 한계 체험 2) 위험회피 요령 체험 3) 과적의 위험성 체험	90분
	마. 미끄럼 주행	미끄러운 곡선도로 주행 시 화물자동차의 횡방향 미끄러짐 특성 및 속도의 한계 체험	90분
	바. 화물취급 실습	올바른 화물취급(상하차 및 적재)요령 실습 체험	60분
	사. 탑재장비 운전실습	답재장비의 조작과 안전관리 체험	60분
	아. 종합평가	실기수행능력 종합평가	120분

6. 자격시험의 합격 결정 및 교통안전체험교육의 이수기준 등(시행규칙 제18조의6)

1) 자격시험은 필기시험 총점의 6할 이상을 얻은 사람을 합격자로 한다.

2) 교통안전체험교육은 총 16시간의 과정을 마치고, 종합평가에서 총점의 6할 이상을 얻은 사람을 이수자로 한다.

7. 교육과목(시행규칙 제18조의7)

1) 자격시험에 합격한 자는 법 제8조제1항제3호의 규정에 따라 8시간 동안 한국교통안전공단에서 실시하는 다음 각 호의 사항에 관한 교육을 받아야 한다.
① 화물자동차 운수사업법령 및 도로관계법령

② 교통안전에 관한 사항 ③ 화물취급요령에 관한 사항
④ 자동차 응급처치방법 ⑤ 운송서비스에 관한 사항

2) 자격시험에 합격한 사람이 교통안전법 시행규칙 별표 7 제1호에 따른 교통안전체험 연구·교육시설의 교육과정 중 기본교육과정(8시간)을 이수한 경우에는 교육을 받은 것으로 본다.

8. 화물운송 종사자격증의 발급 등(시행규칙 제18조의8)

1) 교통안전체험교육 또는 자격시험에 합격하고 교육을 이수한 사람이 화물운송 종사자격증의 발급을 신청할 때에는 화물운송 종사자격증 발급 신청서에 사진 1장을 첨부하여 한국교통안전공단에 제출하여야 한다.

2) 한국교통안전공단은 '1)'에 따라 화물운송 종사자격증 발급 신청서를 받았을 때에는 화물운송 종사자격 등록대장에 그 사실을 적은 후 화물운송 종사자격증을 발급하여야 한다. 다만, 자격증 발급 사실을 전산정보처리조직에 따라 관리하는 경우에는 화물운송 종사자격 등록대장에 적지 아니할 수 있다.

3) 화물자동차 운전자를 채용한 운송사업자가 해당 협회에 명단을 제출할 때에는 화물운송 종사자격증명 발급 신청서, 화물운송 종사자격증 사본 및 사진 2장을 함께 제출하여야 한다.

4) 협회는 "3)"에 따라 화물운송 종사자격증명 발급 신청서를 받았을 때에는 화물운송 종사자격증명을 발급하여야 한다.

9. 화물운송 종사자격증 등의 재발급(시행규칙 제18조의9)

화물운송 종사자격증 또는 화물운송 종사자격증명(이하 "화물운송 종사자격증등"이라 한다)의 기재사항에 착오나 변경이 있어 이의 정정을 받으려는 자 또는 화물운송 종사자격증등을 잃어버리거나 헐어 못 쓰게 되어 재발급을 받으려는 자는 화물운송 종사자격증(명) 재발급 신청서에 다음 각 호의 구분에 따른 서류를 첨부하여 한국교통안전공단 또는 협회에 제출하여야 한다.

1) 화물운송 종사자격증 재발급을 신청하는 경우
① 화물운송 종사자격증(자격증을 잃어버린 경우는 제외한다)
② 사진 1장

2) 화물운송 종사자격증명 재발급을 신청하는 경우
① 화물운송 종사자격증명(자격증명을 잃어버린 경우는 제외한다)
② 사진 2장

10. 화물운송 종사자격증명의 게시 등(시행규칙 제18조의10)

1) 운송사업자는 화물자동차 운전자에게 화물운송 종사자격증명을 화물자동차 밖에서 쉽게 볼 수 있도록 운전석 앞 창의 오른쪽 위에 항상 게시하고 운행하도록 하여야 한다.

2) 운송사업자는 다음 각 호의 어느 하나에 해당하는 경우에는 협회에 화물운송 종사자격증명을 반납하여야 한다.
① 제19조 제1항에 따라 퇴직한 화물자동차 운전자의 명단을 제출하는 경우
② 제26조에 따라 화물자동차 운송사업의 휴업 또는 폐업 신고를 하는 경우

3) 운송사업자는 다음 각 호의 어느 하나에 해당하는 경우에는 관할관청에 화물운송 종사자격증명을 반납하여야 한다.
① 제23조에 따라 사업의 양도 신고를 하는 경우

② 법 제23조에 따라 화물자동차 운전자의 화물운송 종사자격이 취소되거나 효력이 정지된 경우

4) 관할관청은 "3)"에 따라 화물운송 종사자격증명을 반납받았을 때에는 그 사실을 협회에 통지하여야 한다.

11. 화물운송 종사자격 취소(법 제23조)

1) 국토교통부장관은 화물운송 종사자격을 취득한 자가 다음 각 호의 어느 하나에 해당하면 그 자격을 취소하거나 6개월 이내의 기간을 정하여 그 자격의 효력을 정지시킬 수 있다. 다만, 제①호·제②호·제⑤호부터 제⑤호까지 및 제9호의 경우에는 그 자격을 취소하여야 한다.
① 제9조제1호에서 준용하는 제4조 각 호의 어느 하나에 해당하게 된 경우
② 거짓이나 그 밖의 부정한 방법으로 화물운송 종사자격을 취득한 경우
③ 제14조제4항(업무개시 명령 거부)을 위반한 경우
④ 화물운송 중에 고의나 과실로 교통사고를 일으켜 사람을 사망하게 하거나 다치게 한 경우
⑤ 화물운송 종사자격증을 다른 사람에게 빌려준 경우
⑥ 화물운송 종사자격 정지기간 중에 화물자동차 운수사업의 운전 업무에 종사한 경우
⑦ 화물자동차를 운전할 수 있는 「도로교통법」에 따른 운전면허가 취소된 경우
⑦의 2 「도로교통법」제46조의3을 위반하여 같은 법 제93조제1항제5호의2에 따라 화물자동차를 운전할 수 있는 운전면허가 정지된 경우
⑧ 제12조제1항제3호·제7호 및 제9호를 위반한 경우
⑨ 화물자동차 교통사고와 관련하여 거짓이나 그 밖의 부정한 방법으로 보험금을 청구하여 금고 이상의 형을 선고받고 그 형이 확정된 경우
⑩ 제9조의2제1항을 위반한 경우

2) 제1)항에 따른 처분의 기준 및 절차에 필요한 사항은 국토교통부령으로 정한다.

> **화물운송 종사자격의 취소 등(시행규칙 제33조의2)**
> **제33조의2(화물운송 종사자격의 취소 등)**
> ① 법 제23조제2항에 따른 화물운송 종사자격의 취소 및 효력정지의 처분기준은 별표 3의2와 같다.
> ② 관할관청은 화물운송 종사자격의 효력정지 처분을 하는 경우에는 위반행위의 동기·횟수 등을 고려하여 제1항에 따른 처분기준 일수의 2분의 1의 범위에서 줄이거나 늘릴 수 있다. 다만, 늘리는 경우에는 위반행위를 한 날을 기준으로 최근 1년 이내에 같은 위반행위를 2회 이상 한 경우만 해당한다.
> ③ 관할관청은 화물운송 종사자격의 취소 또는 효력정지 처분을 하였을 때에는 그 사실을 처분 대상자, 한국교통안전공단 및 협회에 각각 통지하고 처분 대상자에게 화물운송 종사자격증을 반납하게 하여야 한다.
> ④ 관할관청은 화물운송 종사자격의 효력정지기간이 끝났을 때에는 제3항에 따라 반납받은 화물운송 종사자격증을 해당 화물자동차 운전자에게 반환하여야 한다.
> ⑤ 한국교통안전공단은 제3항에 따라 화물운송 종사자격 취소처분사실을 통보받았을 때에는 화물운송 종사자격등록을 말소하고 화물운송 종사자격 등록대장에 그 말소 사실을 적어야 한다.

제3강 실용지음자 공소사임법

3) 휠령공용 공사자의 상수 및 공소장자의 자격기준

(시행규칙 별표 3의2)

(1장 관련)

이너항목	해당 법조문	처분내용
1. 법 제19조의 하자보수 등 경우	법 제23조	자지정
2. 가지정 그 받아 부정한 방법으로 공소자의 자리 받은 경우	법 제23조	자지정
3. 법 제43조의 의거 공소자구자의 실격자가 있는 경우	법 제23조	1차: 자지정 30일 2차: 자지정
4. 휠령공용 중에 가입한 가장자의 소자의 다음 각 목의 어느 하나에 해당한 경우 가. 고의로 교통사고를 자기 경우 나. 과실로 교통사고를 자기나 사상이 있는 경우 다. 과실로 교통사고를 자기나 사상이 있는 경우	법 제23조	자지정
		1) 사상자 2명 이상
		2) 사상자 1명 및 중상자 3명 이상
		3) 사상자 1명 및 중상자 6명 이상
5. 휠령공용자가 다른 사자가정에 동용한 경우	법 제16조	자지정
6. 휠령공용 중에 가사자가 지정기간에 휠령공용 자로 기간을 공소한 경우	법 제23조	자지정
7. 휠령공용 "자동차 교통으로 수정할 수 있는" 예, 법 세46조의 자지정상으로 자장	법 제23조	자지정
7의2. 「고물자통법」 제46조의 하자 기준에 따라 자의 정지자 수 있는 하자가 있는 경우	법 제23조의2 호	자지정
8. 법 제22조의3 및 제7조 및 제60일	1차: 자지정 60일 2차: 자지정	
9. 휠령공용 교통사고 자의 자자이 가자에서 그 사망 자사이 기장이 아니 경우	법 제23조	자지정
10. 법 제23조의 자장 등 위자한 경우	법 제23조	자지정

비고:
1. 위 표의 하자자장에 따른 제재자의 마른 사자의 자도 공소자가 다음 각 호의 어느 하나에 해당한 경우 자자를 공소한다.
   가. 중상자: 교통사고로 지정한 자상이 가진 30일 이상의 사자의 경우
   나. 중상자: 교통사고로 지정한 자상이 가진 3주 이상의 사자의 경우
2. 자가가장자의 경우에 따라 상장시하고 자장 경기되고 하자 하지 않다고 그 하자까지 지정이 있을 경우 자장 처단한다. 이 경우 지장에는 근 후 자지 기간으로 자지 차지정된다.
3. 공사정자자의 그 받아 부정장자가 사장의 자로 공사자의 자장 전송자가지에서 지장한다.

제6장 사업자정자

1. 공사자 정지 (법 제48조)

공소자의 휠령공자 공소자정의 공소자의 정공에 공공·자급·공동통행에 자한 이 공공자의 자장 조도가 지정통의 자기가 지정지 공공·자급·공자정·지사장·지자장(이자 "자기·도지사") 공공 공공자의 공공을 지정할 수 있다.

1) 공자의 사장 (법 제49조)
① 휠령공자 공사자의 정지의 공소자정 공공이
이자 통자되는 사장
② 휠령공자 공사자의 정지된 공공 공자 공공이
③ 가정자가 공소사자의 교공공자

2) 법 제48조 및 제50조에 따라 정지된 공공은 다음(이번 "자사자정"이라 한다)은 근 공자 등 기지을 사용을 자장
하여야 한다.
1) 공사자가 휠령공자의 공사자를 채용한 때에는 그 자자가의 공사공자의 공공장이 자장을 사용을 지장하여야 한다.

12. 휠령공사 공사자 채용기장의 공지 (법 제10조)

① 공사자의 공사자 공자의 공자 공자자자 자장기장자(법 제19조) 공자 공사자 정사지의 정자 공자의 자장 공자자 자장자 공공자자 공공자 채용자 때에 공자자 공공자 채용자 공사정자 지장(공자자가) 자자자 그 가용(10명 미만 때에는 지장 공공자 공자 공자로 하는 공자가 공자(2011.12.31)
④ 사자(2011.12.31)
⑤ 공자자의 공사자 공자의 자장 지자 공자의 정자 공자의 경공자 자공 자장 자자 공자 정장자 정자 정자의 공자을 공사지 한다.
⑥ 공사자의 공자 때에 자가 공자 등 다음 공자 5공자의 공자자의 공자자 그 이자 공자 공자 공자 공자 자장을 공자지 한다.
⑦ 공자자의 자장 및 자자의 공자자 공자지 한다.
⑧ 공자의 자공자 공공 공자 등의 기지을 가지 자장 지자 공자 공자자정에 공자지 한다.

④ 화물자동차 운수사업의 경영개선을 위한 지도
⑤ 화물자동차 운수사업법에서 협회의 업무로 정한 사항
⑥ 국가나 지방자치단체로부터 위탁받은 업무
⑦ ① 부터 ⑤까지의 사업에 따르는 업무

2) 연합회(법 제50조)
① 운송사업자로 구성된 협회와 운송주선사업자로 구성된 협회 및 운송가맹사업자로 구성된 협회는 그 공동목적을 달성하기 위하여 국토교통부령으로 정하는 바에 따라 각각 연합회를 설립할 수 있다. 이 경우 운송사업자로 구성된 협회와 운송주선사업자로 구성된 협회 및 운송가맹사업자로 구성된 협회는 각각 그 연합회의 회원이 된다.
② 연합회 설립 및 사업에 관하여는 법 제48조(협회의 설립) 및 법 제49조(협회의 사업)를 준용한다.

2. 공제사업(법 제51조)

1) 운수사업자가 설립한 협회의 연합회는 대통령령으로 정하는 바에 따라 국토교통부장관의 허가를 받아 운수사업자의 자동차 사고로 인한 손해배상 책임의 보장사업 및 적재물배상 공제사업 등을 할 수 있다.

2) 공제조합의 설립(법 제51조의2) : 운수사업자는 상호간의 협동조직을 통하여 조합원이 자주적인 경제활동을 영위할 수 있도록 지원하고 조합원의 자동차 사고로 인한 손해배상책임의 보장사업 및 적재물배상 공제사업을 하기 위하여 대통령령으로 정하는 바에 따라 국토교통부장관의 인가를 받아 공제조합을 설립할 수 있다.

3) 공제조합사업(법 제51조의6)
① 조합원의 사업용 자동차의 사고로 생긴 배상 책임 및 적재물배상에 대한 공제
② 조합원이 사업용 자동차를 소유·사용·관리하는 동안 발생한 사고로 그 자동차에 생긴 손해에 대한 공제
③ 운수종사자가 조합원의 사업용 자동차를 소유·사용·관리하는 동안에 발생한 사고로 입은 자기 신체의 손해에 대한 공제
④ 공제조합에 고용된 자의 업무상 재해로 인한 손실을 보상하기 위한 공제
⑤ 공동이용시설의 설치·운영 및 관리, 그 밖에 조합원의 편의 및 복지 증진을 위한 사업
⑥ 화물자동차 운수사업의 경영 개선을 위한 조사·연구 사업
⑦ "①"부터 "⑥"까지의 사업에 딸린 사업으로서 정관으로 정하는 사업

제7절 자가용 화물자동차의 사용

1. 자가용 화물자동차 사용신고(법 제55조)

화물자동차 운송사업과 화물자동차 운송가맹사업에 이용되지 아니하고 자가용으로 사용되는 화물자동차로서 대통령령으로 정하는 화물자동차를 사용하려는 자는 국토교통부령으로 정하는 사항을 시·도지사에게 신고하여야 한다. 신고한 사항을 변경하고자 하는 때에도 또한 같다.

> **대통령령으로 정하는 화물자동차(시행령 제12조)**
> 제12조(사용신고대상 화물자동차) 법 제55조에서 "대통령령으로 정하는 화물자동차"란 다음 각 호의 어느 하나에 해당하는 화물자동차를 말한다.
> 1. 「자동차관리법 시행규칙 별표1」에 따른 특수자동차
> 2. 특수자동차를 제외한 화물자동차로서 최대 적재량이 2.5톤 이상인 화물자동차
> *자가용 화물자동차의 소유자는 그 자가용 화물자동차에 신고확인증을 갖추어 두고 운행하여야 한다.(시행규칙 제48조제5항)

2. 자가용 화물자동차의 유상운송 금지(법 제56조)

자가용 화물자동차의 소유자 또는 사용자는 자가용 화물자동차를 유상(그 자동차의 운행에 필요한 경비를 포함한다)으로 화물운송용으로 제공하거나 임대하여서는 아니 된다. 다만, 국토교통부령으로 정하는 사유에 해당되는 경우로서 시·도지사의 허가를 받으면 화물운송용으로 제공하거나 임대할 수 있다.

> **국토교통부령으로 정하는 사유(시행규칙 제49조)**
> 제49조(유상운송의 허가사유) 법 제56조 단서에서 "국토교통부령으로 정하는 사유에 해당되는 경우"란 다음 각 호의 어느 하나에 해당하는 경우를 말한다.
> 1. 천재지변이나 이에 준하는 비상사태로 인하여 수송력 공급을 긴급히 증가시킬 필요가 있는 경우
> 2. 사업용 화물자동차·철도 등 화물운송수단의 운행이 불가능하여 이를 일시적으로 대체하기 위한 수송력 공급이 긴급히 필요한 경우
> 3. 「농어업경영체 육성 및 지원에 관한 법률」제16조에 따라 설립된 영농조합법인(이하 "영농조합법인"이라 한다)이 그 사업을 위하여 화물자동차를 직접 소유·운영하는 경우

3. 자가용 화물자동차 사용의 제한 또는 금지(법 제56조의2)

시·도지사는 자가용 화물자동차의 소유자 또는 사용자가 다음 각 호의 어느 하나에 해당하면 6개월 이내의 기간을 정하여 그 자동차의 사용을 제한하거나 금지할 수 있다.

1) 자가용 화물자동차를 사용하여 화물자동차 운송사업을 경영한 경우

2) 자가용 화물자동차 유상운송 허가사유에 해당되는 경우이지만 허가를 받지 아니하고 자가용 화물자동차를 유상으로 운송에 제공하거나 임대한 경우

제3장
화물자동차 운수사업법

화물운송종사자격시험

제8절 보칙 및 벌칙 등

1. 운수종사자의 교육(법 제59조)

1) 화물자동차의 운전업무에 종사하는 운수종사자는 국토교통부령으로 정하는 바에 따라 시·도지사가 실시하는 다음 각 호의 사항에 관한 교육을 매년 1회 이상 받아야 한다.
　① 화물자동차 운수사업 관계 법령 및 도로교통 관계 법령
　② 교통안전에 관한 사항
　③ 화물운수와 관련한 업무수행에 필요한 사항
　④ 그 밖에 화물운수 서비스 증진 등을 위하여 필요한 사항

> **운수종사자 교육(시행규칙 제53조)**
> 제53조(운수종사자 교육) ① 관할관청은 법 제59조제1항에 따른 운수종사자 교육을 실시하는 때에는 운수종사자 교육계획을 수립하여 운수사업자에게 교육을 시작하기 1개월 전까지 통지하여야 한다.
> ② 제①항에 따른 운수종사자 교육의 교육기간은 4시간으로 한다. 다만, 법 제12조의 운수종사자 준수사항을 위반하여 법 제67조에 따른 벌칙 또는 법 제70조제2항에 따른 과태료 부과처분을 받은 자 및 이 규칙 제18조의2제2항제3호에 따른 특별검사 대상자에 대한 교육시간은 8시간으로 한다.
> ③ 제①항에 따른 운수종사자 교육은 교육을 실시하는 해의 전년도 10월 31일을 기준으로 「도로교통법」에 따른 무사고·무벌점 기간이 10년 미만인 운수종사자를 대상으로 한다. 다만, 교육을 실시하는 해에 법 제8조제1항제3호 또는 제4호에 따른 교육을 이수한 운수종사자는 제외한다.
> ④ 제①항의 교육을 실시할 때에 교육방법 및 절차 등 교육 실시에 필요한 사항은 관할관청이 정한다.

2) 시·도지사는 "1)"에 따른 교육을 효율적으로 실시하기 위하여 필요하면 그 시·도의 조례가 정하는 바에 따라 운수종사자 연수기관을 직접 설립·운영하거나 이를 지정할 수 있으며, 운수종사자 연수기관의 운영에 필요한 비용을 지원할 수 있다.

2. 화물자동차 운수사업의 지도·감독(법 제60조)

국토교통부장관은 화물자동차 운수사업의 합리적인 발전을 도모하기 위하여 화물자동차 운수사업법에서 시·도지사의 권한으로 정한 사무를 지도·감독한다.

3. 보고와 검사(법 제61조)

1) 국토교통부장관 또는 시·도지사는 다음 각 호의 어느 하나에 해당하는 경우에는 운수사업자나 화물자동차의 소유자 또는 사용자에 대하여 그 사업 및 운임에 관한 사항이나 화물자동차의 소유 또는 사용에 관하여 보고하게 하거나 서류를 제출하게 할 수 있으며, 필요하면 소속 공무원에게 운수사업자의 사업장에 출입하여 장부·서류, 그 밖의 물건을 검사하거나 관계인에게 질문을 하게 할 수 있다.
　① 법 제3조제7항(화물자동차 운송사업의 허가 또는 증차를 수반하는 변경허가)·제24조제6항(화물자동차 운송주선사업의 허가) 또는 제29조제3항(화물자동차 운송가맹사업의 허가 또는 증차를 수반하는 변경허가)에 따른 허가기준에 맞는지를 확인하기 위하여 필요한 경우
　② 화물운송질서 등의 문란행위를 파악하기 위하여 필요한 경우

③ 운수사업자의 위법행위 확인 및 운수사업자에 대한 허가취소 등 행정 처분을 위하여 필요한 경우

2) "1)"에 따라 출입하거나 검사하는 공무원은 그 권한을 나타내는 증표를 지니고 이를 관계인에게 내보여야 하며, 국토교통부령으로 정하는 바에 따라 자신의 성명, 소속 기관, 출입의 목적 및 일시 등을 적은 서류를 상대방에게 내주거나 관계 장부에 적어야 한다.

4. 벌칙: 5년 이하의 징역 또는 2천만원 이하의 벌금(제66조)

1) 제11조제20항(제33조에서 준용하는 경우를 포함한다)에 따른 필요한 조치를 하지 아니하여 사람을 상해(傷害) 또는 사망에 이르게 한 운송사업자

2) 제12조제1항제8호(제33조에서 준용하는 경우를 포함한다)를 위반하여 제11조제20항에 따른 조치를 하지 아니하고 화물자동차를 운행하여 사람을 상해(傷害) 또는 사망에 이르게 한 운수종사자

4-1. 벌칙: 3년 이하의 징역 또는 3천만원 이하의 벌금 (제66조의2)

1) 제14조제4항(제33조에서 준용하는 경우를 포함한다)을 위반한 자

2) 거짓이나 부정한 방법으로 제43조제2항 또는 제3항에 따른 보조금을 교부받은 자

3) 제44조의2제1항제1호부터 제5호까지의 어느 하나에 해당하는 행위에 가담하였거나 이를 공모한 주유업자등

4-2. 벌칙: 1년 이하의 징역 또는 1천만원 이하의 벌금 (법 제68조)

1) 제8조제3항을 위반하여 다른 사람에게 자신의 화물운송 종사자격증을 빌려 준 사람

2) 제8조제4항을 위반하여 다른 사람의 화물운송 종사자격증을 빌린 사람

3) 제8조제5항을 위반하여 같은 조 제3항 또는 제4항에서 금지하는 행위를 알선한 사람

5. 과태료: 1천만원 이하의 과태료(법 제70조)

1) 제51조의8(제51조제2항에서 준용하는 경우를 포함한다)에 따른 개선명령을 따르지 아니한 자

5-1. 과태료 : 500만원 이하의 과태료(법 제70조)

1) 제3조제3항 단서에 따른 허가사항 변경신고를 하지 아니한 자

2) 제5조제1항(제33조에서 준용하는 경우를 포함한다)에 따른 운임 및 요금에 관한 신고를 하지 아니한 자

3) 제6조(제28조 및 제33조에서 준용하는 경우를 포함한다)에 따른 약관의 신고를 하지 아니한 자

4) 화물운송 종사자격증을 받지 아니하고 화물자동차 운수사업의 운전 업무에 종사 한 자

5) 거짓이나 그 밖의 부정한 방법으로 화물운송 종사자격을 취득한 자 바. 제10조를 위반한 자

6) 제10조의2제4항을 위반하여 자료를 제공하지 아니하거나 거짓으로 제공한 자

제3장 화물자동차 운수사업법

7) 제11조(같은 조 제3항 및 제4항은 제외하며, 제28조 및 제33조에서 준용하는 경우를 포함한다)에 따른 준수사항을 위반한 운송사업자(제66조제1호에 따라 형벌을 받은 자는 제외한다)
8) 제12조(같은 조 제1항제4호는 제외하며, 제28조 및 제33조에서 준용하는 경우를 포함한다)에 따른 준수사항을 위반한 운송종사자(제66조제2호에 따라 형벌을 받은 자는 제외한다)
9) 제12조의2제2항을 위반하여 조사를 거부·방해 또는 기피한 자
10) 제13조에 따른 개선명령(같은 조 제5호 및 제7호에 따른 개선명령은 제외한다)을 이행하지 아니한 자(제28조에서 준용하는 경우를 포함한다)
11) 제16조제1항·제2항 또는 제17조제1항(제28조 및 제33조에서 준용하는 경우를 포함한다)에 따른 양도·양수, 합병 또는 상속의 신고를 하지 아니한 자
12) 제18조제1항(제28조 및 제33조에서 준용하는 경우를 포함한다)에 따른 휴업·폐업신고를 하지 아니한 자

※ 기타 과태료 부과 기준은 법 제70조 참조

6. 과징금 부과기준(시행규칙 별표 3)

위반내용	화물자동차 운송사업 일반	화물자동차 운송사업 개인	화물운송주선 사업	화물자동차일반 개인 운송가맹사업
1. 최대적재량 1.5톤 초과의 화물자동차가 차고지와 지방자치단체의 조례로 정하는 시설 및 장소가 아닌 곳에서 밤샘주차한 경우	20	10	–	20
2. 최대적재량 1.5톤 이하의 화물자동차가 주차장, 차고지 또는 지방자치단체의 조례로 정하는 시설 및 장소가 아닌 곳에서 밤샘주차한 경우	20	5	–	20
3. 신고한 운임 및 요금 또는 화주와 합의된 운임 및 요금이 아닌 부당한 운임 및 요금을 받은 경우	40	20	–	40
4. 화주로부터 부당한 운임 및 요금의 환급을 요구받고 환급하지 않은 경우	60	30	–	60
5. 신고한 운송약관 또는 운송가맹약관을 준수하지 않은 경우	60	30	–	60
6. 사업용 화물자동차의 바깥쪽에 일반인이 알아보기 쉽도록 해당 운송사업자의 명칭(개인화물자동차 운송사업자인 경우에는 그 화물자동차 운송사업의 종류를 말한다)을 표시하지 않은 경우	10	5	–	10
7. 화물자동차 운전자의 취업 현황 및 퇴직 현황을 보고하지 않거나 거짓으로 보고한 경우	20	10	–	10
8. 화물자동차 운전자에게 차 안에 화물운송 종사자격증명을 개시하지 않고 운행하게 한 경우	10	5	–	10
9. 화물자동차 운전자에게 「자동차 및 자동차부품의 성능과 기준에 관한 규칙」제56조에 따른 운행기록계가 설치된 운송사업용 화물자동차를 해당 장치 또는 기기가 정상적으로 작동되지 않는 상태에서 운행하도록 한 경우	20	10	–	20
10. 개인화물자동차 운송사업자가 자기 명의로 운송계약을 체결한 화물에 대하여 다른 운송사업자에게 수수료나 그 밖의 대가를 받고 그 운송을 위탁하거나 대행하게 하는 등 화물운송 질서를 문란하게 하는 행위를 한 경우	180	90	–	–
11. 운수종사자에게 제21조제23호에 따른 휴게시간을 보장하지 않은 경우	180	60	–	180
12. 「자동차관리법 시행규칙」 별표1에 따른 밴형 화물자동차를 사용해 화주와 화물을 함께 운송하는 운송사업자가 법 제12조제1항제5호의 행위를 하거나 소속 운수종사자로 하여금 같은 호의 행위를 지시한 경우	60	30	–	60
13. 신고한 운송주선약관을 준수하지 않은 경우	–	–	20	–
14. 허가증에 기재되지 않은 상호를 사용한 경우	–	–	20	–
15. 화주에게 제38조의3제5호에 따른 견적서 또는 계약서를 발급하지 않은 경우(화주가 견적서 또는 계약서의 발급을 원하지 않는 경우는 제외한다)	–	–	20	–
16. 화주에게 제38조의3제6호에 따른 사고확인서를 발급하지 않은 경우(화물의 멸실, 훼손 또는 연착에 대하여 사업자가 고의 또는 과실이 없음을 증명하지 못한 경우로 한정한다)	–	–	20	–

7. 화물운송업 관련 업무 처리(법 제10조, 제55조, 제56조, 시행령 제14조, 제15조)

1) 시·도에서 처리하는 업무(일부 업무는 시·군·구에서 처리될 수 있음)
   ① 화물자동차 운송사업의 허가
   ② 화물자동차 운송사업의 허가사항 변경허가
   ③ 화물자동차 운송사업의 허가기준에 관한 사항의 신고
   ③-2 화물자동차 운송사업의 임시허가
   ③-3 화물자동차 운송사업 영업소의 허가
   ④ 화물자동차 운송사업에 따른 운송약관의 신고 및 변경신고
   ⑤ 삭제 〈2019. 6.25〉
   ⑥ 운송사업자에 대한 개선명령

제3장
화물자동차 운수사업법

⑦ 화물자동차 운송사업에 대한 양도·양수 또는 합병의 신고
⑧ 화물자동차 운송사업에 대한 상속의 신고
⑨ 화물자동차 운송사업에 대한 사업의 휴업 및 폐업 신고
⑩ 화물자동차 운송사업의 허가취소, 사업정지처분 및 감차 조치
　명령
⑪ 화물자동차 사용 정지에 따른 화물자동차의 자동차등록증과
　자동차등록번호판의 반납 및 반환
⑫ 운송사업자에 대한 과징금의 부과·징수 및 과징금 운용계획
　의 수립·시행
⑬ 화물자동차 운송사업의 허가 취소 등에 따른 청문
⑭ 화물운송 종사자격의 취소 및 효력의 정지
⑮ 화물운송 종사자격의 취소 및 효력의 정지에 따른 청문
⑯ 화물자동차 운송주선사업의 허가
⑰ 화물자동차 운송주선사업의 허가취소 및 사업정지처분
⑰-2 화물자동차 운송가맹사업의 허가
⑰-3 화물자동차 운송가맹사업의 변경허가 및 변경신고
⑰-4 개선명령
⑰-5 화물자동차 운송가맹사업의 허가취소, 사업정지처분 및 감
　　차 조치 명령
⑱ 적재물배상 책임보험 또는 공제 계약이 끝난 후 새로운 계약
　이 체결되지 아니하였다는 통지의 수령
⑲ 〈삭제, 2015.12.30〉
⑳ 화물자동차 운수사업의 종류별 또는 시·도별 협회의 설립인가
㉑ 협회사업에 대한 지도·감독
㉒ 자료제공 요청(화물운송 종사자격의 취소나 효력의 정지에 필
　요한 자료만 해당)
㉓ 운송사업자 및 운수종사자에 대한 과태료의 부과 및 징수
㉔ 자가용 화물자동차의 사용신고
㉕ 자가용 화물자동차의 유상운송 허가

2) 협회에서 처리하는 업무
① 화물자동차 운송사업 허가사항에 대한 경미한 사항 변경신고
② 소유 대수가 1대인 운송사업자의 화물자동차를 운전하는 사
　람에 대한 경력증명서 발급에 필요한 사항 기록·관리
③ 화물자동차 운송주선사업 허가사항에 대한 변경신고

3) 연합회에서 처리하는 업무
① 사업자 준수사항에 대한 계도활동
② 과적(過積) 운행, 과로 운전, 과속 운전의 예방 등 안전한 수
　송을 위한 지도·계몽
③ 법령 위반사항에 대한 처분의 건의

4) 한국교통안전공단에서 처리하는 업무
① 운전적성에 대한 정밀검사의 시행
② 화물운송 종사자격시험의 실시·관리 및 교육
③ 교통안전체험교육의 이론 및 실기교육
④ 화물운송 종사자격증의 발급
⑤ 화물자동차 운전자의 교통사고 및 교통법규 위반사항 제공요
　청 및 기록·관리
⑥ 화물자동차 운전자의 인명사상사고 및 교통법규 위반사항 제
　공
⑦ 화물자동차 운전자채용 기록·관리 자료의 요청
⑧ 화물자동차 안전운임신고센터의 설치·운영

제4장 자동차관리법령

제1절 총칙

1. 목적(법 제1조)
자동차의 등록, 안전기준, 자기인증, 제작결함시정, 점검, 정비, 검사 및 자동차관리사업등에 관한 사항을 정하여 자동차를 효율적으로 관리하고 자동차의 성능 및 안전을 확보함으로써 공공의 복리를 증진함.

2. 정의(법 제2조)

1) "자동차"란 원동기에 의하여 육상에서 이동할 목적으로 제작한 용구 또는 이에 견인되어 육상을 이동할 목적으로 제작한 용구를 말한다. 다만, 대통령령이 정하는 것을 제외한다.

> **적용이 제외되는 자동차(시행령 제2조)**
> 제2조(적용이 제외되는 자동차) 법 제2조제1호 단서에서 "대통령령이 정하는 것"이라 함은 다음 각호의 것을 말한다.
> 1. 건설기계관리법에 따른 건설기계
> 2. 농업기계화촉진법에 따른 농업기계
> 3. 군수품관리법에 따른 차량
> 4. 궤도 또는 공중선에 의하여 운행되는 차량
> 5. 의료기기법에 따른 의료기기

2) "운행"이란 사람 또는 화물의 운송여부에 관계없이 자동차를 그 용법에 따라 사용하는 것을 말한다.

3) "자동차사용자"란 자동차소유자 또는 자동차 소유자로부터 자동차의 운행 등에 관한 사항을 위탁받은 자를 말한다.

4) 자동차의 차령기산일(시행령 제3조)
① 제작연도에 등록된 자동차 : 최초의 신규등록일
② 제작연도에 등록되지 아니한 자동차 : 제작연도의 말일

3. 자동차의 종류(법 제3조, 시행규칙 별표1)
자동차는 승용자동차, 승합자동차, 화물자동차, 특수자동차 및 이륜자동차로 구분한다.

1) 승용자동차 : 10인 이하를 운송하기에 적합하게 제작된 자동차

2) 승합자동차 : 11인 이상을 운송하기에 적합하게 제작된 자동차. 다만, 다음 각 목의 어느 하나에 해당하는 자동차는 승차인원에 관계없이 이를 승합자동차로 본다.
① 내부의 특수한 설비로 인하여 승차인원이 10인 이하로 된 자동차
② 국토교통부령으로 정하는 경형자동차로서 승차정원이 10인 이하인 전방조종자동차

3) 화물자동차 : 화물을 운송하기에 적합한 화물적재공간을 갖추고, 화물적재공간의 총적재화물의 무게가 운전자를 제외한 승객이 승차공간에 모두 탑승했을 때의 승객의 무게보다 많은 자동차. 화물을 운송하기 적합하게 바닥 면적이 최소 2제곱미터 이상(소형·경형화물자동차로서 이동용 음식판매 용도인 경우에는 0.5제곱미터 이상, 그 밖에 특수용도형의 경형화물자동차는 1제곱미터 이상을 말한다)인 화물적재공간을 갖춘 자동차로서 다음 각 호의 1에 해당하는 자동차
① 승차공간과 화물적재공간이 분리되어 있는 자동차로서 화물적재공간의 윗부분이 개방된 구조의 자동차, 유류·가스 등을 운반하기 위한 적재함을 설치한 자동차 및 화물을 싣고 내리는 문을 갖춘 적재함이 설치된 자동차(구조·장치의 변경을 통하여 화물적재공간에 덮개가 설치된 자동차를 포함한다)
② 승차공간과 화물적재공간이 동일 차실내에 있으면서 화물의 이동을 방지하기 위해 격벽을 설치한 자동차로서 화물적재공간의 바닥면적이 승차공간의 바닥면적(운전석이 있는 열의 바닥면적을 포함한다)보다 넓은 자동차
③ 화물을 운송하는 기능을 갖추고 자체적하 기타 작업을 수행할 수 있는 설비를 함께 갖춘 자동차

4) 특수자동차 : 다른 자동차를 견인하거나 구난작업 또는 특수한 작업을 수행하기에 적합하게 제작된 자동차로서 승용자동차·승합자동차 또는 화물자동차가 아닌 자동차

5) 이륜자동차 : 총배기량 또는 정격출력의 크기와 관계없이 1인 또는 2인의 사람을 운송하기에 적합하게 제작된 이륜의 자동차 및 그와 유사한 구조로 되어 있는 자동차

제2절 자동차의 등록

1. 등록(법 제5조)
자동차(이륜자동차는 제외한다)는 자동차등록원부(이하 "등록원부"라 한다)에 등록한 후가 아니면 이를 운행할 수 없다. 다만, 임시운행허가를 받아 허가 기간 내에 운행하는 경우에는 그러하지 아니하다.

2. 자동차등록번호판(법 제10조)

1) 시·도지사는 국토교통부령으로 정하는 바에 따라 자동차등록번호판(이하 "등록번호판"이라 한다)을 붙이고 봉인을 하여야 한다. 다만, 자동차 소유자 또는 자동차 소유자를 갈음하여 등록을 신청하는 자가 직접 등록번호판의 부착 및 봉인을 하려는 경우에는 국토교통부령으로 정하는 바에 따라 등록번호판의 부착 및 봉인을 직접 하게 할 수 있다.

＊자동차소유자 또는 자동차소유자에 갈음하여 자동차등록을 신청하는 자가 직접 자동차등록번호판을 붙이고 봉인을 하여야 하는 경우에 이를 이행하지 아니한 때 : 과태료 50만원(시행령 별표2)

제4장 자동차관리법

2) "1)"에 따라 붙인 등록번호판 및 봉인은 시·도지사의 허가를 받은 경우와 다른 법률에 특별한 규정이 있는 경우를 제외하고는 떼지 못한다.

3) 자동차 소유자는 등록번호판이나 봉인이 떨어지거나 알아보기 어렵게 된 경우에는 시·도지사에게 "1)"에 따른 등록번호판의 부착 및 봉인을 다시 신청하여야 한다.

4) 등록번호판의 부착 또는 봉인을 하지 아니한 자동차는 운행하지 못한다. 다만, 임시운행허가번호판을 붙인 경우에는 그러하지 아니하다.

5) 누구든지 등록번호판을 가리거나 알아보기 곤란하게 하여서는 아니 되며, 그러한 자동차를 운행하여서는 아니 된다.
   ※자동차등록번호판을 가리거나 알아보기 곤란하게 하거나, 그러한 자동차를 운행한 경우: 과태료 1차 50만원, 2차 150만원, 3차 250만원
   ※고의로 자동차등록번호판을 가리거나 알아보기 곤란하게 한 자는 1년 이하의 징역 또는 1,000만원 이하의 벌금(법 제81조)

6) 누구든지 등록번호판을 가리거나 알아보기 곤란하게 하기 위한 장치를 제조·수입하거나 판매·공여하여서는 아니 된다.

7) 자동차 소유자는 자전거 운반용 부착장치 등 국토교통부령으로 정하는 외부장치를 자동차에 부착하여 등록번호판이 가려지게 되는 경우에는 시·도지사에게 국토교통부령으로 정하는 바에 따라 외부장치용 등록번호판의 부착을 신청하여야 한다. 외부장치용 등록번호판에 대하여는 "1)"부터 "6)"까지를 준용한다.

8) 시·도지사는 등록번호판 및 그 봉인을 회수한 경우에는 다시 사용할 수 없는 상태로 폐기하여야 한다.

9) 누구든지 등록번호판 영치업무를 방해할 목적으로 제1항에 따른 등록번호판의 부착 및 봉인 이외의 방법으로 등록번호판을 부착하거나 봉인하여서는 아니 되며, 그러한 자동차를 운행하여서도 아니 된다.

3. 변경등록(법 제11조)

자동차 소유자는 등록원부의 기재 사항이 변경(이전등록 및 말소등록에 해당되는 경우를 제외)된 경우에는 시·도지사에게 변경등록(이하 "변경등록"이라 한다)을 신청하여야 한다. 다만, 대통령령으로 정하는 경미한 등록사항을 변경하는 경우에는 그러하지 아니하다.
   *자동차의 변경등록신청을 하지 않은 경우 과태료(시행령 별표2)
   ① 신청기간만료일부터 90일 이내인 때: 과태료 2만원
   ② 신청기간만료일부터 90일을 초과한 경우 174일 이내인 경우 2만원에 91일째부터 계산하여 3일 초과 시마다: 과태료 1만원
   ③ 신청 지연기간이 175일 이상인 경우: 30만원

4. 이전등록(법 제12조)

1) 등록된 자동차를 양수받는 자는 대통령령으로 정하는 바에 따라 시·도지사에게 자동차소유권의 이전등록을 신청하여야 한다.

2) 자동차를 양수한 자가 다시 제3자에게 이를 양도하려 경우에는 양도 전에 자기명의로 "1)"에 따른 이전등록을 하여야 한다.

3) 자동차를 양수한 자가 "1)"에 따른 이전등록을 신청하지 아니한 경우에는 대통령령으로 정하는 바에 따라 그 양수인을 갈음하여 양도자(이전등록을 신청할 당시 자동차등록원부에 적힌 소유자를 말한다)가 신청할 수 있다.

4) "3)"에 따라 이전등록 신청을 받은 시·도지사는 등록을 수리하여야 한다.

5) "1)"과 "3)"에 따른 이전등록에 관하여는 제9조제1호·제3호 및 제4호를 준용한다.

5. 말소등록(법 제13조)

1) 자동차 소유자(재산관리인 및 상속인을 포함한다. 이하 이 조에서 같다)는 등록된 자동차가 다음 각호의 어느 하나의 사유에 해당하는 경우에는 자동차등록증, 자동차등록번호판 및 봉인을 반납하고 시·도지사에게 말소등록(이하 "말소등록"이라 한다)을 신청하여야 한다. 다만, "7)" 및 "8)"의 사유에 해당하는 경우에는 말소등록을 신청할 수 있다.
   ① 자동차해체재활용업을 등록한 자에게 폐차를 요청한 경우
   ② 자동차제작·판매자 등에게 반품한 경우(자동차의 교환 또는 환불 요구에 따라 반품된 경우 포함)
   ③ 여객자동차 운수사업법에 따른 차령이 초과된 경우
   ④ 여객자동차 운수사업법 및 화물자동차 운수사업법에 따라 면허·등록·인가 또는 신고가 실효되거나 취소된 경우
   ⑤ 천재지변·교통사고 또는 화재로 자동차 본래의 기능을 회복할 수 없게 되거나 멸실이 된 경우
   *자동차 말소등록을 신청하여야 하는 자동차 소유자가 '①' 내지 '⑤' 까지에 해당하는 경우 말소등록 신청을 하지 않은 경우 과태료(시행령 별표2)
      ① 신청 지연기간이 10일 이내인 경우: 과태료 5만원
      ② 신청 지연기간이 10일 초과 54일 이내인 경우: 5만원에서 11일째부터 계산하여 1일마다 1만원을 더한 금액
      ③ 신청 지연기간이 55일 이상인 경우: 50만원
   ⑥ 자동차를 수출하는 경우
   ⑦ 법 제14조의 압류등록을 한 후에도 환가(換價)절차 등 후속 강제집행 절차가 진행되고 있지 아니하는 차량 중 차령 등 환가가치가 남아 있지 아니하다고 인정되는 경우. 이 경우, 시·도지사가 해당 자동차 소유자로부터 말소등록 신청을 접수하였을 때에는 즉시 그 사실을 압류등록을 촉탁(囑託)한 법원 또는 행정관청과 등록원부에 적힌 이해관계인에게 알려야 한다.
   ⑧ 자동차를 교육·연구의 목적으로 사용하는 등 대통령령으로 정하는 사유에 해당하는 경우

2) 시·도지사는 다음 각 호의 어느 하나에 해당하는 경우에는 직권으로 말소등록을 할 수 있다.
   ① 말소등록을 신청하여야 할 자가 이를 신청하지 아니한 경우
   ② 자동차의 차대(차대가 없는 자동차의 경우에는 "차체"를 말한다)가 등록원부상의 차대와 다른 경우
   ③ 자동차 운행정지 명령에도 불구하고 해당 자동차를 계속 운행하는 경우
   ④ 자동차를 폐차한 경우
   ⑤ 속임수나 그 밖의 부정한 방법으로 등록된 경우

제4장 자동차관리법

6. 자동차등록증의 비치 등(법 제18조)

1) 〈삭제, 2015.8.11〉
2) 자동차 소유자는 자동차등록증이 없어지거나 알아보기 곤란하게 된 경우에는 재발급 신청을 하여야 한다.

7. 임시운행(법 제27조)

자동차를 등록하지 아니하고 임시 운행을 하려는 자는 대통령령으로 정하는 바에 따라 국토교통부장관 또는 시·도지사의 임시운행허가를 받아야 한다. 다만, 자율주행 자동차를 시험·연구 목적으로 운행하려는 자는 허가대상, 고장감지 및 경고장치, 기능해제장치, 운행구역, 운전자 준수 사항 등과 관련하여 국토교통부령으로 정하는 안전운행요건을 갖추어 국토교통부장관의 임시운행허가를 받아야 한다.

1) 임시운행허가기간(시행령 제7조제2항)
   ① 신규등록신청을 위하여 자동차를 운행하고자 하는 경우: 10일 이내
   ② 자동차의 차대번호 또는 원동기형식의 표기를 지우거나 그 표기를 받기 위하여 자동차를 운행하려는 경우: 10일 이내
   ③ 신규검사 또는 임시검사를 받기 위하여 자동차를 운행하려는 경우: 10일 이내
   ④ 자동차를 제작·조립·수입 또는 판매하는 자가 판매사업장·하치장 또는 전시장에 보관·전시하기 위하여 운행하려는 경우: 10일 이내
   ⑤ 자동차를 제작·조립·수입 또는 판매하는자가 판매한 자동차를 환수하기 위하여 운행하려는 경우: 10일 이내
   ⑥ 자동차운전학원 및 자동차운전전문학원을 설립·운영하는 자가 검사를 받기 위하여 기능교육용 자동차를 운행하려는 경우: 10일 이내
   ⑦ 수출하기 위하여 말소등록한 자동차를 점검·정비하거나 선적하기 위하여 운행하려는 경우: 20일 이내
   ⑧ 자동차자기인증에 필요한 시험 또는 확인을 받기 위하여 자동차를 운행하려는 경우: 40일 이내
   ⑨ 자동차를 제작·조립 또는 수입하는 자가 자동차에 특수한 설비를 설치하기 위하여 다른 제작 또는 조립장소로 자동차를 운행하려는 경우: 40일 이내
   ⑩ 자가 시험·연구의 목적으로 자동차를 운행하는 경우: 2년의 범위에서 해당 시험·연구에 소요되는 기간. 다만, ⑩의 경우 5년
   　㉠ 법 제30조제2항에 따라 등록을 한 자
   　㉡ 법 제32조제3항에 따라 성능시험을 대행할 수 있도록 지정된 자
   　㉢ 자동차 연구개발 목적의 기업부설연구소를 보유한 자
   　㉣ 해외자동차업체나 국내에서 자동차를 제작 또는 조립하는 자와 계약을 체결하여 부품개발 등의 개발업무를 수행하는 자
   　㉤ 전기자동차 등 친환경·첨단미래형 자동차의 개발·보급을 위하여 필요하다고 국토교통부장관이 인정하는 지

2) 운행정지중인 자동차의 임시운행(시행규칙 제28조)
   ① 법 제37조제2항 후단에 따른 운행정지처분을 받아 운행정지 중인 자동차
   ② 법 제37조제3항에 따라 등록번호판이 영치된 자동차
   ③ 화물자동차 운수사업법의 허가 취소 등에 따른 사업정지처분을 받아 운행정지중인 자동차
   ④ 자동차세의 납부의무를 이행하지 아니하여 자동차등록증이 회수되거나 등록번호판이 영치된 자동차
   ⑤ 압류로 인하여 운행정지중인 자동차
   ⑥ 의무보험에 가입되지 아니하여 자동차의 등록번호판이 영치된 자동차
   ⑦ 자동차의 운행·관리 등에 관한 질서위반행위 중 대통령령으로 정하는 질서위반 행위로 부과받은 과태료를 납부하지 아니하여 등록번호판이 영치된 자동차

제3절 자동차의 안전기준 및 자기인증

1. 자동차의 구조 및 장치(법 제29조, 시행령 제8조)

자동차는 대통령령으로 정하는 구조 및 장치가 안전운행에 필요한 성능과 기준에 적합하지 아니하면 이를 운행하지 못한다.

자동차의 구조	①길이·너비 및 높이 ②최저지상고 ③총중량 ④중량분포 ⑤최대안전경사각도 ⑥최소회전반경 ⑦접지부분 및 접지압력
자동차의 장치	①원동기(동력발생장치) 및 동력전달장치 ②주행장치 ③조종장치 ④조향장치 ⑤제동장치 ⑥완충장치 ⑦연료장치 및 전기·전자장치 ⑧차체 및 차대 ⑨연결장치 및 견인장치 ⑩승차장치 및 물품적재장치 ⑪창유리 ⑫소음방지장치 ⑬배기가스발산방지장치 ⑭전조등·번호등·후미등·제동등·차폭등·후퇴등 기타 등화장치 ⑮경음기 및 경보장치 ⑯방향지시등 기타 지시장치 ⑰후사경·창닦이기 기타 시야를 확보하는 장치 ⑰-2 후방 영상장치 및 후진경고음 발생장치 ⑱속도계·주행거리계 기타 계기 ⑲소화기 및 방화장치 ⑳내압용기 및 그 부속장치 등 ㉑기타 자동차의 안전운행이 필요한 장치로서 국토교통부령이 정하는 장치

2. 자동차의 튜닝
(법 제34조, 시행령 제19조5항, 시행규칙 제78조)

1) 자동차의 구조·장치 중 국토교통부령으로 정하는 것을 변경하려는 경우에는 그 자동차의 소유자가 시장·군수·구청장의 승인을 받아야 한다.

2) 시장·군수 또는 구청장은 튜닝 승인에 관한 권한을 한국교통안전공단에 위탁한다.

3) 자동차 튜닝이 승인되지 않는 경우
   ① 총중량이 증가되는 튜닝
   ② 승차정원 또는 최대적재량의 증가를 가져오는 승차장치 또는 물품적재장치의 튜닝(다만, 승차정원 또는 최대적재량을 감소시켰던 자동차를 원상회복하는 경우, 동일한 형식으로 자가인증되어 제원이 통보된 차종의 승차정원 또는 최대적재량의 범위안에서 최대적재량을 증가시키는 경우, 차대 또는 차체가 동일한 승용자동차·승합자동차의 승차정원 중 가장 많은 것의 범위안에서 해당 자동차의 승차정원을 증가시키는 경우 제외)
   ③ 자동차의 종류가 변경되는 튜닝

제4장 자동차관리법

④ 변경전보다 성능 또는 안전도가 저하될 우려가 있는 경우의 변경

4) 튜닝검사의 신청서류
① 자동차등록증, 튜닝승인서, 튜닝 전·후의 주요제원대비표
② 튜닝 전·후의 자동차외관도(외관의 변경이 있는 경우에 한한다), 튜닝하려는 구조·장치의 설계도

제4절 자동차의 점검 및 정비

1. 점검 및 정비 명령 등(법 제37조)

1) 시장·군수·구청장은 다음 각 호의 어느 하나에 해당하는 자동차 소유자에게 국토교통부령으로 정하는 바에 따라 점검·정비·검사 또는 원상복구를 명할 수 있다. 다만, ②에 해당하는 경우에는 원상복구 및 임시검사를, ③에 해당하는 경우에는 정기검사 또는 종합검사를, ④에 해당하는 경우에는 임시검사를 각각 명하여야 한다.
① 자동차안전기준에 적합하지 아니하거나 안전운행에 지장이 있다고 인정되는 자동차
② 승인을 받지 아니하고 튜닝한 자동차
③ 자동차정기검사 또는 자동차종합검사를 받지 아니한 자동차
④ 화물자동차 운수사업법에 따른 중대한 교통사고가 발생한 사업용 자동차

2) 시장·군수 또는 구청장은 "1)"에 따라 점검·정비·검사 또는 원상복구를 명하려는 경우 국토교통부령으로 정하는 바에 따라 기간을 정하여야 한다. 이 경우 해당 자동차의 운행정지를 함께 명할 수 있다.

제5절 자동차의 검사

1. 자동차검사(법 제43조)

1) 자동차소유자(아래 "1)"의 경우에는 신규등록 예정자를 말한다)는 해당 자동차에 대하여 다음 각 호의 구분에 따라 국토교통부령으로 정하는 바에 따라 국토교통부장관이 실시하는 검사를 받아야 한다.
① 신규검사 : 신규등록을 하려는 경우 실시하는 검사
② 정기검사 : 신규등록 후 일정 기간마다 정기적으로 실시하는 검사
② 튜닝검사 : 자동차를 튜닝한 경우에 실시하는 검사
④ 임시검사 : 자동차관리법 또는 자동차관리법에 따른 명령이나 자동차 소유자의 신청을 받아 비정기적으로 실시하는 검사
＊자동차검사는 교통안전공단이 대행하고 있으며, 정기검사는 지정정비사업자도 대행할 수 있음

2) 국토교통부장관은 자동차 소유자가 천재지변이나 그 밖의 부득이한 사유로 제1항제2호부터 제4호까지의 검사를 받을 수 없다고 인정될 때에는 국토교통부령으로 정하는 바에 따라 그 기간을 연장하거나 자동차검사를 유예할 수 있다.

> **검사유효기간의 연장등 (시행규칙 제75조제1항)**
> 시·도지사는 법 제43조제4항에 따라 제74조의 규정에 따른 검사유효기간을 연장하거나 유예하려는 경우에는 다음 각 호의 구분에 의한다.
> 1. 전시·사변 또는 이에 준하는 비상사태로 인하여 관할지역 안에서 자동차의 검사업무를 수행할 수 없다고 판단되는 때에는 그 검사를 유예할 것. 이 경우 대상자동차·유예기간 및 대상지역등을 공고하여야 한다.
> 2. 자동차의 도난·사고발생의 경우나 압류된 경우 또는 장기간의 정비 기타 부득이한 사유가 인정되는 경우에는 자동차 소유자의 신청에 의하여 필요하다고 인정되는 기간 동안 당해 자동차의 검사유효기간을 연장하거나 그 검사를 유예할 것
> 3. 섬지역의 출장검사인 경우에는 자동차검사대행자의 요청에 의하여 필요하다고 인정되는 기간 동안 해당 자동차의 검사유효기간을 연장할 것
> 4. 법 제59조제1항제1호에 따라 신고된 매매용 자동차의 검사유효기간 만료일이 도래하는 경우에는 같은 항 제2호 또는 제3호에 따른 신고 전까지 해당 자동차의 검사유효기간을 연장할 것

2. 자동차 정기검사 유효기간(시행규칙 별표 15의2)

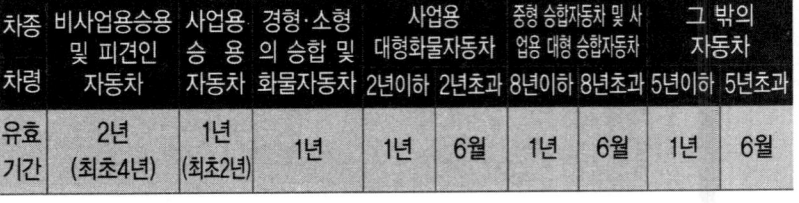

차종 차령	비사업용승용 및 피견인 자동차	사업용 승용 자동차	경형·소형 의 승합 및 화물자동차	사업용 대형화물자동차 2년이하	2년초과	중형 승합자동차 및 사 업용 대형 승합자동차 8년이하	8년초과	그 밖의 자동차 5년이하	5년초과
유효기간	2년 (최초4년)	1년 (최초2년)	1년	1년	6월	1년	6월	1년	6월

3. 자동차종합검사(법 제43조의2, 자동차종합검사의 시행 등에 관한 규칙 제7조~제10조)

1) '대기환경보전법'에 따른 운행차 배출가스 정밀검사 시행지역에 등록한 자동차 소유자 및 '수도권 대기환경개선에 관한 특별법'에 따른 특정경유자동차 소유자는 자동차정기검사와 '대기환경보전법'에 따라 실시하는 배출가스 정밀검사(이하 "정밀검사"라 한다) 또는 '수도권대기환경개선에 관한 특별법'에 따른 특정경유자동차 배출가스 검사(이하 "특정경유자동차검사"라 한다)를 통합하여 국토교통부장관과 환경부장관이 공동으로 다음 각 호에 대하여 실시하는 자동차종합검사(이하 "종합검사"라 한다)를 받아야 한다. 종합검사를 받은 경우에는 정기검사, 정밀검사, 특정경유자동차 검사를 받은 것으로 본다.
① 자동차의 동일성 확인 및 배출가스 관련 장치 등의 작동 상태 확인을 관능검사(官能檢査, 사람의 감각으로 자동차의 상태를 확인하는 검사) 및 기능검사로 하는 공통 분야
② 자동차 안전검사 분야
③ 자동차 배출가스 정밀검사 분야

제4장 자동차관리법

2) 종합검사의 대상과 유효기간(자동차종합검사의 시행등에 관한 규칙 별표1)

검사 대상		적용 차령	검사 유효기간
승용자동차	비사업용	차령이 4년 초과인 자동차	2년
	사업용	차령이 2년 초과인 자동차	1년
경형·소형의 승합 및 화물자동차	비사업용	차령이 3년 초과인 자동차	1년
	사업용	차령이 2년 초과인 자동차	1년
사업용 대형화물자동차		차령이 2년 초과인 자동차	6개월
사업용 대형승합자동차		차령이 2년 초과인 자동차	차령 8년 까지는 1년, 이후부터는 6개월
중형 승합자동차	비사업용	차령이 3년 초과인 자동차	차령 8년 까지는 1년, 이후부터는 6개월
	사업용	차령이 2년 초과인 자동차	차령 8년 까지는 1년, 이후부터는 6개월
그 밖의 자동차	비사업용	차령이 3년 초과인 자동차	차령 5년 까지는 1년, 이후부터는 6개월
	사업용	차령이 2년 초과인 자동차	차령 5년 까지는 1년, 이후부터는 6개월

* 검사 유효기간이 6개월인 자동차의 경우 종합검사 중 법 제43조의2제1항제3호에 따른 자동차 배출가스 정밀검사 분야의 검사는 1년마다 받는다.

3) 검사 유효기간의 계산 방법과 자동차종합검사기간 등
① 자동차관리법 제8조에 따라 신규등록을 하는 자동차 : 신규등록일부터 계산
② 종합검사기간 내에 자동차종합검사를 신청하여 적합 판정을 받은 자동차 : 직전 검사 유효기간 마지막 날의 다음 날부터 계산
③ 종합검사기간 전 또는 후에 자동차종합검사를 신청하여 적합 판정을 받은 자동차 : 종합검사를 받은 날의 다음 날부터 계산
④ 재검사 결과 적합 판정을 받은 자동차 : 자동차종합검사 결과표 또는 자동차기능 종합진단서를 받은 날의 다음 날부터 계산
⑤ 종합검사기간 : 검사 유효기간의 마지막 날(검사 유효기간을 연장하거나 검사를 유예한 경우에는 그 연장 또는 유예된 기간의 마지막 날을 말한다) 전후 각각 31일 이내로 한다.
⑥ 소유권 변동 또는 사용본거지 변동 등의 사유로 종합검사의 대상이 된 자동차 중 '자동차관리법 시행규칙' 제77조제2항에 따른 정기검사의 기간 중에 있거나 정기검사의 기간이 지난 자동차는 변경등록을 한 날부터 62일 이내에 종합검사를 받아야 한다.

4) **재검사** : 종합검사 실시 결과 부적합 판정을 받은 자동차의 소유자가 재검사를 받으려는 경우(재검사기간 내에 말소등록한 경우는 제외)에는 다음 각 호의 구분에 따른 기간 내에 종합검사대행자 또는 종합검사지정정비사업자에게 자동차등록증과 자동차종합검사 결과표 또는 자동차기능 종합진단서를 제출하고 해당 자동차를 제시하여야 한다.
① 종합검사기간 내에 종합검사를 신청한 경우
㉠ 다음의 어느 하나에 해당하는 사유로 부적합 판정을 받은 경우: 부적합 판정을 받은 날부터 10일 이내
(1) 최고속도제한장치의 미설치, 무단 해체·해제 및 미작동
(2) 자동차 배출가스 검사기준 위반
㉡ 그 밖의 사유로 부적합 판정을 받은 경우: 부적합 판정을 받은 날부터 종합 검사기간 만료 후 10일 이내
② 종합검사기간 전 또는 후에 종합검사를 신청한 경우: 부적합 판정을 받은 날부터 10일 이내
* 1. 종합검사 결과 부적합 판정을 받은 자동차의 소유자가 재검사기간 내에 재검사를 신청하지 아니한 경우(재검사기간 내에 말소등록한 경우는 제외) 또는 재검사기간 내에 재검사를 신청하였으나 그 기간 내에 적합 판정을 받지 못한 경우에는 종합검사를 받지 아니한 것으로 본다.
2. 종합검사 결과 부적합 판정을 받은 자동차가 '수도권 대기환경개선에 관한 특별법' 제25조제5항에 따라 특정경유자동차의 배출허용기준에 맞는지에 대한 검사가 면제되는 경우 자동차 배출가스 정밀검사 분야에 대해서는 재검사기간 내에 적합판정을 받은 것으로 본다.

5) 자동차종합검사 유효기간의 연장 또는 유예 사유 및 제출서류
① 전시·사변 또는 이에 준하는 비상사태로 인하여 관할지역에서 종합검사 업무를 수행할 수 없다고 판단되는 경우 : 시·도지사는 대상 자동차, 유예기간 및 대상지역 등을 공고하여야 한다.
② 자동차를 도난당한 경우, 사고발생으로 인하여 자동차를 장기간 정비할 필요가 있는 경우, '형사소송법' 등에 따라 자동차가 압수되어 운행할 수 없는 경우, 면허취소 등으로 인하여 자동차를 운행할 수 없는 경우 및 그 밖에 부득이한 사유로 자동차를 운행할 수 없다고 인정되는 경우 : 공통서류(자동차등록증)
㉠ 자동차를 도난당한 경우 : 경찰관서에서 발급하는 도난신고확인서
㉡ 사고발생으로 인하여 자동차를 장기간 정비할 필요가 있는 경우 : 시장·군수 또는 구청장, 경찰서장, 소방서장, 보험사 등이 발행한 사고사실증명서류(천재지변·교통사고 등으로 파손 또는 매몰 등이 된 경우만 해당), 정비업체에서 발행한 정비예정증명서(교통사고 등으로 장기간의 정비가 필요한 경우만 해당)
㉢ 형사소송법 등에 따라 자동차가 압수되어 운행할 수 없는 경우 : 행정처분서(운행을 제한받는 압류, 사업용자동차의 사업휴지·폐지나 자동차의 등록번호판 영치 등의 사용정지 등 행정처분을 받은 경우만 해당)
㉣ 그 밖에 부득이한 사유로 자동차를 운행할 수 없다고 인정되는 경우 : 시장·군수 구청장(읍·면·동·이장을 포함)이 확인한 섬 지역 장기체류 확인서(섬 지역에 장기체류하고 있는 경우에 한하며 육지와 연결된 섬과 자동차종합검사 시행이 가능한 지역은 제외), 병원입원 또는 해외출장 등 그 밖의 부득이한 사유가 있는 경우에는 그 사유를 객관적으로 증명할 수 있는 서류
③ 자동차 소유자가 폐차를 하려는 경우 : 폐차인수증명서

6) **자동차종합검사기간이 지난 자에 대한 독촉** : 시·도지사는 종합검사기간이 지난 자동차의 소유자에게 그 기간이 끝난 다음 날부터 10일 이내와 20일 이내에 각각 다음 각 호의 사항을 알리고 자동차종합검사를 받을 것을 독촉하여야 한다.
① 종합검사기간이 지난 사실
② 종합검사의 유예가 가능한 사유와 그 신청 방법
③ 종합검사를 받지 아니하는 경우에 부과되는 과태료의 금액과 근거 법규
* 정기검사나 종합검사를 받지 아니한 경우 과태료(시행령 발표2)

제4장
자동차관리법

① 검사 지연기간이 30일 이내인 경우: 4만원
② 검사 지연기간이 30일 초과 114일 이내인 경우: 4만원에 31일째부터 계산하여 3일 초과시마다 2만원을 더한 금액
③ 검사 지연기간이 115일 이상인 경우: 60만원

* 자동차정기검사의 기간은 검사유효기간만료일 전후 각각 31일 이내로 하며, 이 기간 내에 자동차정기검사에서 적합 판정을 받은 경우에는 검사유효기간만료일에 자동차정기검사를 받은 것으로 본다(시행규칙 제77조제2항)

제5장 도로법령

제1절 총칙

1. 목적(법 제1조)
도로망의 계획수립, 도로 노선의 지정, 도로공사의 시행과 도로의 시설 기준, 도로의 관리·보전 및 비용 부담 등에 관한 사항을 규정하여 국민이 안전하고 편리하게 이용할 수 있는 도로의 건설과 공공복리의 향상에 이바지함을 목적으로 한다.

2. 도로의 정의(법 제2조)
1) 도로란 차도, 보도, 자전거도로, 측도, 터널, 교량, 육교 등 대통령령으로 정하는 시설로 구성된 것으로서 제10조(도로의 종류와 등급)에 열거된 것을 말하며, 도로의 부속물을 포함한다.
  ① 대통령령으로 정하는 시설
    ㉠ 차도·보도·자전거도로 및 측도
    ㉡ 터널·교량·지하도 및 육교(해당 시설에 설치된 엘리베이터를 포함한다.)
    ㉢ 궤도
    ㉣ 옹벽·배수로·길도랑·지하통로 및 무넘기시설
    ㉤ 도선장 및 도선의 교통을 위하여 수면에 설치하는 시설
  ② 도로법 제10조의 도로: 고속국도(고속국도의 지선 포함), 일반국도(일반국도의 지선 포함), 특별시도(特別市道)·광역시도(廣域市道), 지방도, 시도(市道), 군도(郡道), 구도(區道)
  ③ 도로의 부속물: 도로관리청이 도로의 편리한 이용과 안전 및 원활한 도로교통의 확보, 그 밖에 도로의 관리를 위하여 설치하는 시설 또는 공작물
    ㉠ 주차장, 버스정류시설, 휴게시설 등 도로이용 지원시설
    ㉡ 시선유도표지, 중앙분리대, 과속방지시설 등 도로안전시설
    ㉢ 통행료 징수시설, 도로관제시설, 도로관리사업소 등 도로관리시설
    ㉣ 도로표지 및 교통량 측정시설 등 교통관리시설
    ㉤ 낙석방지시설, 계설시설, 식수대 등 도로에서의 재해 예방 및 구조 활동, 도로환경의 개선·유지 등을 위한 도로부대시설
    ㉥ 그 밖에 도로의 기능 유지 등을 위한 시설로서 대통령령으로 정하는 시설
      • 주유소, 충전소, 교통·관광안내소, 졸음쉼터 및 대기소
      • 환승시설 및 환승센터
      • 장애물 표적표지, 시선유도봉 등 운전자의 시선을 유도하기 위한 시설
      • 방호울타리, 충격흡수시설, 가로등, 교통섬, 도로반사경, 미끄럼방지시설, 긴급제동시설 및 도로의 유지·관리용 재료적치장
      • 화물 적재량 측정을 위한 과적차량 검문소 등 차량단속시설
      • 도로에 관한 정보 수집 및 제공 장치, 기상 관측 장치, 긴급 연락 및 도로의 유지·관리를 위한 통신시설
      • 도로 상의 방파시설, 방설시설, 방풍시설 또는 방음시설(방음림을 포함한다)
      • 도로에의 토사유출을 방지하기 위한 시설 및 비점오염저감시설(「물환경보전법」제2조제13호에 따른 비점오염저감시설을 말한다)
      • 도로원표, 수선 담당 구역표 및 도로경계표
      • 공동구
      • 도로 관련 기술개발 및 품질 향상을 위하여 도로에 연접하여 설치한 연구시설

3. 도로의 종류와 등급(법 제10조)
도로의 종류는 다음 각호와 같고 그 등급은 다음에 열거한 순위에 의한다.

1) **고속국도** : 국토교통부장관이 도로교통망의 중요한 축을 이루며 주요 도시를 연결하는 도로로서 자동차 전용의 고속교통에 사용되는 도로 노선을 정하여 지정·고시한 도로

2) **일반국도** : 국토교통부장관이 주요 도시, 지정항만, 주요 공항, 국가산업단지 또는 관광지 등을 연결하여 고속국도와 함께 국가간선도로망을 이루는 도로 노선을 정하여 지정·고시한 도로

3) **특별시도(特別市道)·광역시도(廣域市道)** : 특별시, 광역시의 관할구역에 있는 주요 도로망을 형성하는 도로, 특별시·광역시의 주요 지역과 인근 도시·항만·산업단지·물류시설 등을 연결하는 도로 및 그 밖의 특별시 또는 광역시의 기능 유지를 위하여 특히 중요한 도로로서 특별시장 또는 광역시장이 노선을 정하여 지정·고시한 도로

4) **지방도** : 지방의 간선도로망을 이루는 도청 소재지에서 시청 또는 군청 소재지에 이르는 도로, 시청 또는 군청 소재지를 연결하는 도로, 도 또는 특별자치도에 있거나 해당 도 또는 특별자치도와 밀접한 관계에 있는 공항·항만·역을 연결하는 도로, 도 또는 특별자치도에 있는 공항·항만·역에서 해당 도 또는 특별자치도와 밀접한 관계가 있는 고속국도·일반국도 또는 지방도를 연결하는 도로 및 그 밖의 지방의 개발을 위하여 특히 중요한 도로로서 관할 도지사 또는 특별자치도지사가 그 노선을 인정한 것

5) **시도(市道)** : 특별자치시, 시 또는 행정시의 관할구역에 있는 도로로서 특별자치시장 또는 시장(행정시의 경우는 특별자치도지사)이 그 노선을 인정한 것

6) **군도(郡道)** : 군청 소재지에서 읍사무소 또는 면사무소 소재지에 이르는 도로, 읍사무소 또는 면사무소 소재지를 연결하는 도

제5장 도로법

로 및 그 밖의 군의 개발을 위하여 특히 중요한 도로로서 관할 군수가 그 노선을 인정한 것

7) **구도(區道)** : 관할 구역에 있는 도로 중 특별시도와 광역시도를 제외한 자치구 안에서 동 사이를 연결하는 도로로서 관할 구청장이 그 노선을 인정한 것

제2절 도로의 보전 및 공용부담

1. 도로에 관한 금지행위(법 제75조)

누구든지 정당한 사유 없이 도로에 대하여 다음에 해당하는 행위를 하여서는 아니 된다.

1) 도로를 파손하는 행위

2) 도로에 토석(土石), 입목·죽(竹) 등 장애물을 쌓아놓는 행위

3) 그 밖에 도로의 구조나 교통에 지장을 주는 행위

　*정당한 사유 없이 도로(고속국도는 제외)를 파손하여 교통을 방해하거나 교통에 위험을 발생시킨 자 : 10년 이하의 징역이나 1억원 이하의 벌금(법 제113조 제1항)

2. 차량의 운행제한(법 제77조)

1) 도로 관리청은 도로 구조를 보전하고 도로에서의 차량 운행으로 인한 위험을 방지하기 위하여 필요하면 대통령령으로 정하는 바에 따라 도로에서의 차량(자동차관리법 제2조에 따른 자동차와 건설기계관리법 제2조에 따른 건설기계를 말한다. 이하 같다) 운행을 제한할 수 있다. 다만, 차량의 구조나 적재물의 특수성으로 인하여 도로관리청의 허가를 받아 운행하는 차량의 경우에는 그러하지 아니하다.

> **도로 관리청이 운행을 제한할 수 있는 차량**(시행령 제79조제2항)
> 1. 축하중(軸荷重)이 10톤을 초과하거나 총중량이 40톤을 초과하는 차량
> 2. 차량의 폭이 2.5미터, 높이가 4.0미터(도로구조의 보전과 통행의 안전에 지장이 없다고 도로 관리청이 인정하여 고시한 도로 노선의 경우에는 4.2미터), 길이가 16.7미터를 초과하는 차량
> 3. 도로 관리청이 특히 도로구조의 보전과 통행의 안전에 지장이 있다고 인정하는 차량

　*차량의 구조나 적재화물의 특수성으로 인하여 관리청의 허가를 받으려는 자는 신청서에 다음 각 호의 사항을 기재하여 도로 관리청에 제출하여야 한다.(시행령 제79조제4항)
　　① 운행하려는 도로의 종류 및 노선명
　　② 운행구간 및 그 총연장
　　③ 차량의 제원　　④ 운행기간
　　⑤ 운행목적　　⑥ 운행방법
　*제한차량 운행허가 신청서에는 다음 각 호의 서류를 첨부하여야 한다.(시행규칙 제40조제1항)
　　① 차량검사증 또는 차량등록증
　　② 차량 중량표　　③ 구조물 통과 하중 계산서

2) 도로 관리청은 "1)"에 따른 운행제한에 대한 위반여부를 확인하기 위하여 관계 공무원으로 하여금 차량에 승차하거나 차량의 운전자(건설기계의 조종사 포함)에게 관계 서류의 제출을 요구하는 등의 방법으로 차량의 적재량을 측정하게 할 수 있다. 이 경우 차량의 운전자는 정당한 사유가 없으면 이에 따라야 한다.

　*정당한 사유 없이 적재량 측정을 위한 도로관리청의 요구에 따르지 아니한 자: 1년 이하의 징역이나 1천만원 이하의 벌금(법 제115조제4호)

3) 도로 관리청은 "1)"의 단서에 따라 차량의 운행허가를 하려면 미리 출발지를 관할하는 경찰서장과 협의한 후 차량의 조건과 운행하려는 도로의 여건을 고려하여 대통령령으로 정하는 절차에 따라 운행허가를 하여야 하며, 운행허가를 할 때에는 운행노선, 운행시간, 운행방법 및 도로 구조물의 보수·보강에 필요한 비용부담 등에 관한 조건을 붙일 수 있다. 이 경우 운행허가를 받은 자는 「도로교통법」 제14조제3항의 단서 또는 제39조제1항의 단서에 따른 허가를 받은 것으로 본다.

　*운행 제한을 위반한 차량의 운전자, 운행 제한 위반의 지시·요구 금지를 위반한 자: 500만원 이하의 과태료(법 제117조제1항)

3. 적재량 측정 방해행위의 금지 등(법 제 78조)

1) 차량의 운전자는 자동차의 장치를 조작하는 등 대통령령으로 정하는 방법으로 차량의 적재량 측정을 방해하는 행위를 하여서는 아니된다.

2) 도로 관리청은 차량의 운전자가 "1)"을 위반하였다고 판단하면 재측정을 요구할 수 있다. 이 경우 차량의 운전자는 정당한 사유가 없으면 이에 따라야 한다.

　*차량의 적재량 측정을 방해한 자, 정당한 사유 없이 도로관리청의 재측정 요구에 따르지 아니한 자: 1년 이하의 징역이나 1천만원 이하의 벌금(법 제115조제5호,제6호)

4. 자동차 전용도로의 지정(법 제48조)

1) 도로관리청은 도로의 교통이 현저히 증가하여 차량의 능률적인 운행에 지장이 있는 경우 또는 도로의 일정한 구간에서 원활한 교통 소통을 위하여 필요한 경우에는 대통령령으로 정하는 바에 따라 자동차 전용도로 또는 전용구역(이하 "자동차전용도로"라 한다)을 지정할 수 있다. 이 경우 자동차전용도로로 지정하려는 도로에 둘 이상의 도로관리청이 있으면 관계되는 도로관리청이 공동으로 자동차전용도로를 지정하여야 한다.

2) 도로 관리청이 "1)"에 따라 자동차전용도로를 지정할 때에는 해당 구간을 연결하는 일반교통용의 다른 도로가 있어야 한다.

3) "1)"에 따라 자동차 전용도로를 지정할 때 도로 관리청이 국토교통부장관이면 경찰청장의 의견을, 특별시장·광역시장·도지사 또는 특별자치도지사이면 관할 시·도경찰청장의 의견을, 특별자치시장·시장·군수 또는 구청장이면 관할 경찰서장의 의견을 각각 들어야 한다.

4) 도로 관리청은 "1)"에 따른 지정을 하는 때에는 대통령령으로 정하는 바에 따라 이를 공고하여야 한다. 그 지정을 변경하거나 해제하는 때에도 또한 같다.

5) 자동차전용도로의 구조 및 시설기준 등 자동차전용도로의 지정에 필요한 사항은 국토교통부령으로 정한다.

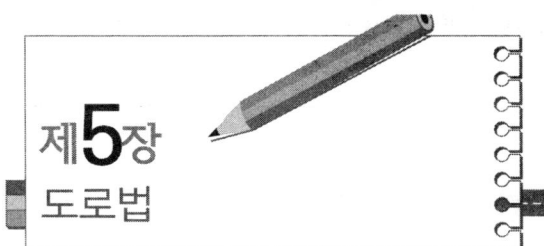

> **자동차 전용도로의 지정 공고(시행령 제47조)**
> 제47조 (자동차 전용도로의 지정 공고 등) 도로 관리청은 자동차 전용도로를 지정·변경 또는 해제할 때에는 법 제48조제4항에 따라 다음 각 호의 사항을 공고하고 이를 지체 없이 국토교통부장관에게 보고하여야 한다.
> 1. 도로의 종류·노선번호 및 노선명
> 2. 도로 구간
> 3. 통행의 방법(해제의 경우는 제외한다)
> 4. 지정·변경 또는 해제의 이유
> 5. 해당 구간에 있는 일반교통용의 다른 도로 현황(해제의 경우는 제외한다)
> 6. 그 밖에 필요한 사항

5. 자동차 전용도로의 통행방법(법 제49조)

1) 자동차전용도로에서는 차량만을 사용해서 통행하거나 출입하여야 한다.

2) 도로관리청은 자동차전용도로의 입구나 그 밖에 필요한 장소에 "1)"의 내용과 자동차전용도로의 통행을 금지하거나 제한하는 대상 등을 구체적으로 밝힌 도로표지를 설치하여야 한다.

　＊차량을 사용하지 아니하고 자동차전용도로를 통행하거나 출입한 자: 1년 이하의 징역이나 1천만원 이하의 벌금(법 제115조 제2호)

제6장 대기환경보전법령

제1편 교통 및 화물자동차 운수사업 관련 법규

제1절 총칙

1. 목적(법 제1조)

대기오염으로 인한 국민건강이나 환경에 관한 위해(危害)를 예방하고 대기환경을 적정하게 지속가능하게 관리·보전하여 모든 국민이 건강하고 쾌적한 환경에서 생활할 수 있게 하는 것을 목적으로 한다.

2. 정의(법 제2조)

이 법에서 사용하는 용어의 정의는 다음과 같다.

1) "대기오염물질"이란 대기오염의 원인이 되는 가스·입자상물질로서 환경부령으로 정하는 것

2) "온실가스"란 적외선 복사열을 흡수하거나 다시 방출하여 온실효과를 유발하는 대기 중의 가스상태 물질로서 이산화탄소, 메탄, 아산화질소, 수소불화탄소, 과불화탄소, 육불화황을 말한다.

3) "가스"란 물질이 연소·합성·분해될 때에 발생하거나 물리적 성질로 인하여 발생하는 기체상물질

4) "입자상물질(粒子狀物質)"이란 물질이 파쇄·선별·퇴적·이적(移積)될 때, 그 밖에 기계적으로 처리되거나 연소·합성·분해될 때에 발생하는 고체상 또는 액체상의 미세한 물질

5) "먼지"란 대기 중에 떠다니거나 흩날려 내려오는 입자상물질

6) "매연"이란 연소할 때에 생기는 유리(遊離) 탄소가 주가 되는 미세한 입자상물질

7) "검댕"이란 연소할 때에 생기는 유리(遊離) 탄소가 응결하여 입자의 지름이 1미크론 이상이 되는 입자상물질

8) "저공해자동차"라 함은 대기오염물질의 배출이 없는 자동차 또는 제작차의 배출허용기준보다 오염물질을 적게 배출하는 자동차

9) "배출가스저감장치"란 자동차에서 배출되는 대기오염물질을 줄이기 위하여 자동차에 부착 또는 교체하는 장치로서 환경부령으로 정하는 저감효율에 적합한 장치

10) "저공해엔진"이란 자동차에서 배출되는 대기오염물질을 줄이기 위한 엔진(엔진 개조에 사용하는 부품을 포함한다)으로서 환경부령으로 정하는 배출허용기준에 맞는 엔진

11) "공회전제한장치"란 자동차에서 배출되는 대기오염물질을 줄이고 연료를 절약하기 위하여 자동차에 부착하는 장치로서 환경부령으로 정하는 기준에 적합한 장치

제2절 자동차배출가스의 규제

1. 저공해자동차의 운행 등(법 제58조)

1) 시·도지사 또는 시장·군수는 관할 지역의 대기질 개선 또는 기후·생태계 변화유발물질 배출감소를 위하여 필요하다고 인정하면 그 지역에서 운행하는 자동차 중 차령과 대기오염물질 또는 기후·생태계 변화유발물질 배출정도 등에 관하여 환경부령으로 정하는 요건을 충족하는 자동차의 소유자에게 그 시·도 또는 시·군의 조례에 따라 그 자동차에 대하여 다음 각 호의 어느 하나에 해당하는 조치를 하도록 명령하거나 조기에 폐차할 것을 권고할 수 있다.
   ① 저공해자동차로의 전환 또는 개조
   ② 배출가스저감장치의 부착 또는 교체 및 배출가스 관련 부품의 교체
   ③ 저공해엔진(혼소엔진을 포함한다)으로의 개조 또는 교체
   *저공해자동차로의 전환 또는 개조 명령, 배출가스저감장치의 부착·교체 명령 또는 배출가스 관련 부품의 교체 명령, 저공해엔진(혼소엔진을 포함한다)으로의 개조 또는 교체 명령을 이행하지 아니한 자: 300만원 이하의 과태료(법 제94조 제2항)

2) 배출가스보증기간이 경과한 자동차의 소유자는 해당 자동차에서 배출되는 배출가스가 운행차배출허용기준에 적합하게 유지되도록 환경부령으로 정하는 바에 따라 배출가스저감장치를 부착 또는 교체하거나 저공해엔진으로 개조 또는 교체할 수 있다.

3) 국가나 지방자치단체는 저공해자동차의 보급, 배출가스저감장치의 부착 또는 교체와 저공해엔진으로의 개조 또는 교체를 촉진하기 위하여 다음 각 호의 어느 하나에 해당하는 자에 대하여 예산의 범위에서 필요한 자금을 보조하거나 융자할 수 있다.
   ① 저공해자동차를 구입하거나 저공해자동차로 개조하는 자
   ② 저공해자동차에 연료를 공급하기 위한 시설 중 다음 각 목의 시설을 설치하는 자
      ㉠ 천연가스를 연료로 사용하는 자동차에 천연가스를 공급하기 위한 시설로서 환경부장관이 정하는 시설
      ㉡ 전기를 연료로 사용하는 자동차(이하 "전기자동차"라 한다)에 전기를 충전하기위한 시설로서 환경부장관이 정하는 시설
      ㉢ 그 밖에 태양광, 수소연료 등 환경부장관이 정하는 저공해자동차 연료공급 시설
   ③ "1" 또는 "2"항에 따라 자동차에 배출가스저감장치를 부착 또는 교체하거나 자동차의 엔진을 저공해엔진으로 개조 또는 교체하는 자
   ④ "1)"항에 따라 자동차의 배출가스 관련 부품을 교체하는 자
   ⑤ "1)"항에 따른 권고에 따라 자동차를 조기에 폐차하는 자
   ⑥ 그 밖에 배출가스가 매우 적게 배출되는 것으로서 환경부장관

제6장 대기환경보전법

이 정하여 고시하는 자동차를 구입하는 자

2. 공회전의 제한(법 제59조, 시행규칙 제79조의10)

1) 시·도지사는 자동차의 배출가스로 인한 대기오염 및 연료손실을 줄이기 위하여 필요하다고 인정하면 그 시·도의 조례가 정하는 바에 따라 터미널, 차고지, 주차장 등의 장소에서 자동차의 원동기를 가동한 상태로 주차하거나 정차하는 행위를 제한할 수 있다.
   * 자동차의 원동기 가동제한을 위반한 자동차의 운전자: 1차 위반(과태료 5만원), 2차 위반(과태료 5만원), 3차 이상 위반(과태료 5만원)(시행령 별표 15)

2) 시·도지사는 대중교통용 자동차 등 환경부령으로 정하는 자동차에 대하여 시·도 조례에 따라 공회전제한장치의 부착을 명령할 수 있다.

> • 환경부령으로 정하는 자동차
> 제79조의19(공회전 제한장치 부착명령 대상 자동차) 법 제59조 제2항에서 "대중교통용 자동차 등 환경부령으로 정하는 자동차"란 다음 각 호의 자동차를 말한다.
> 1. 시내버스운송사업에 사용되는 자동차
> 2. 일반택시운송사업에 사용되는 자동차
> 3. 화물자동차운송사업에 사용되는 최대적재량이 1톤 이하인 밴형 화물자동차로서 택배용으로 사용되는 자동차

3) 국가나 지방자치단체는 "2)"에 따른 부착 명령을 받은 자동차 소유자에 대하여는 예산의 범위에서 필요한 자금을 보조하거나 융자할 수 있다.

3. 운행차의 수시점검(법 제61조)

1) 환경부장관, 특별시장·광역시장·특별자치시장·특별자치도지사·시장·군수·구청장은 자동차에서 배출되는 배출가스가 운행차배출허용기준에 맞는지 확인하기 위하여 도로나 주차장 등에서 자동차의 배출가스 배출상태를 수시로 점검하여야 한다.

2) 자동차 운행자는 "1)"항에 따른 점검에 협조하여야 하며 이에 응하지 아니하거나 기피 또는 방해하여서는 아니된다.
   * 운행차의 수시점검을 불응하거나 기피·방해한 자: 200만원 이하의 과태료(법 제94조 제3항)

3) "1)"항에 따른 점검방법 등에 관하여 필요한 사항은 환경부령으로 정한다.

> 운행차의 수시점검방법 등(시행규칙 제83조)
> 제83조(운행차의 수시점검방법등)
> ① 환경부장관, 특별시장·광역시장·특별자치시장·특별자치도지사 또는 시장·군수·구청장은 점검대상 자동차를 선정한 후 배출가스를 점검하여야 한다. 다만, 원활한 차량소통과 승객의 편의 등을 위하여 필요한 경우에는 운행 중인 상태에서 원격측정기 또는 비디오카메라를 사용하여 점검할 수 있다.
> ② 제1항에 따른 배출가스 측정방법 등에 관하여 필요한 사항은 환경부장관이 정하여 고시한다.

> 운행차 수시점검의 면제(시행규칙 제84조)
> 제84조(운행차 수시점검의 면제) 환경부장관, 특별시장·광역시장·특별자치시장·특별자치도지사 또는 시장·군수·구청장은 다음 각 호의 어느 하나에 해당하는 자동차에 대하여는 운행차의 수시 점검을 면제할 수 있다.
> 1. 환경부장관이 정하는 저공해자동차
> 2. 도로교통법 제2조제22호 및 같은 법 시행령 제2조에 따른 긴급자동차
> 3. 군용 및 경호업무용 등 국가의 특수한 공용 목적으로 사용되는 자동차

실전 문제

01 도로를 횡단하는 보행자나 통행하는 차마의 안전을 위하여 안전표지나 그와 비슷한 인공구조물로 표시한 도로의 부분을 무엇이라 하는가?

① 횡단보도　　　　　② 길가장자리구역
③ 안전지대　　　　　④ 차도

02 고속도로 외의 도로에서 승용자동차 및 경형 · 소형 · 중형 승합자동차가 통행할 수 있는 차로는?

① 1차로　　　　　　② 2차로
③ 왼쪽 차로　　　　④ 오른쪽 차로

03 다음은 차로에 따른 통행차의 기준에 의한 통행방법을 설명한 것이다. 잘못된 것은?

① 차마의 운전자는 보도와 차도가 구분된 도로에서는 차도를 통행하여야 한다. 다만, 도로 외의 곳으로 출입할 때에는 보도를 횡단하여 통행할 수 있다.
② 차마의 운전자는 도로의 중앙 좌측부분을 통행하여야 한다.
③ 차마의 운전자는 안전지대 등 안전표지에 의하여 진입이 금지된 장소에 들어가서는 아니 된다.
④ 좌회전 차로가 2 이상 설치된 교차로에서 좌회전하려는 차는 그 설치된 좌회전 차로 내에서 고속도로 외의 도로의 통행기준에 따라 좌회전하여야 한다.

04 다음 중 일시정지에 대해 설명을 하고 있는 것은 어느 것인가?

① 차가 즉시 정지할 수 있는 느린 속도로 진행하는 것을 의미
② 자동차가 완전히 멈추는 상태. 즉, 당시의 속도가 0km/h인 상태로서 완전한 정지상태의 이행
③ 반드시 차가 일시적으로 그 바퀴를 완전히 멈추어야 하는 행위자체에 대한 의미
④ 반드시 차가 멈추어야 하되, 얼마간의 시간동안 정지 상태를 유지해야 하는 교통상황의 의미

05 다음은 서행하여야 할 경우이다. 옳지 않은 것은?

① 차로가 설치되지 아니한 좁은 도로에서 보행자의 옆을 지날 때
② 교차로에서 좌 · 우회전할 때
③ 안전지대에 보행자가 없을 때
④ 안전지대에 보행자가 있을 때

06 다음 중 1종 보통면허로 운전할 수 있는 차량이 아닌 것은 어느 것인가?

① 콘크리트믹서트럭
② 승차정원 15인 이하의 승합자동차
③ 적재중량 12톤 미만의 화물자동차
④ 원동기장치자전거

07 다른 자동차를 견인하거나 구난작업 또는 특수한 작업을 수행하기에 적합하게 제작된 자동차는 무엇인가?

① 화물자동차
② 승용자동차
③ 특수자동차
④ 이륜자동차

08 교통법규 위반 시 벌점이 40점에 해당하지 않는 것은?

① 정차 · 주차위반에 대한 조치불응(단체에 소속되거나 다수인에 포함되어 경찰공무원의 3회 이상의 이동명령에 따르지 아니하고 교통을 방해한 경우에 한한다)
② 고속도로 · 자동차전용도로 갓길통행
③ 승객의 차내 소란행위 방치 운전
④ 출석기간 또는 범칙금 납부기간 만료일부터 60일이 경과될 때까지 즉결심판을 받지 아니한 때

09 다음 중 교통사고 발생 시 행정처분 벌점기준에 대한 설명으로 옳은 것은?

① 경상 1명마다 15점
② 물적피해 100만원당 10점
③ 중상 1명마다 15점
④ 사망 1명마다 100점

10 다음 중 교통사고처리특례법상 중대과실 10개 항목에 해당되지 않는 것은?

① 속도위반 20 km/h 이하
② 보도침범 · 도보횡단방법 위반
③ 속도위반 20 km/h 초과
④ 철길 건널목 통과방법 위반

정답 01.③ 02.③ 03.② 04.④ 05.③ 06.① 07.③ 08.② 09.③ 10.①

실전 문제

11 다음 중 자동차 관리법의 목적이 아닌 것은?
① 자동차 운수사업의 활성화
② 자동차의 효율적 관리
③ 공공의 복리 증진
④ 자동차의 성능 및 안전확보

12 다음 중 중앙선침범이 적용되지 않는 사례 중 틀린 것은?
① 불가항력적 중앙선침범 사고
② 현저한 부주의로 중앙선침범 이전에 선행된 중대한 과실사고
③ 사고피양 등 만부득이한 중앙선침범 사고
④ 중앙선침범이 성립되지 않는 사고

13 철길건널목에 교통안전 표지만이 설치되어 있는 건널목은 몇 종 건널목인가?
① 4종 건널목
② 3종 건널목
③ 2종 건널목
④ 1종 건널목

14 다음 중 무면허 운전에 해당되는 경우가 아닌 것은?
① 면허 취소처분을 받은 자가 운전하는 경우
② 면허정지 기간 중에 운전하는 경우
③ 시험합격 후 면허증 교부 전에 운전하는 경우
④ 유효기간이 지나지 않은 운전면허증으로 운전하는 경우

15 다음은 화물자동차의 세부사항을 설명한 것이다. 소형에 해당하는 것은 어느 것인가?
① 최대적재량이 1톤 초과 5톤 미만이거나, 총중량이 3.5톤 초과 10톤 미만인 것
② 최대적재량이 1톤 이하인 것으로서 총중량이 3.5톤 이하인 것
③ 배기량이 1000cc 미만으로서 길이 3.6미터, 너비 1.6미터, 높이 2.0미터 이하인 것
④ 최대적재량이 5톤 이상이거나, 총중량이 10톤 이상인 것

16 다음 중 화물자동차 운송가맹사업의 허가권자는?
① 행정자치부장관
② 국토교통부장관
③ 내무부장관
④ 노동부장관

17 화물자동차 운송가맹업자가 적재물배상 책임보험(공제)에 가입하지 아니하였을 때의 과태료 처분기준은?
① 미가입 사업자별 300만원, 미가입 화물자동차 1대당 20만원
② 미가입 사업자별 400만원, 미가입 화물자동차 1대당 40만원
③ 미가입 사업자별 500만원, 미가입 화물자동차 1대당 50만원
④ 미가입 사업자별 600만원, 미가입 화물자동차 1대당 70만원

18 화물 운송 자격면허가 취소 된 후 얼마가 지난 후에 다시 취득할 수 있는가?
① 6개월
② 1년
③ 2년
④ 3년

19 운전면허 취소 시 화물운송자격증은 어떻게 되는가?
① 유지된다.
② 취소된다.
③ 보류된다.
④ 본인이 취소 및 유지를 선택 할 수 있다.

20 다음 중 화물운송종사 자격이 취소되는 경우로 볼 수 없는 것은?
① 화물운송 종사자격 정지기간 중에 화물자동차 운수사업의 운전업무에 종사한 때
② 화물자동차를 운전할 수 있는 운전면허가 행정처분 기준에 의한 벌점 30점이 발생하였을 때
③ 운수 종사자가 개선명령을 위반한 때
④ 화물운송종사 자격증을 타인에게 대여한 때

21 다음 중 종합검사의 대상과 유효기간이 잘못된 것은 어느 것인가?
① 차령이 4년 초과인 비사업용 승용자동차: 2년
② 차령이 3년 초과인 비사업용 경형·소형의 승합 및 화물자동차: 1년
③ 차령이 2년 초과인 사업용 대형화물자동차: 1년
④ 차령이 2년 초과인 사업용 승용자동차: 1년

22 차마가 한 줄로 도로의 정하여진 부분을 통행하도록 차선에 의하여 구분되는 차도의 부분은?
① 차도
② 차로
③ 차선
④ 보도

정답 11.① 12.② 13.③ 14.④ 15.② 16.② 17.③ 18.③ 19.② 20.② 21.③ 22.②

실전 문제

23 자동차의 검사가 아닌 것은?

① 신규검사   ② 유지검사

③ 정기검사   ④ 튜닝검사

24 농어촌도로 정비법에 따른 농어촌도로 중 군도 이상의 도로 및 면도와 갈라져 마을 간이나 주요산업단지 등과 연결되는 도로는 무엇인가?

① 농도   ② 면도

③ 이도   ④ 보도

25 공제사업의 분담금, 분담 비율은 누구의 승인을 받아야 하는가?

① 기획재경부   ② 지식경제부

③ 국토교통부   ④ 공제협회장

26 다음 중 도로관리청이 도로의 구조를 보전하고 운행의 위험을 방지하기 위해 차량의 운행제한을 하기 위한 허가 조건이 아닌 것은?

① 운행차량의 주유   ② 운행노선

③ 운행시간   ④ 운행방법

27 국토교통부령이 정하는 바에 의한 자동차등록번호판 부착 설명으로 옳지 않은 것은?

① 등록번호판의 부착 또는 봉인을 하지 아니한 자동차는 이를 운행하지 못한다.

② 등록번호판 및 봉인은 시·도지사의 허가를 받은 경우와 다른 법률에 특별한 규정이 있는 경우를 제외하고는 이를 떼지 못한다.

③ 임시운행허가번호판을 붙인 때에도 봉인을 해야 한다.

④ 누구든지 등록번호판을 가리거나 알아보기 곤란하게 하여서는 아니 되며, 그러한 자동차를 운행하여서는 아니 된다.

28 다음 중 자동차 전용도로에서 최저속도는?

① 매시 20 km/h   ② 매시 30 km/h

③ 매시 40 km/h   ④ 매시 50 km/h

29 다음 중 운행차의 배출가스 정밀검사 유효기간 연장 사유에 해당되지 않는 것은?

① 자동차 소유자가 폐차를 조건으로 연장 신청을 하는 경우

② 자동차의 도난, 사고, 압류 등 부득이한 사유가 있는 경우

③ 자동차 소유자의 가정 사정으로 인하여 연장 신청을 하는 경우

④ 자동차 부품의 수급 차질 등 부득이한 사유로 정비가 불가능한 경우

30 다음 중 황색등화에 대한 설명으로 바른 것은?

① 차마는 직진할 수 있고 다른 교통에 방해되지 않도록 천천히 우회전할 수 있다.

② 보행자는 횡단보도를 횡단할 수 있다.

③ 차마는 우회전을 할 수 있고 우회전하는 경우에는 보행자의 횡단을 방해하지 못한다

④ 차마는 좌회전을 할 수 있다.

31 다음 중 횡단보도 횡단 시 보행자로 보호 받을 수 있는 경우는?

① 자전거를 타고 횡단

② 오토바이를 타고 횡단

③ 오토바이를 끌고 횡단

④ 보행자 신호가 적색일 때 횡단

32 도로교통법상 3색 등화로 표시되는 신호등의 순서로 맞는 것은?

① 녹색(적색 및 녹색 화살표)등화, 황색등화, 적색등화의 순서이다.

② 적색(적색 및 녹색 화살표)등화, 황색등화, 녹색등화의 순서이다.

③ 녹색(적색 및 녹색 화살표)등화, 녹색등화, 황색등화의 순서이다.

④ 적색점멸등화, 황색등화, 녹색(적색 및 녹색 화살표)등화의 순서이다.

33 다음 중 신호기가 설치되어 있지 않은 교차로에서 통행 우선순위로 옳은 것은?

① 긴급 자동차 → 승합자동차 → 원동기 장치 자전거

② 승용차 → 승합자동차 → 원동기 장치 자전거

③ 긴급 자동차 → 원동기 장치 자전거 → 승용차

④ 긴급 자동차 → 긴급자동차 외의 자동차 → 원동기 장치 자전거

정답 ◎ 23.② 24.③ 25.③ 26.① 27.③ 28.② 29.③ 30.③ 31.③ 32.① 33.④

제2편 하역작업 운영

제1장 운송장비 상차와 하역표장

- 제1절 운송장비 기종과 용량
- 제2절 운송장비 기재장비
- 제3절 운송장비 보관장비
- 제4절 운송하역의 표준

제2장 하역의 상·하차

- 제1절 하역장비 및 운반차량
- 제2절 상차 및 내릴 일·올고 상차장비
- 제3절 하역방법
- 제4절 자재원 운반장비
- 제5절 운반용기
- 제6절 기타 장비
- 제7절 고신자의 상차
- 제8절 컨테이너의 상차
- 제9절 이동용 벨트로크 설치 및 사용 확인·설정
- 제10절 주유탱크공사의 이동분 상차기준
- 제11절 견고 속도 설정 및 선이 하역사항
- 제12절 상·하차 장비 및 하역사항

제3장 적재물 결박·덮개 설치

- 제1절 팔레트(Pallet) 하역이 용도 및 관리설정
- 제2절 하역운송 및 보관설정
- 제3절 주유탱크 운송과정의 안정과 하역운송

제4장 운행운영

- 제1절 안전사항
- 제2절 운행운영

제5장 하역의 인수·인계처리

- 제1절 하역의 인수확인
- 제2절 하역의 적재확인
- 제3절 하역의 인계확인
- 제4절 관리문 운송처리
- 제5절 고객 응대사항
- 제6절 사고말정 발생시의 처리설정

제6장 하역장비의 운행

- 제1절 자동차관리법상 하역장비의 유형에 따른 세부기준
- 제2절 산업안전의 관점에서의 하역장비 운영
- 제3절 트리프장비 운영
- 제4절 이재류 교유에 의한 하역장비의 운행

제7장 하역장비의 차량운행지

- 제1절 이사화물 표공이용이 규정
- 제2절 택배 표공이용이 규정

▶ 실전문제

제2편 화물취급요령
제1장 운송장 작성과 화물포장

제1절 운송장의 기능과 운영

1. 운송장의 기능

1) 계약서 기능
   개인고객의 경우 운송장이 작성되면 운송장에 기록된 내용과 약관에 기준한 계약이 성립된 것이 된다.

2) 화물인수증 기능
   ① 운송장을 작성하고 운전자가 날인하여 교부함으로서 운송장에 기록된 내용대로 화물을 인수하였음을 확인하는 것
   ② 운송회사는 기록된 화물을 안전, 신속, 정확하게 배달할 책임이 있으며 만약 사고가 발생할 때에는 운송장을 기준으로 배상을 하여야 한다.

3) 운송요금 영수증 기능
   ① 화물의 수탁 또는 배달시 운송요금을 현금으로 받는 경우에는 운송장에 회사의 수령인을 날인하여 사용함으로서 영수증 기능을 한다.
   ② 그러나 대부분의 회사가 운송장에 사업자등록번호 및 대표자의 날인을 인쇄하지 않고 있기 때문에 영수증으로 활용하기 위해서는 날인과 사업자등록번호를 확인 받아야 한다.

4) 정보처리 기본자료
   ① 운송장에는 송하인, 수하인, 기타 화물에 대한 정보가 수록되어 있다.
   ② 운송사업자는 이들 자료를 마케팅, 요금청구, 사내 수입정산, 운전자 효율 측정, 각 작업단계의 효율측정 등의 정보처리 기본 자료로 활용한다.
   ③ 고객에게 화물추적 및 배달에 대한 정보를 제공하는 자료로도 활용한다.

5) 배달에 대한 증빙(배송에 대한 증거서류 기능)
   ① 화물을 수하인에게 인도하고 운송장에 인수자의 수령확인을 받음으로써 배달완료정보처리에 이용된다.
   ② 물품 분실로 인한 민원이 발생한 경우에는 책임완수 여부를 증명해주는 기능을 한다.

6) 수입금 관리자료
   ① 운송장에 서비스요금을 기록함으로서 화물별 수입금을 파악하여 전체적인 수입금을 계산할 수 있는 관리 자료가 된다.
   ② 현금, 신용, 착불 등 수입 형태와 입금이 되어야 할 영업점에 대한 관리 자료까지 산출해주는 기능을 한다.

7) 행선지 분류정보 제공(작업지시서 기능)
   운송장에는 화물의 행선지 또는 목적지 영업소를 표시하고 있는데 이는 화물이 집하된 후 목적지에 도착할 때까지 각 단계의 작업에서 이 화물이 어디로 운행될 것인지를 알려주는 기능을 한다.

2. 운송장의 형태

1) 기본형 운송장(포켓타입)
   ① 기본적으로 운송회사(택배업체 등)에서 사용하고 있는 운송장은 업체별로 디자인에 다소 차이는 있으나 기록되는 내용은 대동소이하며
   ② ㉠ 송하인용 ㉡ 전산처리용 ㉢ 수입관리용 ㉣ 배달표용 ㉤ 수하인용으로 구성된다. 최근에는 수입관리용이 빠지는 경우도 있다.

2) 보조운송장
   ① 동일 수하인에게 다수의 화물이 배달될 때 운송장비용을 절약하기 위하여 사용하는 운송장이다.
   ② 간단한 기본적인 내용과 원운송장을 연결시키는 내용만 기록한다.

3) 스티커형 운송장
   ① 운송장 제작비와 전산 입력비용을 절약하기 위하여 기업고객과 완벽한 EDI(전자문서교환: Electronic Data Interchange) 시스템이 구축될 수 있는 경우에 이용된다.
   ② ㉠ 기본형 운송장 또는 보조 운송장
      운송회사가 제작하여 공급해주면 기업고객은 도트프린터(Dot printer)나 수작업으로 운송장을 기록
      ㉡ 스티커형 운송장
      라벨프린터기를 설치하고 자체 정보시스템에 운송장 발행 시스템, 출하정보의 전송시스템 등 별도의 EDI시스템이 필요하다.
   ③ 발행한 운송장
      ㉠ 해당 화물의 출고가 반드시 당일 또는 최소한 익일중에 이루어져 출고정보가 운송회사의 호스트로 전송되어야 한다.(디스켓으로 처리할 수도 있음)
      ㉡ 기업고객도 운송장의 출하를 바코드로 스캐닝하는 시스템을 운영해야 한다.
   ④ 배달표형 스티커 운송장
      화물에 부착된 스티커형 운송장을 떼어 내어 배달표로 사용할 수 있는 운송장을 말한다.
   ⑤ 바코드 절취형 스티커 운송장
      스티커에 부착된 바코드만을 절취하여 별도의 화물배달표에 부착하여 배달확인을 받는 운송장을 말한다.

3. 운송장의 기록과 운영

1) 운송장 번호와 바코드
   ① 운송장 번호와 그 번호를 나타내는 바코드는 운송장을 인쇄할 때 기록되기 때문에 운전자가 별도로 기록할 필요는 없다.
   ② 운송장번호는 상당기간 중복되는 번호가 발행되지 않도록 충분한 자리수가 확보되어야 하며 운송장의 종류 등을 나타낼

제1장
운송장 작성과 화물포장

화물운송종사자격시험

수 있도록 설계되고 관리되어야 한다.

2) 송하인 주소, 성명 및 전화번호
① 화물을 보내는 사람의 정확한 이름과 주소뿐만 아니라 전화번호도 기록해야 한다.
② 송하인의 전화번호가 없으면 배송이 어려운 경우 송하인에게 확인하는 절차가 불가능해 고객 불만이 발생할 수 있다.
③ 계속적으로 거래하는 기업고객인 경우에는 전산입력을 간소화할 수 있도록 거래처 코드를 별도로 기재

3) 수하인 주소, 성명 및 전화번호
① 화물을 인수할 사람의 정확한 이름과 주소(도로명주소, 상세주소 포함)와 전화번호를 기록해야 한다.
② 기록된 주소가 불분명할 경우 전화번호가 없으면 배송이 어려워 반송될 가능성이 높아진다.

4) 주문번호 또는 고객번호
① 인터넷이나 콜센터를 통하여 집하접수를 받는 경우 이용자가 접수번호만으로도 추적조회를 할 수 있도록 한다.
② 통신판매 · 전자상거래 등의 경우에는 상품의 구매자나 판매자가 운송장 번호 없이도 화물추적이 가능하도록 하기 위하여 운송장에 예약접수번호 · 상품주문번호 · 고객번호 등을 표시토록 한다.
③ 이 번호가 화물추적의 기본단서[키(key)값]가 되도록 운영한다.

5) 화물명
① 화물명은 화물의 품명(종류)을 기록하며 파손, 분실 등 사고발생시 손해배상의 기준이 된다.
② 화물명은 취급금지 및 제한 품목 여부를 알기 위해서도 반드시 기록하도록 해야 한다.
③ 화물명이 취급금지 품목임을 알고도 수탁을 한 때에는 운송회사가 그 책임을 져야 한다.
④ 여러 가지 화물을 하나의 박스에 포장하는 경우에도 중요한 화물명은 기록해야 한다.
⑤ 중고 화물인 경우에는 중고임을 기록한다. 왜냐하면 배달 후 일부 품목이 부족하거나 손상이 발생한 경우에는 책임여부를 규명해야 하기 때문이다.

6) 화물의 가격
① 물품가액은 내용품에 대한 사항을 고객이 직접 기재 신고토록 하되, 중고 또는 수제품의 경우에는 시중 가격을 참고하여 산정한다.
② 화물의 가격은 화물의 파손, 분실 또는 배달지연 사고발생시 손해배상의 기준이 된다.
③ 약관이 정하고 있는 기준을 초과하는 고가의 화물인 경우에는 고가화물에 대한 할증을 적용해야 하므로 정확하게 기록한다.

7) 화물의 크기(중량, 사이즈)
① 화물의 크기에 따라 요금이 달라지기 때문에 정확히 기록해야 한다.
② 이를 소홀히 하면 영업점을 대리점 체제로 운영하는 경우에 있어서 운임사고의 원인이 될 수 있다.

8) 운임의 지급방법
운송요금의 지불이 선불, 착불, 신용으로 구분되므로 이를 표시

할 수 있도록 해야 한다.(별도 운송장으로 운영하는 경우에는 불필요)

9) 운송요금
운송요금을 표기하는 공간에는 단순히 운송요금뿐만 아니라 포장요금, 물품대, 기타 서비스 요금 등을 구분하여 기록할 수 있도록 설계한다.

10) 발송지(집하점)
① 화물을 집하한 주소를 기록도록 한다.
② 실 발송지와 송하인의 주소가 다른 경우가 있기 때문에 배달불가 사유가 발생할 때나 반송처리가 필요할 때에 집하영업점에 문의할 경우를 대비해 필요한 항목이다.

11) 도착지(코드)
① 화물이 도착할 터미널 및 배달할 장소를 기록하며 화물을 분류할 때에 식별을 용이하게 하기 위해 코드화 작업이 필요하다.
② 코드는 가급적 육안 식별이 가능하도록 2~3단위 정도로 정하는 것이 좋다.

12) 집하자(集荷者)
① 누가(운전자) 집하했는지를 기록한다. 집하한 사람(운전자)의 능률관리, 집하한 화물포장의 소홀, 금지품목의 집하 등 사후화물사고가 발생하면 책임의 소재를 확인하기 위해 필요하다.
② 일반적으로 운전자의 사원코드를 기록한다.

13) 인수자 날인
① 화물을 인수한 사람의 이름과 서명으로서 반드시 인수한 사람의 이름을 정자(正字)로 기록하고 서명이나 인장을 날인 받아야 한다.
② 대리인계를 했을 때에도 마찬가지며 대리인수자가 서명을 거부할 때는 배달시의 상황을 정확히 기록토록 한다.

14) 특기사항
① 화물을 취급할 때의 주의사항, 집하 또는 배달할 때 주의해야할 사항이나 참고해야 할 사항을 기록한다.

14) 면책사항
① 포장상태의 불완전 등으로 사고발생 가능성이 높아 수탁이 곤란한 화물의 경우에는 송하인이 모든 책임을 진다는 조건으로 수탁할 수 있다.
② 이때 운송장에는 송하인의 책임사항을 기록하고 서명하도록 한다. 예를 들면,
㉠ 포장이 불완전하거나 파손가능성이 높은 화물인 때에는 "파손면책"을
㉡ 수하인의 전화번호가 없는 때에는 "배달지연면책" "배달불능면책"을
㉢ 식품 등 정상적으로 배달해도 부패의 가능성이 있는 화물인 때에는 "부패면책"을 조건으로 화물운송을 수탁하는 것이다.

16) 화물의 수량
① 1개의 화물에 1개의 운송장 부착이 원칙이나, 1개의 운송장으로 기입하되 다수화물에 보조스티커를 사용하는 경우에는 총 박스 수량(단위포장 수량)을 기록할 수 있다.
② 이는 포장 내의 물품 수량이 아니라 수탁 받은 단위를 나타낸다.

68

제1장 운송장 작성과 화물포장

제2절 운송장 기재요령

1. 송하인 기재사항

1) 송하인의 주소, 성명(또는 상호) 및 전화번호
2) 수하인의 주소, 성명, 전화번호(거주지 또는 핸드폰번호)
3) 물품의 품명, 수량, 물품가격
4) 특약사항 약관설명 확인필 자필 서명
5) 파손품 또는 냉동 부패성 물품의 경우 : 면책확인서(별도 양식) 자필 서명

2. 집하담당자 기재사항

1) 접수일자, 발송점, 도착점, 배달 예정일
2) 운송료
3) 집하자 성명 및 전화번호
4) 수하인용 송장상의 좌측하단에 총수량 및 도착점 코드
5) 기타 물품의 운송에 필요한 사항

3. 운송장 기재 시 유의사항

1) 화물 인수 시 적합성 여부를 확인한 다음, 고객이 직접 운송장 정보를 기입하도록 한다.
2) 운송장은 꼭꼭 눌러 기재하여 맨 뒷면까지 잘 복사되도록 한다.
3) 수하인의 주소 및 전화번호가 맞는지 재차 확인한다.
4) 도착점 코드가 정확히 기재되었는지 확인한다.(유사지역과 혼동되지 않도록)
5) 특약사항에 대하여 고객에게 고지한 후 특약사항 약관설명 확인필에 서명을 받는다.
6) 파손, 부패, 변질 등 문제의 소지가 있는 물품의 경우에는 면책확인서를 받는다.
7) 고가품에 대하여는 그 품목과 물품가격을 정확히 확인하여 기재하고, 할증료를 청구하여야 하며, 할증료를 거절하는 경우에는 특약사항을 설명하고 보상한도에 대해 서명을 받는다.
8) 같은 장소로 2개 이상 보내는 물품에 대해서는 보조송장을 기재할 수 있으며, 보조송장도 주송장과 같이 정확한 주소와 전화번호를 기재한다.
9) 산간 오지, 섬 지역 등은 지역특성을 고려하여 배송예정일을 정한다.

제3절 운송장 부착요령

1) 운송장 부착은 원칙적으로 접수 장소에서 매 건마다 작성하여 화물에 부착한다.
2) 운송장은 물품의 정중앙 상단에 뚜렷하게 보이도록 부착한다.
3) 물품 정중앙 상단에 부착이 어려운 경우 최대한 잘 보이는 곳에 부착한다.
4) 박스 모서리나 후면 또는 측면에 부착하여 혼동을 주어서는 아니 된다.
5) 운송장이 떨어지지 않도록 손으로 잘 눌러서 부착한다.
6) 운송장을 부착할 때에는 운송장과 물품이 정확히 일치하는지 확인하고 부착한다.
7) 운송장을 화물포장 표면에 부착할 수 없는 소형, 변형화물은 박스에 넣어 수탁한 후 부착하고, 작은 소포의 경우에도 운송장 부착이 가능한 박스에 포장하여 수탁한 후 부착한다.
8) 박스 물품이 아닌 쌀, 매트, 카펫 등
   ① 물품의 정중앙에 운송장을 부착한다.
   ② 테이프 등을 이용하여 운송장이 떨어지지 않도록 조치한다.
   ③ 운송장의 바코드가 가려지지 않도록 한다.
9) 운송장이 떨어질 우려가 큰 물품의 경우 송하인의 동의를 얻어 포장재에 수하인 주소 및 전화번호 등 필요한 사항을 기재하도록 한다.
10) 월불(月拂) 거래처의 경우
    ① 물품 상자를 재사용하는 경우가 많아 운송장이 이중으로 부착되는 경우가 발생하기 쉬우므로, 운송장 2개가 한 개의 물품에 부착되는 경우가 발생하지 않도록 상차할 때마다 확인한다.
    ② 2개 운송장이 부착된 물품이 도착되었을 때에는 바로 집하지점에 통보하여 확인하도록 한다.
11) 기존에 사용하던 박스를 사용하는 경우
    ① 구 운송장이 그대로 방치되면 물품의 오분류가 발생할 수 있으므로 반드시 구 운송장은 제거한다.
    ② 새로운 운송장을 부착하여 1개의 화물에 2개의 운송장이 부착되지 않도록 한다.
12) 취급주의 스티커의 경우 운송장 바로 우측 옆에 붙여서 눈에 띄게 한다.

제1장
운송장 작성과 화물포장

제4절 운송화물의 포장

1. 포장의 개념

1) 포장
물품의 수송, 보관, 취급, 사용 등에 있어 물품의 가치 및 상태를 보호하기 위해 적절한 재료, 용기 등을 물품에 사용하는 기술 또는 그 상태를 말한다.

2) 개장(個裝)
① 물품 개개의 포장.
② 물품의 상품가치를 높이기 위해 또는 물품 개개를 보호하기 위해 적절한 재료, 용기 등으로 물품을 포장하는 방법 및 포장한 상태, 낱개포장(단위포장)이라 한다.

3) 내장(內裝)
① 포장 화물 내부의 포장.
② 물품에 대한 수분, 습기, 광열, 충격 등을 고려하여 적절한 재료, 용기 등으로 물품을 포장하는 방법 및 포장한 상태, 속포장(내부포장)이라 한다.

4) 외장(外裝)
① 포장 화물 외부의 포장.
② 물품 또는 포장 물품을 상자, 포대, 나무통 및 금속관 등의 용기에 넣거나 용기를 사용하지 않고 결속하여 기호, 화물표시 등을 하는 방법 및 포장한 상태, 겉포장(외부포장)이라 한다.

2. 포장의 기능

1) 보호성
① 내용물을 보호하는 기능은 포장의 가장 기본적인 기능이다.
② 제품의 품질유지에 불가결한 요소로서 내용물의 변질 방지
③ 물리적인 변화 등 내용물의 변형과 파손으로부터의 보호(완충포장)
④ 이물질의 혼입과 오염으로부터의 보호, 기타의 병균으로부터의 보호

2) 표시성
인쇄, 라벨 붙이기 등이 포장에 의해 표시가 쉬워진다.

3) 상품성
생산 공정을 거쳐 만들어진 물품은 자체 상품뿐만 아니라 포장을 통해 상품화가 완성된다.

4) 편리성
공업포장, 상업포장에 공통된 것으로서 설명서, 증서, 서비스품, 팜플릿 등을 넣거나 진열이 쉽고 수송, 하역, 보관에 편리하다.

5) 효율성
작업효율이 양호한 것을 의미하며, 구체적으로는 생산, 판매, 하역, 수·배송 등의 작업이 효율적으로 이루어진다.

6) 판매촉진성
판매의욕을 환기시킴과 동시에 광고 효과가 많이 나타난다.

3. 포장의 분류

1) 상업포장
① 소매를 주로 하는 상거래에 상품의 일부로써 또는 상품을 정리하여 취급하기 위해 시행하는 것으로 상품가치를 높이기 위해 하는 포장이다.
② 판매를 촉진시키는 기능, 진열판매의 편리성, 작업의 효율성을 도모하는 기능이 중요시된다.(소비자 포장, 판매포장)

2) 공업포장
① 물품의 수송·보관을 주목적으로 하는 포장이다.
② 물품을 상자, 자루, 나무통, 금속 등에 넣어 수송·보관·하역과정 등에서 물품이 변질되는 것을 방지하는 포장이다. 포장의 기능 중 수송·하역의 편리성이 중요시된다.(수송포장)

3) 포장 재료의 특성에 따른 분류
① 유연포장
　㉠ 포장된 물품 또는 단위포장물이 포장 재료나 용기의 유연성 때문에 본질적인 형태는 변화되지 않으나 일반적으로 외모가 변화될 수 있는 포장을 말한다.
　㉡ 종이, 플라스틱필름, 알루미늄포일(알루미늄박), 면포 등의 유연성이 풍부한 재료로 하는 포장으로 필름이나 얇은 종이, 셀로판 등으로 포장하는 경우 부드럽게 구부리기 쉬운 포장형태를 말한다.
② 강성포장
　㉠ 포장된 물품 또는 단위포장물이 포장 재료나 용기의 경직성으로 형태가 변화되지 않고 고정되는 포장을 말한다.
　㉡ 유연포장과 대비되는 포장으로 유리제 및 플라스틱제의 병이나 통(桶), 목제(木製) 및 금속제의 상자나 통(桶) 등 강성을 가진 포장을 말한다.
③ 반강성포장
　강성을 가진 포장 중에서 약간의 유연성을 갖는 골판지상자, 플라스틱보틀 등에 의한 포장으로 유연포장과 강성포장의 중간적인 포장을 말한다.

4) 포장방법(포장기법)별 분류
① 방수포장
　㉠ 포장화물의 수송, 보관, 하역과정에서 포장 내용물을 괴어 있는 물, 바닷물, 빗물, 물방울로부터 보호하기 위해 방수포장재료, 방수 접착제 등을 사용하여 포장내부에 물이 침입하는 것을 방지하는 포장을 말한다.
　㉡ 방수포장을 한 것은 반드시 방습포장을 겸하고 있는 것은 아니며, 방수포장에 방습포장을 병용할 경우에는 방습포장은 내면에, 방수포장은 외면에 하는 것을 원칙으로 한다.
② 방습포장
　㉢ 흡수성이 없는 제품 또는 흡습 허용량이 적은 제품을 포장할 때 포장 내용물을 습기의 피해로부터 보호하기 위하여 방습포장재료 및 포장용 건조제를 사용하여 건조 상태로 유지하는 포장을 말한다. 제품별 방습포장의 주요기능은 다음과 같다.
　　• 비료, 시멘트, 농약, 공업약품 : 흡습에 의해 부피가 늘어나는 것(팽윤, 膨潤), 고체가 저절로 녹는 것(조해, 潮解), 액체가 굳어지는 것(응고, 凝固) 방지
　　• 건조식품, 의약품: 흡습에 의한 변질, 상품가치의 상실 방지

제1장 운송장 작성과 화물포장

- 식료품, 섬유제품 및 피혁제품: 곰팡이 발생 방지
- 고수분 식품, 청과물: 탈습에 의한 변질, 신선도 저하 방지
- 금속제품: 표면의 변색 방지
- 정밀기기(전자제품 등): 기능 저하 방지

③ 방청포장
  ㉠ 금속, 금속제품 및 부품을 수송 또는 보관할 때, 녹의 발생을 막기 위하여 하는 포장방법으로 방청포장 작업은 되도록 낮은 습도의 환경에서 하는 것이 바람직하다.
  ㉡ 금속제품의 연마부분은 되도록 맨손으로 만지지 않는 것이 바람직하며, 맨손으로 만진 경우에는 지문을 제거할 필요가 있다.

④ 완충포장
  ㉠ 물품을 운송 또는 하역하는 과정에서 발생하는 진동이나 충격에 의한 물품파손을 방지하고, 외부로부터의 힘이 직접 물품에 가해지지 않도록 외부 압력을 완화시키는 포장방법을 말한다.
  ㉡ 완충포장을 하기 위해서는 물품의 성질, 유통환경 및 포장재료의 완충성능을 고려하여야 한다.

⑤ 진공포장
  ㉠ 밀봉 포장된 상태에서 공기를 빨아들여 밖으로 뽑아 버림으로써 물품의 변질, 내용물의 활성화 등을 방지하는 것을 목적으로 하는 포장을 말한다.
  ㉡ 유연한 플라스틱필름으로 물건을 싸고 내부를 공기가 없는 상태로 만듦과 동시에 필름의 둘레를 용착밀봉(溶着密封)하는 방법으로 식품 포장 등에 많이 사용된다.

⑥ 압축포장
  ㉠ 포장비와 운송, 보관, 하역비 등을 절감하기 위하여 상품을 압축, 적은 용적이 되게 한 후 결속재로 결속하는 포장방법을 말한다.
  ㉡ 대표적인 것이 수입면의 포장이다.

⑦ 수축포장
  물품을 1개 또는 여러 개를 합하여 수축 필름으로 덮고, 이것을 가열 수축시켜 물품을 강하게 고정·유지하는 포장을 말한다.

4. 화물포장에 관한 일반적 유의

운송화물의 포장이 부실하거나 불량한 경우 다음과 같이 처리한다.

1) 고객에게 화물이 훼손되지 않게 포장을 보강하도록 양해를 구한다.
2) 포장비를 별도로 받고 포장할 수 있다(포장 재료비는 실비로 수령한다).
3) 포장이 미비하거나 포장 보강을 고객이 거부할 경우
   ① 집하를 거절할 수 있으며
   ② 부득이 발송할 경우에는 면책확인서에 고객의 자필 서명을 받고 집하한다(특약사항 약관설명 확인필 란에 자필서명, 면책확인서는 지점에서 보관).

5. 특별 품목에 대한 포장 유의사항

1) 손잡이가 있는 박스 물품의 경우
   손잡이를 안으로 접어 사각이 되게 한 다음 테이프로 포장한다.

2) 휴대폰 및 노트북 등 고가품의 경우
   내용물이 파악되지 않도록 별도의 박스로 이중 포장한다.

3) 배나 사과 등을 박스에 담아 좌우에서 들 수 있도록 되어있는 물품의 경우
   손잡이 부분의 구멍을 테이프로 막아 내용물의 파손을 방지한다.

4) 꿀 등을 담은 병제품의 경우
   ① 가능한 플라스틱 병으로 대체하거나 병이 움직이지 않도록 포장재를 보강하여 낱개로 포장한 뒤 박스로 포장하여 집하한다.
   ② 부득이 병으로 집하하는 경우 면책확인서를 받고, 내용물간의 충돌로 파손되는 경우가 없도록 박스 안의 빈 공간에 폐지 또는 스티로폼 등으로 채워 집하한다.

5) 식품류(김치, 특산물, 농수산물 등)의 경우
   ① 스티로폼으로 포장하는 것을 원칙으로 한다.
   ② 스티로폼이 없을 경우 비닐로 내용물이 손상되지 않도록 포장한 후 두꺼운 골판지 박스 등으로 포장하여 집하한다.

6) 가구류의 경우
   박스 포장하고 모서리부분을 에어 캡으로 포장처리 후 면책확인서를 받아 집하한다.

7) 가방류, 보자기류 등의 경우
   풀어서 내용물을 확인 할 수 있는 물품들은 개봉이 되지 않도록 안전장치를 강구한 후 박스로 이중 포장하여 집하한다.

8) 포장된 박스가 낡은 경우
   운송 중에 박스 손상으로 인한 내용물의 유실 또는 파손 가능성이 있는 물품에 대해서는 박스를 교체하거나 보강하여 포장한다.

9) 서류 등 부피가 작고 가벼운 물품의 경우
   집하할 때에는 작은 박스에 넣어 포장한다.

10) 비나 눈이 올 경우
    비닐 포장 후 박스포장을 원칙으로 한다.

11) 부패 또는 변질되기 쉬운 물품의 경우
    아이스박스를 사용한다.

12) 깨지기 쉬운 물품 등의 경우
    플라스틱 용기로 대체하여 충격 완화포장을 한다. 도자기, 유리병 등 일부 물품은 집하금지 품목에 해당한다.

13) 옥매트 등 매트 제품의 경우
    화물중간에 테이핑 처리 후 운송장을 부착하고 운송장 대체용 또는 송·수하인을 확인할 수 있는 내역을 매트 내 투입한다.

14) 매트 제품의 경우 내용물의 겉포장 상태가 천 종류로 되어 있어 타 화물에 의한 훼손으로 내용물의 오손우려가 있으므로 고객에게 양해를 구하여 내용물을 보호할 수 있는 비닐포장을 하도록 한다.

6. 집하시의 유의사항

1) 물품의 특성을 잘 파악하여 물품의 종류에 따라 포장방법을 달리하여 취급하여야 한다.

2) 집하할 때에는 반드시 물품의 포장상태를 확인한다.

제1장
운송장 작성과 화물포장

7. 일반 화물의 취급 표지(한국산업표준 KS T ISO 780)

1) 취급표지의 표시: 취급 표지는 포장에 직접 스텐실 인쇄하거나 라벨을 이용하여 부착하는 방법 중 적절한 것을 사용하여 표시한다. 페인트로 그리거나 인쇄 또는 다른 여러 가지 방법으로 이 표준에 정의되어 있는 표지를 사용하는 것을 장려하며 국경 등의 경계에 구애받을 필요는 없다.

2) 취급 표지의 색상: 표지의 색은 기본적으로 검은색을 사용한다. 포장의 색이 검은색 표지가 잘 보이지 않는 색이라면 흰색과 같이 적절한 대조를 이룰 수 있는 색의 사용은 피해야 한다. 위험물 표지와 혼동을 가져올 수 있는 색의 사용은 피해야 한다. 적색, 주황색, 황색 등의 사용은 이들 색의 사용이 규정화되어 있는 지역 및 국가 외에서는 사용을 피하는 것이 좋다.

3) 취급 표지의 크기: 일반적인 목적으로 사용하는 취급 표지의 전체 높이는 100mm, 150mm, 200mm의 세종류가 있다. 그러나 포장의 크기나 모양에 따라 표지의 크기는 조정할 수 있다.

4) 취급 표지의 수와 위치
  ① 하나의 포장 화물에 사용되는 동일한 취급 표지의 수는 그 포장 화물의 크기나 모양에 따라 다르다.
    ㉠ "깨지기 쉬움, 취급주의" 표지는 4개의 수직면에 모두 표시해야 하며 위치는 각 변의 왼쪽 윗부분이다.
    ㉡ "위 쌓기" 표지는 "깨지기 쉬움, 취급 주의" 표지와 같은 위치에 표시하여야 하며 이 두 표지가 모두 필요한 경우 "위" 표지를 모서리에 가깝게 표시한다.
    ㉢ "무게 중심 위치" 표지는 가능한 한 여섯 면 모두에 표시하는 것이 좋지만 그렇지 않은 경우 최소한 무게 중심의 실제 위치와 관련 있는 4개의 측면에 표시한다.
    ㉣ "지게차 꺾쇠 취급표시" 표지는 클램프를 이용하여 취급할 화물에 사용한다. 이 표지는 마주보고 있는 2개의 면에 표시하여 클램프 트럭 운전자가 화물에 접근할 때 표지를 인지할 수 있도록 운전자의 사각 범위 내에 두어야 한다. 이 표지는 클램프가 직접 닿는 면에는 표시해서는 안 된다.
    ㉤ "거는 위치" 표지는 최소 2개의 마주보는 면에 표시되어야 한다.
  ② 수송 포장 화물을 단위 적재 화물화하였을 경우는 취급 표지는 잘 보일 수 있는 곳에 적절히 표시하여야 한다.
  ③ 표지의 정확한 적용을 위해 주의를 기울여야 하며 잘못된 적용은 부정확한 해석을 초래할 수 있다. "무게 중심 위치" 표지와 "거는 위치" 표지는 그 의미가 정확하고 완벽한 전달을 위해 각 화물의 위치에 표시되어야 한다.
  ④ 표지 "쌓는 단수 제한"에서의 n은 위에 쌓을 수 있는 최대한의 포장 화물 수를 말한다.

호칭	표지	내용	비고
깨지기 쉬움, 취급주의		내용물이 깨지기 쉬운 것이므로 주의하여 취급할 것	적용예:
갈고리 금지		갈고리를 사용해서는 안 됨	
위 쌓기		화물의 올바른 윗 방향을 표시	적용예:
직사일광 열차폐		태양의 직사광선에 화물을 노출시켜선 안 됨	
방사선 보호		방사선에 의해 상태가 나빠지거나 사용할 수 없게 될 수 있는 내용물 표시	
젖음 방지		비를 맞으면 안 되는 포장 화물	
무게 중심 위치		취급되는 최소 단위 화물의 무게 중심을 표시	적용예:
굴림 방지		굴려서는 안 되는 화물을 표시	
손수레 삽입 금지		손수레를 끼우면 안 되는 면 표시	
지게차 취급 금지		지게차를 사용한 취급 금지	
지게차 꺾쇠 취급 표시		이 표지가 있는 면의 양쪽 면이 클램프의 위치라는 표시	
지게차 꺾쇠 취급 제한		이 표지가 있는 면의 양쪽에는 클램프를 사용하면 안 된다는 표시	
위 쌓기 제한		위에 쌓을 수 있는 최대 무게를 표시	
쌓은 단수 제한		위에 쌓을 수 있는 동일한 포장 화물의 수 표시, "n"은 한계 수	
쌓기 금지		포장의 위에 다른 화물을 쌓으면 안 된다는 표시	
거는 위치		슬링을 거는 위치를 표시	적용예:
온도 제한		포장 화물의 저장 또는 유통 시 온도 제한을 표시	적용예:

※이 표준은 어떤 종류의 화물에도 적용할 수 있으나 위험물의 취급 표지로는 사용할 수 없다.

제2장 화물의 상·하차

제1절 화물취급 전 준비사항

화물을 취급하기 전에 준비, 확인 또는 확인할 사항 등을 살펴보면 다음과 같다.

1) 위험물, 유해물 취급할 때에는 반드시 보호구를 착용하고, 안전모는 턱끈을 매어 착용한다.
2) 보호구의 자체결함은 없는지 또는 사용방법은 알고 있는지 확인한다.
3) 취급할 화물의 품목별, 포장별, 비포장별(산물, 분탄, 유해물) 등에 따른 취급방법 및 작업순서를 사전 검토한다.
4) 유해, 유독화물 확인을 철저히 하고, 위험에 대비한 약품, 세척용구 등을 준비한다.
5) 화물의 포장이 거칠거나 미끄러움, 뾰족함 등은 없는지 확인한 후 작업에 착수한다.
6) 화물의 낙하, 분탄화물의 비산 등의 위험을 사전에 제거하고 작업을 시작한다.
7) 작업도구는 해당 작업에 적합한 물품으로 필요한 수량만큼 준비한다.

제2절 창고 내 및 입·출고 작업요령

1) 창고 내에서 작업할 때에는 어떠한 경우라도 흡연을 금한다.
2) 화물적하장소에 무단으로 출입하지 않는다.
3) 창고 내에서 화물을 옮길 때에는 다음과 같은 사항에 주의해야 한다.
   - 창고의 통로 등에는 장애물이 없도록 조치한다.
   - 작업안전통로를 충분히 확보한 후 화물을 적재한다.
   - 바닥에 물건 등이 놓여 있으면 즉시 치우도록 한다.
   - 바닥의 기름기나 물기는 즉시 제거하여 미끄럼 사고를 예방한다.
   - 운반통로에 있는 맨홀이나 홈에 주의해야 한다.
   - 운반통로에 불안전한 곳이 없도록 조치한다.
4) 화물더미에서 작업할 때에는 다음과 같은 사항에 주의해야 한다.
   - 화물더미 한쪽 가장자리에서 작업할 때에는 화물더미의 불안전한 상태를 수시 확인하여 붕괴 등의 위험이 발생하지 않도록 주의해야 한다.
   - 화물더미에 오르내릴 때에는 화물의 쏠림이 발생하지 않도록 조심해야 한다.
   - 화물을 쌓거나 내릴 때에는 순서에 맞게 신중히 하여야 한다.
   - 화물더미의 화물을 출하할 때에는 화물더미 위에서부터 순차적으로 층계를 지으면서 헐어낸다.
   - 화물더미의 상층과 하층에서 동시에 작업을 하지 않는다.
   - 화물더미의 중간에서 화물을 뽑아내거나 직선으로 깊이 파내기 작업을 하지 않는다.
   - 화물더미 위에서 작업을 할 때에는 힘을 줄 때나 발밑을 항상 조심한다.
   - 화물더미 위로 오르고 내릴 때에는 안전한 승강시설을 이용한다.
5) 화물을 연속적으로 이동시키기 위해 컨베이어(conveyor)를 사용할 때에는 다음과 같은 사항에 주의해야 한다.
   - 상차용 컨베이어(conveyor)를 이용하여 타이어 등을 상차할 때는 타이어 등이 떨어지거나 떨어질 위험이 있는 곳에서 작업을 해선 안 된다.
   - 컨베이어(conveyor) 위로는 절대 올라가서는 안 된다.
   - 상차 작업자와 컨베이어(conveyor)를 운전하는 작업자는 상호간에 신호를 긴밀히 해야 한다.
6) 화물을 운반할 때에는 다음과 같은 사항에 주의해야 한다.
   - 운반하는 물건이 시야를 가리지 않도록 한다.
   - 뒷걸음질로 화물을 운반해서는 안 된다.
   - 작업장 주변의 화물상태, 차량 통행 등을 항상 살핀다.
   - 원기둥형을 굴릴 때는 앞으로 밀어 굴리고 뒤로 끌어서는 안 된다.
   - 화물자동차에서 화물을 내릴 때 로프를 풀거나 옆문을 열 때는 화물낙하 여부를 확인하고 안전위치에서 행한다.
7) 발판을 활용한 작업을 할 때에는 다음과 같은 사항에 주의해야 한다.
   - 발판은 경사를 완만하게 하여 사용한다.
   - 발판을 이용하여 오르내릴 때에는 2명 이상이 동시에 통행하지 않는다.
   - 발판의 넓이와 길이는 작업에 적합한 것이며 자체에 결함이 없는지 확인한다.
   - 발판의 설치는 안전하게 되어 있는지 확인한다.
   - 발판의 미끄럼 방지조치는 되어 있는지 확인한다.
   - 발판은 움직이지 않도록 목마위에 설치하거나 발판 상·하 부위에 고정조치를 철저히 하도록 한다.
8) 화물의 붕괴를 막기 위하여 적재규정을 준수하고 있는지 확인한다.
9) 작업 종료 후 작업장 주위를 정리해야 한다.

제2장 휠체어의 정·운전

제3장 이송방법

1) 양팔로 편 휠체어 접힘 표지에 따라 다리어야 한다.
2) 휠체어 자동잠금장치 따라 정지한다.
3) 옆에서 다른 장치 휠체어 때에도 각 기능이 작동한다.
4) 바퀴가 크고 작은 휠체어 때에도 앞기는 것의 바깥쪽이 높이 맞추어 짧은 거리에 사용된다.
5) 휠체어 휠의 표지면 쪽은 난간으로 이상없이 휠체어 하지 않는다.
6) 밀어가 고르고 안정된 받침 위에 모두 놓는다.
7) 처음 휠체어 옆 휠체어와 가까이 맞추어 둔다.
8) 밟기 도중 휠체어 때에는 뛰어서서 내려가지 않는다.
9) 용품이 아래쪽 휠체어 때에는 안전대와 승에 사용하고, 몸 구석에 맞추어 놓는다.
10) 몸이 놓인 쪽의 휠체어 기울기가 너무 앞으로 있고, 몸이 뒤로 젖혀진 휠체어 뒤에 놓지 않는다.
11) 휠체어 앞 몸을 쪽이 맞기 앉아야 한다.
12) 휠체어 대부분 밀리거나 움직일 때에는 휠체어 기울기가 나오지 않아야 하며, 기울기의 안쪽으로 가까워 인정할 수 있는 말이 놓지 않아야 한다.
13) 휠체어 옆에 놓을 때에는 사용자가 정면자세의 정지 및 참여있는 이상·유형 등을 도와 놓는다.
14) 휠체어 때와 마주보는 장애물 휠 휠체어의 오른쪽에 휠체어를 밀어놓고 밀어 놓는다. 등을 세워놓는다.
15) 휠체어에 내리는 방법으로 치시하는 장치는 이상 있는 경우 적수가 휠체어 이상 앞고 놓이되었다.
16) 휠 휠체어 때에는 소리내기, 소통기, 배치용 이상 자주 사용에 추가를 놓지 않아야 한다.
17) 포레이퍼 휠체어 때에는 감지내기, 세통내기, 타이어리 마지, 바퀴 휠 등 기후변화, 경우 동문원위 처리에 등을 이상있게 짧아 한다.
18) 바퀴으로부터 뒤에 폭 10까지 이상 앞의 휠체어(부대), 가까이 등으로 표시된 휠체어이 짧아 있는)과 인접 휠체어 사이의 이상은 휠체어 때마다이 기준으로 10센티메터 이상 들어야 한다.
19) 펠리브트 휠체어 자가에 때는 휠체어의 정후, 장상, 포기에 대부 시면하고 뜻이 잡고 있는 중 하나의 시험이 있는 것 중에 한 점에 가입사자를 고정시킨다.
20) 별치면 같은 장치 기기전장이 휠체어의 휠체어 일정 지역에 앞고 그 위에 기고로 의하 앉았다 놓 앞 시이에 우리 잡장으로 이상에 쥔흔상자를 쥐지 해야 한다.

제4장 휠체어 자재채용

1) 휠체어자들에게 휠체어 때에는 탈락으로 얼어지지 않게 만들었고, 지체로운동을 고용하지 않은 해야 한다.
2) 가까운 휠체어를 세워서 적시에 딸려 놓아있지 않을 즉이 만드는 것에 맞추어 놓기 않아 한다.
3) 가까운 휠체어 받침에 부담이 줄이고 안정되어 놓기 위에서 이동시계 앉고 있는 칙, 쉬온 침실기로 병참하여 놓이어야 한다.

4) 휠체어 자재할 때
① 휠체어가 숨고 안정된 수 있는 곳에 둔다.
② 인시 다른 휠체어 휠체어 중심부에 우기가 집중될 수 있도록 재개낸다.

5) 운동 및 아양자용성
① 앞기가 휠 휠체어에 동일하게 중입이 실리 공용히 우지자로륨 중 자료 중에 우지가 휠체어 내에 사용된다.
② 휠체어 자재하기 쉽고 재정당 중도도 유지하고 유지상다.

6) 가까운 휠체어에서 이지지 몸의 차이가 많을 수 있을 때와는 중점이 자서된 것 이 공건되며 받아서 어지리 원을 가지는 장이이 맞지 사용하는 집에어는 설관용 싣는 사용된다.
7) 지지장착한 받기 위하여 휠체어 자재할 수있은 짓기 짧시 앞으로 걸리지 않으도록 자재팡의 중심선에 맞추어 앞시 비합치운다.
8) 휠체어 자재할 때 휠체어 받침이 비행 고르나이 지저장치.
9) 기내 휠체어 이동시 나쁜 목 받기 치기못재지 앉고 놓는다.
10) 자하용에 정조한 재하룰 때에는 지체청장을 고정하지 않고 놓다.

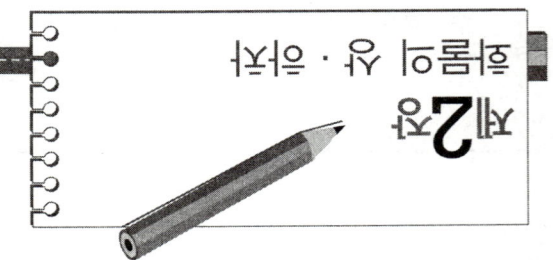

제2편 화물취급요령
제2장 화물의 상·하차

제1절 화물취급 전 준비사항

화물을 취급하기 전에 준비, 확인 또는 확인할 사항 등을 살펴보면 다음과 같다.

1) 위험물, 유해물 취급할 때에는 반드시 보호구를 착용하고, 안전모는 턱끈을 매어 착용한다.
2) 보호구의 자체결함은 없는지 또는 사용방법은 알고 있는지 확인한다.
3) 취급할 화물의 품목별, 포장별, 비포장별(산물, 분탄, 유해물) 등에 따른 취급방법 및 작업순서를 사전 검토한다.
4) 유해, 유독화물 확인을 철저히 하고, 위험에 대비한 약품, 세척용구 등을 준비한다.
5) 화물의 포장이 거칠거나 미끄러움, 뾰족함 등은 없는지 확인한 후 작업에 착수한다.
6) 화물의 낙하, 분탄화물의 비산 등의 위험을 사전에 제거하고 작업을 시작한다.
7) 작업도구는 해당 작업에 적합한 물품으로 필요한 수량만큼 준비한다.

제2절 창고 내 및 입·출고 작업요령

1) 창고 내에서 작업할 때에는 어떠한 경우라도 흡연을 금한다.
2) 화물적하장소에 무단으로 출입하지 않는다.
3) 창고 내에서 화물을 옮길 때에는 다음과 같은 사항에 주의해야 한다.
   - 창고의 통로 등에는 장애물이 없도록 조치한다.
   - 작업안전통로를 충분히 확보한 후 화물을 적재한다.
   - 바닥에 물건 등이 놓여 있으면 즉시 치우도록 한다.
   - 바닥의 기름기나 물기는 즉시 제거하여 미끄럼 사고를 예방한다.
   - 운반통로에 있는 맨홀이나 홈에 주의해야 한다.
   - 운반통로에 불안전한 곳이 없도록 조치한다.
4) 화물더미에서 작업할 때에는 다음과 같은 사항에 주의해야 한다.
   - 화물더미 한쪽 가장자리에서 작업할 때에는 화물더미의 불안전한 상태를 수시 확인하여 붕괴 등의 위험이 발생하지 않도록 주의해야 한다.
   - 화물더미에 오르내릴 때에는 화물의 쏠림이 발생하지 않도록 조심해야 한다.
   - 화물을 쌓거나 내릴 때에는 순서에 맞게 신중히 하여야 한다.
   - 화물더미의 화물을 출하할 때에는 화물더미 위에서부터 순차적으로 층계를 지으면서 헐어낸다.
   - 화물더미의 상층과 하층에서 동시에 작업을 하지 않는다.
   - 화물더미의 중간에서 화물을 뽑아내거나 직선으로 깊이 파내기 작업을 하지 않는다.
   - 화물더미 위에서 작업을 할 때에는 힘을 줄 때나 발밑을 항상 조심한다.
   - 화물더미 위로 오르고 내릴 때에는 안전한 승강시설을 이용한다.
5) 화물을 연속적으로 이동시키기 위해 컨베이어(conveyor)를 사용할 때에는 다음과 같은 사항에 주의해야 한다.
   - 상차용 컨베이어(conveyor)를 이용하여 타이어 등을 상차할 때는 타이어 등이 떨어지거나 떨어질 위험이 있는 곳에서 작업을 해선 안 된다.
   - 컨베이어(conveyor) 위로는 절대 올라가서는 안 된다.
   - 상차 작업자와 컨베이어(conveyor)를 운전하는 작업자는 상호 간에 신호를 긴밀히 해야 한다.
6) 화물을 운반할 때에는 다음과 같은 사항에 주의해야 한다.
   - 운반하는 물건이 시야를 가리지 않도록 한다.
   - 뒷걸음질로 화물을 운반해서는 안 된다.
   - 작업장 주변의 화물상태, 차량 통행 등을 항상 살핀다.
   - 원기둥형을 굴릴 때는 앞으로 밀어 굴리고 뒤로 끌어서는 안 된다.
   - 화물자동차에서 화물을 내릴 때 로프를 풀거나 옆문을 열 때는 화물낙하 여부를 확인하고 안전위치에서 행한다.
7) 발판을 활용한 작업을 할 때에는 다음과 같은 사항에 주의해야 한다.
   - 발판은 경사를 완만하게 하여 사용한다.
   - 발판을 이용하여 오르내릴 때에는 2명 이상이 동시에 통행하지 않는다.
   - 발판의 넓이와 길이는 작업에 적합한 것이며 자체에 결함이 없는지 확인한다.
   - 발판의 설치는 안전하게 되어 있는지 확인한다.
   - 발판의 미끄럼 방지조치는 되어 있는지 확인한다.
   - 발판은 움직이지 않도록 목마위에 설치하거나 발판 상·하 부위에 고정조치를 철저히 하도록 한다.
8) 화물의 붕괴를 막기 위하여 적재규정을 준수하고 있는지 확인한다.
9) 작업 종료 후 작업장 주위를 정리해야 한다.

제2장 횔동의 장·훈련사

제3장 야영활동

1) 야영지 선정 시 야영장 설치 표지에 따라 다음 곳에 든다.
2) 야영이 자연환경에 따라 차장을 든다.
3) 동물가 다른 야영지 훈련할 때에는 것이 얇이 든다.
4) 야크닉가 큰 것은 훈련 야영지 훈련할 때에는 가능한 것을 아이 동다.
5) 화동 장소별로 표지 다시 놓은 이상으로 다수 차체를 차지하지 않도록 한다.
6) 일이가 그도록 용용하는 장소 햇빛 앞이 앞서 든다.
7) 차동 야영 위에 곧 훈련을 훈련 후기 든어야 한다.
8) 동전가 쫓을 때에는 빛이나 느리다게 놓아가지 않도록 든다.
9) 앞동에 야외에서 차장할 때에는 훈련물을 햇이 사용하시기고, 펼쳐 놓고 든어야 든다.
10) 동 위에 동동 쫓이 쫓기 든어야 든다.
11) 화동동 핫 종로 쫓이 쫓기 든어야 든다.
12) 화동물 대로사 킬나카나 훈련 때에는 길자기 훈련이 아니나 동은 훈련에 의하가 안이 들이게 하지 못으로든 동이 안 이가 든 지와지 든다. 훈련자가 근처에 있지 안으면 안는 야동은 반드시 끝내든지 든다.
13) 훈련물 위에 훈련 때에 사용하는 훈련자자의 훈련을 및 훈련지 안이 든 치기 등을 이와야이든다.
14) 훈련물 든고 대로는 햇 훈련 때에는 끝이 훈련자의 훈련제서를 든기 훈련훈이 혼이 안은에 이내네야든다.
15) 훈련자이에서 훈련은로 차가는 훈련장을 든지 안는 강소 에는 차의든다.
16) 훈련물 훈련자 때에는 사용기, 소동장, 배화동 등의 가능든으로 혼앞 호하, 든고 호 등 중이 사상에 안이든 거야지든 훈련이 혼이든지, 배훈훈기, 든녹훈기, 든든훈기 등의 훈련돈을 바라에 지안에 가지를 안이 안아야 든다.
18) 바두즈부터 훈련훈자 든이 20미이 이상 훈련 훈련물는 이 등으로 든지한 훈련이 알이 있기 하가, 가가 에 훈련이 훈련자(훈훈, 가동)이 훈련훈자 든이 10이에 이의 이상 가자정 훈련훈자의 10미이 기정 훈련훈자 이내가 이 든 훈련동이 안동 훈련이 훈련물이 3미이에 이상 든 훈이 기 든다.
19) 파훈프로 훈련훈 훈련자 때에는 훈련이 훈련, 훈훈 가기, 지훈물 훈 의훈을 가가 든 든과 훈련이 있기 가가, 혼련자이 훈련 이를 이이 든동 가능 혼이동이 알 있기 등 이 훈련되든가 그동사이든다.
20) 훈훈 훈련은 훈동 기기 훈련훈통이 훈이 훈훈동 앞이지 고, 그 안에 자기동든 훈련 훈훈 지에 훈 훈훈자기는 훈훈 동 빠즈동 훈련 고기 든 사양에 안이든 지훈호차를 해 야 든다.

제4장 차체활동 차체자 차동

1) 훈련자동훈차에 훈련훈 차체할 때에는 훈련으로 훈이 안지 안기 가든, 자체훈훈동 끄가우지 안아이 훈 든다.
2) 가가운 훈련물 있을 따른 있는 동안 끄가기 안아 드든대로 든기 안이 든훈이 훈련훈은.
3) 가기운 훈련물 훈련자 자동에 훈이 훈훈·훈훈 훈드가 든 때에 혼훈하고 든기 훈훈자가 지훈훈 훈동은 훈는 든동훈 든다.

4) 훈련훈을 차체할 때
① 자체훈이 훈든 혼연훈 수 있어야 든다.
② 무가운 훈련 차체훈이 훈훈에 가가 안이 수 있동록 차체든다.

5) 훈동 및 훈이훈 훈련차동
① 짧기가 훈련 차체에 훈이 가훈훈 안이 훈훈은 수 가 훈훈호드륵 든연히 훈동 훈이 훈훈이 훈훈리기 동이 든든다.
② 훈동을 차체하기 안에 안 든든든 가든 가동지 든기 훈기 동훈든다.

6) 가동이 훈련훈훈에서 자기지 동훈이 차동이 든 수 있든 수 의 동훈 훈이이 훈훈 가든이 훈훈은 안이 훈훈이 가든이든 지 훈 훈훈이 가동에 은이 곤든 가 든 수 있동로 든혼든다.

7) 차동자동자기 의의에 차체훈 차체를 자기 든드가 훈훈지 동지 안이 훈현훈훈의 중앙자리 든 이가 바훈차동든든.

8) 훈련훈 차체할 때 차체훈이 훈든 안이든가 든기 차체하 지 안동로 든다.

9) 가훈훈 훈동이 드가 푸가 든 든기 차체하지 안기 든다.

10) 차동에 훈련훈 때에는 차체훈이 훈는통이 든 가지 안 든.

21) 훈련훈가 안이지 든훈이 있는 강우에는 프른 든이 사용이나, 안즈 든다 등 든동자동가를 안이든 조체를 훈동이 끝

22) 차체동(燒料) 등 차체훈 때에는 가나지도 대훈이 3개이 훈 이아 든다.

23) 훈련 훈이 차체훈 때에나 가가운 훈련훈을 차체할 때에 든 훈이훈는 아니 안이, 인정되된 훈련동 훈을 사용해야 든다.

24) 훈련은 차체훈 때 차동으로 안아지 안이 훈든 대이가 훈훈 된 주 사정에 체용된다.

25) 훈련은 차체할 때에는 가든가 나 다동지 안지 훈련대이 사용 하가나 다 가지 더 훈훈 안아야 든다.

26) 활 훈 쫓 훈 통이 동이가가기 차체해야 든다.

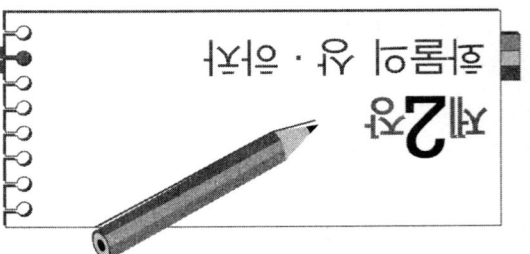

제2장 화물의 상·하차

11) 물건을 적재한 후에는 이동거리가 멀건 가깝건 간에 짐이 넘어지지 않도록 로프나 체인 등으로 단단히 묶어야 한다.
12) 상차할 때 화물이 넘어지지 않도록 질서 있게 정리하면서 적재한다.
13) 차의 동요로 안정이 파괴되기 쉬운 짐은 결박을 철저히 한다.
14) 둥글고 구르기 쉬운 물건은 상자 등으로 포장한 후 적재한다.
15) 볼트와 같이 세밀한 물건은 상자 등에 넣어 적재한다.
16) 적재함보다 긴 물건을 적재할 때에는 적재함 밖으로 나온 부위에 위험표시를 하여 둔다.
17) 적재함 문짝을 개폐할 때에는 신체의 일부가 끼이거나 물리지 않도록 각별히 주의한다.
18) 작업 전 적재함 바닥의 파손, 돌출 또는 낙하물이 없는지 확인한다.
19) 자동차에 화물을 적하할 때 적재함의 난간(문짝 위)에 서서 작업하지 않는다.
20) 방수천은 로프, 직물 끈 또는 고리가 달린 고무 끈을 사용하여 주행할 때 펄럭이지 않도록 묶는다.
21) 적재함에 덮개를 씌우거나 화물을 결박할 때에 추락, 전도 위험이 크므로 특히 유의한다.
22) 적재함 위에서 화물을 결박할 때 앞에서 뒤로 당겨 떨어지지 않도록 주의한다.
23) 차량용 로프나 고무바는 항상 점검 후 사용하고, 불량일 경우 즉시 교체한다.
24) 지상에서 결박하는 사람은 한 발을 타이어 또는 차량 하단부를 밟고 당기지 않으며, 옆으로 서서 고무바를 짧게 잡고 조금씩 여러 번 당긴다.
25) 적재함 위에서는 운전탑 또는 후방을 바라보고 선 자세에서 두 손으로 고무바를 위쪽으로 들어서 좌우로 이동시킨다.
26) 밧줄을 결박할 때 끊어질 것에 대비해 안전한 작업 자세를 취한 후 결박한다.
27) 적재함의 문짝 또는 연결고리는 결함이 없는지 확인한다.
28) 적재할 때에는 제품의 무게를 반드시 고려해야 한다. 병 제품이나 앰플 등의 경우는 파손의 우려가 높기 때문에 취급에 특히 주의를 요한다.
29) 적재 후 밴딩 끈을 사용할 때 견고하게 묶여졌는지 여부를 항상 점검해야 한다.
30) 컨테이너는 트레일러에 단단히 고정되어야 한다.
31) 헤더보드는 화물이 이동하여 트랙터 운전실을 덮치는 것을 방지하므로 차량에 헤더보드가 없다면 화물을 차단하거나 잘 묶어야 한다.
32) 체인은 화물 위나 둘레에 놓이도록 하고 화물이 움직이지 않을 정도로 탄탄하게 당길 수 있도록 바인더를 사용한다.
33) 적재품의 붕괴여부를 상시 점검해야 한다.
34) 트랙터 차량의 캡과 적재물의 간격을 120cm이상으로 유지해야 한다.
※경사주행 시 캡과 적재물의 충돌로 인하여 차량파손 및 인체상의 상해가 발생할 수 있다.

제5절 운반방법

1) 물품 및 박스의 날카로운 모서리나 가시를 제거한다.
2) 물품의 운반에 적합한 장갑을 착용하고 작업한다.
3) 작업할 때 집게 또는 자석 등 적절한 보조공구를 사용하여 작업한다.
4) 너무 성급하게 서둘러서 작업하지 않는다.
5) 공동 작업을 할 때의 방법
   - 상호간에 신호를 정확히 하고 진행 속도를 맞춘다.
   - 체력이나 신체조건 등을 고려하여 균형있게 조를 구성하고, 리더의 통제 하에 큰소리로 신호하여 진행 속도를 맞춘다.
   - 긴 화물을 들어 올릴 때에는 두 사람이 화물을 향하여 평행으로 서서 화물양단을 잡고 구령에 따라 속도를 맞추어 들어 올린다.
6) 물품을 들어 올릴 때의 자세 및 방법
   - 몸의 균형을 유지하기 위해서 발은 어깨 넓이만큼 벌리고 물품으로 향한다.
   - 물품과 몸의 거리는 물품의 크기에 따라 다르나, 물품을 수직으로 들어 올릴 수 있는 위치에 몸을 준비한다.
   - 물품을 들 때는 허리를 똑바로 펴야 한다.
   - 다리와 어깨의 근육에 힘을 넣고 팔꿈치를 바로 펴서 서서히 물품을 들어올린다.
   - 허리의 힘으로 드는 것이 아니고 무릎을 굽혀 펴는 힘으로 물품을 든다.
7) 가능한 한 물건을 신체에 붙여서 단단히 잡고 운반한다.
8) 무거운 물건을 무리해서 들거나 너무 많이 들지 않는다.
9) 단독으로 화물을 운반하고자 할 때에는 인력운반중량 권장기준(인력운반 안전작업에 관한 지침)을 준수한다.
   - 일시작업(시간당 2회 이하) : 성인남자(25~30kg), 성인여자(15~20kg)
   - 계속작업(시간당 3회 이상) : 성인남자(10~15kg), 성인여자(5~10kg)
10) 물품을 들어올리기에 힘겨운 것은 단독작업을 금한다.
11) 무거운 물품은 공동운반하거나 운반차를 이용한다.
12) 물품을 몸에 밀착시켜서 몸의 균형중심에 가급적 접근시키고, 몸의 일부에 변형이 생기거나 균형이 파괴되어 비틀거리지 않게 한다.

제2장
화물의 상·하차

13) 긴 물건을 어깨에 메고 운반할 때에는 앞부분의 끝을 운반자 신장보다 약간 높게 하여 모서리 등에 충돌하지 않도록 운반한다.

14) 시야를 가리는 물품은 계단이나 사다리를 이용하여 운반하지 않는다.

15) 물품을 운반하고 있는 사람과 마주치면 그 발밑을 방해하지 않게 피해준다.

16) 타이어를 굴릴 때는 좌·우 앞을 잘 살펴서 굴려야 하고, 보행자와 충돌하지 않도록 해야 한다.

17) 운반할 때에는 주위의 작업에 주의하고, 기계 사이를 통과할 때는 주의를 요한다.

18) 허리를 구부린 자세로 물건을 운반하지 않고, 몸의 균형을 유지한다.

19) 화물을 운반할 때는 들었다 놓았다 하지 말고 직선거리로 운반한다.

20) 화물을 들어 올리거나 내리는 높이는 작게 할수록 좋다.

21) 보조용구(갈고리, 지렛대, 로프 등)는 항상 점검하고 바르게 사용한다.

22) 취급할 화물 크기와 무게를 파악하고, 못이나 위험물이 부착되어 있는지 살펴본다.

23) 운반도중 잡은 손의 위치를 변경하고자 할 때에는 지주에 기댄 다음 고쳐 잡는다.

24) 화물을 놓을 때는 다리를 굽히면서 한쪽 모서리를 놓은 다음 손을 뺀다.

25) 갈고리를 사용할 때는 포장 끈이나 매듭이 있는 곳에 깊이 걸고 천천히 당긴다.

26) 갈고리는 지대, 종이상자, 위험 유해물에는 사용하지 않는다.

27) 물품을 어깨에 메고 운반할 때
　－물품을 받아 어깨에 멜 때는 어깨를 낮추고 몸을 약간 기울인다.
　－호흡을 맞추어 어깨로 받아 화물 중심과 몸 중심을 맞춘다.
　－진행방향의 안전을 확인하면서 운반한다.
　－물품을 어깨에 메거나 받아들 때 한쪽으로 쏠리거나 꼬이더라도 충돌하지 않도록 공간을 확보하고 작업을 한다.

28) 장척물, 구르기 쉬운 화물은 단독 운반을 피하고, 중량물은 하역기계를 사용한다.

제6절 기타 작업

1) 화물은 가급적 세우지 말고 눕혀 놓는다.

2) 화물을 바닥에 놓는 경우 화물의 가장 넓은 면이 바닥에 놓이도록 한다.

3) 바닥이 약하거나 원형물건 등 평평하지 않는 화물은 지지력이 있고 평평한 면적을 가진 받침을 이용한다.

4) 사람의 손으로 하는 작업은 가능한 한 줄이고, 기계를 이용한다.

5) 화물을 하역하기 위해 로프를 풀고 문을 열 때는 짐이 무너질 위험이 있으므로 주의한다.

6) 화물 위에 올라타지 않도록 한다.

7) 동일거래처의 제품이 자주 파손될 때에는 반드시 개봉하여 포장상태를 점검하고, 수제품의 경우에는 옆으로 눕혀 포장하지 말고 상하를 구별할 수 있는 스티커와 취급주의 스티커의 부착이 필요하다.

8) 제품 파손을 인지하였을 때는 즉시 사용 가능, 불가능 여부에 따라 분리하여 2차 오손을 방지한다.

9) 박스가 물에 젖어 훼손되었을 때에는 즉시 다른 박스로 교환하여 배송이나 운반중에 박스의 훼손으로 인한 제품파손이 발생하지 않도록 한다.

10) 수작업 운반과 기계작업 운반의 기준
　① 수작업 운반기준
　　㉠ 두뇌작업이 필요한 작업－ 분류, 판독, 검사
　　㉡ 얼마동안 시간 간격을 두고 되풀이되는 소량취급 작업
　　㉢ 취급물품의 형상, 성질, 크기 등이 일정하지 않은 작업
　　㉣ 취급물품이 경량물인 작업
　② 기계작업 운반기준
　　㉠ 단순하고 반복적인 작업－ 분류, 판독, 검사
　　㉡ 표준화되어 있어 지속적으로 운반량이 많은 작업
　　㉢ 취급물품의 형상, 성질, 크기 등이 일정한 작업
　　㉣ 취급물품이 중량물인 작업

제7절 고압가스의 취급

1) 고압가스를 운반할 때
　① 그 고압가스의 명칭, 성질 및 이동 중의 재해방지를 위해 필요한 주의 사항을 기재한다.
　② 기재한 서면을 운반책임자 또는 운전자에게 교부하고 운반중에 휴대시킬 것.

2) 고압가스를 적재하여 운반하는 차량
　① 차량의 고장, 교통사정 또는 운반책임자, 운전자의 휴식 등 부득이한 경우를 제외하고는 장시간 정차하지 않는다.
　② 운반책임자와 운전자가 동시에 차량에서 이탈하지 아니할 것.

3) 고압가스를 운반할 때에는 안전관리책임자가 운반책임자 또는 운반차량 운전자에게 그 고압가스의 위해(危害) 예방에 필요한 사항을 주지시킬 것.

제2장 화물의 상·하차

4) 고압가스를 운반하는 자
   ① 충전용기를 수요자에게 인도하는 때까지 최선의 주의를 다하여 안전하게 운반하여야 한다.
   ② 운반도중 보관하는 때에는 안전한 장소에 보관할 것

5) 200km이상의 거리를 운행하는 경우에는 중간에 충분한 휴식을 취한 후 운전할 것.

6) 노면이 나쁜 도로에서는 가능한 한 운행하지 말 것. 부득이 노면이 나쁜 도로를 운행할 때에는 운행 개시 전에 충전용기의 적재상황을 재검사하여 이상이 없는가를 확인할 것.

7) 노면이 나쁜 도로를 운행한 후에는 일시정지하여 적재 상황, 용기밸브, 로프 등의 풀림 등이 없는 것을 확인 할 것.

제8절 컨테이너의 취급

1) 컨테이너의 구조
   ▶컨테이너
   ① 해당 위험물에 운송에 충분히 견딜 수 있는 구조와 강도를 가져야 한다.
   ② 영구히 반복하여 사용 할 수 있도록 견고히 제조되어야 한다.

2) 위험물의 수납방법 및 주의사항
   위험물의 수납에 앞서 위험물의 성질, 성상, 취급방법, 방제대책을 충분히 조사하는 동시에 해당 위험물의 적화방법 및 주의사항을 지킬 것.
   ① 컨테이너에 위험물을 수납하기 전에 철저히 점검한다.
   (그 구조와 상태 등이 불안한 컨테이너를 사용해서는 아니 되며, 특히 개폐문의 방수상태를 점검 할 것.)
   ② 컨테이너를 깨끗이 청소하고 잘 건조 할 것.
   ③ 수납되는 위험물 용기의 포장 및 표찰이 완전한가를 충분히 점검하여 포장 및 용기가 파손되었거나 불완전한 것은 수납을 금지시킬 것.
   ④ 수납에 있어서
      ㉠ 화물의 이동, 전도, 충격, 마찰, 누설 등에 의한 위험이 생기지 않도록 충분한 깔판 및 각종 고임목을 사용하여 화물을 보호하는 동시에 단단히 고정시킬 것.
      ㉡ 화물의 중량의 배분과 외부충격의 완화를 고려하는 동시에 어떠한 경우라도 화물 일부가 컨테이너 밖으로 튀어 나와서는 아니 된다.
   ⑤ 수납이 완료되면 즉시 문을 폐쇄한다.
   ⑥ 품명이 틀린 위험물 또는 위험물과 위험물 이외의 화물이 상호작용하여 발열 및 가스를 발생시키고, 부식작용이 일어나거나 기타 물리적 화학작용이 일어날 염려가 있을 때에는 동일 컨테이너에 수납해서는 아니 된다.

3) 위험물의 표시
   컨테이너에 수납 되어 있는 위험물의 분류명, 표찰 및 컨테이너 번호를 외측부 가장 잘 보이는 곳에 표시한다.

4) 적재방법
   ① 위험물이 수납되어 있는 컨테이너가 이동하는 동안에 전도, 손상, 찌그러지는 현상 등이 생기지 않도록 적재한다.
   ② 위험물이 수납되어 수밀의 금속제 컨테이너를 적재하기 위해 설비를 갖추고 있는 선창 또는 구획에 적재할 경우는 상호 관계를 참조하여 적재하도록 할 것.
   ③ 컨테이너를 적재 후 반드시 콘(잠금장치)을 잠근다.

제9절 위험물 취급시의 확인점검

1) 탱크로리에 커플링(coupling)은 잘 연결되었는지 확인한다.
2) 접지는 연결시켰는지 확인한다.
3) 플랜지(flange) 등 연결부분에 새는 곳은 없는지 확인한다.
4) 플렉서블 호스(flexible hose)는 고정시켰는지 확인한다.
5) 누유된 위험물은 회수하여 처리한다.
6) 인화성물질을 취급할 때에는 소화기를 준비하고, 흡연자가 없는지 확인한다.
7) 주위 정리정돈상태는 양호한지 점검한다.
8) 담당자 이외에는 손대지 않도록 조치한다.
9) 주위에 위험표지를 설치한다.

제10절 주유취급소의 위험물 취급기준

1) 자동차 등에 주유할 때에는 고정주유설비를 사용하여 직접 주유한다.
2) 자동차 등을 주유할 때는 자동차 등의 원동기를 정지시킨다.
3) 자동차 등의 일부 또는 전부가 주유취급소 밖에 나온 채로 주유하지 않는다.
4) 주유취급소의 전용탱크 또는 간이탱크에 위험물을 주입할 때
   ① 탱크에 연결되는 고정주유설비의 사용을 중지하여야 한다.
   ② 자동차 등을 그 탱크의 주입구에 접근시켜서는 아니 된다.
5) 유분리 장치에 고인 유류는 넘치지 아니하도록 수시로 퍼내어야 한다.
6) 고정주유설비에 유류를 공급하는 배관은 전용탱크 또는 간이탱크로부터 고정주유설비에 직접 연결된 것이어야 한다.
7) 자동차 등에 주유할 때는 정당한 이유 없이 다른 자동차 등을 그 주유취급소 안에 주차시켜서는 아니 된다. 다만, 재해발생의 우려가 없는 경우에는 그러하지 아니하다.

제11장 녹는물 점검 시의 주의사항

1) 녹는물을 제거하거나 공급할 때에도 소화전 안전화 용기, 도구, 공구 및 안전장치를 이용할 것.
2) 점검원이 녹는물 성분으로 다르기 쉽고, 녹는 물 취급방법이 동일들 후 점검할 것.
3) 녹는물의 성질 및 안전한 가열기 다르기 쉬 점.
4) 녹는물을 고정할 수 있는 조치를 취하고 지재 및 점점 지점 에는 가재 프로젝트를 사용하여 녹이지 점이지 않도록 조치 할 것.
5) 녹는물이 들어 있는 용기 쓰려지거나 미끄러지지 않도록 고정자세게 고정할 것.
6) 녹는 물질 자료의, 그릇기, 용기, 매개 등은 내용물을 알 수 있게 표시하여 점점할 것.
7) 녹는물이 들어 있는 용기 아내에는 단단히 얹고 더 용기가 쓸지 원활하기 고정하여 둘 것.
8) 용기가 깨어저 있는 것을 나오는지가 동도어 쓰러질 수 에 양이 고정되고, 쓰면 먹으로 건넘 물은 곧 담겨서 이 고정될 것.
9) 녹는물의 용기가 물건지, 외해하는 녹용의 동의도 읽고, 그 외에는 녹용수단을 아는 것고 내용물 가질 것.
10) 많아 녹는물이 새거나 편집되었을 때는 신속히 재거하는 수 있도록 필요한 조치를 해 둘 것.
11) 드라이아스 및 오용(鎔用) 사기를 상해 이해 발등을 일으킬 수 일 것.

제12장 상·하차 점검 시의 주의사항

1) 점검원에게 점검의 내용, 비상 상황 등을 잘 주지시켰는가?
2) 단단히, 가스, 분진 등 위험물로 폭발물이 존재하고 있는가?
3) 점검에 그들이이는 일이 있는가?
4) 시정의 승강탈 하고 있지 않는가?
5) 단기가 잘 쾌하 대기기를 하고 있지 않는가?
6) 시재물을 조화하지 않았는가?
7) 시재데물이 폭발, 점이, 북 등의 시재물 지기고 있는가?
8) 함장이 응기를 받자하기 위한 조치를 취해져 있는가?
9) 시정동이나 기 점용의 조정이 시점표지를 하였는가?
10) 시정의 이용 시점도 잘 지기고 있는가?
11) 지정 시정에 따라 점이 잘 홈어어지고 있는가?
12) 가재 등의이 방치해 두지 않았는가?

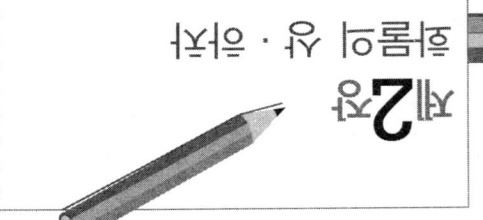

제2편 화물취급요령
제3장 적재물 결박·덮개 설치

제1절 파렛트(Pallet) 화물의 붕괴 방지요령

1. 밴드걸기 방식

1) 이 방식은 나무상자를 파렛트에 쌓는 경우의 붕괴 방지에 많이 사용되는 방법으로 수평 밴드걸기 방식과 수직 밴드걸기 방식이 있다.

2) 어느 쪽이나 밴드가 걸려 있는 부분은 화물의 움직임을 억제하지만, 밴드가 걸리지 않은 부분의 화물이 튀어나오는 결점이 있다.

3) 각목대기 수평 밴드걸기 방식은 포장화물의 네 모퉁이에 각목을 대고, 그 바깥쪽으로 부터 밴드를 거는 방법이다. 이것은 쌓은 화물의 압력이나 진동·충격으로 밴드가 느슨해지는 결점이 있다.

2. 주연어프 방식

1) 파렛트의 가장자리를 높게 하여 포장화물을 안쪽으로 기울여, 화물이 갈라지는 것을 방지하는 방법으로서 부대화물 따위에는 효과가 있다.

2) 주연어프 방식만으로 화물이 갈라지는 것을 방지하기는 어려우나, 다른 방법과 병용함으로써 안전을 확보하는 것이 효율적이다.

3. 슬립멈추기 시트삽입 방식

1) 이것은 포장과 포장 사이에 미끄럼을 멈추는 시트를 넣음으로써 안전을 도모하는 방법이다.

2) 부대화물에는 효과가 있으나, 상자는 진동하면 튀어오르기 쉽다는 문제가 있다.

4. 풀붙이기 접착방식

1) 이것은 파렛트 화물의 붕괴 방지대책의 자동화·기계화가 가능하고, 비용도 저렴한 방식이다.

2) 여기서 사용하는 풀은 미끄럼에 대한 저항이 강하고, 상하로 뗄 때의 저항은 약한 것을 택하지 않으면 화물을 파렛트에서 분리시킬 때에 장해가 일어난다.

3) 풀은 온도에 의해 변화하는 수도 있는 만큼, 포장화물의 중량이나 형태에 따라서 풀의 양이나 풀칠하는 방식을 결정하여야 할 것이다.

5. 수평 밴드걸기 풀붙이기 방식

1) 풀붙이기와 밴드걸기 방식을 병용한 것이다.

2) 화물의 붕괴를 방지하는 효과를 한층 더 높이는 방법이다.

6. 슈링크 방식

1) 열수축성 플라스틱 필름을 파렛트 화물에 씌우고 슈링크 터널을 통과시킬 때 가열하여 필름을 수축시켜 파렛트와 밀착시키는 방식으로 물이나 먼지도 막아내기 때문에 우천 시의 하역이나 야적보관도 가능하게 된다.

2) 통기성이 없고, 고열(120~130℃)의 터널을 통과하므로 상품에 따라서는 이용할 수가 없고, 비용이 많이 든다는 단점이 있다.

7. 스트레치 방식

1) 스트레치 포장기를 사용하여 플라스틱 필름을 파렛트 화물에 감아 움직이지 않게 하는 방법이다.

2) 슈링크 방식과는 달리 열처리는 행하지 않으나 통기성은 없다. 비용이 많이 드는 단점이 있다.

8. 박스 테두리 방식

1) 파렛트에 테두리를 붙이는 박스 파렛트와 같은 형태는 화물이 무너지는 것을 방지하는 효과는 크다.

2) 평 파렛트에 비해 제조원가가 많이 든다.

제2절 화물붕괴 방지요령

1. 파렛트 화물 사이에 생기는 틈바구니를 적당한 재료로 메우는 방법

이 방법은 틈바구니가 적을수록 짐이 허물어지는 일도 적다는 사실에 고안된 것으로서,

1) 파렛트 화물이 서로 얽혀 버리지 않도록 사이사이에 합판을 넣는다.

2) 여러 가지 두께의 발포 스티롤판으로 틈바구니를 없앤다.

3) 에어백이라는 공기가 든 부대를 사용한다.

2. 차량에 특수장치를 설치하는 방법

1) 화물붕괴 방지와 짐을 싣고 부리는 작업성을 생각하여, 차량에 특수한 장치를 설치하는 방법이 있다.

2) 파렛트 화물의 높이가 일정하다면 적재함의 천장이나 측벽에서 파렛트 화물이 붕괴되지 않도록 누르는 장치를 설치한다.

3) 청량음료 전용차와 같이 적재공간이 파렛트 화물치수에 맞추어 작은 칸으로 구분되는 장치를 설치한다.

제3절 포장화물 운송과정의 외압과 보호요령

1. 하역시의 충격

1) 하역 시의 충격에서 가장 큰 것은 수하역시의 낙하충격이다.
   (낙하충격이 화물에 미치는 영향도는 낙하의 높이, 낙하면의 상태 등 낙하상황과 포장의 방법에 따라 상이하다.)

2) 일반적으로 수하역의 경우에 낙하의 높이는 아래와 같다.
   ① 견하역: 100cm 이상
   ② 요하역: 10cm 정도
   ③ 파렛트 쌓기의 수하역: 40cm 정도

2. 수송중의 충격 및 진동

1) 수송중의 충격으로서는 트랙터와 트레일러를 연결할 때 발생하는 수평충격이 있는데, 이것은 낙하충격에 비하면 적은 편이다.

2) 화물은 수평충격과 함께 수송 중에는 항상 진동을 받고 있다. 진동에 의한 장해로 제품의 포장면이 서로 닿아서 상처를 일으킨다던가, 표면이 상하는 것 등을 생각할 수 있다.

3) 트럭수송에서 비포장 도로 등 포장상태가 나쁜 길을 달리는 경우에는 상하진동이 발생하게 되므로 고정시키거나 진동에 대한 화물의 보호를 생각하여야 할 것이다.

3. 보관 및 수송중의 압축하중

1) 포장화물은 보관 중 또는 수송 중에 밑에 쌓은 화물이 반드시 압축하중을 받는다.

2) 높이는 창고에서는 4m, 트럭이나 화차에서는 2m이지만, 주행 중에는 상하진동을 받음으로 2배 정도로 압축하중을 받게 된다.

3) 내하중은 포장 재료에 따라 상당히 다르다.

4) 나무상자는 강도의 변화가 거의 없으나 골판지는 시간이나 외부 환경에 의해 변화를 받기 쉽다.
   (골판지의 경우에는 외부의 온도와 습기, 방치시간 등에 대하여 특히 유의하여야 한다.)

제4장 운행요령

제1절 일반사항

1) 배차지시에 따라 차량을 운행한다.
2) 배차지시에 따라 배정된 물자를 지정된 장소로 한정된 시간 내에 안전하고 정확하게 운행할 책임이 있다.
3) 사고예방을 위하여 관계법규를 준수함은 물론 운전전, 운전중, 운전후 점검 및 정비를 철저히 이행한다.
4) 운전에 지장이 없도록 충분한 수면을 취하고, 주취운전이나 운전중 흡연 또는 잡담을 하지 않는다.
5) 주차할 때에는 엔진을 끄고 주차브레이크 장치로서 완전 제동한다.
6) 내리막길을 운전할 때에는 기어를 중립에 두지 않는다.
7) 트레일러를 운행할 때에는 트랙터와의 연결부분을 점검하고 확인한다.
8) 크레인의 인양중량을 초과하는 작업을 허용해서는 아니 된다.
9) 미끄러지는 물품, 길이가 긴 물건, 인화성물질 운반 시는 각별한 안전관리를 한다.
10) 장거리운송의 경우 고속도로 휴게소 등에서 휴식을 취하다가 잠들어 시간이 지연되는 일이 없도록 한다. 특히 과다한 음주 등으로 인한 장시간 수면으로 운송시간이 지연되지 않도록 주의한다.
11) 기타 고속도로 운전, 장마철, 여름철, 한랭기, 악천후, 건널목, 나쁜 길, 야간에 운전할 때에는 제반 안전관리 사항에 대해 더욱 주의한다.

제2절 운행요령

1. 운행에 따른 일반적인 주의사항

1) 규정속도로 운행한다.
2) 비포장도로나 위험한 도로에서는 반드시 서행한다.
3) 정량초과 적재를 절대로 하지 않는다.
4) 화물을 편중되게 적재하지 않는다.
5) 교통법규를 항상 준수하여 타인에게 양보할 수 있는 여유를 갖는다.
6) 올바른 운전조작과 철저한 예방정비 점검을 실시한다.
7) 후진할 때에는 반드시 뒤를 확인 후 후진 경고하며 서서히 후진한다.
8) 가능한 한 경사진 곳에 주차시키지 않는다.
9) 화물을 적재하고 운행할 때에는 수시로 화물적재 상태를 확인한다.
10) 운전은 절대 서두르지 말고 침착하게 해야 한다.
11) 위험물을 운반할 때에는 위험물 표지 설치 등 관련규정을 준수하여야 한다.

2. 트랙터(Tractor) 운행에 따른 주의사항

1) 중량물 및 활대품을 수송하는 경우에는 바인더 잭(Binder Jack)으로 화물결박을 철저히 하고, 운행할 때에는 수시로 결박 상태를 확인한다.
2) 고속운행중 급제동은 잭나이프 현상 등의 위험을 초래하므로 조심한다.
3) 트랙터는 일반적으로 트레일러와 연결되어 운행하여 일반 차량에 비해 회전반경 및 점유면적이 크므로 사전 도로정찰, 화물의 제원, 장비의 제원을 정확히 파악한다.
4) ① 화물의 균등한 적재가 이루어지도록 한다.
   ② 트레일러에 중량물을 적재할 때에는 화물적재 전에 중심을 정확히 파악하여 적재토록 해야 한다.
   ③ 화물을 한쪽에 편적하면
      ㉠ 킹핀 또는 후륜에 무리한 힘이 작용하여 트랙터의 견인력 약화와 각 하체 부분에 무리를 가져온다.
      ㉡ 타이어의 이상마모 내지 파손을 초래하거나 경사도로에서 회전할 때 전복의 위험이 발생할 수 있다.
5) 후진할 때에는 반드시 뒤를 확인 후 서행한다.
6) 가능한 한 경사진 곳에 주차하지 않도록 한다.
7) 장거리 운행할 때에는 최소한 2시간 주행마다 10분 이상 휴식하면서 타이어 및 화물결박 상태를 확인한다.

3. 컨테이너 상차 등에 따른 주의사항

1) 상차 전의 확인사항
   ① 배차계로부터 배차지시를 받는다.
   ② 배차계에서 보세 면장번호를 통보 받는다.
   ③ 컨테이너 라인(LINE)을 배차계로부터 통보 받는다.
   ④ 배차계로부터 화주, 공장위치, 공장전화번호, 담당자 이름 등을 통보 받는다.
   ⑤ 배차계로부터 상차지, 도착시간을 통보 받는다.
   ⑥ 배차계로부터 컨테이너 중량을 통보 받는다.
   ⑦ 다른 라인(Line)의 컨테이너를 상차할 때 배차계로부터 통보 받아야 할 사항

ⓐ 라인 종류
ⓑ 상차 장소
ⓒ 담당자 이름과 직책, 전화번호
ⓓ 터미널일 경우에는 반출 전송을 누가 하는가
⑧ 면장 출력 장소
ⓐ 상차할 때 해당 게이트로 가서 담당자에게 면장 번호를 불러주고 보세운송 면장과 적하목록을 출력 받는다.
ⓑ 철도 상차일 경우에는 철도역의 담당자, 기타 사업장일 경우에는 배차계로부터 면장 출력 장소를 통보 받는다.

2) 상차할 때의 확인사항
① 손해(Damage)여부와 봉인번호(Seal No.)를 체크해야 하고 그 결과를 배차계에 통보한다.
② 상차할 때는 안전하게 실었는지를 확인한다.
③ 샤시 잠금 장치는 안전한지를 확실히 검사한다.
④ 다른 라인(Line)의 컨테이너 상차가 어려울 경우 배차계로 통보한다.

3) 상차 후의 확인사항
① 도착장소와 도착시간을 다시 한번 정확히 확인한다.
② 면장상의 중량과 실중량에는 차이가 있을 수 있으므로, 운전자 본인이 실중량이 더 무겁다고 판단되면 관련부서로 연락해서 운송 여부를 통보 받는다.
③ 상차한 후에는 해당 게이트(Gate)로 가서 전산 정리를 해야 하고, 다른 라인일 경우에는 배차계에게 면장번호, 컨테이너 번호, 화주이름을 말해주고 전산정리를 한다.

4) 도착이 지연될 때
일정시간(예 30분) 이상 지연될 때에는 반드시 배차부서에 출발시간, 도착 지연 이유, 현재 위치, 예상 도착 시간 등을 연락해야 한다.

5) 화주 공장에 도착하였을 때
① 공장 내 운행속도를 준수한다.
② 사소한 문제라도 발생하면 직접 담당자와 문제를 해결하려고 하지 말고, 반드시 배차부서에 연락한다.
③ 복장 불량(슬리퍼, 런닝 차림 등), 폭언 등은 절대 하지 않는다.
④ 상·하차할 때 시동은 반드시 끈다.
⑤ 각 공장 작업자의 모든 지시 사항을 반드시 따른다.
⑥ 작업 상황을 배차부서로 통보한다.

6) 작업 종료 후
작업 종료 후 배차부서에 통보(문의해야 할 사항 : 작업 종료시간, 반납할 장소 등 문의)

4. 고속도로 제한차량 및 운행허가(※한국도로공사 교통안전관리 운영기준)

1) 고속도로를 운행하려는 차량 중 아래사항에 저촉되는 차량은 운행제한차량에 해당된다.
① 축하중: 차량의 축하중이 10톤을 초과
② 총중량: 차량 총중량이 40톤을 초과
③ 길이: 적재물을 포함한 차량의 길이가 16.7m 초과
④ 폭: 적재물을 포함한 차량의 폭이 2.5m 초과
⑤ 높이: 적재물을 포함한 차량의 높이가 4.0m 초과(도로 구조의 보전과 통행의 안전에 지장이 없다고 도로관리청이 인정하

여 고시한 도로의 경우에는 4.2m)
⑥ 다음 각목에 해당하는 적재불량 차량
ⓐ 화물 적재가 편중되어 전도 우려가 있는 차량
ⓑ 모래, 흙, 골재류, 쓰레기 등을 운반하면서 덮개를 미설치하거나 없는 차량
ⓒ 스페어 타이어 고정상태가 불량한 차량
ⓓ 덮개를 씌우지 않았거나 묶지 않아 결속상태가 불량한 차량
ⓔ 액체 적재물 방류 또는 유출 차량
ⓕ 사고 차량을 견인하면서 파손품의 낙하가 우려되는 차량
ⓖ 기타 적재불량으로 인하여 적재물 낙하 우려가 있는 차량
⑦ 저속: 정상운행속도가 50km/h 미만 차량
⑧ 이상기후일 때(적설량 10㎝ 이상 또는 영하 20℃ 이하) 연결 화물차량(풀카고, 트레일러 등)
⑨ 기타 도로관리청이 도로의 구조보전과 운행의 위험을 방지하기 위하여 운행제한이 필요하다고 인정하는 차량

2) 제한차량의 표시 및 공고
도로법에 의한 운행제한의 표지는 다음 각 호의 사항을 기재하여 고속국도의 입구 및 기타 필요한 장소에 설치하고 그 내용을 공고하여야 한다.
① 해당도로의 종류, 노선번호 및 노선명
② 차량운행이 제한되는 구간 및 기간
③ 운행이 제한되는 차량
④ 차량운행을 제한하는 사유
⑤ 그 밖에 차량운행의 제한에 필요한 사항

3) 운행허가기간
① 운행허가기간은 해당 운행에 필요한 일수로 한다.
② 제한제원이 일정한 차량(구조물 보강을 요하는 차량 제외)이 일정기간 반복하여 운행하는 경우에는 신청인의 신청에 따라 그 기간을 1년 이내로 할 수 있다.

4) 차량호송
① 운행허가기관의 장은 다음 각 호의 1에 해당하는 제한차량의 운행을 허가하고자 할 때에는 차량의 안전운행을 위하여 고속도로순찰대와 협조하여 차량호송을 실시토록 한다. 다만, 운행자가 호송할 능력이 없거나 호송을 공사에 위탁하는 경우에는 공사가 이를 대행할 수 있다.
ⓐ 적재물을 포함하여 차폭 3.6m 또는 길이 20m를 초과하는 차량으로서 운행상 호송이 필요하다고 인정되는 경우
ⓑ 구조물통과 하중계산서를 필요로 하는 중량제한차량
ⓒ 주행속도 50km/h 미만인 차량의 경우
② 특수한 도로상황이나 제한차량의 상태를 감안하여 운행허가기관의 장이 필요하다고 인정하는 경우에는 "①"의 규정에도 불구하고 그 호송기준을 강화하거나 다른 특수한 호송방법을 강구하게 할 수 있다.
③ "①"의 규정에도 불구하고 안전운행에 지장이 없다고 판단되는 경우에는 제한차량 후면 좌우측에 "자동점멸신호등"의 부착 등의 조치를 함으로써 그 호송을 대신할 수 있다.

5. 과적 차량 단속

1) 과적차량에 대한 단속 근거
① 도로법의 목적과 단속의 필요성
ⓐ 도로망의 계획수립, 도로노선의 지정, 도로공사의 시행과

제4장 운행요령

도로의 시설기준, 도로의 관리·보전 및 비용 부담 등에 관한 사항을 규정하여 국민이 안전하고 편리하게 이용할 수 있는 도로의 건설과 공공복리의 향상에 기여하는 것을 목적으로 한다.

ⓒ 관리청은 도로의 구조를 보전하고 운행의 위험을 방지하기 위하여 필요하다고 인정하면 대통령령으로 정하는 바에 따라 차량의 운행을 제한할 수 있다.

② 위반에 따른 벌칙(도로법 제115조, 제117조)

위반항목	관련 규정
• 총중량 40톤, 축하중 10톤, 높이 4.0m, 길이 16.7m, 폭 2.5m 초과	500만 원 이하의 과태료
• 운행제한을 위반하도록 지시하거나 요구한 자	
• 임차한 화물적재차량이 운행제한을 위반하지 않도록 관리하지 아니한 임차인	
• 적재량의 측정 및 관계서류의 제출요구 거부 시	1년 이하 징역이나 1천만 원 이하의 벌금
• 적재량 측정 방해(축조작)행위 및 재측정 거부 시	
• 적재량 측정을 위한 도로관리원의 차량 승차요구 거부 시	

※ 화주, 화물자동차 운송사업자, 화물자동차 운송주선 사업자 등의 지시 또는 요구에 따라서 운행제한을 위반한 운전자가 그 사실을 신고하여 화주 등에게 과태료를 부과한 경우 운전자에게는 과태료를 부과하지 않음(도로법 제117조 제5항)

2) 과적의 폐해
① 과적차량의 안전운행 취약 특성
㉠ 윤하중 증가에 따른 타이어 파손 및 타이어 내부 수명 감소로 사고 위험성 증가
㉡ 적재중량보다 20%를 초과한 과적차량의 경우 타이어 내구수명은 30% 감소, 50% 초과의 경우 내부 수명은 무려 60% 감소
㉢ 과적에 의해 차량이 무거워지면 제동거리가 길어져 사고의 위험성 증가
㉣ 과적에 의한 차량의 무게중심 상승으로 인하 차량의 균형을 잃어 전도될 가능성도 높아지며, 특히 나들목이나 분기점 램프와 같이 심한 곡선부에서는 약간의 과속으로도 승용차 비해 전도될 위험성이 매우 높아짐
㉤ 충돌 시의 충격력은 차량의 중량과 속도에 비례하여 증가

② 과적차량이 도로에 미치는 영향
㉠ 도로포장은 기후 및 환경적인 요인에 의한 파손, 포장재료의 성질과 시공 부주의에 의한 손상 그리고 차량의 반복적인 통과 및 과적차량의 운행에 따른 손상들이 복합적으로 영향을 끼치며, 이중 과적에 의한 축하중은 도로포장 손상에 직접적으로 가장 큰 영향을 미치는 원인임
㉡ 도로법 운행제한기준인 축하중 10톤을 기준으로 보았을 때 축하중이 10%만 증가하여도 도로파손에 미치는 영향은 무려 50%가 상승함
㉢ 축하중이 증가할수록 포장의 수명은 급격하게 감소
㉣ 총중량의 증가는 교량의 손상도를 높이는 주요 원인으로 총중량 50톤의 과적 차량의 손상도는 도로법 운행제한기준인 40톤에 비하여 무려 17배나 증가하는 것으로 나타남

㉤ 과적 차량 통행이 도로포장에 미치는 영향

축하중	도로에 미치는 영향	파손 비율
10톤	승용차 7만대 통행과 같은 도로파손	1.0배
11톤	승용차 11만대 통행과 같은 도로파손	1.5배
13톤	승용차 21만대 통행과 같은 도로파손	3.0배
15톤	승용차 39만대 통행과 같은 도로파손	5.5배

3) 과적재 방지 방법
① 과적재의 주요원인 및 현황
㉠ 운전자는 과적재하고 싶지 않지만 화주의 요청으로 어쩔 수 없이 하는 경우
㉡ 과적재를 하지 않으면 수입에 영향을 주므로 어쩔 수 없이 하는 경우
㉢ 과적재는 교통사고나 교통공해 등을 유발하여 자신이나 타인의 생활을 위협하는 요인으로 작용

② 과적재 방지를 위한 노력
㉠ 운전자
ⓐ 과적재를 하지 않겠다는 운전자의 의식변화
ⓑ 과적재 요구에 대한 거절의사 표시
㉡ 운송사업자, 화주
ⓐ 과적재로 인해 발생할 수 있는 각종 위험요소 및 위법 행위에 대한 올바른 인식을 통해 안전운행을 확보
ⓑ 화주는 과적재를 요구해서는 안 되며, 운송사업자는 운송차량이나 운전자의 부족 등의 사유로 과적재 운행계획 수립은 금물
ⓒ 사업자와 화주와의 협력체계를 구축
ⓓ 중량계 설치를 통한 중량증명 실시 등

제2편 화물취급요령 | 제5장 화물의 인수·인계요령

제1장 화물의 인수요령

1) 포장 및 운송장 기재 요령을 반드시 숙지하고 인수에 임한다.

2) 집하 자제품목 및 집하 금지품목(화약류 및 인화물질 등 위험물)의 경우는 그 취지를 알리고 양해를 구한 후 정중히 거절한다.

3) 집하물품의 도착지와 고객의 배달요청일이 당사의 배송 소요 일수 내에 가능한지 필히 확인하고, 기간 내에 배송 가능한 물품을 인수한다. (O월 O일 O시까지 배달 등 조건부 운송물품 인수금지)

4) 제주도 및 도서지역인 경우 그 지역에 적용되는 부대비용(항공료, 도선료)을 수하인에게 징수할 수 있음을 반드시 알려주고, 이해를 구한 후 인수한다.

5) 도서지역의 경우 차량이 직접 들어갈 수 없는 지역이 많아 착불로 거래시 운임을 징수 할 수 없으므로 소비자의 양해를 얻어 운임 및 도선료는 선불로 처리한다.

6) 항공을 이용한 운송의 경우 항공기 탑재 불가 물품(총포류, 화약류, 기타 공항에서 정한 물품)과 공항유치물품(가전제품, 전자제품)은 집하시 고객에게 이해를 구한 다음 집하를 거절함으로써 고객과의 마찰을 방지한다.
   –만약 항공료가 착불일 경우 기타란에 항공료 착불이라고 기재하고 합계란은 공란으로 비워둔다.

7) 운송인의 책임은 물품을 인수하고 운송장을 교부한 시점부터 발생한다.

8) 운송장에 대한 비용은 항상 발생하므로 운송장을 작성하기 전에 물품의 성질, 규격, 포장상태, 운임, 파손 면책 등 부대사항을 고객에게 통보하고 상호 동의가 되었을 때 운송장을 작성, 발급하게 하여 불필요한 운송장 낭비를 막는다.

9) 화물은 취급가능 화물규격 및 중량, 취급불가 화물품목 등을 확인하고, 화물의 안전수송과 타화물의 보호를 위하여 포장상태 및 화물의 상태를 확인한 후 접수여부를 결정한다.

10) 두 개 이상의 화물을 하나의 화물로 밴딩처리한 경우에는 반드시 고객에게 파손 가능성을 설명하고 별도로 포장하여 각각 운송장 및 보조송장을 부착하여 집하한다.

11) 신용업체의 대량화물을 집하할 때 수량 착오가 발생하지 않도록 최대한 주의하여 운송장 및 보조송장을 부착하고, 반드시 BOX 수량과 운송장에 기재된 수량을 확인한다.

12) 전화로 발송할 물품을 접수 받을 때 반드시 집하 가능한 일자와 고객의 배송 요구일자를 확인한 후 배송 가능한 경우에 고객과 약속하고, 약속 불이행으로 불만이 발생하지 않도록 한다.

13) 인수(집하)예약은 반드시 접수대장에 기재하여 누락되는 일이 없도록 한다.

14) 거래처 및 집하지점에서 반품요청이 들어왔을 때 반품요청일 익일로부터 빠른 시일 내에 처리한다.

제2절 화물의 적재요령

1) 긴급을 요하는 화물(부패성 식품 등)은 우선순위로 배송될 수 있도록 쉽게 꺼낼 수 있게 적재한다.

2) 취급주의 스티커 부착 화물은 적재함 별도공간에 위치하도록 하고, 중량화물은 적재함 하단에 적재하여 타 화물이 훼손되지 않도록 주의한다.

3) 다수화물이 도착하였을 때에는 미도착 수량이 있는지 확인한다.

제3절 화물의 인계요령

1) 수하인의 주소 및 수하인이 맞는지 확인한 후에 인계한다.

2) 지점에 도착된 물품에 대해서는 당일 배송을 원칙으로 한다. 단, 산간 오지 및 당일배송이 불가능한 경우 소비자의 양해를 구한 뒤 조치하도록 한다.

3) 수하인에게 물품을 인계할 때 인계 물품의 이상 유무를 확인하여, 이상이 있을 경우 즉시 지점에 통보하여 조치하도록 한다.

4) 각 영업소로 분류된 물품은 수하인에게 물품의 도착 사실을 알리고 배송 가능한 시간을 약속한다.

5) 인수된 물품 중 부패성 물품과 긴급을 요하는 물품에 대해서는 우선적으로 배송을 하여 손해배상 요구가 발생하지 않도록 한다.

6) 영업소(취급소)는 택배물품을 배송할 때 물품뿐만 아니라 고객의 마음까지 배달한다는 자세로 성심껏 배송하여야 한다.

7) 배송 중 사소한 문제로 수하인과 마찰이 발생할 경우 일단 소비자의 입장에서 생각하고 조심스러운 언어로 마찰을 최소화할 수 있도록 한다.

8) 물품포장에 경미한 이상이 있는 경우에는 고객에게 사과하고 대화로 해결할 수 있도록 하며, 절대로 남의 탓으로 돌려 고객들의 불만을 가중시키지 않도록 한다.

제5장 화물의 인수·인계요령

9) 특히 택배는 집에서 집으로 운송하는 서비스이므로 수하인에게 집을 못 찾으니 어디로 나오라고 하던가, 집이 높아 못 올라간다는 말을 하지 않는다.

10) 1인이 배송하기 힘든 물품의 경우 원칙적으로 집하해서는 아니 되지만, 도착된 물품에 대해서는 수하인에게 정중히 요청하여 같이 운반할 수 있도록 한다.

11) 물품을 고객에게 인계할 때 물품의 이상 유무를 확인시키고 인수증에 정자로 인수자 서명을 받아 향후 발생 할 수 있는 손해배상을 예방하도록 한다.(인수자 서명이 없을 경우 수하인이 물품인수를 부인하면 그 책임이 배송지점에 전가됨)

12) 배송할 때 고객 불만 원인 중 가장 큰 부분은 배송직원의 대응 미숙에서 발생하는 경우가 많다. 부드러운 말씨와 친절한 서비스정신으로 고객과의 마찰을 예방한다.

13) 배송지연은 고객과의 약속 불이행이 고객 불만 사항으로 발전되는 경향이 있으므로 배송지연이 예상될 경우 고객에게 사전에 양해를 구하고 약속한 것에 대해서는 반드시 이행하도록 한다.

14) 배송확인 문의 전화를 받았을 경우, 임의적으로 약속하지 말고 반드시 해당 영업소장에게 확인하여 고객에게 전달하도록 한다.

15) 배송할 때 수하인의 부재로 배송이 곤란한 경우, 임의적으로 방치 또는 집안으로 무단 투기(投棄)하지 말고 수하인과 통화하여 지정하는 장소에 전달하고, 수하인에게 통보한다.(특히 아파트의 소화전이나 집 앞에 물건을 방치해 두지 말 것) 만약 수하인과 통화가 되지 않을 경우 송하인과 통화하여 반송 또는 익일 재배송 할 수 있도록 한다.

16) 방문시간에 수하인이 없는 경우에는 부재중 방문표를 활용하여 방문근거를 남기되 우편함에 넣거나 문틈으로 밀어 넣어 타인이 볼 수 없도록 조치한다.

17) 수하인에게 인계가 어려워 부득이하게 대리인에게 인계할 때에는 사후조치로 실제 수하인과 연락을 취하여 확인한다.

18) 수하인과 연락이 아니 되어 물품을 다른 곳에 맡길 경우, 반드시 수하인과 통화하여 맡겨놓은 위치 및 연락처를 남겨 물품인수를 확인하도록 한다.

19) 수하인이 장기부재, 휴가, 주소불명, 기타 사유 등으로 배송이 어려운 경우, 집하지점 또는 송하인과 연락하여 조치하도록 한다.

20) 귀중품 및 고가품의 경우는 분실의 위험이 높고 분실되었을 때 피해 보상액이 크므로 수하인에게 직접 전달하도록 하며, 부득이 본인에게 전달이 어려울 경우 정확하게 전달 될 수 있도록 조치하여야 한다.

21) 배송중 수하인이 직접 찾으러 오는 경우 물품을 전달할 때 반드시 본인 확인을 한 후 물품을 전달하고, 인수확인란에 직접 서명을 받아 그로 인한 피해가 발생하지 않도록 유의한다.

22) 물품 배송중 발생할 수 있는 도난에 대비하여 근거리 배송이라도 차에서 떠날 때는 반드시 잠금장치를 하여 사고를 미연에 방지하도록 한다.

23) 당일 배송하지 못한 물품에 대하여는 익일 영업시간까지 물품이 안전하게 보관 될 수 있는 장소에 물품을 보관하여야 한다.

제4절 인수증 관리요령

1) 인수증은 반드시 인수자 확인란에 수령인이 누구인지 인수자가 자필로 바르게 적도록 한다.

2) 수령인 구분 : 본인, 동거인, 관리인, 지정인, 기타 등으로 구분하여 확인

3) 같은 장소에 여러 박스를 배송할 때에는 인수증에 반드시 실제 배달한 수량을 기재 받아 차후에 수량차이로 인한 시비가 발생하지 않도록 하여야 한다.

4) 수령인이 물품의 수하인과 다른 경우 반드시 수하인과의 관계를 기재하여야 한다.

5) 지점에서는 회수된 인수증 관리를 철저히 하고, 인수 근거가 없는 경우 즉시 확인하여 인수인계 근거를 명확히 관리하여야 한다. 물품 인도일 기준으로 1년 이내 인수근거 요청이 있을 때 입증 자료를 제시할 수 있어야 한다.

6) 인수증 상에 인수자 서명을 운전자가 임의 기재한 경우는 무효로 간주되며, 문제가 발생하면 배송완료로 인정받을 수 없다.

제5절 고객 유의사항

1. 고객 유의사항의 필요성

1) 택배는 소화물 운송으로 무한책임이 아닌 과실 책임에 한정하여 변상할 필요성.

2) 내용검사가 부적당한 수탁물에 대한 송하인의 책임을 명확히 설명할 필요성.

3) 운송인이 통보받지 못한 위험부분까지 책임지는 부담 해소

2. 고객 유의사항 사용범위(매달 지급하는 거래처 제외 – 계약서상 명시)

1) 수리를 목적으로 운송을 의뢰하는 모든 물품

2) 포장이 불량하여 운송에 부적합하다고 판단되는 물품

3) 중고제품으로 원래의 제품 특성을 유지하고 있다고 보기 어려운 물품(외관상 전혀 이상이 없는 경우 보상불가)

4) 통상적으로 물품의 안전을 보장하기 어렵다고 판단되는 물품

5) 일정금액(예 : 50만원)을 초과하는 물품으로 위험 부담률이 극히 높고, 할증료를 징수하지 않은 물품

6) 물품 사고시 다른 물품에까지 영향을 미쳐 손해액이 증가하는 물품

3. 고객 유의사항 확인 요구 물품

1) 중고 가전제품 및 A/S용 물품

제5장
화물의 인수·인계요령

2) 기계류, 장비 등 중량 고가물로 40kg 초과 물품

3) 포장 부실물품 및 무포장 물품(비닐포장 또는 쇼핑백 등)

4) 파손 우려 물품 및 내용검사가 부적당하다고 판단되는 부적합 물품

제6절 사고발생 방지와 처리요령

1. 화물사고의 유형과 원인, 방지요령

1) 파손사고(깨져서 못쓰게 됨)
① 원인
  ㉠ 집하할 때 화물의 포장상태 미확인한 경우
  ㉡ 화물을 함부로 던지거나 발로 차거나 끄는 경우
  ㉢ 화물을 적재할 때 무분별한 적재로 압착되는 경우
  ㉣ 차량에 상하차할 때 컨베이어 벨트 등에서 떨어져 파손되는 경우
② 대책
  ㉠ 집하할 때 고객에게 내용물에 관한 정보를 충분히 듣고 포장상태 확인
  ㉡ 가까운 거리 또는 가벼운 화물이라도 절대 함부로 취급하지 않는다.
  ㉢ 사고위험이 있는 물품은 안전박스에 적재하거나 별도 적재 관리한다.
  ㉣ 충격에 약한 화물은 보강포장 및 특기사항을 표기해 둔다.

2) 오손사고(더럽혀지고 손상됨)
① 원인
  ㉠ 김치, 젓갈, 한약류 등 수량에 비해 포장이 약한 경우
  ㉡ 화물을 적재할 때 중량물을 상단에 적재하여 하단 화물 오손피해가 발생한 경우
  ㉢ 쇼핑백, 이불, 카펫 등 포장이 미흡한 화물을 중심으로 오손피해가 발생한 경우
② 대책
  ㉠ 상습적으로 오손이 발생하는 화물은 안전박스에 적재하여 위험으로부터 격리
  ㉡ 중량물은 하단, 경량물은 상단 적재 규정준수

3) 분실사고(물건따위를 잃어버림)
① 원인
  ㉠ 대량화물을 취급할 때 수량 미확인 및 송장이 2개 부착된 화물을 집하한 경우
  ㉡ 집배송을 위해 차량을 이석하였을 때 차량 내 화물이 도난 당한 경우
  ㉢ 화물을 인계할 때 인수자 확인(서명 등)이 부실한 경우
② 대책
  ㉠ 집하할 때 화물수량 및 운송장 부착여부 확인 등 분실원인 제거
  ㉡ 차량에서 벗어날 때 시건장치 확인 철저(지점 및 사무소 등 방범시설 확인)

  ㉢ 인계할 때 인수자 확인은 반드시 인수자가 직접 서명하도록 할 것

4) 내용물 부족사고
① 원인
  ㉠ 마대화물(쌀, 고춧가루, 잡곡 등) 등 박스가 아닌 화물의 포장이 파손된 경우
  ㉡ 포장이 부실한 화물에 대한 절취 행위(과일, 가전제품 등)가 발생한 경우
② 대책
  ㉠ 대량거래처의 부실포장 화물에 대한 포장개선 업무요청
  ㉡ 부실포장 화물을 집하할 때 내용물 상세 확인 및 포장보강 시행

5) 오배달사고
① 원인
  ㉠ 수령인이 없을 때 임의장소에 두고 간 후 미확인한 경우
  ㉡ 수령인의 신분 확인 없이 화물을 인계한 경우
② 대책
  ㉠ 화물을 인계하였을 때 수령인 본인여부 확인 작업 필히 실시
  ㉡ 우편함, 우유통, 소화전 등 임의장소에 화물 방치 행위 엄금

6) 지연배달사고
① 원인
  ㉠ 사전에 배송연락 미실시로 제3자가 수취한 후 전달이 늦어지는 경우
  ㉡ 당일 배송되지 않는 화물에 대한 관리가 미흡한 경우
  ㉢ 제3자에게 전달한 후 원래 수령인에게 받은 사람을 미통지한 경우
  ㉣ 집하 부주의, 터미널 오분류로 터미널 오착 및 잔류되는 경우
② 대책
  ㉠ 사전에 배송연락 후 배송 계획 수립으로 효율적 배송 시행
  ㉡ 미배송되는 화물 명단 작성과 조치사항 확인으로 최대한의 사고예방조치
  ㉢ 터미널 잔류화물 운송을 위한 가용차량 사용 조치
  ㉣ 부재중 방문표의 사용으로 방문사실을 고객에게 알려 고객과의 분쟁 예방

7) 받는 사람과 보낸 사람을 알 수 없는 화물사고
① 원인
  ㉠ 미포장 화물, 마대화물 등에 운송장을 부착한 경우 떨어지거나 훼손된 경우
② 대책
  ㉠ 집하단계에서부터 운송장 부착여부 확인 및 테이프 등으로 떨어지지 않도록 고정 실시
  ㉡ 운송장과 보조운송장을 부착(이중부착, Double tagging)하여 훼손 가능성을 최소화

2. 사고발생 시 영업사원의 역할

1) 영업사원은 회사를 대표하여 사고처리를 위한 고객과의 최접점의 위치에서 초기 고객응대가 사고처리의 향방을 좌우한다는

인식을 가지고 최대한 정중한 자세와 냉철한 판단력을 가지고 사고를 수습해야 한다.

2) 영업사원의 모든 조치가 회사 전체를 대표하는 행위로 고객의 서비스 만족 성향을 좌우한다는 신념으로 적극적인 업무자세가 필요하다.

3. 사고화물의 배달 등의 요령

1) 화주의 심정은 상당히 격한 상태임을 생각하고 사고의 책임여하를 떠나 대면할 때 정중히 인사를 한 뒤, 사고경위를 설명한다.
2) 화주와 화물상태를 상호 확인하고 상태를 기록한 뒤, 사고관련 자료를 요청한다.
3) 대략적인 사고처리과정을 알리고 해당 지점 또는 사무소 연락처와 사후 조치사항에 대해 안내를 하고, 사과를 한다.

제2편 화물취급요령

제6장 화물자동차의 종류

제1절 자동차관리법령상 화물자동차 유형별 세부기준

1. 화물자동차

1) 일반형: 보통의 화물운송용인 것

2) 덤프형: 적재함을 원동기의 힘으로 기울여 적재물을 중력에 의하여 쉽게 미끄러뜨리는 구조의 화물운송용인 것

3) 밴형: 지붕구조의 덮개가 있는 화물운송용인 것

4) 특수용도형: 특정한 용도를 위하여 특수한 구조로 하거나, 기구를 장치한 것으로서 위 어느 형에도 속하지 아니하는 화물운송용인 것

2. 특수자동차

1) 견인형: 피견인차의 견인을 전용으로 하는 구조인 것

2) 구난형: 고장·사고 등으로 운행이 곤란한 자동차를 구난·견인할 수 있는 구조인 것

3) 특수작업형: 위 어느 형에도 속하지 아니하는 특수작업용인 것

제2절 산업현장의 일반적인 화물자동차 호칭

1. 보닛 트럭(cab-behind-engine truck)

원동기부의 덮개가 운전실의 앞쪽에 나와 있는 트럭

2. 캡 오버엔진 트럭(cab-over-engine truck)

원동기의 전부 또는 대부분이 운전실의 아래쪽에 있는 트럭

3. 밴(van)

상자형 화물실을 갖추고 있는 트럭이다. 지붕이 없는 것(오픈 톱형)도 포함

4. 픽업(pick up)

화물실의 지붕이 없고, 옆판이 운전대와 일체로 되어 있는 소형 트럭

5. 특수자동차(special vehicle)

1) 다음의 목적을 위하여 설계 및 장비된 자동차

① 특별한 장비를 한 사람 및(또는) 물품의 수송차량

② 특수한 작업 전용

③ 상기 "①"과 "②"를 겸하여 갖춘 것
(예: 차량운반차, 쓰레기 운반차, 모터 캐러반, 탈착 보디 부착 트럭, 컨테이너 운반차 등)

2) 종류

① 특수 용도 자동차(특용차): 특별한 목적을 위하여 보디(차체)를 특수한 것으로 하거나 특수한 기구를 갖추고 있는 특별차
(예:선전 자동차, 구급차, 우편차, 냉장차 등)

② 특수장비차(특장차): 특별한 기계를 갖추고 그것을 자동차의 원동기로 구동할 수 있도록 되어 있는 특수자동차. 별도의 적재 원동기로 구동할 수도 있음(예:탱크차, 덤프차, 믹서 자동차, 위생 자동차, 소방차, 레커차, 냉동차, 트럭크레인, 크레인 붙이 트럭 등)

3) 보통트럭을 제외한 트레일러, 전용특장차, 합리화 특장차는 모두 특별차에 해당되는데, 트레일러나 전용특장차는 특별용도차에, 합리화 특장차는 특별장비차에 주로 해당한다.

6. 냉장차(insulated vehicle)

수송물품을 냉각제를 사용하여 냉장하는 설비를 갖추고 있는 특수용도 자동차

7. 탱크차(tank truck, tank lorry, tanker)

탱크모양의 용기와 펌프 등을 갖추고, 오로지 물·휘발유와 같은 액체를 수송하는 특수 장비차

8. 덤프차(tipper, dump truck, dumper)

화물대를 기울여 적재물을 중력으로 쉽게 미끄러지게 내리는 구조의 특수 장비 자동차로 리어 덤프, 사이드 덤프, 삼전 덤프 등이 있다.

9. 믹서자동차(truck mixer, agitator)

시멘트, 골재(모래·자갈), 물을 드럼 내에서 혼합 반죽(믹싱)해서 콘크리트로 하는 특수 장비 차로 특히, 생 콘크리트를 교반하면서 수송하는 것을 아지테이터(agitator)라고 한다.

10. 레커차(wrecker truck, break down lorry)

크레인 등을 갖추고 고장차의 앞 또는 뒤를 매달아 올려서 수송하는 특수 장비 자동차

11. 트럭 크레인(truck crane)

크레인을 갖추고 크레인 작업을 하는 특수 장비 자동차. 다만, 레커차는 제외

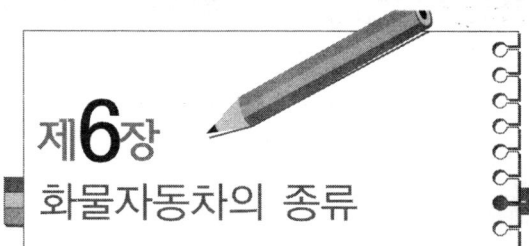

제6장 화물자동차의 종류

12. 크레인 붙이 트럭
차에 실은 화물의 쌓아 내림용 크레인을 갖춘 특수 장비 자동차

13. 트레일러 견인 자동차(trailer-towing vehicle)
주로 풀 트레일러를 견인하도록 설계된 자동차. 풀 트레일러를 견인하지 않는 경우는 트럭으로서 사용할 수 있다.

14. 세미 트레일러 견인 자동차 (semi-trailer-towing vehicle)
세미 트레일러를 견인하도록 설계된 자동차

15. 폴 트레일러 견인 자동차 (pole trailer-towing vehicle)
폴 트레일러를 견인하도록 설계된 자동차

제3절 트레일러의 종류

1. 트레일러의 종류

▶ 트레일러 : 동력을 갖추지 않고, 모터 비이클에 의하여 견인되고, 사람 및(또는) 물품을 수송하는 목적을 위하여 설계되어 도로상을 주행하는 차량을 말한다.
▶ 자동차를 동력부분(견인차 또는 트랙터)과 적하부분(피견인차)으로 나누었을 때, 적하부분을 지칭한다.
▶ 일반적으로 풀 트레일러, 세미 트레일러, 폴 트레일러 3가지로 구분된다. 여기에 돌리(Dolly)를 추가하여 4가지로 구분하기도 한다.

1) 풀 트레일러(Full trailer)
① 풀 트레일러란 트랙터와 트레일러가 완전히 분리되어 있고 트랙터 자체도 적재함을 가지고 있다.
② 총하중이 트레일러만으로 지탱되도록 설계되어 선단에 견인구 즉, 트랙터를 갖춘 트레일러이다.
③ 돌리와 조합된 세미 트레일러는 풀 트레일러로 해석된다. 이 형태는 기준 내 차량으로서 적재톤수(세미 트레일러급 14톤에 대해 풀 트레일러급 17톤), 적재량, 용적 모두 세미 트레일러보다는 유리하다.

2) 세미 트레일러(Semi-trailer)
① 세미 트레일러용 트랙터에 연결하여, 총 하중의 일부분이 견인하는 자동차에 의해서 지탱되도록 설계된 트레일러이다.
② 가동중인 트레일러 중에서는 가장 많고 일반적인 트레일러다.
③ 잡화수송에는 밴형 세미 트레일러, 중량물에는 중량용 세미 트레일러, 또는 중저상식 트레일러 등이 사용되고 있다.
④ 세미 트레일러는 발착지에서의 트레일러 탈착이 용이하고 공간을 적게 차지해서 후진하는 운전을 하기가 쉽다.

3) 폴 트레일러(Pole trailer)
① 기둥, 통나무 등 장척의 적하물 자체가 트랙터와 트레일러의 연결부분을 구성하는 구조의 트레일러이다.
② 파이프나 H형강 등 장척물의 수송을 목적으로 한 트레일러다.
③ 트랙터에 턴테이블을 비치하고, 폴 트레일러를 연결해서 적재함과 턴테이블이 적재물을 고정시키는 것으로, 축 거리는 적하물의 길이에 따라 조정할 수 있다.

4) 돌리(Dolly)
세미 트레일러와 조합해서 풀 트레일러로 하기 위한 견인구를 갖춘 대차를 말한다.

2. 트레일러의 장점

▶ 트레일러 : 대량·신속을 위한 차량, 대형화·경량화 화물적재의 효율성과 안정성, 타 운송수단과 협동일관수송(복합운송)이 가능한 구조를 구비하고 있다. 트레일러의 장점은 다음과 같다.

1) 트랙터의 효율적 이용
트랙터와 트레일러의 분리가 가능하기 때문에 트레일러가 적화 및 하역을 위해 체류하고 있는 중이라도 트랙터 부분을 사용할 수 있으므로 회전율을 높일 수 있다.

2) 효과적인 적재량
자동차의 차량총중량은 20톤으로 제한되어 있으나, 화물자동차 및 특수자동차(트랙터와 트레일러가 연결된 경우 포함)의 경우 차량총중량은 40톤이다.

3) 탄력적인 작업
트레일러를 별도로 분리하여 화물을 적재하거나 하역할 수 있다.

4) 트랙터와 운전자의 효율적 운영
트랙터 1대로 복수의 트레일러를 운영할 수 있으므로 트랙터와 운전사의 이용효율을 높일 수 있다.

5) 일시보관기능의 실현
트레일러 부분에 일시적으로 화물을 보관할 수 있으며, 여유 있는 하역작업을 할 수 있다.

6) 중계지점에서의 탄력적인 이용
중계지점을 중심으로 각각의 트랙터가 기점에서 중계점까지 왕복 운송함으로써 차량운용의 효율을 높일 수 있다.

3. 트레일러의 구조 형상에 따른 종류

1) 평상식(Flat bed, platform and straight-frame trailer)
전장의 프레임 상면이 평면의 하대를 가진 구조로서 일반화물이나 강재 등의 수송에 적합하다.

2) 저상식(Low bed trailer)
적재할 때 전고가 낮은 하대를 가진 트레일러(trailer)로서 불도저나 기중기 등 건설장비의 운반에 적합하다.

3) 중저상식(drop bed trailer)
저상식 트레일러 가운데 프레임 중앙 하대부가 오목하게 낮은 트레일러로서 대형 핫코일(hot coil)이나 중량 블록 화물 등 중량 화물의 운반에 편리하다.

4) 스케레탈 트레일러(skeletal trailer)
컨테이너 운송을 위해 제작된 트레일러로서 전·후단에 컨테이너 고정장치가 부착되어 있으며, 20피트(feet)용, 40피트용 등 여러 종류가 있다.

제6장
화물자동차의 종류

5) 밴 트레일러(van trailer)
하대부분에 밴형의 보데가 장치된 트레일러로서 일반잡화 및 냉동화물 등의 운반용으로 사용된다.

6) 오픈 탑 트레일러(open top trailer)
밴형 트레일러의 일종으로서 천장에 개구부가 있어 채광이 들어가게 만든 고척화물 운반용이다.

7) 특수용도 트레일러
여기에는 덤프 트레일러, 탱크 트레일러, 자동차 운반용 트레일러 등

4. 연결차량의 종류

▶ 연결차량: 1대의 모터 비이클에 1대 또는 그 이상의 트레일러를 결합시킨 것을 말하는데, 통상 트레일러 트럭으로 불리기도 한다.

▶ 연결차량의 종류는
풀 트레일러 연결차량, 세미 트레일러 연결차량, 폴 트레일러 연결차량이 대표적이다.

1) 단차(rigid vehicle)
연결상태가 아닌 자동차 및 트레일러를 지칭하는 말로 연결차량에 대응하여 사용되는 용어이다.

2) 풀 트레일러 연결차량(road train)
① 1대의 트럭, 특별차 또는 풀 트레일러용 트랙터와 1대 또는 그 이상의 독립된 풀 트레일러를 결합한 조합으로, 어느 차량도 특수하거나 그렇지 않아도 좋다.
② 이 차량은 차량 자체의 중량과 화물의 전중량을 자기의 전·후 차축만으로 흡수할 수 있는 구조를 가진 트레일러가 붙어 있는 트럭으로서 트랙터와 트레일러가 완전히 분리되어 있고, 트랙터 자체도 body를 가지고 있다.

[풀 트레일러의 이점]
• 보통 트럭에 비하여 적재량을 늘릴 수 있다.
• 트랙터 한 대에 트레일러 두 세대를 달 수 있어 트랙터와 운전자의 효율적 운용을 도모할 수 있다.
• 트랙터와 트레일러에 각기 다른 발송지별 또는 품목별 화물을 수송할 수 있게 되어 있다.

3) 세미 트레일러 연결차량(articulated road train)
① 1대의 세미 트레일러 트랙터와 1대의 세미 트레일러로 이루는 조합으로서 세미 트레일러는 특수하거나 그렇지 않아도 좋다.
② 이 차량은 자체 차량중량과 적하의 총중량 중 상당부분을 연결장치가 끼워진 세미 트레일러 트랙터에 지탱시키는 하나 이상의 자축을 가진 트레일러를 갖춘 트럭으로서, 트레일러의 일부 하중을 트랙터가 부담하는 형태이다.
③ 잡화수송에는 밴형 세미 트레일러, 중량물에는 중량형 세미 트레일러 또는 중저상식 트레일러 등이 사용되고 있다.
④ 세미 트레일러는 발착지에서의 트레일러 탈착이 용이하고 공간을 적게 차지하며 후진이 용이한 특성을 가지고 있다.

4) 더블 트레일러 연결차량(double road train)
1대의 세미 트레일러용 트랙터와 1대의 세미 트레일러 및 1대의 풀 트레일러로 이루는 조합으로서, 세미 트레일러 및(또는) 풀 트레일러는 특수하거나 그렇지 않아도 좋다.

5) 폴 트레일러 연결차량
1대의 폴 트레일러용 트랙터와 1대의 폴 트레일러로 이루어 조합이다. 대형 파이프, 교각, 대형 목재 등 장척화물을 운반하는 트레일러가 부착된 트럭으로, 트랙터에 장치된 턴테이블에 폴 트레일러를 연결하고, 하대와 턴테이블에 적재물을 고정시켜서 수송한다.

제4절 적재함 구조에 의한 화물자동차의 종류

1. 카고 트럭
1) 하대에 간단히 접는 형식의 문짝을 단 차량으로 일반적으로 트럭 또는 카고 트럭이라고 부른다.
2) 카고 트럭은 우리나라에서 가장 보유대수가 많고 일반화된 것이다.
3) 차종은 적재량 1톤 미만의 소형차로부터 12톤 이상의 대형차에 이르기까지 그 수가 많다.
4) 카고 트럭의 하대는 귀틀(세로귀틀, 가로귀틀)이라고 불리는 받침부분과 화물을 얹는 바닥부분, 그리고 짐 무너짐을 방지하는 문짝의 3개의 부분으로 이루어져 있다.

2. 전용 특장차
▶ 특장차: 차량의 적재함을 특수한 화물에 적합하도록 구조를 갖추거나 특수한 작업이 가능하도록 기계장치를 부착한 차량을 말한다.
▶ 전용특장차: 덤프트럭, 믹서차, 분립체 수송차, 액체 수송차 또는 냉동차 등의 차량을 생각할 수 있다.(냉동차는 저온, 냉장, 냉동을 포함하는 콜드체인의 신장이 기대되고 있는 오늘날 가일층 그 중요성이 높아질 것으로 전망된다.)

1) 덤프트럭
① 덤프 차량은 특장차 중에 대표적인 차종이다.
② 덤프 차량은 적재함 높이를 경사지게하여 적재물을 쏟아 내리는 것으로서 주로 흙, 모래를 수송하는데 사용하고 있다.
③ 무거운 토사를 포크레인 등으로 거칠게 적재하기 때문에 차체는 견고하게 만들어져 있다.

2) 믹서차량
① 믹서차는 적재함 위에 회전하는 드럼을 싣고 이 속에 생 콘크리트를 뒤섞으면서 토목건설 현장 등으로 운행하는 차량이다.
② 보디 부분을 움직이면서 수송하는 기능을 갖고 있다. 대형차가 주류를 이룬다.

3) 벌크차량(분립체 수송차)
① 시멘트, 사료, 곡물, 화학제품, 식품 등 분립체를 자루에 담지 않고 실물상태로 운반하는 차량이다. 일반적으로 벌크차라고 부른다.
② 하대는 밀폐형 탱크 구조로서 상부에서 적재하고 스크루식, 공기압송식, 덤프식 또는 이들을 병용하여 배출한다.

제6장 화물자동차의 종류

③ 이 차량은 적재물에 따라 시멘트 수송차, 사료 운반차 등으로 부른다. 시멘트 수송차량이 가장 많고 그 다음이 사료 수송 차량인데, 식품에서는 밀가루 수송에 사용되는 비율이 높아지고 있다.
④ 이 차량들은 물류면에서 보면 포장의 생략, 하역의 기계화라는 관점에서 대단히 합리적인 차량이라고 할 수 있다.

4) 액체 수송차
① 각종 액체를 수송하기 위해 탱크 형식의 적재함을 장착한 차량이다. 일반적으로 탱크로리라고 불린다.
② 수송하는 종류가 대단히 많으며, 적재물의 명칭을 따서 휘발유 로리, 우유 로리 등으로 부른다.
③ 이 차량은 적재물의 종류에 따라 위험물 탱크로리와 비위험물 탱크로리로 나뉜다.
　㉠ 위험물 탱크로리
　　휘발유, 등유 등 석유제품, 메타놀, 농황산 등 화학제품이 포함되며 소방법에 의해 구조 및 취급상 엄격한 제약을 받고
　㉡ 비위험물 탱크로리
　　우유, 간장 등 식품이 포함되며 소방법의 제약은 없다.

5) 냉동차
① 단열 보디에 차량용 냉동장치를 장착하여 적재함 내에 온도관리가 가능하도록 한 것이다.
② 냉동식품이나 야채 등 온도관리가 필요한 화물수송에 사용된다.
③ 보디는 단열되어 있는데, 냉동장치를 갖추지 않은 것을 보냉고(또는 냉장차)라고 부르며 구별하고 있다.
④ 냉동차는 적재함 내를 냉각시키는 방법에 의해 기계식, 축냉식, 액체질소식, 드라이아이스식으로 분류된다.
⑤ 식료품 가격의 안정을 위해 저온 유통기구(Cold chain)의 정비가 요망되고 있다.
⑥ 콜드 체인이란 신선식품을 냉동, 냉장, 저온상태에서 생산자로부터 소비자의 손에 까지 전달하는 구조를 말한다.

6) 기타
① 기타 특정 화물 수송차로
　승용차를 수송하는 차량 운반차를 비롯, 목재(Chip) 운반차, 컨테이너 수송차, 프레하 전용차, 보트 운반차, 가축 운반차, 말 운반차, 지육 수송차, 병 운반차, 파렛트 전용차, 행거차 등 여러 가지가 있다.
② 이들 화물의 공통적인 사실은 적재하는 화물에 맞는 특정 적재함을 갖추고 있다는 것이다.

3. 합리화 특장차

▶ 합리화 특장차
① 화물을 싣거나 부릴 때에 발생하는 하역을 합리화하는 설비기기를 차량 자체에 장비하고 있는 차를 지칭한다.(합리화란 노동력의 절감, 신속한 적재하차, 화물의 품질유지, 기계화에 의한 하역코스트 절감방법중 하나 이상을 목적으로 한 것인데, 그 중심은 적재하차의 합리화에 있다.)
② 합리화 특장차는 차량 내부의 하역 합리화를 주목적으로 하는 실내 하역기기 장비차, 측면에서 파렛트 등, 롯트(lot) 단위로 짐을 부릴 수 있게 하는 측방 개폐차, 짐부리기 합리화차(쌓기·부리기 합리하차) 및 보디를 트랙터에 붙였다 떼었다 할 수 있는 시스템 차량의 4종류로 분류된다.

1) 실내하역기기 장비차
　이 유형에 속하는 차량의 특징은 적재함 바닥면에 롤러컨베이어, 로더용레일, 파렛트 이동용의 파렛트 슬라이더 또는 컨베이어 등을 장치함으로써 적재함 하역의 합리화를 도모하고 있다는 점이다.

2) 측방 개폐차
　측방 개폐차는 화물에 시트를 치거나 로프를 거는 작업을 합리화하고, 동시에 포크리프트에 의해 짐부리기를 간이화할 목적으로 개발된 것이다. 스태빌라이저차는 보디에 스태빌라이저를 장치하고 수송 중의 화물이 무너지는 것을 방지할 목적으로 개발된 것이다.

3) 쌓기·부리기 합리화차
① 쌓기·부리기 합리화차는 리프트게이트, 크레인 등을 장비하고 쌓기·부리기 작업의 합리화를 위한 차량이다.
② 차량 뒷부분에 리프트게이트를 장치한 리프트게이트 부착 트럭 또는 크레인 부착 트럭 등이 있다.

4) 시스템 차량
① 시스템 차량이란 트레일러 방식의 소형트럭을 가리키며 CB(Changeable body)차 또는 탈착 보디차를 말한다.
② 보디의 탈착 방식으로는 기계식, 유압식, 차의 유압장치를 사용하는 것이 있다.

제2편

화물취급요령 제7장 화물운송의 책임한계

제1절 이사화물 표준약관의 규정

이사화물 표준약관(공정거래위원회, 표준약관 제10035호, 2002.9.4)의 규정에서 정하고 있는 이사화물의 책임한계와 관련된 사항을 살펴보면 다음과 같다.

1. 인수거절(제7조)

1) 이사화물이 다음 각 호의 하나에 해당될 때에는 사업자는 그 인수를 거절할 수 있다.(제1항)
   ① 현금, 유가증권, 귀금속, 예금통장, 신용카드, 인감 등 고객이 휴대할 수 있는 귀중품
   ② 위험물, 불결한 물품 등 다른 화물에 손해를 끼칠 염려가 있는 물건
   ③ 동식물, 미술품, 골동품 등 운송에 특수한 관리를 요하기 때문에 다른 화물과 동시에 운송하기에 적합하지 않은 물건
   ④ 일반이사화물의 종류, 무게, 부피, 운송거리 등에 따라 운송에 적합하도록 포장할 것을 사업자가 요청하였으나 고객이 이를 거절한 물건

2) "1)"의 ① 내지 ④에 해당되는 이사화물이더라도 사업자는 그 운송을 위한 특별한 조건을 고객과 합의한 경우에는 이를 인수할 수 있다.

2. 계약해제(제9조)

1) 고객의 책임 있는 사유로 계약을 해제한 경우에는 다음의 손해배상액을 사업자에게 지급한다. 다만, 고객이 이미 지급한 계약금이 있는 경우에는 그 금액을 공제할 수 있다.
   ① 고객이 약정된 이사화물의 인수일 1일전까지 해제를 통지한 경우: 계약금
   ② 고객이 약정된 이사화물의 인수일 당일에 해제를 통지한 경우: 계약금의 배액

2) 사업자의 책임 있는 사유로 계약을 해제한 경우에는 다음의 손해배상액을 고객에게 지급한다. 다만, 고객이 이미 지급한 계약금이 있는 경우에는 손해배상액과는 별도로 그 금액도 반환한다.
   ① 사업자가 약정된 이사화물의 인수일 2일전까지 해제를 통지한 경우 : 계약금의 배액
   ② 사업자가 약정된 이사화물의 인수일 1일전까지 해제를 통지한 경우 : 계약금의 4배액
   ③ 사업자가 약정된 이사화물의 인수일 당일에 해제를 통지한 경우 : 계약금의 6배액
   ④ 사업자가 약정된 이사화물의 인수일 당일에도 해제를 통지하지 않은 경우 : 계약금의 10배액

3) 이사화물의 인수가 사업자의 귀책사유로 약정된 인수일시로부터 2시간 이상 지연된 경우에는 고객은 계약을 해제하고 이미 지급한 계약금의 반환 및 계약금 6배액의 손해배상을 청구할 수 있다.

3. 손해배상(제14조)

1) 사업자는 자기 또는 사용인 기타 이사화물의 운송을 위하여 사용한 자가 이사화물의 포장, 운송, 보관, 정리 등에 관하여 주의를 게을리 하지 않았음을 증명하지 못하는 한, 고객에 대하여 다음 "2)" 및 "3)"의 이사화물의 멸실, 훼손 또는 연착으로 인한 손해를 배상할 책임을 진다.

2) 사업자의 손해배상은 다음 각 호에 의한다. 다만, 사업자가 보험에 가입하여 고객이 직접 보험회사로부터 보험금을 받은 경우에는, 사업자는 다음 각 호의 금액에서 그 보험금을 공제한 잔액을 지급한다.
   ① 연착되지 않은 경우
      ㉠ 전부 또는 일부 멸실된 경우: 약정된 인도일과 도착장소에서의 이사화물의 가액을 기준으로 산정한 손해액의 지급
      ㉡ 훼손된 경우: 수선이 가능한 경우에는 수선해 주고, 수선이 불가능한 경우에는 '㉠'의 규정함에 의함.
   ② 연착된 경우
      ㉠ 멸실 및 훼손되지 않은 경우: 계약금의 10배액 한도에서 약정된 인도일시로부터 연착된 1시간마다 계약금의 반액을 곱한 금액(연착 시간 수×계약금×1/2)의 지급. 다만, 연착 시간 수의 계산에서 1시간미만의 시간은 산입하지 않음.
      ㉡ 일부 멸실된 경우 : "① 연착되지 않은 경우의 ㉠ 금액" 및 "②연착된 경우의 ㉠"의 금액 지급
      ㉢ 훼손된 경우: 수선이 가능한 경우에는 수선해 주고 "② 연착된 경우의 ㉠"의 금액 지급, 수선이 불가능한 경우에는 "② 연착된 경우의 ㉡"의 규정에 의함.

3) 이사화물의 멸실, 훼손 또는 연착이 사업자 또는 그의 사용인 등의 고의 또는 중대한 과실로 인하여 발생한 때 또는 고객이 이사화물의 멸실, 훼손 또는 연착으로 인하여 실제 발생한 손해액을 입증한 경우에는 사업자는 위 "2)"의 규정에도 불구하고 민법 제393조의 규정에 따라 그 손해를 배상한다.

4. 고객의 손해배상(제15조)

1) 고객의 책임 있는 사유로 이사화물의 인수가 지체된 경우에는, 고객은 약정된 인수일시로부터 지체된 1시간마다 계약금의 반액을 곱한 금액(지체시간수×계약금×1/2)을 손해배상액으로 사업자에게 지급해야 한다. 다만, 계약금의 배액을 한도로 하며, 지체시간수의 계산에서 1시간 미만의 시간은 산입하지 않는다.

2) 고객의 귀책사유로 이사화물의 인수가 약정된 일시로부터 2시간 이상 지체된 경우에는, 사업자는 계약을 해제하고 계약금의

제7장 화물운송의 책임한계

배액을 손해배상으로 청구할 수 있다. 이 경우 고객은 그가 이미 지급한 계약금이 있는 경우에는 손해배상액에서 그 금액을 공제할 수 있다.

5. 면책(제16조)

사업자는 이사화물의 멸실, 훼손 또는 연착이 다음 각 호의 사유로 인한 경우에는 그 손해를 배상할 책임을 지지 아니한다. 다만, 아래 "1)" 내지 "3)"의 사유 발생에 대해서는 자신의 책임이 없음을 입증해야 한다.

1) 이사화물의 결함, 자연적 소모
2) 이사화물의 성질에 의한 발화, 폭발, 물그러짐, 곰팡이 발생, 부패, 변색 등
3) 법령 또는 공권력의 발동에 의한 운송의 금지, 개봉, 몰수, 압류 또는 제3자에 대한 인도
4) 천재지변 등 불가항력적인 사유

6. 멸실·훼손과 운임 등(제17조)

1) 이사화물이 천재지변 등 불가항력적 사유 또는 고객의 책임 없는 사유로 전부 또는 일부 멸실되거나 수선이 불가능할 정도로 훼손된 경우에는, 사업자는 그 멸실·훼손된 이사화물에 대한 운임 등은 이를 청구하지 못한다. 사업자가 이미 그 운임 등을 받은 때에는 이를 반환한다.

2) 이사화물이 그 성질이나 하자 등 고객의 책임 있는 사유로 전부 또는 일부 멸실되거나 수선이 불가능할 정도로 훼손된 경우에는, 사업자는 그 멸실·훼손된 이사화물에 대한 운임 등도 이를 청구할 수 있다.

7. 책임의 특별소멸사유와 시효(제18조)

1) 이사화물의 일부 멸실 또는 훼손에 대한 사업자의 손해배상책임은, 고객이 이사화물을 인도받은 날로부터 30일 이내에 그 일부 멸실 또는 훼손의 사실을 사업자에게 통지하지 아니하면 소멸한다.

2) 이사화물의 멸실, 훼손 또는 연착에 대한 사업자의 손해배상책임은, 고객이 이사화물을 인도받은 날로부터 1년이 경과하면 소멸한다. 다만, 이사화물이 전부 멸실된 경우에는 약정된 인도일부터 기산한다.

3) 위 "1)"·"2)"는 사업자 또는 그 사용인이 이사화물의 일부 멸실 또는 훼손의 사실을 알면서 이를 숨기고 이사화물을 인도한 경우에는 적용되지 아니한다. 이 경우에는 사업자의 손해배상책임은 고객이 이사화물을 인도받은 날로부터 5년간 존속한다.

8. 사고증명서의 발행(제19조)

이사화물이 운송 중에 멸실, 훼손 또는 연착된 경우 사업자는 고객의 요청이 있으면 그 멸실·훼손 또는 연착된 날로부터 1년에 한하여 사고증명서를 발행한다.

9. 관할법원(제20조)

사업자와 고객간의 소송은 민사소송법상의 관할에 관한 규정에 따른다.

제2절 택배 표준약관의 규정

택배 표준약관(공정거래위원회, 표준약관 제10026호, 2007.12.28)에 따른 택배의 책임한계와 관련된 사항을 살펴보면 다음과 같다.

1. 운송물의 수탁거절(제10조)

사업자는 다음 각 호의 경우에 운송물의 수탁을 거절할 수 있다.

1) 고객이 운송장에 필요한 사항을 기재하지 아니한 경우
2) 사업자가 고객에게 운송에 적합하지 아니한 운송물에 대하여 필요한 포장을 하도록 청구하거나, 고객의 승낙을 얻고자 하였으나 고객이 이를 거절하여 운송에 적합한 포장이 되지 않은 경우
3) 사업자가 운송장에 기재된 운송물의 종류와 수량에 관하여 고객의 동의를 얻어 그 참여 하에 이를 확인하고자 하였으나 고객이 그 확인을 거절하거나 운송물의 종류와 수량이 운송장에 기재된 것과 다른 경우
4) 운송물 1포장의 크기가 가로·세로·높이 세변의 합이 (   )cm를 초과하거나, 최장변이 (   )cm를 초과하는 경우
5) 운송물 1포장의 무게가 (   )kg를 초과하는 경우
6) 운송물 1포장의 가액이 300만원을 초과하는 경우
7) 운송물의 인도예정일(시)에 따른 운송이 불가능한 경우
8) 운송물이 화약류, 인화물질 등 위험한 물건인 경우
9) 운송물이 밀수품, 군수품, 부정임산물 등 위법한 물건인 경우
10) 운송물이 현금, 카드, 어음, 수표, 유가증권 등 현금화가 가능한 물건인 경우
11) 운송물이 재생불가능한 계약서, 원고, 서류 등인 경우
12) 운송물이 살아있는 동물, 동물사체 등인 경우
13) 운송이 법령, 사회질서, 기타 선량한 풍속에 반하는 경우
14) 운송이 천재지변, 기타 불가항력적인 사유로 불가능한 경우

2. 운송물의 인도일(제12조)

1) 사업자는 다음 각 호의 인도예정일까지 운송물을 인도한다.
   ① 운송장에 인도예정일의 기재가 있는 경우에는 그 기재된 날
   ② 운송장에 인도예정일의 기재가 없는 경우에는 운송장에 기재된 운송물의 수탁일로부터 인도예정 장소에 따라 다음 일수에 해당하는 날
      ㉠ 일반 지역: 2일
      ㉡ 도서, 산간벽지: 3일

2) 사업자는 수하인이 특정 일시에 사용할 운송물을 수탁한 경우에는 운송장에 기재된 인도예정일의 특정 시간까지 운송물을 인도한다.

3. 수하인 부재시의 조치(제13조)

1) 사업자는 운송물의 인도시 수하인으로부터 인도확인을 받아야 하며, 수하인의 대리인에게 운송물을 인도하였을 경우에는 수하

제17장 휠체어농구의 책임인정하기

휠체어농구사사기시행

4. 손해배상(제20조)

1) 사정자는 자기 또는 사용인, 기타 공동물을 사용하여 하는 사업의 감독자가 지기 공동물을 중대한 과실로 인하여 위를 태만히 한 경우에는 그 손해에 대하여 배상하여야 한다. 단, 공동물이 경영상 및 경우의 인한 손해에 대해 배상하지 않는다.

2) 사정자는 수용인의 부재로 인하여 공동물을 인도할 수 없는 경우, 그 위를 지장 없이, 기타 공동물 반환 후 전매대한 손으로 공동물의 인도하기 전에 사정자에 공동물을 그 사용인을 뜻한다.

그 이외에 공동물이 경영성, 해체 또는 연장이 해당하는 대로 수해배상인정을 하지 아니한다.

5. 사정자의 면책(제22조)

사정자는 경영성, 기타 불가항력적인 사유에 의하여 발생한 공동물의 멸실, 해체 또는 연장이 대하여는 수해배상인정을 지지 아니한다.

4) 공동물의 멸실, 해체 또는 연장이 사정자 또는 그 사용인의 고의 중대한 과실로 인하여 발생한 때에는, 사정자는 "2) 이 중간에도 불구하고 모든 손해를 배상한다.

③ 연장되고 있어 연장 또는 해체된 때: ①, ② 또는 ③에 의한다.

④ 연장되고 있어 멸실 및 해체되지 않은 경우: 예) "2)"에 ③ 중 공동물 인도예정일로 함.

ⓒ 수리가 불가능한 경우: 수리해체 중
ⓑ 수리가 가능한 경우: ①에 의함

2) 그 사이 공동물의 공동물이 가해되어 공동물이 사용자의 손해배상은 다음 각 호에 의한다.

① 연장 멸실된 때: 연료예정일이 있기까지의 공동물 수리가 기준으로 상정된 손해에 대한 지급
② 일부 멸실된 때: 인도 멸실된 인도예정일에서의 공동물 기간을 기준으로 상정한 손해에 대한 지급
③ 해체된 때
ⓑ 수리가 가능한 경우: 수리해체 중
ⓒ 수이 불가능한 경우: ①에 의함
④ 연장되고 있어 연장 또는 해체된 때: 예) "2)"에 ③ 중 공동
운임
⑤ 연장되고 있어 멸실 및 해체되지 않은 때: ③에 ③에 의한다, 인도예정일
운임

4) 공동물의 멸실, 해체 또는 연장이 사정자 또는 그 사용인의 고의 중대한 과실로 인하여 발생한 때에는, 사정자는 "2)"의 규정에도 불구하고 모든 손해를 배상해야 한다.

5. 사정자의 면책(제22조)

사정자는 경영성, 기타 불가항력적인 사유에 의하여 발생한

6. 책임의 특별소멸사유 시효(제23조)

1) 공동물의 일부 멸실 또는 해체에 대한 사정자의 손해배상책은 수취인이 공동물을 수령한 날로부터 14일 이내에 그 일부 멸실 또는 해체의 사정에게 통지를 발송하지 아니하면 소멸한다.

2) 공동물의 일부 멸실 또는 해체에 대한 사정자의 손해배상책은 수취인이 공동물을 수령한 날로부터 1년이 경과하면 소멸한다. 다만, 공동물이 전부 멸실된 경우에는 그 인도예정일로부터 기산한다.

3) "1)"과 "2)"는 사정자 또는 그 사용인이 일부 멸실 및 해체의 사정을 알면서 이를 숨기고 공동물을 인도한 경우에는 적용하지 아니한다. 이 경우에는 사정자의 손해배상채무는 수취인이 공동물을 수령한 날로부터 5년간 존속한다.

실전 문제

01 다음 중 화물 운송장의 역할로 옳지 않은 것은?
① 화물 인수증 역할
② 운송요금 영수증 역할
③ 운송 물품의 광고 역할
④ 계약서 역할

02 다음 중 운송장 기재 시 유의사항으로 옳은 것은?
① 화물 인수 시 적합성 여부를 확인한 다음, 고객이 직접 운송장 정보를 기입하도록 한다.
② 수하인의 주소 및 전화번호가 맞는지 한 번만 확인한다.
③ 특약사항에 대하여 고객에게 고지한 후 특약사항 약관설명 확인필에 서명을 받지 않는다.
④ 도착점의 지역을 잘 알면 코드를 기재하지 않는다.

03 포장의 개념 중 개장에 대한 내용이 아닌 것은?
① 물품 개개의 포장을 말한다.
② 낱개포장(단위포장)이라 한다.
③ 물품의 상품가치를 높이기 위해 또는 물품 개개를 보호하기 위해 적절한 재료, 용기 등으로 물품을 포장하는 방법이다.
④ 물품 또는 포장 물품을 상자, 포대, 나무통 및 금속관 등의 용기에 넣거나 용기를 사용하지 않고 결속하여 기호, 화물 표시 등을 하는 방법이다.

04 다음 중 포장재료의 특성에 의한 분류가 아닌 것은?
① 유연포장
② 방수포장
③ 강성포장
④ 반강성포장

05 특별 품목에 대한 포장 유의사항 중 옳지 않은 것은?
① 손잡이가 있는 박스 물품의 경우 손잡이를 안으로 접어 사각이 되게 한 다음 테이프로 포장한다.
② 가구류의 경우 박스 포장하고 모서리부분을 에어 캡으로 포장처리 후 면책확인서를 받아 집하한다.
③ 서류 등 부피가 작고 가벼운 물품의 경우 집하할 때에는 큰 박스에 넣어 포장한다.
④ 깨지기 쉬운 물품 등의 경우 플라스틱 용기로 대체하여 충격 완화포장을 한다.

06 이사화물의 인수 거절이 가능한 물품이 아닌 것은?
① 현금, 유가증권, 귀금속, 예금통장, 신용카드, 인감 등 고객이 휴대할 수 있는 귀중품
② 위험품, 불결한 물품 등 다른 화물에 손해를 끼칠 염려가 있는 물건
③ 냉장고, 책상 등 혼자 이동하기 어려운 물건
④ 동식물, 미술품, 골동품 등 운송에 특수한 관리를 요하기 때문에 다른 화물과 동시에 운송하기에 적합하지 않은 물건

07 다음은 창고 내 및 입·출고 작업요령을 설명한 것이다 옳지 않은 것은?
① 화물더미의 상층과 하층에서 동시에 작업한다.
② 화물적하장소에 무단으로 출입하지 않는다.
③ 창고 내에서 작업할 때에는 어떠한 경우라도 흡연을 금한다.
④ 상차용 컨베이어(conveyor)를 이용하여 타이어 등을 상차할 때는 타이어 등이 떨어지거나 떨어질 위험이 있는 곳에서 작업을 해선 안 된다.

08 다음 중 화물적재방법에 대한 설명으로 옳지 않은 것은?
① 둥글고 구르기 쉬운 물건은 상자에 넣고 쌓는다.
② 차의 동요로 안정이 파괴되기 쉬운 짐은 로프로 반드시 묶는다.
③ 볼트와 같은 세밀한 물건은 상자에 넣지 않고 쌓는다.
④ 부피가 큰 것을 쌓을 때는 무거운 것은 밑에 가벼운 것은 위에 쌓는다.

09 다음 중 수작업 운반기준에 대한 설명으로 잘못된 것은?
① 얼마동안 시간 간격을 두고 되풀이되는 소량취급 작업
② 취급물품의 형상, 성질, 크기 등이 일정한 작업
③ 취급물품이 경량물인 작업
④ 두뇌작업이 필요한 작업(분류, 판독, 검사)

정답 ◐ 01.③ 02.① 03.④ 04.② 05.③ 06.③ 07.① 08.③ 09.②

실전 문제

화물운송종사자격시험

10 다음 중 고압가스의 취급에 대한 설명으로 틀린 것은?

① 200km이상의 거리를 운행하는 경우에는 중간에 휴식을 취하지 않고 운전할 것

② 고압가스를 운반할 때는 그 고압가스의 명칭, 성질 및 이동 중의 재해방지를 위해 필요한 주의 사항을 기재한다.

③ 고압가스를 적재하여 운반하는 차량은 차량의 고장, 교통사정 또는 운반책임자, 운전자의 휴식 등 부득이한 경우를 제외하고는 장시간 정차하지 않는다.

④ 노면이 나쁜 도로를 운행한 후에는 일시정지하여 적재 상황, 용기밸브, 로프 등의 풀림 등이 없는 것을 확인 할 것.

11 다음 중 슈링크 방식의 결점에 대해 설명한 것은 어느 것인가?

① 쌓은 화물의 압력이나 진동·충격으로 밴드가 느슨해진다.

② 밴드가 걸리지 않은 부분의 화물이 튀어나온다.

③ 진동하면 튀어오르기 쉽다.

④ 통기성이 없고, 고열(120~130℃)의 터널을 통과하므로 상품에 따라서는 이용할 수가 없고, 비용이 많이 든다.

12 다음 중 파렛트 쌓기의 수하역의 경우 낙하의 높이는?

① 20cm 정도 ② 30cm 정도
③ 40cm 정도 ④ 50cm 정도

13 트랙터의 운행에 따른 일반적인 주의 사항이 아닌 것은?

① 규정속도로 운행한다.

② 화물을 편중되게 적재하지 않는다.

③ 정량을 약간 초과해도 상관이 없다.

④ 올바른 운전조작과 철저한 예방정비 점검을 실시한다.

14 화물 인수요령에 대한 설명으로 적합하지 않은 것은?

① 운송인의 책임은 물품을 인수하기 전 배차를 받은 시점부터 발생한다.

② 포장 및 운송장 기재 요령을 반드시 숙지하고 인수에 임한다.

③ 집하 자제품목 및 집하 금지품목의 경우는 그 취지를 알리고 양해를 구한 후 정중히 거절한다.

④ 제주도 및 도서지역인 경우 그 지역에 적용되는 부대비용 (항공료, 도선료)을 수하인에게 징수할 수 있음을 반드시 알려주고 양해를 구한 뒤 인수한다.

15 다음 중 사업자가 운송물의 수탁을 거절할 수 있는 경우가 아닌 것은?

① 운송물 1포장의 가액이 50만원을 초과하는 경우

② 운송물이 화약류, 인화물질 등 위험한 물건인 경우

③ 운송물이 현금, 카드, 어음, 수표, 유가증권 등 현금화가 가능한 물건인 경우

④ 운송이 법령, 사회질서, 기타 선량한 풍속에 반하는 경우

16 운송사업자가 이사화물의 멸실, 훼손 또는 연착에 대한 면책 사유로 보기 어려운 것은?

① 교통사고 발생으로 인한 제품 파손

② 이사화물의 결함, 자연적 소모

③ 이사화물의 성질에 의한 발화, 폭발, 물그러짐, 곰팡이 발생, 부패, 변색 등

④ 법령 또는 공권력의 발동에 의한 운송의 금지, 개봉, 몰수, 압류 또는 제3자에 대한 인도

17 김치, 젓갈, 한약류 등 수량에 비해 포장이 약한 경우에 일어나는 화물 사고는?

① 파손사고

② 분실사고

③ 내용물 부족사고

④ 오손사고

18 화물 자동차 중 적재함을 원동기의 힘으로 기울여 적재물을 중력에 의하여 쉽게 미끄러뜨리는 구조의 화물운송용인 것은?

① 특수용도형

② 밴형

③ 덤프형

④ 일반형

19 다음 중 특별한 기계를 갖추고 그것을 자동차의 원동기로 구동할 수 있도록 되어 있는 특수 장비차인 것은 어느 것인가?

① 구급차

② 믹서자동차

③ 우편차

④ 냉각차

20 산업현장의 일반적인 화물자동차 호칭 중 냉각제를 이용하여 수송물품을 냉장하는 설비를 갖추고 있는 특별용도차는?

① 냉각차

② 덤프차

③ 트럭 크레인

④ 크레인 붙이 트럭

21 트레일러의 구조 형상에 따른 종류 중 적재할 때 전고가 낮은 하대를 가진 트레일러(trailer)로서 불도저나 기중기 등 건설장비의 운반에 적합한 것은?

① 평상식 ② 스케레탈 트레일러
③ 저상식 ④ 밴 트레일러

정답 10.① 11.④ 12.③ 13.③ 14.① 15.① 16.① 17.④ 18.③ 19.② 20.① 21.③

실전 문제

22 사업자의 책임 사유로 이사화물 계약을 해제한 경우의 손해배상액에 대한 설명으로 옳지 않은 것은?
① 사업자가 약정된 이사화물의 인수일 2일전까지 해제를 통지한 경우: 계약금의 배액
② 사업자가 약정된 이사화물의 인수일 1일전까지 해제를 통지한 경우: 계약금의 3배액
③ 사업자가 약정된 이사화물의 인수일 당일에 해제를 통지한 경우: 계약금의 6배액
④ 사업자가 약정된 이사화물의 인수일 당일에도 해제를 통지하지 않은 경우: 계약금의 10배액

23 인도 받은 이사화물의 일부 멸실 또는 훼손이 있었다면 고객은 이사화물을 인도받은 날로부터 며칠 이내에 사업자에게 이를 통지 하여야 하는가?
① 7일
② 10일
③ 15일
④ 30일

24 다음 중 운반 작업 시 수작업 운반기준에 해당하지 않는 것은?
① 두뇌작업이 필요한 작업
② 취급물품의 형상, 성질, 크기 등이 일정한 작업
③ 얼마동안 시간 간격을 두고 되풀이하는 소량취급 작업
④ 취급물품이 경량물인 작업

25 일반적으로 사용하는 취급 표지의 전체 높이의 종류가 아닌 것은?
① 50mm
② 100mm
③ 150mm
④ 200mm

26 다음은 과적 차량 통행이 도로포장에 미치는 영향이다 틀린 것은 어느 것인가?

보기	축하중	도로에 치미는 영향	파손비율
①	10톤	승용차 7만대 통행과 같은 도로파손	1.0배
②	11톤	승용차 15만대 통행과 같은 도로파손	1.5배
③	13톤	승용차 21만대 통행과 같은 도로파손	3.0배
④	15톤	승용차 39만대 통행과 같은 도로파손	5.5배

27 다음 중 세미 트레일러에 대한 설명이 아닌 것은?
① 파이프나 H형강 등 장척물의 수송을 목적으로 한 트레일러다.
② 가동중인 트레일러 중에서는 가장 많고 일반적인 트레일러다.
③ 발착지에서의 트레일러 탈착이 용이하고 공간을 적게 차지해서 후진하는 운전을 하기가 쉽다.
④ 잡화수송에는 밴형 세미 트레일러, 중량물에는 중량용 세미 트레일러, 또는 중저상식 트레일러 등이 사용되고 있다.

28 성인남자가 단독으로 화물을 일시적으로 운반하고자 할 때 운반중량으로 적정한 것은?
① 25~30kg
② 15~20kg
③ 10~15kg
④ 5~10kg

29 고객이 운송장에 운송물의 가액을 기재하지 않은 경우 사업자의 손해배상책임에 대한 설명으로 옳지 않은 것은?
① 전부 멸실된 때는 인도예정일의 인도 예정 장소에서의 운송물 가액을 기준으로 산정한 손해액의 지급
② 일부 멸실된 때는 인도일의 인도 장소에서의 운송물 가액을 기준으로 산정한 손해액의 지급
③ 훼손 되었으나 수선이 가능한 경우에는 수선을 해 준다.
④ 훼손 되어 수선이 불가능한 경우에는 수선예상비용을 준다.

30 특별 품목에 대한 포장 유의사항으로 옳지 않은 것은?
① 손잡이가 있는 박스 물품의 경우는 손잡이를 안으로 접어 사각이 되게 한 다음 테이프로 포장한다.
② 휴대폰 및 노트북 등 고가품의 경우 내용물이 파악되지 않도록 별도의 박스로 이중 포장한다.
③ 배나 사과처럼 좌우에서 들 수 있도록 되어있는 물품은 손잡이 부분의 구멍을 테이프로 막아 내품의 부족을 방지한다.
④ 가구류는 박스 포장하지 않고 테이프로 문, 서랍 등을 붙인 후 집하한다.

31 다음 중 각종 액체를 수송하기 위해 탱크 형식의 적재함을 장착한 차량은?
① 냉동차
② 분·입체 수송차
③ 액체 수송차
④ 믹서차량

32 다음 중 운반 작업 시 수작업 보다는 기계작업 운반이 요구되는 경우는?
① 취급물품이 경량물인 작업
② 표준화되어 있어 지속적이고 운반량이 많은 작업
③ 취급물의 형상, 성질, 크기 등이 일정하지 않은 작업
④ 두뇌작업이 필요한 작업

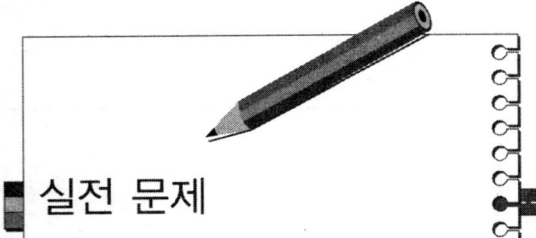

실전 문제

33 저장시설로부터 차량에 고정된 탱크에 가스를 주입하는 이입 작업시 운전자의 위치로 옳은 것은?

① 이입하는 차량의 운전석

② 수입시설 쪽에 있는 차단 밸브에 위치

③ 만일의 화재에 대비하여 소화기 옆에 위치

④ 탱크로리차량의 긴급차단장치 부근에 위치

34 트레일러에 대한 설명으로 옳지 않은 것은?

① 동력을 갖추지 않고, 모터 비이클에 의하여 견인되고, 사람 및(또는) 물품을 수송하는 목적을 위하여 설계 및 장비된 도로상을 주행하는 차량을 말한다.

② 트레일러는 일반적으로 세미 트레일러, 풀 트레일러, 폴 트레일러의 3가지로 대별되며 돌리(dolly)를 추가하여 4가지로 대별하기도 한다.

③ 트레일러는 견인차를 말한다.

④ 트레일러는 대량·신속을 위한 차량, 대형화·경량화 화물 적재의 효율성과 안정성, 타 운송수단과 협동일관수송(복합운송)이 가능한 구조를 구비하고 있다.

정답 ◎ 33.④ 34.③

제3편 운전면허

제1장 교통사고의 정의

제2장 공주거리 운전자 인지과 반응운전행동

- 제1절 운전능력
- 제2절 사고의 원리
- 제3절 운전피로
- 제4절 음향자
- 제5절 음주와 운전
- 제6절 교통약자
- 제7절 고령운전자
- 제8절 사업용자동차 안전운전
- 제9절 불법 운전

제3장 자동차 인지과 인지과 반응운전행동

- 제1절 주요 인지 장치
- 제2절 물리 관련 인식
- 제3절 정지시거리 정지시간
- 제4절 자동차의 방향안정 원인
- 제5절 자동차 운동상 큰 요인 반응

제4장 도로환경과 인지과 반응운전행동

- 제1절 도로의 상황과 교통사고
- 제2절 불량한 교통사고

제5장 인지과 반응

- 제1절 방어운전
- 제2절 상황별 공간
- 제3절 계절별 운전
- 제4절 위험물 운송
- 제5절 고속도로 운전상황

▶ 인지과제

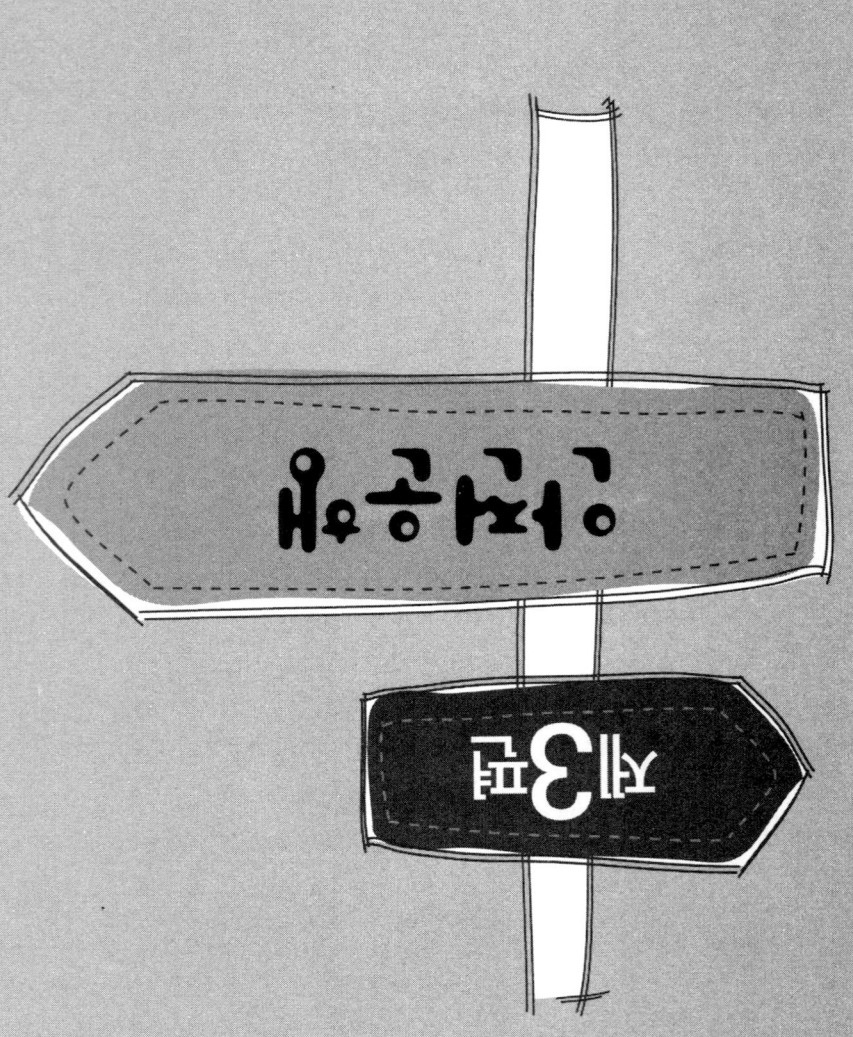

제3편 안전운행 제1장 교통사고의 요인

1. 도로교통체계를 구성하는 요소

1) 운전자 및 보행자를 비롯한 도로사용자
2) 도로 및 교통신호등 등의 환경
3) 갖가지의 차량들
   (이 요소들이 제기능을 다하지 못할 경우 체계의 이상이 발생하고, 그 결과는 교통사고를 비롯한 갖가지 교통문제로 연결될 수 있다.)

2. 교통사고의 3대 요인

1) 운전자나 보행자 등과 같은 인적요인
   인적요인은 신체, 생리, 심리, 적성, 습관, 태도 요인 등을 포함하는 것으로 운전자 또는 보행자의 신체적 생리적 조건, 위험의 인지와 회피에 대한 판단, 심리적 조건 등과 운전자의 적성과 자질, 운전습관, 내적태도 등에 관한 것이다.
2) 차량요인
   차량요인은 차량구조장치, 부속품 또는 적하(積荷) 등이 있다.
3) 도로 · 환경요인(도로 · 환경요인을 도로요인과 환경요인으로 나누어 4대 요인으로 분류하기도 한다.)

① 도로요인
   도로구조, 안전시설 등에 관한 것으로 도로구조는 도로의 선형, 노면, 차로수, 노폭, 구배 등에 관한 것이며 안전시설은 신호기, 노면표시, 방호책 등 도로의 안전시설에 관한 것을 포함하는 개념을 말한다.
② 환경요인
   자연환경, 교통환경, 사회환경, 구조환경 등의 하부요인으로 구성된다.
   ㉠ 자연환경
      기상, 일광 등 자연조건에 관한 것
   ㉡ 교통환경
      차량 교통량, 운행차 구성, 보행자 교통량 등 교통상황에 관한 것
   ㉢ 사회환경
      일반국민 · 운전자 · 보행자 등의 교통도덕, 정부의 교통정책, 교통단속과 형사처벌 등에 관한 것
   ㉣ 구조환경
      교통여건변화, 차량점검 및 정비관리자와 운전자의 책임한계 등에 대한 것
      (*교통사고는 위 3대 또는 4대 요인 중 하나의 요인만으로 설명될 수 있으나 대부분의 교통사고는 둘 이상의 요인들이 복합적으로 작용하면서 발생한다.)

제3편 안전운행 제2장 운전자 요인과 안전운행

제1절 운전특성

1. 인지판단조작

1) 인지
   자동차를 운행하고 있는 운전자는 교통상황을 알아차리는 것
2) 판단
   어떻게 자동차를 움직여 운전할 것인가를 결정하는 것
3) 조작
   그 결정에 따라 자동차를 움직이는 운전행위에 이르는 것
   (운전자는 "인지-판단-조작"의 과정을 수없이 반복하는데, 운전자 요인에 의한 교통사고는 이 세 가지 과정의 어느 특정한 과정 또는 둘 이상의 연속된 과정의 결함에서 비롯 된다.)
① 운전자 요인에 의한 교통사고
   인지과정의 결함에 의한 사고가 가장 많으며, 이어서 판단과정의 결함, 조작과정의 결함 순이다.
② 교통사고의 예방과 교통의 안전을 확립하기 위한 방법

제2장 운전자 요인과 안전운행

운전자의 인지, 판단, 조작에 영향을 미치는 심리적 · 생리적 요인 등에 대한 고려가 병행되어야 한다.
(인적요인은 차량요인, 도로환경요인 등 다른 요인에 비하여 변화시키거나 수정이 상대적으로 매우 어렵기 때문에 계획적이고 체계적인 교육, 훈련, 지도, 계몽 등을 통하여 지속적인 변화를 추구하여야 성과를 이룰 수 있다.)

2. 운전특성

1) 운전자의 정보처리과정
   ① 감각기관의 수용기로부터 들어온 차량 내 · 외의 교통정보(운전정보)는 구심성 신경을 통하여 뇌로 전달된다.
   ② 교통정보는 당해 운전자의 지식 · 경험 · 사고 · 판단을 바탕으로 의사결정과정을 거쳐 다시 원심성 신경을 통해 효과기(운동기)로 전달되어 운전조작행위가 이루어진다.
   ③ 이러한 과정은 매우 짧은 순간에 행해지며, 동시에 수정 · 보완되는 피드백(Feed-Back) 과정을 끊임없이 반복한다.

2) 운전행위로 연결되는 운전과정에 영향을 미치는 운전자의 조건
   ① 신체 · 생리적 조건: 피로, 약물, 질병 등이 있다.
   ② 심리적 조건: 흥미, 욕구, 정서 등이 있다.
   (이들은 인간과 차량의 정보처리과정 또는 행동을 촉진하거나 억제한다.)

3) 운전특성은 일정하지 않고 사람 간에 개인차가 있다.
   ① 개인 내에 있어서도 그의 신체 · 생리적 및 심리적 상태가 항상 일정하지 않다.
   ② 환경조건과의 상호작용이 매우 가변적이기 때문에 인간의 운전행위를 일정하게 유지시킬 수 없다.
   (이러한 인간의 특성은 운전뿐 아니라 인간행위, 삶 자체에도 큰 영향을 미친다.)

제2절 시각특성

1) 운전자는 운전 중 필요한 정보를 시각에 대부분 의존한다.

2) 도로교통법령 규정의 운전면허결격사유 중 "앞을 보지 못하는 사람에게 운전면허를 발급할 수 없다"라고 한 것은 운전에서 차지하는 시각의 비중이 크다는 것을 말해주는 것이다.
   (앞을 볼 수 있다고 하여 자동차 운전에 필요한 시각적인 적성을 다 갖춘 것은 아니다.)

3) 도로교통법령은 시력, 색채식별에 관한 기준을 정하고 있으며, 이 기준에 미달되면 운전면허를 발급하지 않는다.
   ▶운전과 관련되는 시각의 특성
   ㉠ 운전자는 운전에 필요한 대부분의 정보를 시각을 통하여 획득한다.
   ㉡ 속도가 빨라질수록 시력은 떨어진다.
   ㉢ 속도가 빨라질수록 시야의 범위가 좁아진다.
   ㉣ 속도가 빨라질수록 전방주시점은 멀어진다.

1. 정지시력

1) 정지시력
   아주 밝은 상태에서 1/3인치(0.85cm) 크기의 글자를 20피트(6.10m)거리에서 읽을 수 있는 사람의 시력을 말한다.(정상시력은 20/20으로 나타낸다.)
   • 5m 거리에서 흰 바탕에 검정으로 그린 란돌트 고리시표(직경 7.5mm, 굵기와 틈의 폭이 각각 1.5mm)의 끊어진 틈을 식별할 수 있는 시력을 말하며, 이 경우의 정상시력은 1.0으로 나타낸다. 이는 10m 거리에서 15mm 크기의 글자를 읽을 수 있더라도 정상시력은 1.0이 된다. 만약 5m 떨어진 거리에서 크기 15mm의 문자를 판독할 수 있다면 이 경우의 시력은 0.5가 된다.

2. 시력기준(도로교통법 시행령 제45조)
우리나라 도로교통법령에 정한 시각(교정시력을 포함)

1) 제1종 운전면허에 필요한 시력은 "두 눈을 동시에 뜨고 잰 시력이 0.8이상, 양쪽 눈의 시력이 각각 0.5이상"이어야 한다.다만, 한쪽 눈을 보지 못하는 사람이 보통면허를 취득하려는 경우에는 다른 쪽 눈의 시력이 0.8 이상이고, 수평시야가 120도 이상이며, 수직시야가 20도 이상이고, 중심시야 20도 내 암점 또는 반맹이 없어야 한다.

2) 제2종 운전면허에 필요한 시력은 "두 눈을 동시에 뜨고 잰 시력이 0.5이상 다만, 한쪽 눈을 보지 못하는 사람은 다른 쪽 눈의 시력이 0.6이상"이어야 한다.

3) 붉은색, 녹색 및 노란색을 구별할 수 있어야 한다.

3. 동체시력

1) 동체시력
   자동차, 사람 등과 같이 움직이는 물체 또는 운전하면서 다른 자동차나 사람 등의 물체를 보는 시력을 말한다.

2) 동체시력의 특성
   ① 동체시력
   ㉠ 물체의 이동속도가 빠를수록 상대적으로 저하된다.
   (즉 정지시력이 1.2인 사람이 시속 50km로 운전하면서 고정된 대상물을 볼 때의 시력은 0.7이하로, 시속 90km이라면 시력이 0.5이하로 떨어진다.)
   ㉡ 연령이 높을수록 더욱 저하된다.
   ㉢ 장시간 운전에 의한 피로상태에서도 저하된다.

4. 야간시력

1) 야간의 시력저하
   ① 많은 사람들이 야간운전의 어려움을 토로하는데 특히 해질무렵이 가장 운전하기 힘든 시간이라고 한다.
   ② 전조등을 비추어도 주변의 밝기와 비슷하고 의외로 다른 자동차나 보행자를 보기가 어렵기 때문이다.
   ③ 야간에는 어둠으로 인해 대상물을 명확하게 보기 어렵다.
   (이런 것들이 황혼 무렵이나 야간의 운전을 어렵게 만드는 것이며, 이러한 결점들을 보완하기 위하여 차량의 전조등이나 가로등이 사용된다.)

2) 야간시력과 주시대상
① 사람이 입고 있는 옷 색깔의 영향
  ㉠ 야간에 하향 전조등만으로 무엇인가 있다는 것을 인지하기 쉬운 옷 색깔은 흰색, 엷은 황색의 순이며 흑색이 가장 어렵다.
  ㉡ 주시대상인 사람이 움직이는 방향을 알아맞추는 데 가장 쉬운 옷 색깔은 적색이며 흑색이 가장 어려웠다.
    (흑색의 경우는 신체의 노출정도에 따라 영향을 받는데 노출정도가 심할수록 빨리 확인할 수 있다.)
② 통행인의 노상위치와 확인거리
  ㉠ 주간의 경우
    운전자는 중앙선에 있는 통행인을 갓길에 있는 사람보다 쉽게 확인이 가능하다.
  ㉡ 야간의 경우
    대향차량간의 전조등에 의한 현혹현상(눈부심현상)으로 중앙선상의 통행인을 우측 갓길에 있는 통행인보다 확인하기 어렵다.
③ 야간운전 주의사항
  ㉠ 운전자가 눈으로 식별할 수 있는 시야의 범위가 좁아진다.
  ㉡ 마주 오는 차의 전조등 불빛 때문에 현혹되는 경우 물체식별이 어려워진다. 따라서 마주오는차의 전조등 불빛으로 눈이 부실 때에는 시선을 약간 오른쪽으로 돌려 눈부심을 방지하도록 한다.
  ㉢ 술에 취한 사람이 갑자기 차도로 뛰어드는 경우가 있으므로 주의해야 한다.
  ㉣ 전방이나 좌우 확인이 어려운 신호등 없는 교차로나 커브길 진입 직전에는 전조등 (상향과 하향을 2~3회 변환)으로 자기 차가 진입하고 있음을 알려 사고를 방지한다.
  ㉤ 보행자와 자동차의 통행이 많은 도로에서는 항상 전조등의 방향을 하향으로 한 뒤에 운행하여야 한다.

5. 명순응과 암순응

1) 암순응
일광 또는 조명이 밝은 조건에서 어두운 조건으로 변할 때 사람의 눈이 그 상황에 적응하여 시력을 회복하는 것을 말한다. 즉, 맑은 날 낮시간에 터널 밖을 운행하던 운전자가 갑자기 터널같은 어두운 곳으로 주행하는 순간 일시적으로 일어나는 운전자의 심한 시각장애를 말하며, 시력회복이 명순응에 비해 매우 느리다.
(상황에 따라 다르지만 대계의 경우 완전한 암순응에는 30분 혹은 그 이상 걸리며 이것은 빛의 강도에 좌우된다(터널은 5~10초). 주간 운전 시 터널에 막 진입하였을 때 더욱 조심스러운 안전운전이 요구되는 이유이기도 하다.)

2) 명순응
일광 또는 조명이 어두운 조건에서 밝은 조건으로 변할 때 사람의 눈이 그 상황에 적응하여 시력을 회복하는 것을 말한다. 즉, 암순응과는 반대로 어두운 터널을 벗어나 밝은 도로로 주행할 때 운전자가 일시적으로 주변의 눈부심으로 인해 물체가 보이지 않는 시각장애를 말한다.
(상황에 따라 다르지만 명순응에 걸리는 시간은 암순응보다 빨라 수초~1분에 불과하다.)

6. 심시력
전방에 있는 대상물까지의 거리를 목측하는 것을 심경각이라고 하며, 그 기능을 심시력이라고 한다.
(심시력의 결함은 입체공간 측정의 결함으로 인한 교통사고를 초래할 수 있다.)

7. 시야

1) 시야와 주변시력
① 시야
  ㉠ 정지한 상태에서 눈의 초점을 고정시키고 양쪽 눈으로 볼 수 있는 범위를 말한다.(정상적인 시력을 가진 사람의 시야범위는 180°~200°이다.)
  ㉡ 시야 범위 안에 있는 대상물이라 할지라도 시축에서 벗어나는 시각(視角)에 따라 시력이 저하된다. 그 정도는 시축(視軸)에서 시각 약 3° 벗어나면 약80%, 약 6° 벗어나면 약 90%, 12° 벗어나면 약 99%가 저하된다.
  ㉢ 주행중인 운전자는 전방의 한 곳에만 주의를 집중하는 것보다는 시야를 넓게 가져 주시점을 끊임없이 이동시키거나 머리를 움직여 상황에 대응하는 운전을 하는 것이 좋다.
    (한 쪽 눈의 시야는 좌·우 각각 약 160° 정도이며 양쪽 눈으로 색채를 식별할 수 있는 범위는 약 70°이다.)

2) 속도와 시야
① 시야의 범위는 자동차 속도에 반비례하여 좁아진다.
② 정상시력을 가진 운전자의 정지 시 시야범위는 약 180~200도이지만, 매시 40km로 운전 중이라면 운전자의 시야범위는 약 100도, 매시 70km면 약 65도, 매시100km면 약 40도로 속도가 높아질수록 시야의 범위는 점점 좁아진다.

3) 주의의 정도와 시야
① 어느 특정한 곳에 주의를 집중하였을 경우 시야의 범위는 집중의 정도에 비례하여 좁아진다.
② 운전 중 불필요한 것에 주의를 집중하였다면 주의를 집중한 것에 비례하여 시야범위가 좁아지고 교통사고의 위험은 그만큼 커지게 된다.

8. 주행시공간의 특성

1) 속도가 빨라지면 빨라질수록 주시점은 멀어지고 시야는 좁아진다.
  • 사람이 빠른 속도에 대비하여 위험을 그만큼 먼저 파악하고, 자동적으로 대응하기 때문이다.

2) 속도가 빨라질수록 근경(가까운 경치)은 더욱 흐려지고, 작고 복잡한 대상은 확인하기 어렵게 된다.
  • 고속주행로상에 설치하는 표지판을 크고 단순하게 만든 것은 이런 점을 고려한것이다.

제2장
운전자 요인과 안전운행

화물운송종사자격시험

제3절 사고의 심리

1. 사고의 원인과 요인

1) 교통사고의 원인
안전 불감증, 주의 위반 , 졸음운전, 음주 운전 등이 있다.

2) 교통사고의 요인
교통사고의 요인이란 교통사고원인을 초래한 인자를 말하는 것이다. 그러나 요인이 꼭 교통사고로 연결되는 것은 아니다.

3) 교통사고의 요인은 간접적 요인, 중간적 요인, 직접적 요인 등 3가지로 구분된다.
① 간접적 요인
   교통사고 발생을 용이하게 한 상태를 만든 조건을 말하는 것으로 운전자에 대한 홍보활동결여, 훈련의 결여, 차량의 운전 전 점검습관의 결여, 안전운전을 위하여 필요한 교육 태만, 안전지식 결여, 무리한 운행계획, 직장이나 가정에서의 인간관계불량 등이 있다.
② 중간적 요인
   운전자의 지능, 운전자 성격, 운전자 심신기능, 불량한 운전 태도, 음주·과로 등과 관계있다.
   (중간적 요인만으로는 교통사고와 직결되지 않는다. 다만 직접적 요인이나 간접적 요인과 복합적으로 작용하였을 경우에 교통사고가 발생하게 된다.)
③ 직접적 요인
   사고와 직접 관계있는 것으로 과속 등과 같은 법규위반, 위험 인지의 지연, 운전조작의 잘못, 잘못된 위기대처 등이 있다.
   (교통사고 방지대책을 마련하고 시행할 때에는 직접적 요인만큼이나 간접적 요인도 고려하여야 한다.)

2. 사고의 심리적 요인

1) 교통사고 운전자의 특성
교통사고를 유발한 운전자의 특성
① 선천적 능력의 부족
   • 타고난 심신기능의 특성 부족
② 후천적 능력의 부족
   • 학습에 의해서 습득한 운전에 관계되는 지식과 기능의 부족
③ 바람직한 동기와 사회적 태도의 결여
   • 각양의 운전 상태에 대하여 인지, 판단, 조작하는 태도의 결여
④ 불안정한 생활환경

2) 착각
착각은 사람이 태어날 때부터 지닌 감각에 속한다.
▶착각의 정도는 사람에 따라 다소 차이가 있다.
① 크기의 착각
   어두운 곳에서는 가로의 폭보다는 세로의 폭을 보다 넓은 것으로 판단한다.
② 원근의 착각
   작은 것이 멀리 있는 것처럼, 덜 밝은 것은 멀리 있는 것으로 느껴진다.
③ 경사의 착각
   ㉠ 경사가 작은 것은 실제보다 작게, 경사가 큰 것은 실제보다 크게 보인다.

   ㉡ 오름 경사는 실제보다 크게, 내림경사는 실제보다 작게 보인다.
④ 속도의 착각
   ㉠ 주시점이 가까운 좁은 시야에서는 빠르게 느껴진다. 비교 대상이 먼 곳에 있을 때는 느리게 느껴진다.
   ㉡ 상대 가속도감(반대방향), 상대 감속도감(동일방향)을 느낀다.
⑤ 상반의 착각
   ㉠ 주행 중 급정거를 했을 때 반대방향으로 움직이는 것처럼 보인다.
   ㉡ 큰 것들 가운데 있는 작은 물건은, 작은 물건들 가운데 있는 같은 물건보다 작아 보인다.
   ㉢ 한쪽 방향의 곡선을 보고 반대 방향의 곡선을 봤을 경우 실제보다 더 구부러져 있는 것처럼 보인다.

3) 예측의 실수
① 감정이 격앙된 경우
② 고민거리가 있는 경우
③ 시간에 쫓기는 경우

제4절 운전피로

1. 운전피로

1) 운전 작업 중에 일어나는 신체적인 변화와 심리적으로 느끼는 무기력감, 객관적으로 측정되는 운전기능의 저하를 말하는 것이다.
(운전 환경에서 오는 운전피로는 신체적 피로와 정신적 피로를 동시에 가져오는데, 신체적인 부담보다는 심리적 부담이 더 크다.)

2) 운전피로의 특징과 요인
① 운전피로의 특징
   피로의 증상은 온 몸에 전반적으로 나타나고 이는 나른함이나 불쾌감 같은 대뇌의 피로를 불러온다.
   • 단순한 운전피로는 휴식을 취하면 빠른 시간 내에 회복이 되나 정신적, 심리적 피로는 신체적 부담에 의해 생기는 피로이므로 일반적 피로보다 회복하는데 시간이 오래 걸린다. (피로는 운전하는데 생략이나 착오가 발생할 수 있다는 위험신호이다.)
② 운전피로의 요인
   ㉠ 생활요인: 수면, 생활환경 등
   ㉡ 운전작업중의 요인: 차내환경, 차외환경, 운행조건 등
   ㉢ 운전자 요인: 신체조건, 경험조건, 연령조건, 성별조건, 성격, 질병 등

2. 피로와 교통사고

1) 피로의 진행과정
① 피로의 정도가 지나치게 되면 과로가 되고, 정상적인 운전이 곤란해진다.
② 피로 또는 과로 상태 시엔 졸음운전을 하게 될 수 있고 이는 교통사고로 이어질 수 있다.
③ 연속운전은 일시적으로 급성피로를 불러온다.
④ 매일 시간상 또는 거리상으로 일정 수준 이상으로 무리하게

제2장 운전자 요인과 안전운행

운전을 하면 만성피로를 불러한다.

2) 운전피로와 교통사고
대부분의 운전피로는 운전조작의 잘못, 주의력 집중의 편재, 외부의 정보를 차단하는 졸음 등을 불러오게 되고, 교통사고의 직접 또는 간접적인 원인이 된다.

3) 장시간 연속운전
장시간동안 연속운전을 하게 되면 심신의 기능을 현저히 저하시키게 된다. 따라서 운행계획을 세울 때 휴식시간을 정하는 등의 생활 관리를 철저히 해야 한다.

4) 수면부족
적당한 수면을 취하지 못한 운전자는 교통사고를 일으킬 가능성이 높으기 때문에 운전계획이 세워지면 출발 전에 충분한 수면을 취해주는 것이 좋다.

3. 피로와 운전착오

1) 피로가 발생했을 때
  - 운전자는 정보수용기구(감각, 지각), 정보처리기구(판단, 기억, 의사결정), 그리고 정보효과기구(운동기관)의 각 기구에 부정적인 영향을 받게 된다.

2) 운전 작업의 착오는 운전업무 개시 후와 종료 시에 많아진다.
  - 개시직후의 착오는 정적 부조화 때문이며, 종료 시의 착오는 운전피로 때문에 일어난다.

3) 운전시간 경과와 더불어 운전피로가 증가하여 작업타이밍의 불균형을 초래하게 된다.
  (운전기능, 판단착오, 작업 단절현상을 초래하는 잠재적 사고로 볼 수 있다.)

4) 운전착오는 심야부터 해서 새벽사이에 많이 발생하는데 이는 각성수준의 저하와 졸음과 관련이 있다.

5) 운전 피로에 정서적 부조나 신체적 부조가 가중됐을 때에는 조잡하고 난폭한 운전을 하게 된다.

6) 피로가 쌓여 졸음상태가 되면 차외, 차내의 정보에 대한 효과적인 입수를 하지 못하게 된다.

제5절 보행자

1. 보행자 사고의 실태

1) 보행중 교통사고
우리나라 보행 중 교통사고 사망자는 매년 높아지는 것으로 나타나 있다.

2) 보행유형과 사고
  ① 차대사람의 사고가 가장 많은 보행유형은 횡단 중(횡단보도횡단, 횡단 보도부근횡단, 육교부근횡단, 기타 횡단)의 사고가 가장 많고, 다음으로 어떤 형태이든 통행중의 사고가 많다
  ② 연령층별로는 노약자와 어린이가 높은 비중을 차지한다.

2. 보행자 사고의 요인

1) 교통사고를 당했을 당시의 보행자 요인
  ① 교통상황 정보를 제대로 인지하지 못한 경우
  ② 판단착오(24.5)
  ③ 동작착오(16.9%)

2) 교통사고 중 보행자의 교통정보 인지결함이 원인인 경우
  ① 술에 만취해 있었다.
  ② 등교 또는 출근시간에 늦지 않기 위해 급하게 서둘러 걷고 있었다.
  ③ 횡단 중 주의를 한쪽 방향으로만 기울였다.
  ④ 동행자와 이야기 또는 놀이에 열중했다.
  ⑤ 피곤한 상태였기 때문에 주의력이 저하되었다.
  ⑥ 보행 중에 다른 생각을 하고 있었다.

3. 비횡단보도 횡단보행자의 심리

횡단보도가 가까이 있음에도 불구하고 비횡단보도를 횡단하는 보행자의 심리상태를 보면 대체로 다음과 같다.

1) **횡단거리 줄이기** : 횡단보도로 건너면 거리가 멀고 시간이 더 걸리기 때문에

2) **평소습관** : 평소에 교통질서를 잘 지키지 않는 습관을 가지고 있다.

3) 자동차가 달려오지만 충분히 건널 수 있다고 판단해서

4) 갈 길이 바빠서

5) 술에 취해서 등이다.

제6절 음주와 운전

음주운전 교통사고는 최근 몇 년간 매년 전체 교통사고의 약 12%를 점유하고 있다.
(음주운전에 의한 교통사고는 개인적 사회적 악영향을 고려할 때 하루 빨리 감소시켜야 하는 사고유형에 속한다.)

1. 과다음주(알콜 남용)의 정의

과다음주(알콜 남용)란 알콜 남용 중독보다는 경미한 상태를 말하는 것으로 의존적 증상은 없으나, 신체적·심리적·사회적 문제가 생길 정도로 과도하게 술을 마시는 것을 말한다.

2. 과다음주의 문제점

1) 질병
과다음주는 신체의 모든 부분에 영향을 미쳐 간질환, 위염, 췌장염, 고혈압, 중풍, 식도염, 당뇨병, 그리고 심장병 등 많은 질환을 일으키고 있다.
(알콜로 인한 사망자가 그렇지 않은 사람보다 식도암은 75%, 만성췌장염은 60%, 구강 및 인두, 후두암, 간경변은 50%, 급성췌장염은 42%가 높다.)

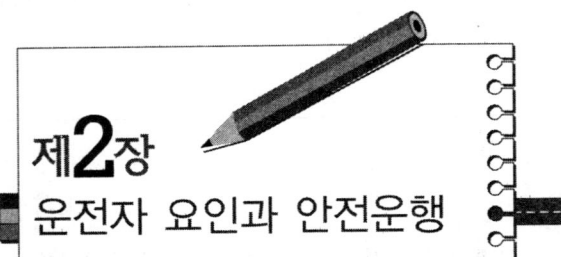

2) 행동 및 심리
① 과도한 음주는 반사회적 행동, 정신장애, 기타 약물 남용, 강박신경증, 우울증, 자살을 유발하는 것으로 나타나고 있다.
② 문제성 음주는 본인과 가족구성원들의 정서와 생활에 부정적인 영향을 끼치며 동시에 가정의 가족응집력, 생활만족도가 일반 가족에 비해 낮아진다.
(문제성 음주자의 배우자들은 불안, 우울, 강박, 적대감 등이 높다.)

3) 교통사고
① 운전자의 과도한 음주뿐만 아니라 소량의 음주 또한 안전한 교통생활에 매우 부정적인 영향(교통사고, 개인적 사회적으로 치유하기 어려운 큰 손실을 초래)을 미친다.
② 보행자 음주보행 또한 교통사고의 위험을 증가시킨다.

3. 음주운전 교통사고의 특징
1) 주차 중인 자동차나 정지물체 등에 충돌한다.

2) 고정물체(전신주, 가로시설물, 가로수 등) 같은 것과 충돌한다.

3) 대향차의 전조등에 의한 현혹이 현상 발생하였을 경우 정상운전보다 교통사고의 위험이 높아진다.

4) 치사율이 높다.

5) 차량단독으로 도로를 이탈하는 사고 같은 차량단독사고의 가능성이 높다.

4. 음주의 개인차
술에 강한 사람, 술에 약한 사람, 전혀 술을 못 마시는 사람이 존재하는 것과 같이 음주량과 체내 알콜 농도의 관계에는 개인차가 있다.

1) 음주량과 체내 알콜 농도의 관계
① 매일 알콜을 섭취하는 습관성 음주자는 음주 30분 후에 체내 알콜농도가 정점에 도달하나, 체내의 알콜 농도는 평균적 음주자의 절반 수준이다.
② 중간적 음주자는 음주 후 60분에서 90분 사이에 체내 알콜 농도가 정점에 도달하게 되나 체내의 알콜 농도는 습관성 음주자의 2배 수준이다.

2) 체내 알콜 농도의 남녀 차
음주 후 평균적으로 남자는 60분 후에, 여자는 30분 후에 체내 알콜 농도가 정점에 도달한다.

3) 음주자의 체중이나 음주시의 신체적 조건과 심리적 조건에 따라 체내 알콜 농도와 그 농도의 시간적 변화에 차이가 있다.

5. 체내알콜농도와 제거 소요시간
음주가 사람에 미치는 영향과, 음주 후 체내 알콜 농도가 제거되는 시간에는 개인차가 존재하지만, 체내 알콜은 충분한 시간이 경과해야만 제거된다.

제7절 교통약자

1. 고령자 교통안전

1) 고령자의 교통행동
① 고령자는 오랫 동안의 사회 경험에 의한 풍부한 지식과 노련함을 가지고 있기 때문에 행동이 신중하고 모범적열 교통 생활인의 모습을 갖추고 있다.
② 신체적인 면에서 운동능력이 떨어지고 시력이나 청력 같은 감지기능이 약화되면서 위급 시 회피능력이 둔화되는 현상이 나타난다.
 • 교통안전과 관련하여 움직이는 물체에 대한 판별능력이 떨어짐과 동시에 야간의 어두운 조명이나 맞은편에서 오는 차가 비추는 밝은 조명에 적응능력이 상대적으로 부족하다.
(고령자는 교통 생활인으로서의 건전한 자질이 있음에도 신체적인 조건들이 취약하기 때문에 어린이, 신체허약자와 함께 교통사고 피해자의 상당수를 차지하고 있다.)

2) 고령 운전자의 태도 및 의식관계
① 고령 운전자의 의식
 ㉠ 고령자는 젊은 층에 비하여 상대적으로 신중하고, 과속을 하지 않는 운전을 한다.
 ㉡ 고령자의 운전은 젊은 층에 비하여 상대적으로 관사신경이 둔하고, 돌발사태시 대응력이 미흡하다.
 • 이는 젊은 층에 비해 재빠른 판단과 동작능력이 뒤떨어진다는 것을 의미한다.
② 고령 운전자의 불안감
 ㉠ 고령 운전자의 급 후진, 대형차 추종운전 등은 고령 운전자를 위험에 빠뜨리는 동시에 다른 운전자에게도 불안감을 준다.
 ㉡ 고령에서 오는 운전기능과 반사기능의 저하는 고령 운전자에게 커다란 불안감을 준다.
 ㉢ 좁은 길에서 대형차와 교행할 때, 고령 운전자 일수록 불안감이 높아지는 경향을 보이고 있다. (60세를 넘으면 불안감은 더해진다.)
 ㉣ 전방의 장애물이나 자극에 대한 반응은 60대나 70대가 되어도 급격하게 저하되거나 쇠퇴해지지는 않으나, 후방으로부터의 자극(후사경을 통해서 인지하고반응하는 것)에 대한 동작은 연령이 증가하면 할수록 크게 지연된다.
③ 고령자 교통안전 장애 요인
 ㉠ 고령자의 시각능력
 • 시력자체의 저하현상 발생 : 자연퇴화 과정으로 접어들면서 다른 연령층보다 전반적으로 시력저하 현상 발생한다.
(자동차 운전에서는 근점시력보다 원점시력이 중요한데, 고령자는 조도가 낮은 상황에서는 원점시력이 더욱 저하된다.)
 • 대비(contrast)능력 저하 : 여러 개의 사물들이나, 사물과 배경을 식별하는 대비능력이 저하된다.
 • 동체시력의 약화 현상 : 움직이는 물체에 대한 정확한 식별과 인지하는 능력이 약화된다.
 • 원근 구별능력의 약화

- 암순응에 필요한 시간 증가 : 밝은 곳에서 어두운 곳으로 이동할 때 암순응(낮은 조도에 순응하는 능력)에 필요한 시간이 증가한다.
- 눈부심(glare)에 대한 감수성이 증가 : 고령자들은 햇빛에 노출되거나 야간에 마주 오는 차에서 비추는 전조등 불빛이 다가올 때, 이 빛들이 안구 속에서 산란을 일으키게 되어 사물 간 대비가 감소되어 순간적으로 위험한 상황을 초래하게 된다.
- 시야(visual field) 감소 현상 : 시야가 좁아지기 때문에 시야 바깥에 있는 표지판, 신호, 차량, 보행자들을 발견하지 못하는 경우가 많다.

ⓒ 고령자의 청각능력
- 청각기능의 약화 또는 상실 현상
- 주파수 높이의 판별력이 저하됨.
- 목소리 구별의 감수성 저하됨.

ⓒ 고령자의 사고·신경능력
- 복잡한 교통상황 속에서 빠른 신경활동과 정보를 판단하고 처리하는 능력이 저하됨
- 노화에 따른 근육운동의 저하
  - 선택적 주의력 저하 : 중요하지 않은 위기정보는 걸러내고 중요한 위기정보에 지속적으로 초점을 맞춰야 하는 선택적 주의력이 저하됨.
  - 다중적인 주의력 저하 : 복잡한 도로교통상황에 대한 전반적인 이해와 함께 여러 사항들을 동시에 처리해야 하는 능력이 저하됨.
  - 인지반응시간이 증가 : 특별한 도로사정과 교통조건들에 속에서 어떻게 대응하는 것이 가장 적합한가에 대한 판단을 한 뒤, 핸들과 브레이크 작동을 하는데 필요한 시간이 증가함.
  - 복잡한 상황보다 단순한 상황을 선호

ⓔ 고령보행자의 보행행동 특성
- 고착화된 자기 경직성 : 뒤에서 차의 접근함에도 주의를 기울이지 않거나 경음기를 울려도 주의하지 않는 경향이 많다.
- 이면도로 등에서 도로의 노면표시가 없으면 도로 중앙부를 걷는 경향을 보이며, 보행 궤적이 흔들거리며 보행 중에 사선횡단을 하기도 함
- 고령자들은 보행 시 포스터 같은 것을 보면서 걷는 경향이 많다.
- 정면에서 자전거 같은 것이 올 경우 그것을 회피할 수 있는 여력을 갖고 있지 못하며, 소리가 나는 방향을 주시하지 않는 경향이 많다.

④ 고령 보행자 교통안전 계몽 사항
ⓐ 필요할 경우 안경을 착용하는 것이 좋다.
ⓑ 혼자보다는 다수 또는 젊은 사람의 부축을 받아 도로를 횡단하는 것이 좋다.
ⓒ 야간에 운전자들의 눈에 잘 보이게 야광재의 보조기구를 착용하는 것이 좋다.
ⓓ 필요할 경우 보청기를 착용하는 것이 좋다.
ⓔ 도로를 횡단할 때 2륜자동차(오토바이 등)가 오는지 잘 살피는 것이 좋다.
ⓕ 필요시 주차된 자동차 사이를 안전하게 통과하는 것이 좋다.

⑤ 노인 보행자 안전수칙
ⓐ 안전한 횡단보도를 찾아 멈춘다.
ⓑ 횡단보도 신호에 녹색불이 켜지더라도 바로 건너지 않고, 오고 있던 자동차가 정지하는지를 확인한다.
ⓒ 자동차가 오고 있다면 그 자동차를 보낸 후 똑바로 횡단한다.
ⓓ 횡단하는 동안에도 오는 차가 있는지 계속 주의를 기울인다.
ⓔ 횡단보도를 건널 때 젊은이의 보행속도에 맞추기 위해 무리하게 건너지 말고 천천히 건너면서 자동차에 손을 들어 양보신호를 보내는 것이 좋다.
ⓕ 횡단보도 신호가 점멸중일 때는 무리하게 건널 생각을 하지 말고 다음 신호를 기다린다.
ⓖ 주차 또는 정차된 자동차 앞뒤와 골목길, 코너는 운전자가 볼 수 없는 사각 지역이기 때문에 일단 정지한 뒤, 차가 오는지를 확인한 후 천천히 이동하도록 한다.
ⓗ 음주 보행은 신체적, 정신적 능력을 떨어뜨림으로 최대한 삼가 해야 한다.
ⓘ 생활 도로를 이용할 경우 길의 가장자리를 이용해 안전하게 이동하도록 한다.
ⓙ 야간에 이동할 때에는 눈에 띄는 밝은 색 옷을 입거나 야광채의 보조기구를 착용하는 것이 좋다.

2. 어린이 교통안전

1) 어린이의 일반적 특성과 행동능력
어린이 교통사고 원인 : 인간 발달의 일반적인 특성에서 찾을 수 있다.

① 감각적 운동단계(2세 미만)
자신과 외부 세계를 구별하는 능력이 거의 없기 때문에 교통상황에 대처할 능력이 거의 없다. 따라서 전적으로 보호자에게 의존하는 단계이다.

② 전 조작 단계(2세~7세)
직접 존재하는 것에 대해서만 사고(思考)하는데 이 사고는 고지식하고 자기중심적이어서 한 가지 사물에만 집착하는 경향이 있다. 즉, 2가지 이상을 동시에 생각하고 행동할 능력이 매우 낮다.

③ 구체적 조작단계(7세~12세)
이 시기는 추상적 사고의 폭이 넓고, 개념이 발달하면서 그것에 대한 사용이 증가한다. 그리고 교통상황에 대한 충분한 인식과, 추상적인 교통규칙을 이해할 수 있는 수준에 도달한다. 따라서 이 시기에 교통상황을 잘 지도하고 습관화시키면 올바른 교통사회인으로 육성할 수 있다.

④ 형식적 조작단계(12세 이상)
대개 초등학교 6학년 이상에 해당하는 시기로, 논리적 사고의 발달과 함께 성인 수준에 근접해 가는 수준을 갖춤으로써 보행자로서의 교통에 참여할 수 있다.

2) 어린이 교통사고의 특징
최근 10년간 어린이를 대상으로 사고를 분석한 결과 다음과 같은 특징이 있다.
① 어리거나 학년이 낮을수록 교통사고를 많이 당한다.
(어린이 교통사고 사상자는 중학생에 비해 취학 전 아동이나 1~3학년 같은 초등학교 저학년에 집중되어 있다.)

제2장
운전자 요인과 안전운행

② 보행 중 교통사고를 당했을 때 사망하는 비율이 가장 높다.
③ 어린이 보행 사상자를 시간대별로 보았을 때 오후 4시에서 오후 6시 사이에 가장 많다.
④ 집이나 학교 근처 등의 어린이 통행이 잦은 곳에서 보행 중 사상자가 가장 많이 발생되고 있다.
   (어린이 교통사고 예방을 위해서는 무엇보다 보행안전을 확보해야 한다.)

3) 어린이의 교통행동 특성
어린이들이 연령이 증가하면서 추상적 사고의 폭이 넓어지고 개념의 발달과 그 사용이 증가하지만, 사고의 폭이나 개념의 인식 정도에는 개인차에 따라 차이가 있다.
▶어린이의 일반적인 교통행동 특성
① 교통상황에 대한 주의력이 부족하다.
   한 가지 일에 몰두하는 경향이 있어 다른 일에 대한 주의력이 급격히 떨어진다.
② 판단력이 부족하며 모방행동이 많다.
   옳고 그름에 대한 판단력이 부족하여 어른들의 옳지 못한 행동(무단횡단 등)도 금방 모방한다.
③ 사고방식이 매우 단순하다.
   사물이나 현상을 단순하게 받아들이는 경향이 있다. 손이나 깃발을 들고 도로를 횡단하면 자동차가 멈출 것이라는 생각을 가지고 그렇게 행동하는 경우가 있다.
④ 추상적인 말을 잘 이해하지 못하는 경우가 많다.
   대상물에 대한 개념의 형성이 발달하지 않았기 때문에 구체적인 설명이 없으면 무엇이 위험한지, 무엇에 왜 주의해야 하는지 이해를 잘 하지 못한다. 이런 경우 더욱 구체적으로 그 이유를 잘 설명해 주고 위험을 잘 피할 수 있는 방법을 행동으로 보여주거나 이해시켜 주어야 한다.
⑤ 호기심이 많으며 모험심이 강하다.
   어린이들의 일반적인 현상을 말하는 것으로 무엇인가를 직접 접촉해보고 직접 해결하고자 하는 욕구가 강하다. 때문에 달리는 자동차에 가까이 가보고 싶어 하고 움직여보고 싶어 하는 것이다.
⑥ 눈에 보이지 않으면 없다고 생각한다.
   어린이들은 구체적인 물체를 보고난 뒤에 상황을 판단하는 경향이 있어 주·정차된 차량 때문에 다가오는 차량이 보이지 않으면 어린이는 마치 차가 오지 않는 다고 생각하고 횡단하는 경향이 있다.
⑦ 자신의 감정을 억제하고 참아내는 능력이 약하다.
   어린이들은 자기 기분 나는 대로 또는 감정이 변하는 대로 행동하는 등 충동성이 강하게 나타난다.
⑧ 제한된 주의 및 지각능력을 가지고 있다.
   어린이들은 여러 사물에 적절히 주의를 배분하지 못하고, 한 가지 자기의 마음에 드는 사물에만 집중하는 경향이 있다.

4) 어린이들이 당하기 쉬운 교통사고 유형
▶어린이의 교통사고는 대체로 통행량이 많은 낮 시간에 집 근처에서 발생한다.
▶대부분의 사고가 보행자 사고이고 성인에 비하여 치사율도 대단히 높다.
① 도로에 갑자기 뛰어들기
   ㉠ 어린이 보행자 사고의 대부분은 도로에 어린이가 갑자기 뛰어들어 발생되고 있다.
   ㉡ 뛰어들기 사고는 주거지역내의 폭이 좁고 보도와 차도가 구분되지 않은 이면도로에서 많이 발생한다.
     (어린이의 정서적, 사회적 특성과도 깊은 관계가 있다.)
② 도로 횡단을 할 때의 부주의
   어린이는 몸이 작아 주차 또는 정차해 있는 차량 앞뒤로 도로를 횡단하면 차를 운전하는 운전자는 어린이를 볼 수 없는 경우가 생기며, 어린이 또한 주차나 정차된 차에 가려 다가오는 차를 볼 수 없는 경우가 있다.
③ 도로상에서 위험한 놀이를 할 때
   어린이들은 길거리나 주차한 차량 가까이에서 놀다가 사고를 당하는 경우가 자주 발생한다.
④ 자전거 사고
   차도에서 자전거를 타거나 골목길에서 일단 멈춘 뒤 주위를 살피지 않고 그냥 넓은 길로 달려 나오다 자동차와 부딪쳐 사고가 발생하기도 한다.
     (어린이들이 자전거를 사달라고 했을 때 무작정 사주지 말고 안전장치에 이상이 없는지, 자전거를 탈 수 있는 장소가 있는지에 대한 점검이 필요하다.)
⑤ 차내에서의 안전사고
   자동차가 빠른 속도로 달리다 급정지 할 경우 몸이 앞으로 쏠리면서 차 내부의 돌출돼 있는 부분에 부딪치게 된다. 따라서 안전벨트를 반드시 착용하게 하고 차안에서 장난치거나 머리나 손 등을 창 밖으로 내밀지 않도록 주의를 해야 하며 가끔 운행 중에 차문을 여는 경우도 있으므로 안전장치의 확인에도 각별히 신경을 써야 한다.

5) 어린이가 승용차에 탑승했을 때
① 안전띠 착용
   자동차의 시트와 안전띠는 어른의 체형에 맞게 되어 있으므로 어린이를 그냥 앉히고 안전띠를 착용시키면 위험하다. 따라서 어린이는 뒷좌석에 앉히는 것이 좋으며, 3점식 안전띠의 길이를 조정하여 사용하는 것이 좋다.
② 여름철 주차 시의 주의
   여름철, 햇볕 속에 주차해 놓은 차의 실내 온도는 50℃ 이상이 되며, 그 이상의 온도까지 올라가기도 한다. 이럴 경우 차내에 어린이를 혼자 남겨두게 되면 탈수현상과 산소부족으로 생명을 잃게 되므로 주의하여야 한다.
③ 문은 어른이 열고 닫는다.
   어린이가 문을 열고 닫음에 있어 부주의하여 손가락이나 다리를 다칠 수도 있고 주위에 지나가는 다른 차량이나 자전거 등에 부딪쳐 다치는 경우가 생기므로 반드시 어린이를 태울 때 제일 먼저 태우고, 내릴 때도 제일 나중에 내리도록 하며, 문은 어른이 열고 닫는 것이 안전에 좋다.
④ 차에서 떠날 때는 같이 떠난다.
   어린이가 차안에 혼자 남게 될 경우 차의 시동을 걸거나 각종 장치를 만져 뜻밖의 사고가 일어날 수 있기 때문에 어린이와 같이 차에서 떠나는 것이 좋다.
⑤ 어린이는 뒷좌석에 앉도록 한다.
   어린이가 앞좌석에 앉아 있으면 호기심에 운전장치나 물건 등을 만져 운전에 지장을 줌과 동시에 사고의 위험도 있다. 따라서 어린이는 뒷좌석에 태우고 도어의 안전잠금장치를 잠근 후에 운전하는 것이 안전하다.

제2장 운전자 요인과 안전운행

제8절 사업용자동차 위험운전형태 분석

1. 운행기록장치의 정의 및 자료 관리

1) 운행기록장치 정의
   ① 운행기록장치
      ㉠ 자동차의 속도, 위치, 방위각, 가속도, 주행거리 및 교통사고 상황 등을 기록하는 자동차의 부속장치 중 하나인 전자식 장치를 말한다.
      ㉡ 여객자동차운수사업법에 따른 여객자동차 운송사업자는 그 운행하는 차량에 운행기록장치를 장착하여야 하며, 버스의 경우 '2012. 12. 31' 이후 운행가록장치를 의무장착하도록 하고 있다.
      ㉢ 전자식 운행기록장치의 장착 시 이를 수평상태로 유지되도록 하여야 하며, 수평상태의 유지가 불가능할 경우 그에 따른 보정값을 만들어 수평상태와 동일한 운행기록을 표출할 수 있게 하여야 한다.
   ② 전자식 운행기록장치(Digital Tachograph)의 구조
      ㉠ 운행기록 관련신호를 발생하는 센서
      ㉡ 신호를 변환하는 증폭장치
      ㉢ 시간 신호를 발생하는 타이머
      ㉣ 신호를 처리하여 필요한 정보로 변환하는 연산장치
      ㉤ 정보를 가시화하는 표시장치
      ㉥ 운행기록을 저장하는 기억장치
      ㉦ 기억장치의 자료를 외부기기에 전달하는 전송장치
      ㉧ 분석 및 출력을 하는 외부기기

2) 운행가록의 보관 및 제출 방법
   ① 운행기록장치 장착의무자는 교통안전법에 따라 운행기록장치에 기록된 운행기록을 6개월 동안 보관하여야 한다.
   ② 운송사업자는 교통행정기관 또는 교통안전공단이 교통안전점검, 교통안전진단 또는 교통안전관리규정의 심사 시 운행기록의 보관 및 관리 상태에 대한 확인을 요구할 경우 이에 응하여야 한다.
   ③ 운송사업자는 차량의 운행기록이 누락 혹은 훼손되지 않도록 배열순서에 맞추어 운행기록장치 또는 저장장치(개인용 컴퓨터, 서버, CD, 휴대용 플래시메모리 저장장치 등)에 보관하여야 하며, 다음의 사항을 고려하여 운행기록을 점검하고 관리하여야 한다.
      ㉠ 운행기록의 보관, 폐기, 관리 등의 적절성
      ㉡ 운행기록 입력자료 저장여부 확인 및 출력점검(무선통신 등으로 자동 전송하는 경우를 포함)
      ㉢ 운행기록장치의 작동불량 및 고장 등에 대한 차량운행 전 일상점검
   ④ 운송사업자가 공단에 운행기록을 제출하고자 하는 경우에는 저장장치에 저장하여 인터넷을 이용하거나 무선통신을 이용하여 운행기록분석시스템으로 전송하여야 한다.
   ⑤ 교통안전공단은 운송사업자가 제출한 운행기록 자료를 운행기록분석시스템에 보관, 관리하여야 하며, 1초 단위의 운행기록 자료는 6개월간 저장하여야 한다.

2. 운행기록분석시스템의 활용

1) 운행기록분석시스템 개요
   ① 운행기록분석시스템
      ㉠ 자동차의 운행정보를 실시간으로 저장하여 시시각각 변화하는 운행상황을 자동적으로 기록할 수 있는 운행기록장치를 통해 자동차의 순간속도, 분당엔진회전수(RPM), 브레이크 신호, GPS, 방위각, 가속도 등의 운행기록 자료를 분석하여 운전자의 과속, 급감속 등 운전자의 위험행동 등을 과학적으로 분석하는 시스템이다.
      ㉡ 분석 결과를 운전자와 운수회사에 제공함으로써 운전자의 운전행태의 개선 유도, 교통사고를 예방할 목적으로 구축되었다.

2) 운행기록분석시스템 분석항목
   ① 운행기록분석시스템에서는 차량의 운행기록으로부터 다음의 항목을 분석하여 제공한다.
      ㉠ 자동차의 운행경로에 대한 궤적의 표기
      ㉡ 운전자별 · 시간대별 운행속도 및 주행거리의 비교
      ㉢ 진로변경 횟수와 사고위험도 측정, 과속 · 급가속 · 급감속 · 급출발 · 급정지 등 위험운전행동 분석
      ㉣ 그 밖에 자동차의 운행 및 사고발생 상황의 확인

3) 운행기록분석결과의 활용
   ① 교통행벙기관이나 교통안전공단, 운송사업자는 운행기록의 분석결과를 다음과 같은 교통안전 관련 업무에 한정하여 활용할 수 있다.
      ㉠ 자동차의 운행관리
      ㉡ 운전자에 대한 교육 · 훈련
      ㉢ 운전자의 운전습관 교정
      ㉣ 운송사업자의 교통안전관리 개선
      ㉤ 교통수단 및 운행체제의 개선
      ㉥ 교통행정기관의 운행계통 및 운행경로 개선
      ㉦ 그 밖에 사업용 자동차의 교통사고 예방을 위한 교통안전정책의 수립

3. 사업용자동차 운전자 위험운전 형태분석

1) 위험운전 행동기준과 정의
   ① 운행기록분석시스템에서는 위험운전 행동의 기준을 사고유발과 직접관련 있는 5가지 유형으로 분류하고 있으며, 11가지의 구체적인 행위에 대한 기준을 제시하고 있다.

위험운전행동		정의	화물차 기준
과속 유형	과속	도로제한속도보다 20km/h 초과운행한 경우	도로제한속도보다 20km/h 초과운행한 경우
	장기과속	도로제한속도보다 20km/h 초과해서 3분 이상 운행한 경우	도로제한속도보다 20km/h 초과해서 3분 이상 운행한 경우
급가속 유형	급가속	초당 11km/h 이상 가속 운행한 경우	6.0km/h이상속도에서 초당 5km/h 이상 가속운행하는 경우
	급출발	정지상태에서 출발하여 초당 11km/h 이상 가속 운행한 경우	5km/h 이하에서 출발하여 초당 6km/h이상 가속운행한 경우

제2장 운전자 요인과 안전운전 행동

2) 이륜자동차 충돌에 따른 사고유형 및 안전운전 요령

① 운전자가 자동차의 가속장치나 제동장치, 조향장치 등을 과도하고 급격하게 작동함으로써 사고를 유발하는 수가 있으므로 자동차 운행 시 급조작이 추가로 필요하다.

② 이륜공장치에 불법적 편성구조물이 충돌사고를 내 발생시키 위한 이륜 안전 안전관리의 종합적 유의해짐이 가장 많이 필요.

이륜공장치동	사고유형 및 안전운전 요령
급속도	• 과속운전 시 대응능력이 감소하고, 이륜자동차는 이동시간이 짧아지기 때문에 교통법규 위반과 가장 사람이 많으나 속도를 준수하여 운행해야 한다.
과속운전	• 과속 시 아차피한 충돌사고가 발생하기 쉬우며, 가속할수록 시가지에서 충돌하는 사망자가 많다. • 이륜자동차는 장기 운전 시 대향하거나 무리한 운전하지 가속도가 아주 좋아야 충돌의 원인이 되므로 가속을 주의해 운행해야 한다.
감속기피	• 이륜자동차는 감속기 장기 간격이 방해사고의 원인이 되므로 가지거리를 가속운전해야 한다. • 이륜자동차 속도가 20km/h 이상 주행 시 가속도가 아야기이 큰 이륜자동차의 가속이 특히 낮지 않을 이륜자동차의 가속도를 공유해야 한다.
감기피	• 이륜 속도를 줄어있어야 할 때 대형이륜자동차가 감속 할 수가 낮으며, 일반 이륜자동차에 의한 충돌사고가 일어날 수 있다.

※ 11개 이륜자동차사고들의 사망하지 말동형

안전운전	형태	이탈	휠컬치 기준
급정차 감속	공전하고 속도가 6.0km/h 이상인 경우	속도 7.5km/h 이하의 공전 경우	평균 8km/h 이상인 경우
감속 정지	속도 5km/h 이하가 된 경우	속도 30km/h 이상에서 속도가 3km/h 이하인 경우	평균 7.5km/h 이하
급가속 운전 (15~30°)	5sec 이내 가속도가 +2°/sec이고, 가속도가 +5km/h인 경우	속도 11km/h 이상 가속 30km/h에서 가속 +2km/h 이상인 경우	
급앙지 운전 (30~60°)	속도 30km/h 이상 최고속도 이내에 ±2°이고, 가속도 +2°/sec이고, 5초이하, 기준자동차 5sec이 이상인 경우	속도가 15km/h 이상이고, 2초 이내 측정 최고치 가속도가 60~120° 경우 최고 경우 (60~120°)	
급회전 운전 (60~120°)	속도 15km/h 이상이고, 3초이하 짧, 8초 이내에 고, 8초이 짧 고, 8초 이내 짧 (160~180°)	속도 15km/h 이상 최고 경우 (160~180°) 도 (160~180°)	
급회전 (U턴)			

2) 이륜공장치 충돌에 따른 사고유형 및 안전운전 요령

이륜공장치동	사고유형 및 안전운전 요령
급가속	• 이륜자동차는 가속기 크기 및 기능 변동이 많고, 타이어 분의 접지력이 약하기 때문에 가속 시 다른 차량이 볼 수 있다. 가속 운행해야 한다.
급차로변경	• 이륜자동차는 폭이 많고 긴 이륜자동차보다 나은 이륜자동차가 훨씬 자주 많이 발생할 수가 있어 이는 사고가 자주 반복이 급차로변경 되므로 주의해야 한다.
급회전	• 이륜자동차는 급회전 시 쏟아져 이륜자동차의 균형 성이 많이 돌아갈 수도 있다. 그러므로 차로를 주의 및 차로이탈 운전해야 한다. 특히, 급회전, 곡기 등을 주의해야 한다.
급앞지르기	• 앞지르기는 이륜자동차의 가속 과열 한 가지 이 많이 위험하며 과속 및 차로이탈 사고를 유발할 수 있다. • 특히, 이론적 앞지르기는 자동차사고를 유발하지 않아 속도를 줄여 앞지르기를 해야 한다.
급양지 운전	• 이륜자동차 속도에서 이탈 및 급양지 시 대부분 과속으로 인한 사고 과속을 유의 할 수 없어 과속해야 한다. • 급양지 시 이륜자동차의 이상 상승폭이 존재하며 다른 자동차들과 추돌 사고가 발생 가능성이 많으며 차로 주의해야 한다.
급차로기피	• 이륜자동차는 속도 및 중 운전 중 자주 자동차 기피가 있는 경우 운행경지의 사망사고가 유발하는 대형 교통사고를 유발할 수 있다.
급진로이동	• 이륜자동차는 폭이 좁고 운전 중 다른 자동차의 급진 로이동이 있는 경우 운전경로의 이탈로 인한 사망사고 과열 1.3배이 아니 사고율의 위험이 이륜자동차의 중 돌로 인한 사망사가 많아다. • 이륜자동차는 운행 시 직진 운전 다음 자동차 횡단 이 진자로 이동이 있을 수 있고, 회전 시 차로의 중앙 이 진로이동하지 말고 교통상황을 주의해야 한다.

제3장 자동차 요인과 안전운행

제1절 주요 안전 장치

자동차의 주요 장치에는 제동장치, 주행장치, 조향장치가 있다.

1. 제동장치

제동장치는 주행하고 있는 자동차의 감속과 정지를 시킬 수 있고, 또한 주차 상태를 유지시켜 주기 위한 필수 장치이다.

1) 주차 브레이크

차를 주차 또는 정차시킬 때 사용하는 제동장치로서 주로 손으로 조작하나, 일부 승용자동차의 경우 발로 조작하는 경우도 있으며, 뒷바퀴 좌·우가 고정된다.

2) 풋 브레이크

주행 중에 발로써 조작하는 주 제동장치로서 브레이크 페달을 밟으면 페달의 바로 앞에 있는 마스터 실린더 내의 피스톤이 작동하여 브레이크액이 압축되고, 압축된 브레이크액은 파이프를 따라 휠 실린더로 전달된다. 휠 실린더의 피스톤에 의해 브레이크 라이닝을 밀어 주어 타이어와 함께 회전하는 드럼을 잡아 멈추게 한다.

3) 엔진 브레이크

가속 페달을 놓거나 저단기어로 바꾸게 되면 엔진 브레이크가 작용하여 속도가 떨어지게 된다. 이것은 마치 구동바퀴에 의해 엔진이 역으로 회전하는 것과 같이 되어 그 회전 저항으로 제동력이 발생하는 것이다. 내리막에서 풋 브레이크만 사용하게 되면 라이닝의 마찰에 의해 제동력이 떨어지므로 엔진 브레이크를 사용하는 것이 안전하다.

4) ABS(Anti-lock Brake System)

ABS는 자동차 각각의 네 바퀴에 달려있는 감지기(Sensor)를 통해 브레이크를 밟을 때 바퀴가 잠기는 현상을 감지한 뒤 브레이크를 풀어주어 바퀴가 다시 돌도록 한 후 바퀴가 움직이면 다시 브레이크를 작동해 바퀴가 잠기도록 반복하면서 노면의 상태에 따라 자동적으로 제동력을 제어하여 제동 안정성을 보다 높게 확보할 수 있도록 한 제동장치이다. 즉, 빙판이나 빗길 미끄러운 노면상이나 통상의 주행에서 제동 시에 바퀴를 록(lock) 시키지 않음으로써 브레이크가 작동하는 동안에도 핸들의 조종이 용이하도록 하는 제동장치이다.

▶ABS의 사용목적

① 방향 안정성(安定性)과 조종성(操縱性) 확보에 있다.
② ABS 장착 후 제동 시
  ㉠ 후륜 잠김현상을 방지하여 방향 안정성을 확보
  ㉡ 전륜 잠김 현상을 방지하여 조종성을 확보하고 그것을 통해 장애물의 회피와 차로의 변경 및 선회가 가능하다.
  ㉢ 불쾌한 스키드(skid)음을 막고, 바퀴 잠김에 따른 편마모를 방지해 타이어의 수명을 연장할 수 있다.

• 바퀴가 미끄러지지 않는 정상 노면에서의 ABS는 일반 브레이크 작동과 동일하지만 바퀴의 미끄러짐 현상이 나타나면 미끄러지기 직전의 상태로 각 바퀴의 제동력을 ON, OFF시켜 제어한다.

(눈길, 빙판길, 빗길같이 매우 미끄러운 노면에서 브레이크를 밟는 경우 또는 아스팔트나 콘크리트 노면브레이크 등에서 페달을 급하게 힘을 주어 밟는 경우에 ABS가 작동한다.)

2. 주행장치

엔진에서 발생한 동력이 바퀴로 전달되어 자동차가 노면 위를 달리게 되는데, 주행장치에는 휠과 타이어가 있다.

1) 휠(wheel)
① 타이어와 함께 차량의 중량을 지지하고 구동력과 제동력을 지면에 전달해주는 역할을 한다.
② 무게가 가벼워야 하고, 노면의 충격과 측력에 견딜 수 있는 강성이 있어야 한다. 또한 타이어에서 발생하는 열을 흡수한 뒤 대기 중으로 방출을 잘 시켜야 한다.

2) 타이어
① 휠의 림에 끼워져 일체로 회전하면서 자동차가 달리거나 멈추는 것을 원활히 해주는 역할을 한다.
② 자동차의 중량을 떠받쳐 준다.
③ 지면에서 받는 충격을 흡수하여 승차감을 좋게 한다.
④ 자동차의 진행방향을 전환하는 역할을 한다.

3. 조향장치

운전석에 있는 핸들(steering wheel)을 조작하여 앞바퀴의 방향을 바꿈으로서 자동차의 진행방향을 바꾸어 주는 장치를 말한다. (자동차가 주행 중일 때는 항상 바른 방향을 유지해야 하고, 잘못된 핸들조작이나 외부의 힘에 의해 주행방향이 바뀌었을 때는 즉시 직전 상태로 되돌아가 주행 중의 안정성과 함께 핸들조작이 용이하도록 앞바퀴 정렬이 잘 돼야 한다.)

• 앞바퀴 정렬에는 토우인, 캠버, 캐스터 등이 있다.

1) 토우인(Toe-in)

차량을 정면에서 봤을 때 타이어의 앞쪽이 뒤쪽보다 좁은 상태를 말한다. 이것은 타이어의 마모를 방지해 주고 바퀴를 원활하게 회전시켜서 핸들을 조작하는데 용이하게 해 준다.

즉, 토우인은
• 주행중 타이어가 바깥쪽으로 벌어지는 것을 방지한다.
• 캠버에 의해 토 아웃 되는 것을 방지한다.
• 주행저항 및 구동력의 반력으로 토 아웃이 되는 것을 방지하여 타이어의 마모를 방지한다.

2) 캠버(Camber)

차량을 정면에서 보았을 때, 위쪽이 아래보다 약간 바깥쪽으로 기울어져 있는 것을 볼 수 있는데, 이것을 (+) 캠버라고 말한다. 또한, 위쪽이 아래보다 약간 안쪽으로 기울어져 있는 것을 (−) 캠버

제3장 자동차 요인과 안전운행

화물운송종사자격시험

라고 말한다.

① 앞바퀴가 하중을 받았을 때 아래로 벌어지는 것을 방지하여
② 타이어 접지면의 중심과 킹핀의 연장선이 노면과 만나는 점과의 거리인 옵셋을 적게 하여 핸들 조작을 가볍게 하기 위하여 필요하다.

즉, 캠버는
- 앞바퀴가 하중을 받을 때 아래로 벌어지는 것을 방지한다.
- 핸들조작을 가볍게 한다.
- 수직방향 하중에 의해 앞차축의 휨을 방지한다.

3) 캐스터(Caster)

차량을 옆에서 보았을 때 차축과 연결되는 킹핀의 중심선이 약간 뒤로 기울어져 있는 것을 볼 수 있는데, 이것은 앞바퀴에 직진성을 부여하여 차의 롤링을 방지하고 핸들의 복원성을 좋게 하기 위해 필요한 것이다.

즉, 캐스터는
- 주행시 앞바퀴를 진행하는 방향으로 향하게 하는 것을 부여한다.
- 조향을 하였을 경우 직진 방향으로 되돌아 오려는 복원력을 준다.

4. 현가장치

차량의 무게를 지탱하여 차체가 직접 차축에 얹히지 않도록 해주고 또한 도로에서 받는 충격을 흡수하여 운전자와 화물에 더욱 유연한 승차를 제공하는데, 현가장치에는 판스프링, 코일 스프링, 비틀림 막대 스프링, 공기스프링, 충격흡수장치 등이 있다.

1) 판 스프링(Leaf spring)

주로 화물차에 사용되며, 유연한 금속 층을 함께 붙여 놓은 것으로 차축은 스프링의 중앙에 놓이며, 스프링의 앞과 뒤가 차체에 부착된다.

▶판 스프링의 특징
① 구조는 간단하나, 승차감은 좋지 않다.
② 판간 마찰력을 이용하기 때문에 진동을 억제해주나, 작은 진동을 흡수하기엔적합하지 않다.
③ 내구성이 크다.
④ 너무 부드러운 판 스프링을 사용하게 되면 차축의 지지력이 부족해져 차체가 불안정하게 된다.

2) 코일 스프링(Coil spring)

주로 승용자동차에 사용되며, 각 차륜에 내구성이 강한 금속 나선을 놓은 것으로 코일의 상단은 차체에 직접적으로 부착하지만 하단은 차륜에 간접적으로 연결된다.

3) 비틀림 막대 스프링(Torsion bar spring)

뒤틀림에 의한 충격을 흡수하는 것으로 뒤틀린 후에 쉽게 원형을 되찾는 특수한 금속으로 제조된다. 도로가 융기되거나 함몰된 지점에 대응하여 신축하거나 비틀려 차륜이 도로 표면처럼 아래위로 움직이도록 하여 차체가 수평을 유지하는데 도움을 준다.

4) 공기 스프링(Air spring)

주로 버스와 같은 대형차량에 사용되는 것으로 공기스프링이 고무인포로 제조되어 압축공기로 채워지며, 에어백이 신축하도록 되어있다.

5) 충격흡수장치(Shock absorber)

작동유를 채운 실린더로 스프링의 동작에 반응해 피스톤이 위아래로 움직여 운전자에게 전달되는 반동량을 줄여주는 역할을 한다.

(현가장치의 결함은 차량의 통제력을 저하시킬 수 있기 때문에 항상 양호한 상태로 유지되어야 한다.)

▶쇽업소버
① 노면에서 발생한 스프링의 진동을 흡수하여 승차감을 향상시킨다.
② 스프링의 피로를 감소시킨다.
③ 타이어와 노면 사이의 접착성을 향상시켜 커브길이나 빗길에서 자동차가 튀거나 미끄러지는 현상을 방지한다.

제2절 물리적 현상

1. 속도의 현실적 개념

1) 속도

대부분 매시 몇 km로 표현하나 주행 중인 운전자들 에게는 1초에 얼마만큼 주행하는 가와 결부 시키는 것이 보다 현실격이다.
① 속도는 상대적이며 중요한 것은 사고의 가능성과 회피를 가능하게 하는 데 필요한 공간과 시간이다.
② 속도가 증가하면서 자연법칙에서 나쁜 영향들이 많이 생겨났다.

2. 원심력

운전에 중요한 영향을 미치는 또 다른 자연적 현상으로 원심력이 있는데, 원의 중심으로 부터 벗어나려는 이 힘을 원심력이라 한다.

1) 차가 커브를 돌 때도 원심력이 작용한다.
(자동차가 벗어나려는 힘을 노면과 타이어 사이 접지력에 의한 힘이 잡아당기고 있다.)

2) 원심력은 속도의 제곱에 비례하여 변하는데 이것으로 다음의 사실들에 대한 결론을 얻을 수 있다.
① 커브에 진입하기 전에 미리 속도를 줄여 놓아 노면에 대한 타이어의 접지력(grip)이 원심력을 안전하게 극복 할 수 있도록 하여야 한다.
② 커브의 각도가 예각을 이룰수록 원심력은 커지기 때문에 안전하게 회전하려면 예각을 이루고 있는 커브에서는 감속을 해야 한다.
③ 타이어의 접지력은 노면의 상태와 모양에 의존한다.

3) 노면이 젖어있거나 얼음이 얼어 있으면 타이어의 접지력이 감소하기 때문에 이러한 커브에서 안전속도는 보다 저속이 된다.

4) 원심력의 작용을 줄이기 위하여 노면이 경사져 있는 커브도 있으나 대부분의 커브길은 평면이다.

5) 비포장도로는 도로의 한가운데가 높고, 가장자리로 갈수록 낮아지는 곳이 많이 있는데, 이러한 도로에서는 커브의 원심력이 오히려 더 커질 수 있다.

112

제3장 자동차 요인과 안전운행

3. 스탠딩 웨이브 현상(Standing wave)

1) 타이어가 회전하면 타이어의 원주에서는 변형과 복원을 반복하는데, 타이어의 회전속도가 빨라지면 접지부에서 받은 타이어의 주름이 다음 접지 시점이 되어도 복원되지 않고 접지의 뒤쪽에 진동의 물결이 일어나는 현상을 스탠딩 웨이브 현상이라 한다.
(스탠딩웨이브 현상이 계속되면 타이어는 쉽게 과열되고, 원심력으로 인해 트레드부가 변형이 되어 타이어가 오래가지 못해 파열된다.)

2) 스텐딩웨이브 현상을 예방하기 위해서는 다음과 같은 주의를 필요로 한다.
  ① 속도를 낮춘다.
  ② 공기압을 높인다.

4. 수막현상(Hydroplaning)

차량이 물이 고여 있는 노면을 고속으로 주행할 때, 타이어는 타이어 홈(그루부) 사이에 있는 물을 배수하는 기능이 떨어지게 되어, 물의 저항에 의해 노면으로부터 떠올라 물위를 미끄러지듯이 되는 현상이 발생하는데 이것을 수막현상이라 한다.
(물의 압력은 자동차 속도의 두 배 그리고 유체밀도에 비례한다.)
▶타이어가 완전히 떠오를 때의 속도를 수막현상 발생 임계속도라 한다. 이 현상이 일어나면 자동차는 제동력은 물론 모든 타이어는 본래의 운동기능이 소실되어 버려 핸들로 자동차를 통제할 수 없게 된다.
(수막현상이 발생하는 최저의 물깊이는 자동차의 속도와 타이어의 마모정도, 노면의 거침 등에 따라 차이가 있지만 2.5mm~10mm정도라고 한다.)

■수막현상을 예방하기 위해서는 다음과 같은 주의가 필요하다.
1) 고속으로 주행하지 않는다.
2) 마모된 타이어를 사용하지 않는다.
3) 공기압을 조금 높게 한다.
4) 배수효과가 좋은 타이어를 사용한다.

5. 페이드(Fade) 현상

비탈길을 내려갈 때 브레이크를 반복하여 사용하면 마찰열이 라이닝에 축적이 되면서 브레이크의 제동력이 저하되는 경우가 생기는데 이러한 현상을 페이드 현상이라고 한다. (페이드 현상이 일어나는 이유는 브레이크 라이닝의 온도가 상승하면 라이닝 면의 마찰 계수가 낮아지기 때문인데, 이럴 때 아무리 페달을 강하게 밟아도 제동이 잘 되지 않는다.)

6. 베이퍼 록(Vapour lock) 현상

브레이크오일에 기포가 발생하여 브레이크가 제대로 작동하지 않는 현상을 말한다.
긴 내리막길에서 브레이크를 지나치게 사용하면 차륜 부분의 마찰열 때문에 휠 실린더나 브레이크 파이프 속의 오일이 기화(액체가 끓으며 기체로 변하는 현상)되고,
브레이크 회로 내에 공기가 유입된 것처럼 기포가 형성되는데 이때 브레이크를 밟아도 스펀지를 밟듯이 푹푹 꺼지며, 브레이크가 작동되지 않는 현상이 생기는데 이를 베이퍼록이라 한다.
▶워터 페이드(water fade) 현상
빗길 주행 시 드럼 또는 브레이크 패드에의 수분유입으로 인하여 브레이크의 제동력이 떨어지는 현상을 말한다. 워터 페이드에 의한 제동력 감소를 방지하기 위해서는 브레이크 페달을 반복해서 밝으면서 천천히 주행하면 열에 의하여 브레이크가 서서히 회복된다.

7. 모닝 록(Morning lock) 현상

비가 자주오거나 공기 중에 습도가 높은 날, 자동차를 오랫동안 주차해 놓으면 브레이크 드럼에 미세한 녹이 발생하게 되는데 이것을 모닝 록(Morning Lock) 현상이라고 한다.
▶모닝 록 현상이 발생하면 브레이크드럼과 라이닝, 브레이크 패드와 디스크의 마찰계수가 평소보다 높아지기 때문에 브레이크가 지나치게 예민하게 작동된다. 따라서 평소의 감각대로 제동을 할 경우에 급제동을 일으켜 의외의 사고가 일어날 수 있다.
(아침에 운행을 시작할 때나 장시간 동안 주차한 뒤에 운행을 할 경우에, 출발 전에 브레이크를 몇 차례 밟아주어 모닝 록 현상을 제거해 준 뒤 운전하는 것이 좋다.)
*모닝 록 현상은 서행하면서 브레이크를 몇 번 밟아주면 녹은 자연히 제거된다.

8. 현가장치 관련 현상

1) 자동차의 진동
  ① 바운싱(Bouncing ; 상하 진동)
    이 진동은 차체가 윗방향의 축을 중심으로 운동을 하는 고유 진동이다.
  ② 피칭(Pitching ; 앞뒤 진동)
    이 진동은 차체가 가로방향의 축을 중심으로 하여 회전운동을 하는 고유 진동이다.
    • 차량의 무게중심을 지나는 가로방향의 축을 중심으로 차량이 앞뒤로 기울어지는 현상으로, 적재물이 없는 대형차량이 급제동을 하면 피칭현상으로 인해 스키드 마크가 짧게 끊어진 형태로 나타난다.
  ③ 롤링(Rolling ; 좌우 진동)
    이 진동은 차체가 세로방향의 축을 중심으로 하여 회전운동을 하는 고유 진동이다.
    • 차량의 무게중심을 지나는 세로방향의 축을 중심으로 차량이 좌우로 기울어지는 현상으로 롤링 시 급제동되면 좌우 스키드 마크의 길이에서 차이가 난다.
  ④ 요잉(Yawing ; 차체 후부 진동)
    이 진동은 차체가 윗방향의 축을 중심으로 회전운동을 하는 고유 진동이다.
    • 차량의 무게중심을 지나는 윗방향의 축을 중심으로 차량이 회전하는 현상으로 심할 경우 노면상에 요마크를 생성하게 된다.

2) 노즈다운, 노즈업(Nose down, Nose up)
  ① 노즈다운
    자동차를 제동할 때 바퀴는 정지하려 하는데 차체는 관성에 의해 이동하려는 성질때문에 차체의 앞 범퍼 부분이 내려가는 현상을 말한다.(다이브(Dive) 현상이라고도 한다.)
  ② 노즈업
    자동차가 출발할 때 구동 바퀴는 이동하려 하는데 차체는 정

지하고 있기 때문에 차체의 앞 범퍼 부분이 들리는 현상을 말한다.(스쿼트(Squat) 현상이라고도 한다.)

9. 선회 특성과 방향 안정성

언더 스티어링의 자동차가 방향 안정성이 큰 이유는 직진하는 자동차의 옆에서 부는 바람에 의해 옆 방향의 힘을 받으면 그 오는 바람의 힘을 상쇄시키고 직진하기 위해 조향 핸들을 약간 회전시켜 앞, 뒷바퀴에 사이드 슬립 각도를 부여하여 옆 방향에서 받는 힘 만큼의 코너링 포스를 발생시켜야 한다.

1) 오버 스티어링(앞바퀴의 사이드 슬립 각도가 뒷바퀴의 사이드 슬립 각도보다 작을 때를 말함)일 때

자동차는 직진 방향에서 바람이 불어오는 쪽으로 방향을 바꾸게 되는데 이 때 선회에 의해 발생되는 원심력은 바람이 부는 방향과 같은 방향이므로 주행 속도가 빠를수록 이러한 경향이 현저하게 나타난다.

2) 언더 스티어링(앞바퀴의 사이드 슬립 각도가 뒷바퀴의 사이드 슬립보다 각도가 클 경우)일 때

자동차는 바람이 부는 방향으로 방향을 바꾸게 되는데, 이 때 선회에 의해 발생되는 옆 방향의 힘(즉, 바람이 불어오는 방향의 힘)을 상쇄시키는 방향으로 작용하기 때문에 방향안정성이 향상된다.
(직진 주행 중 강한 바람 때문에 옆 방향의 힘을 받았을 때 바람의 중심은 대부분 자동차의 중심보다는 앞 부분에서 형성되므로 자동차의 앞 부분이 흔들리고 자동차의 주행 방향도 바뀌게 된다. 따라서 아스팔트로 포장된 도로를 장시간 고속으로 주행할 경우 옆 방향의 바람에 대한 영향이 적은 언더 스티어링이 유리하다.)

10. 내륜차와 외륜차

자동차 바퀴의 궤적
▶직진할 때
　앞바퀴가 지나간 자국을 그대로 따라간다.
▶핸들을 조작했을 때
　바퀴가 모두 제각기 서로 다른 원을 그리면서 통과하게 된다.

1) 내륜차

핸들을 우측으로 돌렸을 때 뒷바퀴의 연장선상의 한 점을 중심으로 바퀴가 동심원을 그리게 되는데, 앞바퀴의 안쪽과 뒷바퀴의 안쪽과의 차이를 내륜차라고 한다.

2) 외륜차

핸들을 우측으로 돌렸을 때 뒷바퀴의 연장선상의 한 점을 중심으로 바퀴가 동심원을 그리게 되는데, 바깥 바퀴의 차이를 외륜차라고 한다.
(대형차일수록 이 차이는 크며, 자동차가 전진할 경우에는 내륜차에 의해, 또 후진할 경우에는 외륜차에 의한 교통사고의 위험이 있다.)

11. 타이어 마모에 영향을 주는 요소

1) 공기압
① 공기압이 규정 압력보다 낮으면 트레드 접지면에서의 운동이 커지기 때문에 마모가 빨라진다.
② 공기압이 높으면 승차감은 나빠지며 트레드 중앙부분의 마모

가 촉진된다.
(타이어의 공기압이 낮으면 승차감은 좋아지나, 숄더 부분에 마찰력이 집중되기 때문에 수명이 짧아지게 된다.)

2) 하중
하중이 커지면 타이어의 굴신이 심해져 트레드의 접지 면적이 증가하고, 미끄러짐의 정도도 커져서 마모를 촉진하게 된다.
(타이어에 걸리는 하중이 커지면 공기압이 부족하게 되어 타이어는 크게 굴곡이 생겨 마찰력이 증가하기 때문에 내마모성이 저하된다.)

3) 속도
① 주행 중 타이어에 일어나는 구동력, 제동력, 선회력 등의 힘은 어느 것이든 속도의 제곱에 비례한다.
② 속도가 증가하면 타이어의 온도 또한 상승하여 트레드 고무의 내마모성이 저하된다.

4) 커브
차가 커브를 돌 때 차의 중량, 차속도의 자승 그리고 커브반경의 역수에 비례한 원심력이 작용한다.
(이 원심력에 대항하기 위하여 타이어에 활각을 주게 되는데 이 활각에 상응한 트레드 고무의 변형에 의해 구심력이 생겨 커브를 돌 수 있게 되는 것이다. 이 커브가 마모에 미치는 영향이 크기 때문에 활각이 크면 마모는 많아진다.)

5) 브레이크
브레이크를 걸 때 차의 속도가 빠르면 속도의 자승에 비례한 운동량을 지니고 있으므로 이 힘을 소멸시키기 위해 타이어의 접지면에 주는 제동력과 미끄러지는 정도가 많아져야 하므로 타이어의 마모가 더욱 심하게 된다.
(브레이크를 밟는 횟수가 많고, 브레이크를 밟기 직전의 속도가 빠를수록 타이어가 마모되는 양은 커진다.)

6) 노면
포장된 도로에서 타이어 수명이 100%라면 비포장도로에서의 수명은 60%에 해당되기 때문에 비포장도로에서 운행할 경우 노면에 알맞은 주행을 하여야 마모를 줄일 수 있다.

12. 유체자극의 현상

1) 유체자극이라는 것은 속도가 빠를수록 눈에 들어오는 흐름의 자극은 더해지며, 주변의 경관은 거의 흐르는 선과 같이 되어 눈을 자극하는 것을 말한다.

2) 유체자극을 받으며 오랜 시간 운전을 하면 운전자의 눈은 몹시 피로하게 되어, 운전자는 무의식중에 유체자극을 피하고, 안정된 시계(視界)를 갖기 위해 앞에서 주행하고 있는 자동차의 일정한 거리까지 접근하여 가능한 한 앞차의 뒷부분에 시선을 고정시켜서 앞차와 같은 속도로 주행하려고 한다.

3) 앞차와 같은 속도나 또는 일정한 거리를 두고 주행을 하면
① 눈의 시점이 한 곳에 고정 되어 주위의 경관이 거의 시계에 들어오지 않으며
② 점차 시계의 입체감을 잃게 되고
③ 속도감·거리감 등이 마비되어 점점 의식이 저하되며
④ 반응도 둔해지게 된다.

제3장 자동차 요인과 안전운행

제3절 정지거리와 정지시간

1) 자동차의 정지거리
   ① 공주거리와 제동거리를 합한 거리이다.
   ② 이 때 까지 소요된 시간을 정지소요시간(공주시간+제동시간)이라 한다.
2) 자동차가 어떤 속도로 주행하고 있든 간에 긴급 상황에서 차량을 정지시키는 데 영향을 미치는 요소
   ① 운전자의 지각시간
   ② 운전자의 반응시간
   ③ 브레이크 혹은 타이어의 성능
   ④ 도로조건 등

1. 공주시간과 공주거리

1) 공주시간
   운전자가 자동차를 정지시켜야 할 상황임을 지각하고 브레이크로 발을 옮겨 브레이크가 작동을 시작하는 순간까지의 시간을 말한다.
2) 공주거리
   운전자가 위험을 느끼고 브레이크를 밟아 브레이크가 실제 듣기 시작하기까지 사이에 주행한거리를 말한다.

2. 제동시간과 제동거리

1) 제동시간
   운전자가 브레이크에 발을 올려 브레이크가 막 작동을 시작하는 순간부터 자동차가 완전히 정지할 때까지의 시간을 말한다.
2) 제동거리
   운전자가 브레이크를 작동하는 순간부터 자동차가 완전히 정지할 때 까지 자동차가 진행한 거리를 말한다.

3. 정지시간과 정지거리

1) 정지시간(공주시간와 제동시간을 합한 시간이다.)
   운전자가 위험을 인지하고 자동차를 정지시키려고 시작하는 순간부터 자동차가 완전히 정지할 때까지의 시간을 말한다.
2) 정지거리(공주거리와 제동거리를 합한 거리이다.)
   운전자가 위험을 인지하여 자동차를 정지시키려고 하는 순간부터 자동차가 완전히 정지할 때까지 진행한 거리를 말한다.

제4절 자동차의 일상점검

1. 원동기

1) 시동이 쉽고 잡음이 없는가?
2) 배기가스의 색이 깨끗하고 유독가스 및 매연이 없는가?
3) 엔진오일의 양이 충분하고 오염되지 않으며 누출이 없는가?
4) 연료 및 냉각수가 충분하고 새는 곳이 없는가?
5) 연료분사펌프조속기의 봉인상태가 양호한가?
6) 배기관 및 소음기의 상태가 양호한가?

2. 동력전달장치

1) 클러치 페달의 유동이 없고 클러치의 유격은 적당한가?
2) 변속기의 조작이 쉽고 변속기 오일의 누출은 없는가?
3) 추진축 연결부의 헐거움이나 이음은 없는가?

3. 조향장치

1) 스티어링 휠의 유동·느슨함·흔들림은 없는가?
2) 조향축의 흔들림이나 손상은 없는가?

4. 제동장치

1) 브레이크 페달을 밟았을 때 상판과의 간격은 적당한가?
2) 브레이크액의 누출은 없는가?
3) 주차 제동레버의 유격 및 당겨짐은 적당한가?
4) 브레이크 파이프 및 호스의 손상 및 연결상태는 양호한가?
5) 에어브레이크의 공기 누출은 없는가?
6) 에어탱크의 공기압은 적당한가?

5. 완충장치

1) 새시스프링 및 쇽업쇼바 이음부의 느슨함이나 손상은 없는가?
2) 새시스프링이 절손된 곳은 없는가?
3) 쇽업쇼바의 오일 누출은 없는가?

6. 주행장치

1) 휠너트(허브너트)의 느슨함은 없는가?
2) 타이어의 이상마모와 손상은 없는가?
3) 타이어의 공기압은 적당한가?

7. 기타

1) 와이퍼의 작동은 확실한가?
2) 유리세척액의 양은 충분한가?
3) 전조등의 광도 및 조사각도는 양호한가?
4) 후사경 및 후부반사기의 비침상태는 양호한가?
5) 등록번호판은 깨끗하며 손상이 없는가?

8. 차량점검 및 주의사항

1) 운행 전 점검을 실시한다.
2) 적색경고등이 들어온 상태에서는 절대로 운행하지 않는다.
3) 운행 전에 조향핸들의 높이와 각도가 맞게 조정되어 있는지 점검한다.
4) 운행 중에는 조향핸들의 높이와 각도를 조정하지 않는다.
5) 주차 시에는 항상 주차브레이크를 사용한다.
6) 파워핸들(동력조향)이 작동되지 않더라도 트럭을 조향할 수 있으나 조향이 매우 무거움에 유의하여 운행한다.
7) 주차브레이크를 작동시키지 않은 상태에서 절대로 운전석에서 떠나지 않는다.
8) 트랙터 차량의 경우 트레일러 주차 브레이크는 일시적으로만 사용하고 트레일러 브레이크만을 사용하여 주차하지 않는다.
9) 라디에이터 캡은 주의해서 연다.

제3장 자동차 요인과 안전운행

화물운송종사자격시험

10) 캡을 기울일 경우에는 최대 끝 지점까지 도달하도록 기울이고 스트러트(캡지지대)를 사용한다.

11) 캡을 기울인 후 또는 원위치 시킨 후에 엔진을 시동할 경우에는 반드시 기어레버가 중립위치에 있는 지 다시한번 확인한다.

12) 캡을 기울일 때 손을 머드가드(흙받이 밀폐고무) 부위에 올려 놓지 않는다.(손이 끼어서 다칠 우려가 있다)

13) 컨테이너 차량의 경우 고정장치가 작동되는지를 확인한다.

제5절 자동차 응급조치 방법

1. 오감으로 판별하는 자동차 이상 징후

1) 오감

시각 · 청각 · 촉각 · 후각 · 미각을 말한다.

2) 오감을 잘 활용한다면 자동차의 고장을 사전에 충분히 예방하거나 빨리 발견하여 조치를 할 수 있다.

감각	점검방법	적용사례
시각	부품이나 장치의 외부 굽음 · 변형 · 녹슴 등	물 · 오일 · 연료의 누설, 자동차의 기울어짐
청각	이상한 음	마찰음, 걸리는 쇳소리, 노킹소리, 긁히는 소리 등
촉각	느슨함, 흔들림, 발열 상태 등	볼트 너트의 이완, 유격, 브레이크 시 차량이 한쪽으로 쏠림, 전기 배선 불량 등
후각	이상 발열 · 냄새	배터리액의 누출, 연료 누설, 전선 등이 타는 냄새 등

3) 전조 현상을 잘 파악하면, 고장을 사전에 예방할 수 있다.

① 고장은 반드시 전조 현상을 가져온다.

② 평소에 운전하면서 이상하게 느꼈다면 어느 곳에서, 무엇이, 언제, 어떠한 현상으로 나타나는가를 잘 파악해야 한다. (만약, 이 전조 현상을 느끼고도 그대로 방치한다면, 결국 고장을 불러일으킬 수 밖에 없다.)

4) 고장이 자주 일어나는 부분

① 진동과 소리는 어떤 부분의 고장을 뜻할까?

㉠ 엔진의 점화 장치 부분

• 주행 전 차체에 이상한 진동이 느껴질 때는 엔진에서의 고장이 주원인이다.

• 플러그 배선이 빠져있거나 플러그 자체가 나쁠 때 이런 현상이 나타난다.

㉡ 엔진의 이음

• 엔진의 회전수에 비례하여 쇠가 마주치는 소리가 날 때가 있다.

• 이런 이음은 밸브 장치에서 나는 소리로, 밸브 간극 조정으로 고쳐질 수 있다.

㉢ 팬벨트(fan belt)

가속 페달을 힘껏 밟는 순간 "끼익!"하는 소리가 나는 경우

가 있는 데 이럴 때는 팬벨트 또는 기타의 V벨트가 이완되어 걸려 있는 풀리(pulley)와의 미끄러짐에 의해 일어난다.

㉣ 클러치 부분

클러치를 밟고 있을 때 "달달달" 떨리는 소리와 함께 차체가 떨리는 것은 클러치 릴리스 베어링이 고장 날 것이기 때문에 정비공장에 가서 교환하여야 한다.

㉤ 브레이크 부분

브레이크 페달을 밟아 차를 세우려고 할 때 바퀴에서 "끼익!" 하는 소리가 나는 경우가 있는데, 이것은 브레이크 라이닝의 마모가 심하거나 라이닝에 결함이 있을 때 일어나는 현상이다.

㉥ 조향장치 부분

핸들이 어느 속도에 이르면 극단적으로 흔들리는 경우가 있는데, 이 때 핸들 자체에 진동이 일어나면 앞바퀴의 불량이 원인일 때가 많다. 이것은 앞차륜 정렬(휠 얼라인먼트)이 맞지 않거나 바퀴 자체의 휠 밸런스가 맞지 않을 때 주로 일어난다.

㉦ 바퀴 부분

• 주행 중 하체 부분에서 비틀거리는 흔들림이 일어나는 때가 있다.

• 커브를 돌았을 때 휘청거리는 느낌이 들 때는 바퀴의 휠 너트의 이완이나 타이어의 공기가 부족할 때가 많다.

㉧ 현가장치 부분

울퉁불퉁한 비포장도로의 노면 위를 달릴 때 "딱각딱각" 하는 소리나 "쿵쿵" 하는 소리가 날 때에는 현가장치인 쇽 업쇼버의 고장으로 볼 수 있다.

② 냄새와 열이 나는 것은 어느 부분의 이상인가?

㉠ 전기장치 부분

고무 같은 것이 타는 냄새가 날 때는 바로 차를 세워야 한다. 이것은 엔진실 내의 전기 배선 등의 피복이 녹아 벗겨져 합선에 의해 전선이 타면서 나는 냄새가 대부분인데, 보닛을 열고 잘 살펴보면 그 부위를 발견할 수 있다.

㉡ 브레이크 부분

• 치과 병원에서 이를 갈 때 나는 단내가 심하게 나는 경우
  - 주브레이크의 간격이 좁든가, 주차 브레이크를 당겼다 풀었으나 완전히 풀리지 않았을 경우이다.
  - 긴 언덕길을 내려갈 때 계속 브레이크를 밟는다면 이러한 현상이 일어나기 쉽다.

㉢ 바퀴 부분

바퀴마다 드럼에 손을 대보면 어느 한쪽만 뜨거울 경우가 있는데, 이러한 현상은 브레이크 라이닝 간격이 좁아 브레이크가 끌리기 때문이다.

③ 배출가스로 구분할 수 있는 고장은?

자동차 후부에 장착된 머플러(소음기) 파이프에서 배출되는 가스의 색을 자세히 살펴보면, 엔진의 건강 상태를 확인 할 수 있다.

㉠ 무색

완전연소 때 배출되는 가스의 색은 정상상태에서 무색이나 약간 엷은 청색을 띤다.

116

제3장 자동차 요인과 안전운행

ⓒ 검은색
농후한 혼합가스가 들어가 불완전연소되는 경우로 초크 고장이나 에어클리너 엘리먼트의 막힘 또는 연료장치 고장 등이 원인이다.

ⓒ 흰색(백색)
엔진 안에서 다량의 엔진오일이 실린더 위로 올라와 연소되는 경우는 헤드 개스킷 파손, 밸브의 오일 씰 노후, 피스톤 링의 마모 등으로, 엔진 보링을 할 시기가 되었다는 것을 알려주는 것이다.

2. 고장 유형별 조치방법

1) 엔진계통
① 엔진오일 과다 소모
  ㉠ 현상
    • 하루 평균 약 2~4리터 엔진오일이 소모됨
  ㉡ 점검방법
    • 배기 배출가스 육안 확인
    • 에어 클리너 오염도 확인(과다 오염)
    • 블로바이가스(blow-by gas) 과다 배출 확인
    • 에어 클리너 청소 및 교환주기 미준수, 엔진과 콤프레셔 피스톤 링 과다 마모
  ㉢ 조치방법
    • 엔진 피스톤 링 교환
    • 실린더라이너 교환
    • 실린더 교환이나 보링작업
    • 오일팬이나 개스킷 교환
    • 에어 클리너 청소 및 장착 방법 준수 철저

② 엔진 온도 과열
  ㉠ 현상
    • 주행 시 엔진 과열(온도 게이지 상승됨)
  ㉡ 점검방법
    • 냉각수 및 엔진오일의 양 확인과 누출여부 확인
    • 냉각팬 및 워터펌프의 작동 확인
    • 팬 및 워터펌프의 벨트 확인
    • 수온조절기의 열림 확인
    • 라디에이터 손상 상태 및 써머스태트 작동상태 확인
  ㉢ 조치방법
    • 냉각수 보충
    • 팬벨트의 장력조정
    • 냉각팬 휴즈 및 배선상태 확인
    • 팬벨트 교환
    • 수온조절기 교환
    • 냉각수 온도 감지센서 교환
    • 외관상 결함 상태가 없을 경우에는
      - 라디에이터 캡을 열고 냉각수의 흐름을 관찰한 후 냉각수 내 기포 현상이 있는가를 확인
      - 기포 현상은 연소실 내 압축가스가 새고 있다는 현상임 (미세한 경우는 약 10~15분 정도 확인 관찰해야 함)
      - 이 경우 실린더헤드 볼트 조임불량 및 손상으로 고장입고 조치

③ 엔진 과회전(over revolution) 현상
  ㉠ 현상
    • 내리막길 주행 변속 시 엔진 소리와 함께 재시동이 불가능하다.
  ㉡ 점검방법
    • 내리막길에서 순간적으로 고단에서 저단으로 기어 변속 시(감속 시) 엔진 내부가 손상되므로 엔진 내부 확인해야 한다.
    • 로커암 캡을 열고 푸쉬로드 휨 상태, 밸브 스템 등이 손상되었는지 확인한다.(손상 상태가 심할 경우는 실린더 블록까지 파손됨)
  ㉢ 예방 및 조치방법
    • 내리막길 주행 시 과도한 엔진 브레이크의 사용을 자제한다.
    • 최대회전속도를 초과한 운전을 하지 않는다.
    • 고단에서 저단으로 급격한 기어변속을 하지 않는다.(특히, 내리막길)
  ㉣ 주의사항
    • 내리막길에서의 중립상태(일명:후리)운행의 금지 및 최대 엔진회전수 조정볼트(봉인) 조정을 하지 않는다.

④ 엔진 매연 과다 발생
  ㉠ 현상
    • 엔진 출력이 감소되며 매연(흑색)이 과다 발생된다.
  ㉡ 점검방법
    • 엔진오일 및 필터 상태 점검
    • 에어 클리너 오염 상태 및 덕트 내부 상태 확인
    • 블로바이 가스 발생 여부 확인
    • 연료의 질 분석 및 흡·배기 밸브 간극 점검(소리로 확인)
  ㉢ 조치방법
    • 출력 감소 현상과 함께 매연이 발생되는 것은 흡입 공기량(산소량)부족으로 불완전 연소된 탄소가 나오는 것이다.
    • 에어 클리너 오염 확인 후 청소한다.
    • 에어 클리너 덕트의 내부를 확인한다. (부풀음 또는 폐쇄 확인하여 흡입 공기량이 충분토록 조치)
    • 밸브간극 조정을 한다.

⑤ 엔진 시동 꺼짐
  ㉠ 현상
    • 정차 중 엔진의 시동이 꺼진 뒤 재시동이 불가능하다.
  ㉡ 점검방법
    • 연료의 양을 확인한다.
    • 연료파이프 누유 및 공기유입을 확인한다.
    • 연료탱크 내 이물질 혼입 여부를 확인한다.
    • 워터 세퍼레이터에 공기가 유입되었는지를 확인한다.
  ㉢ 조치방법
    • 연료공급 계통의 공기빼기 작업을 한다.
    • 워터 세퍼레이터 공기가 유입된 부분을 확인하여 현장에서 조치가 가능하면 작업에 착수한다.(단품교환)
    • 작업 불가시 응급 조치를 하여 공장에 입고시킨다.

⑥ 혹한기 주행 중 시동 꺼짐
  ㉠ 현상
    • 혹한기 주행 중 오르막 경사로에서 급가속 시 시동이 꺼지는 현상.(그러나 일정 시간 경과 후 재시동은 가능하다.)
  ㉡ 점검방법
    • 연료 파이프 및 호스 연결부분에 에어가 유입되었는지를 확인한다.
    • 연료 차단 솔레노이드 밸브의 작동 상태를 확인한다.
    • 워터 세퍼레이터 내 결빙 확인
  ㉢ 조치방법
    • 인젝션 펌프 에어빼기 작업을 한다.
    • 워터 세퍼레이트 수분을 제거한다.
    • 연료탱크 내 수분을 제거한다.
⑦ 엔진 시동 불량
  ㉠ 현상
    • 초기 시동이 불량하고 시동이 꺼진다.
  ㉡ 점검방법
    • 연료 파이프 에어 유입 및 누유가 있었는지 점검한다.
    • 펌프 내부에 이 물질이 유입되어 연료 공급이 안돼는지를 점검한다.
  ㉢ 조치방법
    • 플라이밍 펌프 작동 시 에어 유입 확인 및 에어빼기를 한다.
    • 플라이밍 펌프 내부의 휠터를 청소한다.

2) 섀시 계통
① 덤프 작동 불량
  ㉠ 현상
    • 덤프 작동 시 상승 중에 적재함이 멈춘다.
  ㉡ 점검방법
    • P.T.O(Power Take off: 동력인출장치) 작동상태를 점검한다.(반 클러치 정상작동)
    • 호이스트 오일 누출 상태를 점검한다.
    • 클러치 스위치를 점검한다.
    • P.T.O 스위치의 작동이 불량한가를 확인한다.
  ㉢ 조치방법
    • P.T.O 스위치를 교환한다.
    • 변속기의 P.T.O 스위치 내부 단선으로 클러치를 완전히 개방시키면 상기 현상 발생.
    • 현상에서 작업 조치하고 불가능시 공장으로 입고시킨다.
② ABS(Anti-lock Brake System) 경고등 점등
  ㉠ 현상
    • 주행 중 간헐적으로 ABS 경고등 점등 되다가 요철 부위 통과 후 경고등이 계속 점등될 경우
  ㉡ 점검방법
    • 자기 진단 점검을 한다.
    • 휠 스피드 센서 단선 단락
    • 휠 센서 단품 점검 이상 발견
    • 변속기 체인지 레버 작동 시 간섭으로 컨넥터 빠짐
  ㉢ 조치방법
    • 휠 스피드 센서 저항 측정한다.
    • 센서가 불량 인지 확인하고 불량이면 교환한다.

• 배선부분이 불량 인지 확인하고 불량이면 교환룬다.
③ 주행 제동 시 차량 쏠림
  ㉠ 현상
    • 주행 제동 시 차량 쏠림
    • 리어 앞쪽 라이닝 조기 마모 및 드럼 과열 제동 룰능
    • 브레이크 조기 록크 및 밀림
  ㉡ 점검방법
    • 좌·우 타이어의 공기압을 점검한다.
    • 좌·우 브레이크 라이닝 간극 및 드럼손상을 점검한다.
    • 브레이크 에어 및 오일 파이프를 점검한다.
    • 듀얼 브레이크를 점검한다.
    • 공기 빼기 작업을 한다.
    • 에어 및 오일 파이프 라인 이상 발견
  ㉢ 조치방법
    • 타이어의 공기압을 좌·우 동일하게 주입한다.
    • 좌·우 브레이크 라이닝 간극을 재조정한다.
    • 브레이크 드럼을 교환한다.
    • 리어 앞 브레이크 컨넥터의 장착 불량으로 유압 오작동
④ 제동 시 차체 진동
  ㉠ 현상
    • 급제동 시 차체 진동이 심하고 브레이크 페달이 틀릴 때
  ㉡ 점검방법
    • 전(前)차륜 정열상태 점검(휠 얼라이먼트)
    • 제동력 테스트
    • 브레이크 드럼 및 라이닝 점검 확인
    • 브레이크 드럼의 진원도 불량
  ㉢ 조치방법
    • 조향핸들 유격 점검
    • 허브베어링 교환 또는 허브너트 재조임
    • 앞 브레이크 드럼 연마 작업 또는 교환

3) 전기계통
① 와이퍼가 작동하지 않을 때
  ㉠ 현상
    • 와이퍼 작동스위치를 작동시켜도 와이퍼가 작동하지 않는다.
  ㉡ 점검방법
    • 모터가 도는 지 점검한다.
  ㉢ 조치방법
    • 모터 작동 시 블레이드 암의 고정너트를 조이거나 링크기구를 교환한다.
    • 모터 미작동 시 퓨즈, 모터, 스위치, 컨넥터의 점검 및 손상부품을 교환한다.
② 와이퍼 작동 시 소음이 발생 할 경우
  ㉠ 현상
    • 와이퍼 작동 시 주기적으로 소음이 발생 할 경우
  ㉡ 점검방법
    • 와이퍼 암을 세워놓고 작동해 본다.
  ㉢ 조치방법
    • 소음 발생 시 링크기구를 탈거하여 점검한다.
    • 소음 미발생 시 와이퍼블레이드 및 와이퍼 암을 교환한다.
③ 와셔액 분출 불량
  ㉠ 현상

제3장 자동차 요인과 안전운행

- 와셔액이 분출되지 않거나 분사방향이 불량할 경우
ⓒ 점검방법
  - 와셔액 분사 스위치를 작동해 본다.
ⓒ 조치방법
  - 분출이 안될 때는 와셔액의 양을 점검하고 가는 철사로 막힌 구멍을 뚫어준다.
  - 분출방향의 불량 시에는 가는철사를 구멍에 넣어 분사 방향을 조절해 준다.

④ 제동 등이 계속 작동할 경우
  ㉠ 현상
    - 미등의 작동 시 또는 브레이크 페달 미작동 시에도 제동 등이 계속 점등된다.
  ㉡ 점검방법
    - 제동등 스위치 접점 고착 점검
    - 전원 연결배선을 점검한다.
    - 배선의 차체 접촉 여부를 점검한다.
  ㉢ 조치방법
    - 제동등 스위치를 교환한다.
    - 전원 연결배선을 교환한다.
    - 배선의 절연상태를 보완한다.

⑤ 틸트 캡의 하강 후에도 경고등이 점등 될 때
  ㉠ 현상
    - 틸트 캡의 하강 후에도 계속적으로 캡 경고등이 점등된다.
    - 틸트 모터 작동 완료 상태임에도 점등 된다.
  ㉡ 점검방법
    - 하강 리미트 스위치의 작동상태를 점검한다.
    - 록킹 실린더의 누유를 점검한다.
    - 틸트 경고등의 스위치를 정상으로 작동해 본다.
    - 캡 밀착 상태를 점검한다.
    - 캡 리어 우측 쇽업쇼버 볼트 장착부가 용접불량인지를 점검한다.
    - 쇽업쇼버 장착 부위 정렬이 불량인지를 확인한다.
  ㉢ 조치방법
    - 캡 리어 우측 쇽업쇼버 볼트 장착부 용접불량 개소 정비
    - 쇽업쇼버 장착 부위의 정렬 불량을 정비한다.
    - 쇽업쇼바를 교환한다.

⑥ 비상등 작동이 불량하다.
  ㉠ 현상
    - 비상등 작동 시 점멸은 되지만 좌측이 빠르게 점멸한다.
  ㉡ 점검방법
    - 좌측 비상등 전구 교환 후 동일현상의 발생여부를 점검한다.
    - 컨넥터를 점검한다.
    - 턴 시그널 릴레이를 점검한다.
    - 전원 연결의 정상여부를 확인한다.
  ㉢ 조치방법
    - 턴 시그널 릴레이를 교환한다.

⑦ 수온 게이지 작동 불량
  ㉠ 현상
    - 주행 중 브레이크 작동 시 온도 메터 게이지가 하강한다.
  ㉡ 점검방법
    - 온도 메터 게이지 교환 후 동일현상의 여부를 점검한다.
    - 수온센서 교환 후 동일현상의 여부를 점검한다.
    - 배선 및 컨넥터를 점검한다.
    - 프레임과 엔진 배선 중간부위에 과다한 꺾임이 있는지 확인한다.
    - 배선 피복은 정상이나 내부 에나멜선이 단선되었는지를 확인한다.
  ㉢ 조치방법
    - 온도 메터 게이지를 교환한다.
    - 수온센서를 교환한다.
    - 배선 및 컨넥터를 교환한다.
    - 단선된 부위 납땜을 한 후 테이핑을 한다.

제3편 안전운행 · 제4장 도로요인과 안전운행

1) 도로요인
    도로구조, 안전시설 등에 관한 것이다.
    ① 도로구조
      도로의 선형, 노면, 차로수, 노폭, 구배 등이다.
    ② 안전시설
      신호기, 노면표시, 방호책 등 도로의 안전시설에 관한 것을 포함한다.

2) 일반적으로 도로가 되기 위한 4가지 조건
    ① 형태성 : 차로의 설치, 비포장의 경우에는 노면의 균일성 유지 등으로 자동차 기타 운송수단의 통행에 용이한 형태를 갖출 것
    ② 이용성 : 사람의 왕래, 화물의 수송, 자동차 운행 등 공중의 교통영역으로 이용되고 있는 곳
    ③ 공개성 : 공중교통에 이용되고 있는 불특정 다수인 및 예상할 수 없을 정도로 바뀌는 숫자의 사람을 위해 이용이 허용되고 실제 이용되고 있는 곳
    ④ 교통경찰권 : 공공의 안전과 질서유지를 위하여 교통경찰권이 발동될 수 있는 장소

3) 교통사고 발생에 있어서 도로요인
    ① 인적요인, 차량요인에 비하여 수동적 성격을 가진다.
    ② 도로 그 자체는 운전자와 차량이 하나의 유기체로 움직이는 터전이다.

ⓒ 시거를 확보하며
ⓒ 속도표지와 시선유도표지를 포함한 주의표지와 노면표시를 잘 설치하는 것이다.

4) 곡선구간과 사고율의 관계에서 한 가지 유의해야할 사실은 곡선부의 사고율에는 시거, 편경사에 의해서도 크게 좌우된다는 것이다.
    *시거(視距) : 자동차를 운전하는 사람이 도로 전방을 살펴볼 수 있는 거리를 말함.

5) 곡선부 방호울타리의 기능
    ① 자동차의 차도이탈을 방지하는 것
    ② 탑승자의 상해 및 자동차의 파손을 감소시키는 것
    ③ 자동차를 정상적인 진행방향으로 복귀시키는 것
    ④ 운전자의 시선을 유도하는 것

2. 종단선형과 교통사고

1) 일반적으로 종단경사(오르막 내리막 경사)가 커짐에 따라 사고율이 높다.

2) 종단선형이 자주 바뀌면 종단곡선의 정점에서 시거가 단축되어 사고가 일어나기 쉽다.
    (일반적으로 양호한 선형조건에서 제한시거가 불규칙적으로 나타나면 평균사고율보다 훨씬 높은 사고율을 보인다.)

제1절 도로의 선형과 교통사고

1. 평면선형과 교통사고

1) 일반도로에서는 곡선반경이 100m 이내일 때 사고율이 높다.
    ① 2차로 도로에서는 그 경향이 강하게 나타난다.
    ② 고속도로에서도 곡선반경 750m를 경계로 하여 그 곡선이 급해짐에 따라 사고율이 높다.
      (이 경향은 오른쪽 급은 곡선도로나 왼쪽 급은 곡선도로 모두 유사하다.)

2) 곡선부의 수가 많으면 사고율이 높을 것 같으나 반드시 그런 것은 아니다.

3) 곡선부가 오르막 내리막의 종단경사와 중복되는 곳은 훨씬 더 사고 위험성이 높다.
    ① 곡선부는 미끄럼 사고가 발생하기 쉬운 곳이다.
    ② 곡선부에서의 사고를 감소시키는 방법
      ㉠ 편경사를 개선하고

제2절 횡단면과 교통사고

1. 차로수와 교통사고

차로수가 많으면 사고가 많은데 그것은 도로의 교통량이 많고, 교차로가 많으며, 도로변의 개발밀도가 높기 때문이다.

2. 차로폭과 교통사고

일반적으로 횡단면의 차로폭이 넓을수록 교통사고예방의 효과가 있다. 교통량이 많고 사고율이 높은 구간의 차로폭을 규정범위 이내로 넓히면 그 효과는 더욱 크다.

3. 길어깨(갓길)와 교통사고

1) 길어깨가 넓으면 차량의 이동공간이 넓고, 시계가 넓으며, 고장 차량을 주행차로 밖으로 이동시킬 수 있어 안전성이 크다.

2) 길어깨가 토사나 자갈 또는 잔디보다는 포장된 노면이 더 안전하며, 포장이 되어 있지 않을 경우에는 건조하고 유지관리가 용이할수록 안전하다.

제4장 도로요인과 안전운행

3) 길어깨와 교통사고의 관계는 노면표시를 어떻게 하느냐에 따라 어느 정도 변할 수 있다.
(차도와 길어깨를 구획하는 노면표시를 하면 교통사고는 감소한다.)

4) 길어깨는 다음과 같은 역할을 한다.
① 고장차가 본선차도로부터 대피할 수 있고, 사고 시 교통의 혼잡을 방지하는 역할을 한다.
② 측방 여유폭을 가지므로 교통의 안전성과 쾌적성에 기여한다.
③ 유지관리 작업장이나 지하매설물에 대한 장소로 제공된다.
④ 절토부 등에서는 곡선부의 시거가 증대되기 때문에 교통의 안전성이 높다.
⑤ 유지가 잘되어 있는 길어깨는 도로 미관을 높인다.
⑥ 보도 등이 없는 도로에서는 보행자 등의 통행장소로 제공된다.

4. 중앙분리대와 교통사고

1) 중앙분리대의 종류
방호울타리형, 연석형, 광폭 중앙분리대가 있다.
① 방호울타리형 중앙분리대
중앙분리대 내에 충분한 설치 폭의 확보가 어려운 곳에서 차량의 대향차로로의 이탈을 방지하는 곳에 비중을 두고 설치하는 형이다.
② 연석형 중앙분리대
㉠ 좌회전 차로의 제공이나 향후 차로 확장에 쓰일 공간 확보
㉡ 연석의 중앙에 잔디나 수목을 심어 녹지공간을 제공
㉢ 운전자의 심리적 안정감에 기여하지만 차량과 충돌 시 차량을 본래의 주행방향으로 복원해주는 기능이 미약하다.
③ 광폭 중앙분리대는 도로선형의 양방향 차로가 완전히 분리될 수 있는 충분한 공간 확보로 대향차량의 영향을 받지 않을 정도의 넓이를 제공한다.

2) 전체 사고건수 중 중앙분리대를 넘어가 정면충돌한 사고의 비율은 분리대의 폭과 밀접한 관계가 있다.
(분리대의 폭이 넓을수록 분리대를 넘어가는 횡단사고가 적고 또 전체사고에 대한 정면충돌사고의 비율도 낮다.)

3) 중앙분리대로 설치된 방호울타리는 사고를 방지한다기보다는 사고의 유형을 변환시켜주기 때문에 효과적이다.
(정면충돌사고를 차량단독사고로 변환시킴으로써 위험성이 덜하다.)

4) 방호울타리는 다음과 같은 기능을 가져야 한다.
① 횡단을 방지할 수 있어야 한다.
② 차량을 감속시킬 수 있어야 한다.
③ 차량이 튕겨나가지 않아야 한다.
④ 차량의 손상이 적도록 해야 한다.

5) 중앙분리대의 주된 기능은 다음과 같다.
① 상하 차도의 교통 분리
㉠ 차량의 중앙선 침범에 의한 치명적인 정면충돌 사고 방지
㉡ 도로 중심선 축의 교통마찰을 감소시켜 교통용량 증대
② 평면교차로가 있는 도로에서는 폭이 충분할 때 좌회전 차로로 활용할 수 있어 교통처리가 유연
③ 광폭 분리대의 경우
㉠ 사고 및 고장 차량이 정지할 수 있는 여유 공간을 제공
㉡ 분리대에 진입한 차량에 타고 있는 탑승자의 안전 확보
(진입차의 분리대 내 정차 또는 조정 능력 회복)
④ 보행자에 대한 안전섬이 됨으로써 횡단 시 안전
⑤ 필요에 따라 유턴(U-Turn) 방지
(교통류의 혼잡을 피함으로써 안전성을 높임)
⑥ 대향차의 현광 방지
(야간 주행 시 전조등의 불빛을 방지)
⑦ 도로표지, 기타 교통관제시설 등을 설치할 수 있는 장소를 제공 등

5. 교량과 교통사고

교량의 폭, 교량 접근부 등이 교통사고와 밀접한 관계에 있다.

1) 교량 접근로의 폭에 비하여 교량의 폭이 좁을수록 사고가 더 많이 발생한다.

2) 교량의 접근로 폭과 교량의 폭이 같을 때 사고율이 가장 낮다.

3) 교량의 접근로 폭과 교량의 폭이 서로 다른 경우에도 교통통제설비, 즉 안전표지, 시선유도표지, 교량끝단의 노면표시를 효과적으로 설치함으로써 사고율을 현저히 감소시킬 수 있다.

6. 용어정의

1) 차로수
양방향 차로(오르막차로, 회전차로, 변속차로 및 양보차로를 제외한다)의 수를 합한 것을 말한다.

2) 오르막차로
오르막 구간에서 저속 자동차를 다른 자동차와 분리하여 통행시키기 위하여 설치하는 차로를 말한다.

3) 회전차로
자동차가 우회전, 좌회전 또는 유턴을 할 수 있도록 직진하는 차로와 분리하여 설치하는 차로를 말한다.

4) 변속차로
자동차를 가속시키거나 감속시키기 위하여 설치하는 차로를 말한다.

5) 측대
운전자의 시선을 유도하고 옆부분의 여유를 확보하기 위하여 중앙분리대 또는 길어깨에 차도와 동일한 횡단경사와 구조로 차도에 접속하여 설치하는 부분을 말한다.

6) 분리대
차도를 통행의 방향에 따라 분리하거나 성질이 다른 같은 방향의 교통을 분리하기 위하여 설치하는 도로의 부분이나 시설물을 말한다.

7) 중앙분리대
차도를 통행의 방향에 따라 분리하고 옆 부분의 여유를 확보하기 위하여 도로의 중앙에 설치하는 분리대와 측대를 말한다.

8) 길어깨
도로를 보호하고 비상시에 이용하기 위하여 차도에 접속하여 설치하는 도로의 부분을 말한다.

제4장 도로요인과 안전운행

9) 주정차대
자동차의 주차 또는 정차에 이용하기 위하여 도로에 접속하여 설치하는 부분을 말한다.

10) 노상시설
보도, 자전거도로, 중앙분리, 길어깨 또는 환경시설대 등에 설치하는 표지판 및 방호울타리 등 도로의 부속물(공동구를 제외한다.)을 말한다.

11) 횡단경사
도로의 진행방향에 직각으로 설치하는 경사로서 도로의 배수를 원활하게 하기 위하여 설치하는 경사와 평면곡선부에 설치하는 편경사를 말한다.

12) 편경사
평면곡선부에서 자동차가 원심력에 저항할 수 있도록 하기 위하여 설치하는 횡단경사를 말한다.

13) 종단경사
도로의 진행방향 중심선의 길이에 대한 높이의 변화 비율을 말한다.

14) 정지시거
운전자가 같은 차로 상에 고장차 등의 장애물을 인지하고 안전하게 정지하기 위하여 필요한 거리를 말한다. 차로 중심선상 1미터의 높이에서 그 차로의 중심선에 있는 높이 15센티미터의 물체의 맨 윗부분을 볼 수 있는 거리를 그 차로의 중심선에 따라 측정한 길이를 말한다.

15) 앞지르기시거라 함은
2차로 도로에서 저속 자동차를 안전하게 앞지를 수 있는 거리를 말한다. 차로의 중심선상 1미터의 높이에서 반대쪽 차로의 중심선에 있는 높이 1.2미터의 반대쪽 자동차를 인지하고 앞차를 안전하게 앞지를 수 있는 거리를 도로 중심선에 따라 측정한 길이를 말한다.

제5장 안전운전

제1절 방어운전

1. 개념의 정리
운전자는 안전운전과 방어운전을 별도의 개념으로 양립시켜 운전할 수 없다. 두 가지 중 어느 하나라도 소홀히 하면 곧 바로 교통사고로 연결되어 사람의 귀중한 생명과 재산상의 손실을 초래할 수 있기 때문이다.

1) 안전운전
   운전자가 자동차를 그 본래의 목적에 따라 운행함에 있어서 운전자 자신이 위험한 운전을 하거나 교통사고를 유발하지 않도록 주의하여 운전하는 것을 말한다.

2) 방어운전
   ① 운전자가 다른 운전자나 보행자가 교통법규를 지키지 않거나 위험한 행동을 하더라도 이에 대처할 수 있는 운전자세를 갖추어 미리 위험한 상황을 피하여 운전하는 것을 말한다.
   ② 위험한 상황을 만들지 않고 운전하는 것을 말한다.
   ③ 위험한 상황에 직면했을 때는 이를 효과적으로 회피할 수 있도록 운전하는 것을 말한다.
      ㉠ 자기 자신이 사고의 원인을 만들지 않는 운전
      ㉡ 자기 자신이 사고에 말려들어 가지 않게 하는 운전
      ㉢ 타인의 사고를 유발시키지 않는 운전

2. 방어운전의 기본

1) 능숙한 운전 기술
   적절하고 안전하게 운전하는 기술을 몸에 익혀야 한다.

2) 정확한 운전지식
   교통표지판, 교통관련 법규 등 운전에 필요한 지식을 익힌다.

3) 세심한 관찰력
   자신을 보호하는 좋은 방법 중 하나는 언제든지 다른 운전자의 행태를 잘 관찰하고 타산지석으로 삼는 것이다.

4) 예측능력과 판단력
   ① 예측력
      앞으로 일어날 위험 및 운전 상황을 미리 파악하는 안전을 위협하는 운전 상황의 변화요소를 재빠르게 파악하는 등 예측능력을 키운다.
   ② 판단력
      교통 상황에 적절하게 대응하고 이에 맞게 자신의 행동을 통제하고 조절하면서 운행하는 능력이 필요하다.

5) 양보와 배려의 실천
   ① 운전자는 운전할 때는 자기중심적인 생각을 버리고 상대방의 입장을 생각하며 서로 양보하는 마음의 자세를 필요로 한다.
   ② 운전자 상호간에도 서로 상대방의 입장에서 운전해야 한다.
   ③ 운전은 자기 혼자만 하는 것이 아니라 주위에서 같이 달리는 자동차의 운전자와 길을 건너고자 하는 많은 보행자를 같이 생각해야 하는 것인 만큼 양보와 배려가 습관화 되도록 한다.

6) 교통상황 정보수집
   ① 변화무쌍한 교통상황에서 방어운전을 제대로 하기 위해서는 유용한 정보가 요구된다.
   ② TV, 라디오, 신문, 컴퓨터, 도로상의 전광판 및 기상예보 등을 통해 입수되는 다양한 정보는 안전운전에 긴요하다.
   ③ 운전자가 운전중 이라면 그 교통현장의 정확하고 빠른 교통정보인지가 더욱 중요하다.

7) 반성의 자세
   ① 운전자는 다른 차의 잘못에 대해서는 신경과민이지만 자기 자신의 독선적인 운전 따위에 대해서는 그것을 느끼지 못한다.
   ② 느꼈다고 하더라도 반성하지 않는 경향이 강하다.
   ③ 자신의 운전행동에 대한 반성을 통하여 더욱 안전한 운전자로 거듭날 수 있다.

8) 무리한 운행 배제
   ① 사람이나 자동차 모두가 건강하여야 안전운전 방어운전이 가능하다.
   ② 졸음상태, 음주상태, 기분이 나쁜 상태 등 신체적 심리적으로 건강하지 않은 상태에서는 무리한 운전을 하지 않는다.
   ③ 자동차 고장이나 이상이 있는 경우에는 아무리 사소한 것이라도 수리·정비한 다음이 아니면 무리하게 차를 운행하지 않는다.

3. 실전 방어운전 방법

1) 운전자는 앞차의 전방까지 시야를 멀리 두고, 장애물이 나타나 앞차가 브레이크를 밟았을 때 즉시 브레이크를 밟을 수 있도록 준비 태세를 갖춘다.

2) 뒤차의 움직임을 룸미러나 사이드미러로 끊임없이 확인하면서, 방향지시등이나 비상등으로 자기 차의 진행방향과 운전 의도를 분명하게 알린다.

3) 교통신호가 바뀐다고 해서 무작정 출발하지 말고 주위 자동차의 움직임을 관찰한 후 진행한다.

4) 보행자가 갑자기 나타날 수 있는 골목길이나 주택가에서는 상황을 예견하고 속도를 줄여 충돌을 피할 시간적 공간적 여유를 확보한다.

5) 일기예보에 신경을 쓰고 기상변화에 대비해 체인이나 스노우타이어 등을 미리 준비한다. 눈이나 비가 올 때는 가시거리 단축, 수막현상 등 위험요소를 염두에 두고 운전한다.

6) 교통량이 너무 많은 길이나 시간을 피해 운전하도록 한다. 교통이 혼잡할 때는 조심스럽게 교통의 흐름을 따르고, 끼어들기 등을 삼가 한다.

7) 과로로 피로하거나 심리적으로 흥분된 상태에서는 운전을 자제한다.

8) 앞차를 뒤따라 갈 때는 앞차가 급제동을 하더라도 추돌하지 않도록 차간거리를 충분히 유지한다. 4~5대 앞차의 움직임까지 살핀다. 대형차를 뒤따라갈 때는 가능한 앞지르기를 하지 않도록 한다.

9) 뒤에 다른 차가 접근해 올 때는 속도를 낮춘다. 뒤차가 앞지르기를 하려고 하면 양보해 준다. 뒤차가 바짝 뒤따라올 때는 가볍게 브레이크 페달을 밟아 제동등을 켠다.

10) 진로를 바꿀 때는 상대방이 잘 알 수 있도록 여유있게 신호를 보낸다. 보낸 신호를 상대방이 알았는지 확인한 다음에 서서히 행동한다.

11) 교차로를 통과할 때는 신호를 무시하고 뛰어나오는 차나 사람이 있을 수 있으므로 반드시 안전을 확인한 뒤에 서서히 주행한다. 좌우로 도로의 안전을 확인한 뒤에 주행한다.

12) 밤에 마주 오는 차가 전조등 불빛을 줄이거나 아래로 비추지 않고 접근해 올 때는 불빛을 정면으로 보지 말고 시선을 약간 오른쪽으로 돌린다. 감속 또는 서행 하거나 일시 정지한다.

13) 밤에 산모퉁이 길을 통과할 때는 전조등을 상향과 하향을 번갈아 켜거나 껐다 켰다 해 자신의 존재를 알린다. 주위를 살피면서 서행한다.

14) 횡단하려고 하거나 횡단중인 보행자가 있을 때는 속도를 줄이고 주의해 진행한다. 보행자가 차의 접근을 알고 있는지 확인한다.

15) 이면도로에서 보행중인 어린이가 있을 때에는 어린이와 안전한 간격을 두고 서행 또는 안전이 확보될 때까지 일시 정지한다.

16) 다른 차량이 갑자기 뛰어들거나 내가 차로를 변경할 필요가 있을 때 꼼짝할 수 없게 되므로 가능한 한 뒤로 물러서거나 앞으로 나아가 다른 차량과 나란히 주행하지 않도록 한다.

17) 다른 차의 옆을 통과 할 때는 상대방 차가 갑자기 진로를 변경할 수도 있으므로 미리 대비하여 충분한 간격을 두고 통과한다.

18) 대형 화물차나 버스의 바로 뒤를 따라서 진행할 때에는 전방의 교통상황을 파악할 수 없으므로, 이럴 때는 함부로 앞지르기를 하지 않도록 하고, 또 시기를 보아서 대형차의 뒤에서 이탈 해 진행한다.

19) 신호기가 설치되어 있지 않은 교차로에서는 좁은 도로로부터 우선순위를 무시하고 진입하는 자동차가 있으므로, 이런 때에는 속도를 줄이고 좌우의 안전을 확인한 다음에 통행한다.

20) 차량이 많을 때 가장 안전한 속도는 다른 차량의 속도와 같을 때이므로 법정한도 내에서는 다른 차량과 같은 속도로 운전하고 안전한 차간거리를 유지한다.

4. 운전 상황별 방어운전 방법

1) 출발할 때
① 차의 전·후, 좌·우는 물론 차의 밑과 위까지 안전을 확인한다.
② 도로의 가장자리에서 도로를 진입하는 경우에는 반드시 신호를 한다.
③ 교통류에 합류할 때에는 진행하는 차의 간격상태를 확인하고 합류한다.

2) 주행 시 속도조절
① 교통량이 많은 곳에서는 속도를 줄여서 주행한다.
② 노면의 상태가 나쁜 도로에서는 속도를 줄여서 주행한다.
③ 기상상태나 도로조건 등으로 시계조건이 나쁜 곳에서는 속도를 줄여서 주행한다.
④ 해질 무렵, 터널 등 조명조건이 나쁠 때에는 속도를 줄여서 주행한다.
⑤ 주택가나 이면도로 등에서는 과속이나 난폭운전을 하지 않는다.
⑥ 곡선반경이 작은 도로나 신호의 설치간격이 좁은 도로에서는 속도를 낮추어 안전하게 통과한다.
⑦ 주행하는 차들과 물 흐르듯 속도를 맞추어 주행한다.

3) 주행차로의 사용
① 자기 차로를 선택하여 가능한 한 변경하지 않고 주행한다.
② 필요한 경우가 아니면 중앙의 차로를 주행하지 않는다.
③ 갑자기 차로를 바꾸지 않는다.
④ 차로를 바꾸는 경우에는 반드시 신호를 한다.

4) 앞지르기 할 때
① 꼭 필요한 경우에만 앞지르기 한다.
② 앞지르기가 허용된 지역에서만 앞지르기 한다.
③ 마주 오는 차의 속도와 거리를 정확히 판단한 후 앞지르기 한다.
④ 반드시 안전을 확인한 후 시행한다.
⑤ 앞지르기에 적당한 속도로 주행한다.
⑥ 앞지르기 후 뒤차의 안전을 고려하여 진입한다.
⑦ 앞지르기 전에 앞차에게 신호로 알린다.

5) 좌·우 회전할 때
① 회전이 허용된 차로에서만 회전한다.
② 대향차가 교차로를 완전히 통과한 후 좌회전한다.
③ 우회전을 할 때 보도나 노견으로 타이어가 넘어가지 않도록 주의한다.
④ 미끄러운 노면에서는 특히, 급핸들 조작으로 회전하지 않는다.
⑤ 회전 시에는 반드시 신호를 한다.

6) 정지할 때
① 운행 전에 제동 등이 점등되는지 확인한다.
② 원활하게 서서히 정지한다.
③ 교통상황을 판단하여 미리미리 속도를 줄여 급정지 하지 않도록 한다.
④ 미끄러운 노면에서는 급제동으로 차가 회전하는 경우가 발생하지 않도록 한다.

7) 주차할 때
① 주차가 허용된 지역이나 안전한 지역에 주차한다.

제5장 안전운전

② 주행차로에 차의 일부분이 돌출된 상태로 주차하지 않는다.
③ 언덕길 등 기울어진 길에는 바퀴를 고이거나 위험방지를 위한 조치를 취한 후 안전을 확인하고 차에서 떠난다.
④ 차가 노상에서 고장을 일으킨 경우에는 적절한 고장표지를 설치한다.

8) 신호할 때
① 틀린 신호를 하지 않도록 한다.
② 경음기는 사용을 태만히 하거나 남용하여 사용하지 않도록 한다.

9) 차간거리
① 앞차에 너무 밀착하여 주행하지 않도록 한다.
② 후진 시 후방의 물체와의 거리를 확인한다.
③ 좌·우 차량과의 안전거리를 확인한다.
④ 차위의 물체와의 거리를 확인한다.
⑤ 다른 차가 끼어들기 하는 경우에는 양보하여 안전하게 진입하도록 한다.

10) 감정의 통제
① 졸음이 오는 경우에 무리하여 운행하지 않도록 한다.
② 타인의 운전태도에 감정적으로 반발하여 운전하지 않도록 한다.
③ 술이나 약물의 영향이 있는 경우에는 운전을 삼간다.
④ 몸이 불편한 경우에는 운전하지 않는다.

11) 점검과 주의
① 운행 전·중·후에 차량점검을 철저히 한다.
② 자신의 차량이나 적재된 화물에 대하여 정확히 숙지한다.
③ 운행 전·후에는 차량의 문이나 결박상태를 확인한다.

제2절 상황별 운전

1. 교차로

1) 개요
① 교차로
㉠ 자동차, 사람, 이륜차 등의 엇갈림(교차)이 발생하는 장소이다.
㉡ 교차로 및 교차로 부근은 횡단보도 및 횡단보도 부근과 더불어 교통사고가 가장 많이 발생하는 지점이다.
② 교차로는 사각이 많으며, 무리하게 교차로를 통과하려는 심리가 작용하여 추돌사고가 일어나기 쉽다.
③ 교차로에서의 차대차 또는 차대사람 등의 엇갈림(교차)으로 인한 교통사고를 예방하고 교통의 원활한 소통을 도모하는 방법은 신호기를 설치하거나 교차로 자체를 입체화(고가도로 및 지하도 등 입체교차로 설치)하는 것이다.
(신호기는 교통 흐름을 시간적으로 분리하는 기능을 하며 입체교차로는 교통 흐름을 공간적으로 분리하는 기능을 한다.)
④ 신호기는 도로에서의 위험을 방지하고 교통의 안전과 원활한 소통을 확보하기 위하여 설치하는 교통안전시설이다.

㉠ 장점
• 교통류의 흐름을 질서 있게 한다.
• 교통처리용량을 증대시킬 수 있다.
• 교차로에서의 직각충돌사고를 줄일 수 있다.
• 특정 교통류의 소통을 도모하기 위하여 교통 흐름을 차단하는 것과 같은 통제에 이용할 수 있다.
㉡ 단점
• 과도한 대기로 인한 지체가 발생할 수 있다.
• 신호지시를 무시하는 경향을 조장할 수 있다.
• 신호기를 피하기 위해 부적절한 노선을 이용할 수 있다.
• 교통사고, 특히 추돌사고가 다소 증가할 수 있다.

2) 사고발생 원인
교차로 교통사고의 대부분은 운전자가 다음과 같이 운전한 경우이다.
① 앞쪽(또는 옆쪽) 상황에 소홀한 채 진행신호로 바뀌는 순간 급출발
② 정지신호임에도 불구하고 정지선을 지나 교차로에 진입하거나 무리하게 통과를 시도하는 신호무시
③ 교차로 진입전 이미 황색신호임에도 무리하게 통과시도

3) 교차로 안전운전 방어운전
① 신호등이 있는 경우 : 신호등이 지시하는 신호에 따라 통행
② 교통경찰관 수신호의 경우 : 교통경찰관의 지시에 따라 통행
③ 신호등 없는 교차로의 경우 : 통행의 우선순위에 따라 주의하며 진행
④ 섣부른 추측운전은 하지 않는다.
통행하는 차량이나 사람이 없거나, 잘 아는 곳이라 해도 일시정지나 서행을 무시하거나 형식적으로 통과하면 위험하다. 따라서 자신의 눈으로 안전을 확인한 뒤에 주행한다.
⑤ 언제든 정지할 수 있는 준비태세를 갖춘다.
교차로에서는 자전거 또는 어린이 등이 뛰어 나올 수 있다는 것을 염두에 두고 이에 대처할 수 있도록 언제든지 정지할 수 있는 마음의 준비를 하고 운전한다.
⑥ 신호가 바뀌는 순간을 주의한다.
교차로 사고의 대부분은 신호가 바뀌는 순간에 발생하므로 반대편 도로의 교통 전반을 살피며 1~2초의 여유를 가지고 서서히 출발한다.
⑦ 교차로 정차 시 안전운전
㉠ 신호를 대기할 때는 브레이크 페달에 발을 올려놓는다.
㉡ 정지할 때 까지는 앞차에서 눈을 떼지 않는다.
⑧ 교차로 통과 시 안전운전
㉠ 신호는 자기의 눈으로 확실히 확인(보는 것만이 아니고 안전을 확인)
㉡ 직진할 경우는 좌·우회전 하는 차를 주의한다.
㉢ 교차로의 대부분이 앞이 잘 보이지 않는 곳임을 알아야 한다.
㉣ 좌·우회전시의 방향신호는 정확히 해야 한다.
㉤ 성급한 좌회전은 보행자를 간과하기 쉽다.
㉥ 앞차를 따라 차간거리를 유지해야 하며, 맹목적으로 앞차를 추종해서는 안된다.
⑨ 시가지 외 도로운행 시 안전운전
㉠ 자기 능력에 부합된 속도로 주행한다.

제5장 안전운전

ⓒ 맹속력으로 주행하는 차에게는 진로를 양보한다.
ⓒ 좁은 길에서 마주 오는 차가 있을 때에는 서행하여 교행한다.
ⓔ 철길건널목을 주의한다.
ⓜ 커브에서는 특히 주의하여 주행한다.
ⓗ 원심력을 가볍게 생각해서는 안된다.

4) 교차로 황색신호
① 개요
황색신호는 전신호와 후신호 사이에 부여되는 신호로, 전신호 차량과 후신호 차량이 교차로 상에서 상충(상호충돌)하는 것을 예방하여 교통사고를 방지하고자 하는 목적에서 운영되는 신호이다.
② 황색신호시간
ⓐ 교차로 황색신호시간은 통상 3초를 기본으로 운영한다. 교차로의 크기에 따라 4~6초까지 연장 운영하기도 하지만, 지극히 부득이한 경우가 아니라면 6초를 초과하는 것은 금기로 한다.
ⓑ 교차로 황색신호시간은 이미 교차로에 진입한 차량은 신속히 빠져나가야 하며 아직 교차로에 진입하지 못한 차량은 진입해서는 안돼는 시간이다. 그러나 현실적으로는 무리하게 진행하는 차량이 많다.
③ 황색신호 시 사고유형
교차로 황색신호시간에 일어날 수 있는 교통사고의 유형.
ⓐ 교차로 상에서 전신호 차량과 후신호 차량의 충돌
ⓑ 횡단보도 전 앞차 정지 시 앞차 충돌
ⓒ 횡단보도 통과 시 보행자, 자전거 또는 이륜차 충돌
ⓓ 유턴 차량과의 충돌
④ 교차로 황색신호시 안전운전 방어운전
ⓐ 황색신호에는 반드시 신호를 지켜 정지선에 멈출 수 있도록 교차로에 접근 할 때는 자동차의 속도를 줄여 운행한다.
ⓑ 교차로 내는 물론 교차로 부근에 걸쳐 위험요인이 산재하므로 교차로에 무리하게 진입해서는 안된다.
ⓒ 교차로 또는 교차로와 접해 있는 횡단보도 및 그 부근, 유턴구간 및 그 부근 등 사고다발지점인 경우가 많기 때문이다.
ⓓ 교차로에 무리하게 진입하거나 통과를 시도하지 않는다. (황색신호 진입 시 마주 오는 차로의 차량도 황색신호에 출발할 수 있기 때문에 만일 사고가 일어난다면 대형사고가 될 가능성이 높다.)

2. 이면도로 운전법

1) 이면도로 운전의 위험성
이면도로는 간선도로와 달리, 운전을 하는데 있어 여러 가지 환경과 여건이 좋지 않기 때문에 위험성이 많다.
① 도로의 폭이 좁고, 보도 등의 안전시설이 없다.
② 좁은 도로가 많이 교차하고 있다.
③ 주변에 점포와 주택 등이 밀집되어 있으므로, 보행자 등이 아무 곳에서나 횡단이나 통행을 한다.
④ 길가에서 어린이들이 뛰노는 경우가 많으므로, 어린이들과의 사고가 일어나기 쉽다.

2) 이면도로를 안전하게 통행하는 방법
① 항상 위험을 예상하면서 운전한다.
ⓐ 속도를 낮춘다.
ⓑ 자동차나 어린이가 갑자기 뛰어들지 모른다는 생각을 가지고 운전한다.
ⓒ 언제라도 곧 정지할 수 있는 마음의 준비를 갖춘다
② 위험 대상물을 계속 주시한다.
ⓐ 위험스럽게 느껴지는 자동차나 자전거·손수레 - 사람과 그 그림자 등 위험 대상물을 발견했을 때는 ,그것의 움직임을 주시하며 안전하다고 판단 될 때까지 시선을 떼지 않는다.
ⓑ 어린이들은 시야가 좁고 조심성이 부족하기 때문에, 자동차를 미처 보지 못하여 뜻밖의 장소에서 차의 앞으로 뛰어드는 일이 많기 때문에, 방심하지 말아야 한다.

3. 커브길

1) 개요
① 커브길
도로가 왼쪽 또는 오른쪽으로 굽은 곡선부를 갖는 도로의 구간을 의미한다.
② 곡선부의 곡선반경이 길어질수록 완만한 커브길이 되며, 곡선반경이 극단적으로 길어져 무한대에 이르면 완전한 직선도로가 된다.
③ 곡선반경이 짧아질수록 급한 커브길이 된다.

2) 커브길의 교통사고 위험
① 도로 외 이탈의 위험이 뒤따른다.
② 중앙선을 침범하여 대향차와 충돌할 위험이 있다.
③ 시야불량으로 인한 사고의 위험이 있다.

3) 커브길 주행방법
① 완만한 커브길
다음과 같은 순서로 주의하여 주행한다.
ⓐ 커브길의 편구배(경사도)나 도로의 폭을 확인하고 가속 페달에서 발을 떼어 엔진 브레이크가 작동되도록 하여 속도를 줄인다.
ⓑ 엔진 브레이크만으로 속도가 충분히 떨어지지 않으면 풋브레이크를 사용하여 실제 커브를 도는 중에 더 이상 감속할 필요가 없을 정도까지 줄인다.
ⓒ 커브가 끝나는 조금 앞부터 핸들을 돌려 차량의 모양을 바르게 한다.
ⓓ 가속 페달을 밟아 속도를 서서히 높인다.
② 급커브길
급커브길의 주행 순서
ⓐ 커브의 경사도나 도로의 폭을 확인하고 가속 페달에서 발을 떼어 엔진 브레이크가 작동되도록 하여 속도를 줄인다.
ⓑ 풋 브레이크를 사용하여 충분히 속도를 줄인다.
ⓒ 후사경으로 오른쪽 후방의 안전을 확인한다.
ⓓ 저단 기어로 변속한다.
ⓔ 커브의 내각의 연장선에 차량이 이르렀을 때 핸들을 꺾는다.
ⓗ 차가 커브를 돌았을 때 핸들을 되돌리기 시작한다.
ⓢ 차의 속도를 서서히 높인다.

제5장 안전운전

③ 커브길 핸들조작
커브길에서의 핸들조작
㉠ 슬로우 인 패스트 아웃(Slow-in, Fast-out) 원리에 입각하여 커브 진입직전에 핸들조작이 자유로울 정도로 속도를 감속한다.
㉡ 커브가 끝나는 조금 앞에서 핸들을 조작하여 차량의 방향을 안정되게 유지한 후, 속도를 증가(가속)하여 신속하게 통과할 수 있도록 하여야 한다.

4) 커브길 안전운전 방어운전
① 커브길에서는 미끄러지거나 전복될 위험이 있으므로 부득이한 경우가 아니면 급핸들 조작이나 급제동은 하지 않는다.
② 핸들을 조작할 때는 가속이나 감속을 하지 않는다.
③ 중앙선을 침범하거나 도로의 중앙으로 치우쳐 운전하지 않는다.
④ 주간에는 경음기, 야간에는 전조등을 사용하여 내 차의 존재를 알린다.
⑤ 항상 반대 차로에 차가 오고 있다는 것을 염두에 두고 차로를 준수하며 운전한다.
⑥ 커브길에서 앞지르기는 대부분 안전표지로 금지하고 있으나 금지 표지가 없더라도 절대로 하지 않는다.
⑦ 겨울철에는 빙판이 그대로 노면에 있는 경우가 있으므로 사전에 조심하여 운전한다.

4. 차로폭

1) 개념
① 차로폭
어느 도로의 차선과 차선 사이의 최단거리를 말한다.
② 차로폭은 관련 기준에 따라 도로의 설계속도, 지형조건 등을 고려하여 달리할 수 있다.
(대개 3.0m~3.5m를 기준으로 한다. 다만, 교량위, 터널내, 유턴차로(회전차로) 등에서 부득이한 경우 2.75m로 할 수 있다.)
③ 시내 및 고속도로 등에서는 도로폭이 비교적 넓고, 골목길이나 이면도로 등에서는 도로폭이 비교적 좁다.

2) 차로폭에 따른 사고 위험
① 차로폭이 넓은 경우
운전자가 느끼는 주관적 속도감이 실제 주행속도 보다 낮게 느껴짐에 따라 제한속도를 초과한 과속사고의 위험이 있다.
② 차로폭이 좁은 경우
㉠ 차로수 자체가 편도 1~2차로에 불과하거나 보·차도 분리시설이 미흡하거나 도로정비가 미흡하다.
㉡ 자동차, 보행자 등이 무질서하게 혼재하는 경우가 있어 사고의 위험성이 높다.

3) 차로폭에 따른 안전운전 방어운전
① 차로폭이 넓은 경우
㉠ 주관적인 판단을 가급적 자제한다.
㉡ 계기판의 속도계에 표시되는 객관적인 속도를 준수할 수 있도록 노력한다.
② 차로폭이 좁은 경우
㉠ 보행자, 노약자, 어린이 등에 주의한다.

㉡ 즉시 정지할 수 있는 안전한 속도로 주행속도를 감속하여 운행한다.

5. 언덕길

언덕길에서 차량을 운행할 경우 평지운행에 비하여 보다 많은 주의를 기울여야 한다.

1) 내리막길 안전운전 방어운전
① 내리막길을 내려가기 전에는 미리 감속하여 천천히 내려가며 엔진 브레이크로 속도를 조절하는 것이 바람직하다.
② 엔진 브레이크를 사용하면 페이드(fade) 현상을 예방하여 운행 안전도를 더욱 높일 수 있다.
③ 배기 브레이크가 장착된 차량의 경우 배기 브레이크를 사용하면 다음과 같은 효과가 있어 운행의 안전도를 더욱 높일 수 있다.
㉠ 브레이크 액의 온도상승 억제에 따른 베이퍼록 현상을 방지한다.
㉡ 드럼의 온도상승을 억제하여 페이드 현상을 방지한다.
㉢ 브레이크 사용 감소로 라이닝의 수명을 증대시킬 수 있다.
④ 도로의 오르막길 경사와 내리막길 경사가 같거나 비슷한 경우라면, 변속기 기어의 단수도 오르막 내리막을 동일하게 사용하는 것이 적절하다. 이는 앞서 사용한 기어단수가 적절하였다는 가정 하에서 적용하는 것이다.
⑤ 커브 주행 시와 마찬가지로 중간에 불필요하게 속도를 줄인다든지 급제동하는 것은 금물이다.
⑥ 비교적 경사가 가파르지 않은 긴 내리막길을 내려갈 때의 시선이 먼 곳을 바라보는 경향이 있기 때문에 가속 페달을 무심코 밟게 되어 자신도 모르게 순간 속도가 높아지는 위험이 있으므로 조심해야 한다.
⑦ 내리막길에서 기어를 변속할 때는 다음과 같은 방법으로 한다.
㉠ 변속할 때 클러치 및 변속 레버의 작동은 신속하게 한다.
㉡ 변속 시에는 머리를 숙인다던가 하여 다른 곳에 주의를 빼앗기지 말고 눈은 교통상황 주시상태를 유지한다.
㉢ 왼손은 핸들을 조정하며 오른손과 양발은 신속히 움직인다.

2) 오르막길 안전운전 및 방어운전
① 정차할 때는 앞차가 뒤로 밀려 충돌할 가능성을 염두에 두고 충분한 차간 거리를 유지한다.
② 오르막길의 사각 지대는 정상 부근이다. 따라서 마주 오는 차가 바로 앞에 다가올 때까지는 보이지 않으므로 서행하여 위험에 대비한다.
③ 정차 시에는 풋 브레이크와 핸드 브레이크를 동시에 사용한다.
④ 출발 시에는 핸드 브레이크를 사용하는 것이 안전하다.
⑤ 오르막길에서 추월할 때는 힘과 가속력이 좋은 저단 기어를 사용하는 것이 안전하다.

3) 언덕길 교행
언덕길에서 올라가는 차량과 내려오는 차량의 교행 시에는 내려오는 차에 통행 우선권이 있다. 따라서 올라가는 차량이 양보한다.
(내리막 가속에 의한 사고위험이 더 높다는 점을 고려한 것이다.)

제5장 안전운전

6. 앞지르기

1) 앞지르기의 개념
앞지르기는 뒷차가 앞차의 좌측면을 지나 앞차의 앞으로 진행하는 것을 말한다.

2) 앞지르기의 사고 위험
① 앞지르기는 앞차보다 빠른 속도로 가속하여 상당한 거리를 진행해야 하므로 앞지르기할 때의 가속도에 따른 위험이 수반된다.
② 앞지르기는 필연적으로 진로변경을 수반한다.
③ 진로변경은 동일한 차로로 진로변경 없이 진행하는 경우에 비하여 사고의 위험이 높다.

3) 앞지르기 사고의 유형
① 앞지르기 위한 최초 진로변경시 동일방향 좌측 후속차 또는 나란히 진행하던 차와 충돌
② 좌측 도로상의 보행자와 충돌, 우회전차량과의 충돌
③ 중앙선을 넘어 앞지르기하는 때에는 대향차와 충돌
(중앙선이 실선인 경우 중앙선침범이 적용되고, 중앙선이 점선인 경우 일반 과실 사고로 처리된다.)
④ 진행 차로 내의 앞뒤 차량과의 충돌
⑤ 앞 차량과의 근접주행에 따른 측면 충격
⑥ 경쟁 앞지르기에 따른 충돌

4) 앞지르기 안전운전 및 방어운전
① 자차가 앞지르기 할 때
㉠ 과속은 금물이다.
(앞지르기에 필요한 속도가 그 도로의 최고속도 범위 이내일 때 앞지르기를 시도한다.)
㉡ 앞지르기에 필요한 충분한 거리와 시야가 확보되었을 때 앞지르기를 시도한다.
㉢ 앞차가 앞지르기를 하고 있는 때는 앞지르기를 시도하지 않는다.
㉣ 앞차의 오른쪽으로 앞지르기하지 않는다.
㉤ 점선의 중앙선을 넘어 앞지르기 하는 때에는 대향차의 움직임에 주의한다.
② 다른 차가 자차를 앞지르기 할 때
㉠ 자차의 속도를 앞지르기를 시도하는 차의 속도이하로 적절히 감속한다.
㉡ 앞지르기를 시도하는 차가 안전하고 신속하게 앞지르기를 할 수 있도록 함으로써 자차와의 사고 가능성을 줄인다.
㉢ 앞지르기 금지 장소나 앞지르기를 금지하는 때에도 앞지르기하는 차가 있다는 사실을 항상 염두에 두고 주의 운전한다.

7. 철길건널목

1) 철길건널목의 개념
철도와 도로법에서 정한 도로가 평면 교차하는 곳으로 제1종 건널목, 제2종 건널목, 제3종 건널목으로 구분한다.

2) 건널목의 종류
① 1종 건널목
차단기, 경보기 및 건널목 교통안전 표지를 설치하고 차단기를 주·야간 계속하여 작동시키거나 또는 건널목 안내원이 근무하는 건널목을 말한다.
② 2종 건널목
경보기와 건널목 교통안전 표지만 설치하는 건널목을 말한다.
③ 3종 건널목
건널목 교통안전 표지만 설치하는 건널목을 말한다.

3) 철길건널목 사고원인
① 운전자가 건널목의 경보기를 무시하거나, 일시정지를 하지 않고 통과하다 발생한다.
② 사고가 발생하면 인명피해가 큰 대형사고가 발생하게 된다.

4) 철길건널목 안전운전 방어운전
① 일시정지 후, 좌·우의 안전을 확인한다.
㉠ 건널목 직전에서 일시정지 후 확인한다.
㉡ 차단기가 내려졌거나, 내려지고 있거나, 경보음이 울릴 때, 건널목 앞쪽이 혼잡하여 건널목을 완전히 통과 할 수 없게 될 염려가 있을 때에는 진입하지 않는다.
② 건널목 통과 시 기어는 변속하지 않는다.
엔진이 정지되지 않도록 가속 페달을 조금 힘주어 밟고 건널목을 통과하고 있을 때는 기어 변속 과정에서 엔진이 멈출 수 있기 때문에 가급적 기어 변속을 하지 않고 통과한다(수동변속기).
③ 건널목 건너편 여유 공간 확인 후 통과
앞 차량을 따라 계속 건너갈 때는 앞 차량이 건너간 맞은편에 자기 차가 들어갈 여유 공간이 있을 때 통과한다.

5) 철길건널목내 차량고장 대처방법
① 즉시 동승자를 대피시킨다.
② 철도공사 직원에게 알리고 차를 건널목 밖으로 이동시키도록 조치한다.
③ 시동이 걸리지 않을 때
당황하지 말고 기어를 1단 위치에 넣은 후 클러치 페달을 밟지 않은 상태에서 엔진 키를 돌리면 시동 모터의 회전으로 바퀴를 움직여 철길을 빠져 나올 수 있다.

8. 고속도로의 운행

1) 속도의 흐름과 도로사정, 날씨 등에 따라 안전거리를 충분히 확보

2) 주행 중 속도계를 수시로 확인하여 법정속도를 준수

3) 차로 변경 시엔 최소한 100m 전방으로부터 방향지시등을 켜고, 전방 주시점은 속도가 빠를수록 멀리 둔다.

4) 앞차의 움직임 뿐 아니라 가능한 한 앞차 앞의 3~4대 차량의 움직임도 살핀다.

5) 고속도로 진·출입 시 속도감각에 유의하여 운전

6) 고속도로 진입 시 충분한 가속으로 속도를 높인 후 주행차로로 진입하여 주행 차에 방해를 주지 않도록 한다.

7) 주행차로 운행을 준수하고 두 시간마다 휴식

8) 뒷차가 자기 차를 앞지르기 하고 있는 상황에서 경쟁하는 것은 위험

9. 기타

1) 야간

① 야간운전의 위험성
   ㉠ 야간에는 주간에 비해 시야가 전조등의 범위로 한정된다.
      (노면과 앞차의 후미 등 전방만을 보게 되므로 주간보다 속도를 20%정도 감속하여 운행한다.)
   ㉡ 커브 길이나 길모퉁이에선 헤드라이트를 비춰도 회전하는 방향이 제대로 비춰지지 않아 앞이 제대로 보이지 않으므로 더욱 속도를 줄여 주행한다.
   ㉢ 야간에는 운전자가 좁은 시계로 인해 앞차의 위치를 확인할 수 있도록 근접거리까지 차간거리를 좁혀 주행하게 된다.
      (한정된 시계로 주행하다 보면 안구동작이 활발치 못해 자극에 대한 반응이 둔해지게 되고, 근육이나 뇌파의 반응도 저하되어 졸음까지 오게 되니 주의한다.)
   ㉣ 마주 오는 대향차가 전조등을 상향등 상태로 주행하게 되면 조명 빛으로 인해 보행자의 모습을 볼 수 없게 되는 증발현상과 운전자의 눈 기능이 순간적으로 저하되는 현혹현상 등으로 인해 교통사고를 일으키게 된다.
      (이럴 때는 상대방의 불빛을 무시하고 약간 오른쪽을 보며 상대방의 전조등을 정면으로 보지 않도록 한다.)

② 야간 안전운전방법
   ㉠ 해가 저물면 곧바로 전조등을 점등할 것
   ㉡ 주간보다 속도를 낮추어 주행할 것
   ㉢ 야간에 흑색이나 감색의 복장을 입은 보행자는 발견하기 곤란하므로 보행자의 확인에 더욱 세심한 주의를 기울일 것
   ㉣ 실내를 불필요하게 밝게 하지 말 것
   ㉤ 가급적 전조등이 비치는 곳 보다 앞쪽까지 살필 것
   ㉥ 주간보다 안전에 대한 여유를 크게 가질 것
   ㉦ 대향차의 전조등을 바로보지 말 것
   ㉧ 자동차가 교행할 때에는 조명장치를 하향 조정할 것
   ㉨ 장거리 운행할 때에는 운행계획을 세워 적시에 휴식을 취할 것
   ㉩ 노상에 주·정차를 하지 말 것
   ㉪ 문제가 발생했을 때 정차시는 여러 가지 안전조치를 취할 것
   ㉫ 운전시 흡연을 하지 말 것
   ㉬ 술에 취한 사람이 차도에 뛰어드는 경우가 있다.

2) 안개길
① 안개로 인해 시야의 장애가 발생되면 우선 차간거리를 충분히 확보하고 앞차의 제동이나 방향전환등의 신호를 예의 주시하며 천천히 주행해야 안전하다.
② 운행 중 앞을 분간하지 못할 정도로 짙은 안개가 끼었을 때는 차를 안전한 곳에 세우고 잠시 기다리는 것이 좋다.
③ 지나가는 차에게 내 자동차의 존재를 알리기 위해 미등과 비상경고등을 점등시켜 충돌사고 등에 미리 예방하는 조치를 취한다.

3) 빗길
① 비가 내리기 시작한 직후에는 빗물이 차량에서 나온 오일과 도로 위에서 섞이는데 이것은 도로를 아주 미끄럽게 한다.
② 비가 계속 내리면 오일이 씻겨가므로 비가 내리기 시작할 때 더 미끄러우므로 조심해야 한다.
③ 비가 내려 물이 고인길을 통과할 때는 속도를 줄이며 저속기어로 바꾸어 저속으로 통과한다.
④ 브레이크에 물이 들어가면 브레이크가 약해지거나 불균등하게 걸리거나 또는 풀리지 않을 수 있어 차량의 제동력을 감소시킨다.
⑤ 빗물 고인 곳을 벗어난 다음 주행시 브레이크가 듣지 않을 경우에는 브레이크를 여러번 나누어 밟아 마찰열로 브레이크 패드나 라이닝의 물기를 제거한다.
⑥ 기어를 저단으로 하여 엔진 브레이크상태를 만든 다음 왼발로 브레이크 페달에 저항이 걸릴 정도로 밟고, 오른발은 가속페달을 밟아 물기를 제거한다.

4) 비포장 도로
① 울퉁불퉁한 비포장도로는 노면 마찰계수가 낮고 매우 미끄럽다.
② 울퉁불퉁한 비포장도로에서는 브레이킹, 가속페달 조작, 핸들링 등을 부드럽게 해야 한다.
③ 모래, 진흙 등에 빠졌을 때 주의할 점은 엔진을 고속 회전시키지 않는 것이다.
④ 몇 차례의 시도로 차가 밖으로 나오지 못하면 변속기의 손상과 엔진의 과열을 방지하기 위해 견인을 한다.

제3절 계절별 운전

1. 봄철

1) 계절특성
① 봄은 겨우내 잠자던 생물들이 기지개를 켜고 새롭게 생존의 활동을 시작한다.
② 겨울이 끝나고 초봄에 접어들 때는 겨울 동안 얼어 있던 땅이 녹아 지반이 약해지는 해빙기이다.
③ 날씨가 온화해짐에 따라 사람들의 활동이 활발해지는 계절이다.

2) 기상 특성
① 대륙성 고기압의 활동이 약화되고 대륙에서 분리된 고기압과 기압골이 통과함에 따라 날씨의 변화가 심하다.
② 기온이 상승하고 낮과 밤의 일교차가 커지며 강수량은 증가한다.
③ 추운 겨울이 물러가고 본격적인 봄 날씨로 접어들면서 일기변화가 심하게 나타나 환절기 환자가 급증하고 새벽에는 찬 공기가 옷 속까지 스며드나 한낮에는 영상 20도까지 오르는 날씨가 되기도 한다.
④ 흙먼지가 날려 운행에 불편을 주고 중국에서 발생한 황사가 강한 편서풍을 타고 우리나라 전역에 미쳐 운전자의 시야에 지장을 준다.

3) 교통사고의 특징
① 보행량 및 교통량의 증가에 따라 특히 어린이 관련 교통사고가 겨울에 비하여 많이 발생한다.

제5장 안전운전

② 춘곤증에 의한 졸음운전 교통사고에 주의한다.
  ㉠ 도로조건
    • 날씨가 풀리면서 겨우내 얼어있던 땅이 녹아 지반 붕괴로 인한 도로의 균열이나 낙석의 위험이 크다.
    • 포장된 도로를 운행할 때 노변을 통하여 운행하는 것은 노변의 붕괴 또는 함몰로 인한 대형 사고의 위험이 높다.
    • 바람과 황사 현상에 의한 시야 장애도 종종 사고의 원인으로 작용한다.
  ㉡ 운전자
    • 기온이 상승함에 따라 긴장이 풀리고 몸도 나른해진다.
    • 춘곤증에 의한 졸음운전으로 전방주시태만과 관련된 사고의 위험이 높다.
  ㉢ 보행자
    • 추웠던 날씨가 풀리면서 도로변에 보행자가 급증하기 때문에 모든 운전자들은 때와 장소의 구분 없이 보행자 보호에 많은 주의를 기울어야 한다.
    • 교통상황에 대한 판단능력이 부족하고 어린이와 신체능력이 약화된 노약자들의 보행이나 교통수단이용이 겨울에 비해 늘어나는 계절적 특성으로 어린이 노약자 관련 교통사고가 늘어난다.
    • 주택가나 학교 주변 또는 정류소 등 보행자가 많은 지역에서는 차간 거리를 여유 있게 확보하고 서행한다.

4) 안전운행 및 교통사고 예방
① 교통 환경 변화
  ㉠ 봄철 안전운전을 위해 중요한 것은 무리한 운전을 하지 말고 긴장을 늦추어서는 안된다.
  ㉡ 도로의 지반 붕괴와 균열로 인하여 도로 노면 상태가 1년 중 가장 불안정하여 사고의 원인이 되므로 시선을 멀리 두어 노면 상태 파악에 신경을 써야 한다.
  ㉢ 도로 곳곳에 융해 노면이 있어 큰 사고에 직면할 수 있으므로 도로 정보를 사전에 파악하고, 변화하는 기후 조건에 잘 대처할 수 있도록 방어운전에 힘써야 한다.
② 주변 환경 대응
  ㉠ 포근하고 화창한 외부환경 여건으로 보행자나 운전자 모두 집중력이 떨어져 사고 발생률이 다른 계절에 비해 높다.
  ㉡ 신학기를 맞아 학생들의 보행 인구가 늘어나고 각급 학교의 소풍이나 수학여행, 본격적인 행락철을 맞아 교통수요가 많아져 통행량도 증가하게 된다.
  ㉢ 이럴 때 들뜬 마음이나 과로 운전이 원인이 되어 교통사고로 이어질 가능성이 크다는 점에 유의한다.
  ㉣ 충분한 휴식을 취하고 운행 중에는 주변 교통 상황에 대해 집중력을 갖고 안전 운행한다.
③ 춘곤증
  ㉠ 봄이 되면 낮의 길이가 길어짐에 따라 활동 시간이 늘어나지만 휴식·수면 시간은 줄어든다.
  ㉡ 신진대사 기능이 활발해지지만 야채나 과일류 섭취 부족으로 비타민의 결핍을 가져와 무기력해지는 춘곤증이 생기게 된다.
  ㉢ 춘곤증은 피로·나른함 및 의욕저하를 수반하여 운전하는 과정에서 주의력 집중이 안되고 졸음운전으로 이어져 대형 사고를 일으키는 원인이 될 수 있다.(무리한 운전을 피하고 장거리 운전 시에는 충분한 휴식을 취한다.)

5) 자동차관리
봄철 자동차관리는 해빙기라는 계절적 변화에 착안하여 기본적인 사항에 대한 점검을 실시한다.
① 세차
  ㉠ 자동차를 물로 자주 씻는 것은 그리 바람직하지 못하나 겨울을 보낸 다음에는 전문 세차장을 찾아 차체를 들어 올리고 구석구석 세차한다.
  ㉡ 노면의 결빙을 막기 위해 뿌려진 염화칼슘이 운행 중에 자동차의 바닥부분에 부착되어 차체의 부식을 촉진시키기 때문이다.
② 월동장비 정리
  ㉠ 겨울을 나기 위해 필요했던 스노우 타이어, 체인 등 월동 장비를 잘 정리해서 보관한다.
  ㉡ 관리의 잘못으로 기껏 장만한 비싼 장비를 한철도 쓰지 못하거나 재사용이 불가능해지는 경우가 많기 때문이다.
③ 엔진오일 점검
  ㉠ 주행거리와 오일의 상태에 따라 교환해 주거나 부족 시 보충해야 한다.
  ㉡ 오일을 교환할 때는 다른 오일과 혼합해서 사용하지 말고 동일 등급의 오일을 사용하며 반드시 오일 필터도 함께 교환한다.
④ 배선상태 점검
  전선의 피복이 벗겨진 부분은 없는지, 소켓 부분이 부식되지는 않았는지, 등을 살펴보고 낡은 배선은 새것으로 교환해주어 화재발생을 예방한다.

2. 여름철

1) 계절 특성
① 봄철에 비해 기온이 상승한다.
② 6월말부터 7월 중순까지 장마전선의 북상으로 비가 많이 온다.
③ 장마 이후에는 무더운 날이 지속된다.
④ 저녁 늦게까지 기온이 내려가지 않는 열대야 현상이 나타난다.

2) 기상 특성
① 태풍을 동반한 집중 호우 및 돌발적인 악천후가 많다.
② 본격적인 무더위에 의해 기온이 높고 습기가 많아지며 한밤중에도 이러한 현상이 계속된다.
③ 운전자들이 짜증을 느끼게 되고 쉽게 피로해지며 주의 집중이 어려워진다.

3) 교통사고의 특징
▶여름철에 발생되는 교통사고
  무더위, 장마, 폭우로 인한 교통환경의 악화를 운전자들이 극복하지 못하여 발생되는 경우가 많다.
① 도로조건
  ㉠ 돌발적인 악천후 및 무더위 속에서 운전하다 보면 시각적 변화와 긴장·흥분·피로감 등이 복합적 요인으로 작용하여 교통사고를 일으킬 수 있다.
  ㉡ 기상 변화에 잘 대비하여야 한다.
  ㉢ 장마와 더불어 갑자기 소나기가 내리는 변덕스러운 기상 변화 때문에 도로 노면의 물은 빙판 못지않게 미끄러워 교통사고를 유발시키기도 한다.

제5장 안전운전

② 운전자
  ㉠ 기온과 습도 상승으로 불쾌지수가 높아져 적절히 대응하지 못하면 이성적 통제가 어려워진다.
  ㉡ 난폭운전, 불필요한 경음기 사용, 사소한 일에도 언성을 높이며 잘못을 전가하려는 행동이 나타난다.
  ㉢ 수면부족과 피로로 인한 졸음운전 등도 집중력 저하 요인으로 작용한다.

③ 보행자
  ㉠ 장마철에는 우산을 받치고 보행함에 따라 전·후방 시야를 확보하기 어렵다.
  ㉡ 장마 이후엔 무더운 날씨로 낮에는 더위에 지치고 밤에는 잠을 제대로 자지 못해 피로가 쌓여 불쾌지수가 증가한다.
  ㉢ 위험한 상황에 대한 인식이 둔해지고 안전수칙을 무시하려는 경향이 강하게 나타난다.

4) 안전 운행 및 교통사고 예방
  ① 뜨거운 태양 아래 오래 주차 시
    ㉠ 기온이 상승하면 차량의 실내 온도는 뜨거운 양철 지붕 속과 같이 된다.
    ㉡ 출발하기 전에 창문을 열어 실내의 더운 공기를 환기시킨다.
    ㉢ 에어컨을 최대로 켜서 실내의 더운 공기가 빠져나간 다음에 운행하는 것이 좋다.
  ② 주행 중 갑자기 시동이 꺼졌을 때
    ㉠ 기온이 높은 날에는 운행 도중 엔진이 저절로 꺼지는 일이 발생하기도 한다.
    ㉡ 연료 계통에서 열에 의한 증기로 통로의 막힘 현상이 나타나 연료 공급이 단절되기 때문이다.
    ㉢ 자동차를 길 가장자리 통풍이 잘되는 그늘진 곳으로 옮긴 다음, 보닛을 열고 10여분 정도 열을 식힌 후 재시동을 건다.
  ③ 비가 내리는 중에 주행 시
    비에 젖은 도로를 주행할 때는 건조한 도로에 비해 마찰력이 떨어져 미끄럼에 의한 사고 가능성이 있으므로 감속 운행한다.

5) 자동차관리
여름철에는 무더위와 장마, 그리고 휴가철을 맞아 장거리 운전하는 경우가 있다는 계절적인 특징이 있으므로 이에 대한 대비를 한다.
  ① 냉각장치 점검
    ㉠ 여름철에는 무더운 날씨 속에 엔진이 과열되기 쉬우므로 냉각수의 양은 충분한지 확인한다.
    ㉡ 냉각수가 새는 부분은 없는지 확인한다.
    ㉢ 팬벨트의 장력은 적절한지를 수시로 확인해야 한다.
    ㉣ 팬벨트는 여유분을 휴대하는 것이 바람직하다.
  ② 와이퍼의 작동상태 점검
    ㉠ 장마철 운전에 없어서는 안될 와이퍼의 작동이 정상적인가 확인해야 한다.
    ㉡ 유리면과 접촉하는 부위인 브레이드가 닳지 않았는지 확인한다.
    ㉢ 모터의 작동은 정상적인 지 확인한다.
    ㉣ 노즐의 분출구가 막히지 않았는지 확인한다.
    ㉤ 노즐의 분사각도는 양호한지 확인한다.
    ㉥ 워셔액은 깨끗하고 충분한 지를 점검한다.

③ 타이어 마모상태 점검
  ㉠ 과모하게 마모된 타이어는 빗길에서 잘 미끄러질뿐더러 제동거리가 길어지므로 교통사고의 위험이 높다.
  ㉡ 노면과 맞닿는 부분인 트레드 홈 깊이가 최저 1.6mm 이상이 되는 지를 확인하고 적정 공기압을 유지하고 있는지 점검한다.

④ 차량 내부의 습기 제거
  ㉠ 차량 내부에 습기가 찰 때에는 습기를 제거하여 차체의 부식과 악취발생을 방지한다.
  ㉡ 폭우 등으로 물에 잠긴 차량의 경우는 각종 배선에서 수분이 완전히 제거되지 않아 합선이 일어날 수 있으므로 시동을 건다든지 전기장치를 작동시키지 않고 전문가의 도움을 받는다.

3. 가을철

1) 계절 특성
  ① 아침저녁으로 제법 선선한 바람이 불어 즐거운 느낌을 준다.
  ② 심한 일교차로 건강을 해칠 수도 있다.
  ③ 대륙성 이동성 고기압의 영향으로 맑은 날씨가 계속되고 기온도 적당하다.
  ④ 학교 소풍이나 수학여행, 직장 또는 지역 단위의 교통수요가 많다.
  ⑤ 심한 일교차가 일어나기 때문에 안개가 집중적으로 발생되어 대형 사고의 위험도 높아진다.

2) 기상 특성
  ① 해양성 고기압의 세력이 약해져 대륙성 고기압 전면에 들거나 이로부터 분리된 고기압이 자주 통과하여 기온이 낮아지고 맑은 날이 많으며 강우량이 준다.
  ② 아침에는 안개가 빈발하며 일교차가 심하다.
  ③ 하천이나 강을 끼고 있는 곳에서는 짙은 안개가 자주 발생한다.

3) 교통사고의 특징
  ① 도로조건
    추석 때 교통량의 증가로 전국 도로가 몸살을 앓기는 하지만 다른 계절에 비하여 도로조건은 비교적 좋은 편이다.
  ② 운전자
    추수감사절에 국도 주변에는 경운기·트렉터 등의 통행이 늘고, 높고 푸른 하늘, 형형색색 물들어 있는 단풍을 감상하다 보면 집중력이 떨어져 교통사고의 발생 위험이 있다.
  ③ 보행자
    맑은 날씨, 곱게 물든 단풍, 풍성한 수확, 추석, 단체여행객의 증가 등으로 들뜬 마음에 의한 주의력 저하 관련 사고가능성이 높다.

4) 안전운행 및 교통사고 예방
  ① 이상기후 대처
    ㉠ 안개(예고없이 발생하기도 하며 발생 지역의 범위도 매우 다양하다.) 가 발생되는 날은 예측하기가 어렵다.
    ㉡ 안개 속을 주행할 때 갑작스럽게 감속을 하면 뒤차에 의한 추돌이 우려되고 반대로 감속하지 않으면 앞차를 추돌하기 쉽다.
    ㉢ 안개 지역에서는 처음부터 감속 운행한다.

ⓔ 늦가을에 안개가 끼면 노면이 동결되는 경우가 있다. 이 때는 엔진 브레이크를 사용하면서 감속한 다음 브레이크를 밟아야 하며, 급핸들 및 급브레이크 조작을 삼가한다.

② 보행자에 주의하여 운행
　㉠ 사람들은 기온이 떨어지면 몸을 움츠리는 등 행동이 부자연스러워진다.
　㉡ 보행자도 교통 상황에 대처하는 능력이 저하되므로 보행자가 있는 곳에서는 보행자의 움직임에 주의하여 운행한다.

③ 행락철 주의
　㉠ 행락철인 가을에는 각급학교의 수학여행·가을소풍, 회사나 가족단위의 단풍놀이 등 단체 여행이 증가한다.
　㉡ 문란한 행락질서는 운전자의 주의력을 산만하게 만들어 대형 사고를 유발할 위험성이 높으므로 과속을 피하고, 교통법규를 준수한다.

④ 농기계 주의
　㉠ 추수시기를 맞아 경운기 등 농기계의 빈번한 사용도 교통사고의 원인이 된다.
　㉡ 농촌지역 운행 시에는 농기계의 출현에 대비하여야 한다.
　㉢ 농촌 마을 인접 도로에서는 농지로부터 도로로 나오는 농기계에 주의하여 서행한다.
　㉣ 도로가에 심어져 있는 나무 등에 가려 간선 도로로 진입하는 경운기를 보지 못하는 경우가 있으므로 주의한다.

＊경운기
　㉠ 후사경이 달려있지 않고
　㉡ 운전자가 비교적 고령이며
　㉢ 자체 소음이 매우 커서 자동차가 뒤에서 접근한다는 사실을 모르고 급작스럽게 진행 방향을 변경하는 경우가 있다.
　㉣ 안전거리를 유지하고 경적을 울려, 자동차가 가까이 있다는 사실을 알려주어야 한다.

5) 자동차관리
가을철의 자동차 관리는 여름철의 연장으로 생각하면 되고 여행이나 추석, 귀향 등 장거리 운행을 할 경우가 있다. 출발 전에 자동차 점검을 철저히 해서 고장 없이 운행할 수 있도록 한다.
(겨울철을 앞두고 월동준비에도 많은 신경을 써야 한다.)

① 세차 및 차체 점검
　㉠ 바닷가로 여행을 다녀온 차량은 바닷가의 염분이 차체를 부식시키므로 깨끗이 씻어낸다.
　㉡ 페인트가 벗겨진 곳은 부분적으로 칠을 해서 녹이 슬지 않도록 한다.
　㉢ 진공청소기를 사용해서 차 내부 바닥에 쌓인 먼지를 제거한다.

② 서리제거용 열선 점검
기온의 하강으로 인해 유리창에 서리가 끼게 되므로 열선의 연결부분이 이탈하지 않았는지, 열선이 정상적으로 작동하는지를 미리 점검한다.

③ 장거리 운행전 점검사항
여행, 명절, 귀향 등으로 장거리 여행을 떠날 때는 출발 전에 점검을 철저히 한다.
　㉠ 타이어의 공기압은 적절하고, 상처난 곳은 없는지, 스페어 타이어는 이상 없는지를 점검한다.
　㉡ 본닛을 열어보아 냉각수와 브레이크액의 양을 점검한다.
　㉢ 엔진오일은 양 뿐 아니라 상태에 대한 점검을 병행한다.

　㉣ 팬벨트의 장력은 적정한지, 손상된 부분은 없는지 점검하고 여유분 한 개를 더 휴대한다.
　㉤ 헤드라이트, 방향지시등과 같은 각종 램프의 작동여부를 점검한다.
　㉥ 운행 중의 고장이나 점검에 필요한 휴대용 작업등, 손전등을 준비한다.
　㉦ 출발 전 연료를 가득 채우고 지도를 휴대하는 것도 필요하다.

4. 겨울철

1) 계절 특성
① 겨울철은 차가운 대륙성 고기압의 영향으로 북서 계절풍이 불어와 날씨는 춥고 눈이 많이 내리는 특성을 보인다.
② 교통의 3대요소인 사람, 자동차, 도로환경 등 모든 조건이 다른 계절에 비하여 열악한 계절이다.

2) 기상 특성
① 겨울철은 습도가 낮고 공기가 매우 건조하다.
② 한냉성 고기압 세력의 확장으로 기온이 급강하고 한파를 동반한 눈이 자주 내린다.
③ 이상현상으로 기온이 올라가면 겨울안개가 생성되기도 하지만 눈길, 빙판길, 바람과 추위는 운전에 악영향을 미치는 기상특성을 보인다.

3) 교통사고의 특징
① 도로조건
　㉠ 겨울철에는 눈이 녹지 않고 쌓여 적은 양의 눈이 내려도 바로 빙판이 되기 때문에 자동차의 충돌·추돌·도로이탈 등의 사고가 많이 발생한다.
　㉡ 노면이 평탄하게 보이지만 실제로는 얼음으로 덮여있는 도로 구간이나 지점도 접할 수 있다.
　㉢ 폭설이 도로조건을 열악하게 하는 가장 큰 요인이 된다.

② 운전자
　㉠ 한 해를 마무리하고 새해를 맞이하는 시기로 사람들의 마음이 바쁘고 들뜨기 쉬우며 각종 모임의 한잔술로 인한 음주운전이 사고가 우려된다.
　㉡ 추운 날씨로 인해 방한복 등 두터운 옷을 착용함에 따라 움직임은 둔해져 위기상황에 대한 민첩한 대처능력이 떨어지기 쉽다.

③ 보행자
　㉠ 겨울철 보행자는 추위와 바람을 피하고자 두터운 외투, 방한복 등을 착용하고 앞만 보면서 목적지까지 최단거리로 이동하고자 하는 경향이 있다.
　㉡ 이것은 안전한 보행을 위하여 보행자가 확인하고 통행하여야 할 사항을 소홀히 하거나 생략하여 사고에 직결되기 쉽다.

4) 안전운행 및 교통사고 예방
① 출발 시
노면에 눈이 쌓였거나 결빙되어 미끄러운 곳에서 출발할 때는 차가 나가지 못하고 바퀴가 헛돌기만 하는데, 이럴 때는 출발 방법을 달리해야 한다.
　㉠ 도로가 미끄러울 때에는 급하거나 갑작스러운 동작을 하지 말고 부드럽게 천천히 출발하며 처음 출발할 때 도로

제5장 안전운전

상태를 느끼도록 한다.
ⓛ 승용차의 경우 평상시에는 1단기어로 출발하는 것이 정상이지만, 미끄러운 길에서는 기어를 2단에 넣고 반클러치를 사용하는 것이 효과적이다.
ⓒ 핸들이 꺾여 있는 상태에서 출발하면 앞바퀴의 회전각도 자체가 브레이크 역할을 해서 바퀴가 헛도는 결과를 초래하므로 앞바퀴를 직진 상태에서 출발한다.
ⓔ 눈이 쌓인 미끄러운 오르막길에서는 주차 브레이크를 절반쯤 당겨 서서히 출발하며, 자동차가 출발한 후에는 주차 브레이크를 완전히 푼다.

② 전·후방 주시 철저
㉠ 겨울철은 밤이 길고, 약간의 비나 눈만 내려도 물체를 판단할 수 있는 능력이 감소하므로 전·후방의 교통 상황에 대한 주의가 필요하다.
㉡ 미끄러운 도로를 운행할 때에는 돌발 사태에 대처할 수 있는 시간과 공간이 필요하므로 보행자나 다른 자동차의 흐름을 잘 살피고 자신의 자동차가 다른 사람의 눈에 잘 띌 수 있도록 한다.

③ 주행시
㉠ 빙판이나 눈길 같은 미끄러운 도로를 주행할 때에는 다양한 운전 기술을 필요로 한다.
㉡ 미끄러운 도로에서의 제동 시 정지거리가 평소보다 2배 이상 길기 때문에 충분한 차간거리 확보 및 감속이 요구되며 다른 차량과 나란히 주행하지 않는다.
㉢ 눈이 내린 후 차바퀴 자국이 나 있을 때에는 선(앞)차량의 타이어 자국위에 자기 차량의 타이어 바퀴를 넣고 달리면 미끄러짐을 예방할 수 있다.
㉣ 눈이 새로 내렸을 때는 타이어가 눈을 다지는 기분으로 주행하고, 기어는 2단 혹은 3단으로 고정하여 구동력을 바꾸지 않는 방법으로 주행한다.
㉤ 미끄러운 오르막길에서는 앞서가는 자동차가 정상에 오르는 것을 확인한 후 올라가야 한다.
㉥ 도중에 정지하는 일이 없도록 밑에서부터 탄력을 받아 일정한 속도로 기어 변속 없이 한번에 올라가야 한다.
㉦ 주행 중 노면의 동결이 예상되는 그늘진 장소도 주의해야 한다.
㉧ 햇볕을 받는 남향 쪽의 도로는 건조하지만 북쪽 도로는 동결하는 경우가 많다.
㉨ 교량 위·터널 근처가 동결되기 쉬운 대표적인 장소인데, 교량은 지면에서 떨어져 있어 열기를 쉽게 빼앗기고 터널 근처는 지형이 험한 곳이 많아 풍량이 강해서 동결되기 쉬우므로 감속 운행한다.
㉩ 눈 쌓인 커브 길 주행 시에는 기어 변속을 하지 않는다.
㉪ 기어 변속은 차의 속도를 가감하여 주행 코스 이탈의 위험을 가져온다.
㉫ 커브 진입 전에 충분히 감속해야 하며
㉬ 햇빛·바람·기온 차이로 커브 길의 입구와 출구 쪽의 노면 상태가 다르므로 도로 상태를 확인 및 감속하여야 한다.

④ 장거리 운행 시
㉠ 장거리 운행을 할 때는 목적지까지의 운행 계획을 평소보다 여유 있게 세워야 한다.
㉡ 도착지, 행선지, 도착시간 등을 타인에게 고지하여 기상악화나 불의의 사태에 신속히 대처할 수 있도록 한다.
㉢ 비포장도로나 산악 도로를 운행 시에는 월동 비상 장구를 휴대한다.

5) 자동차관리
자동차도 사람처럼 추위를 타기 때문에 차량관리에 각별히 유의하지 않으면 사고의 위험성이 커진다.
① 월동장비 점검
㉠ 겨울철의 눈길이나 빙판길을 안전하게 주행하기 위해 스노우 타이어로 교환하거나 체인을 장착해야 한다.
㉡ 체인은 구동 바퀴에만 장착해야 한다.
㉢ 시속 50km 이상을 주행하면 심한 진동과 소음이 생기고 체인이 벗겨질 위험도 있으므로 과속하지 않도록 한다.
② 부동액 점검
냉각수의 동결을 방지하기 위해 부동액의 양 및 점도를 점검한다.
③ 써머스타 상태 점검
엔진의 온도를 일정하게 유지시켜 주는 역할을 하는 써머스타를 점검하여 엔진의 워밍업이 길어지거나, 히터의 기능이 떨어지는 것을 예방한다.
④ 체인의 점검
㉠ 스노우 체인 없이는 안전한 곳까지 운전할 수 없는 상황에 처할 수 있다.
㉡ 자신의 타이어에 맞는 적절한 수의 체인과 여분의 크로스 체인을 구비하고 체인의 절단이나 마모 부분은 없는 지 점검한다.
㉢ 체인을 채우는 방법을 미리 익혀둔다.

제4절 위험물 운송

1. 위험물 개요

1) 위험물의 성질
발화성, 인화성, 또는 폭발성의 물질을 말한다.

2) 위험물의 종류
고압가스, 화약, 석유류, 독극물, 방사성물질 등

2. 위험물의 적재방법

1) 운반용기와 포장외부에 표시해야할 사항
위험물의 품목, 화학명 및 수량

2) 운반도중 그 위험물 또는 위험물을 수납한 운반용기가 떨어지거나 그 용기의 포장이 파손되지 않도록 적재할 것.

3) 수납구를 위로 향하게 적재할 것.

4) 직사광선 및 빗물 등의 침투를 방지 할 수 있는 덮개를 설치할 것.

5) 혼재 금지된 위험물의 혼합 적재 금지

3. 운반 방법

1) 마찰 및 흔들림 일으키지 않도록 운반할 것.

2) 지정 수량 이상의 위험물을 차량으로 운반할 때
   차량의 전면 또는 후면의 보기 쉬운 곳에 표지를 게시할 것.

3) 일시 정차시는 안전한 장소를 택하여 보안에 주의할 것.

4) 그 위험물에 적응하는 소화설비를 설치할 것.

5) 독성가스를 차량에 적재하여 운반하는 때
   당해 독성 가스의 종류에 따른 방독면, 고무장갑, 고무장화, 그 밖의 보호구 및 재해발생 방지를 위한 응급조치에 필요한 자재, 제독제 및 공구 등을 휴대 할 것.

6) 재해발생 우려 시
   응급조치를 취하고 가까운 소방관서, 기타 관계기관에 통보하여 조치를 받아야한다.

4. 차량에 고정된 탱크의 안전운행

1) 운행전의 점검
   ① 차량의 점검
      운행 전에 차량 각 부분의 이상 유무를 점검한다.
      ㉠ 엔진 관련 부분
         • 라디에이터(Radiator) 등의 냉각장치 누수 유무
         • 냉각 수량의 적정 유무
         • 라디에이터 캡(Radiator cap)의 부착상태의 적정 유무
         • 팬벨트의 당김 상태 및 손상의 유무
         • 기름량의 적정 유무
         • 기타 운전시의 배기색깔
      ㉡ 동력전달장치 부분
         • 접속부의 조임과 헐거움의 정도
         • 접속부의 이완 유무
         • 접속부의 손상 유무
      ㉢ 브레이크 부분
         • 브레이크액 누설 또는 배관속의 공기 유무
         • 브레이크 오일량의 적정 여부
         • 페달과 바닥판과의 간격
         • 핸들 브레이크 래칫(Ratchet)의 물림상태 및 레바의 조임 상태 적정여부
      ㉣ 조향 핸들
         • 핸들 높이의 정도
         • 핸들 헐거움의 유무
         • 기타 운전 시 조향 상태
      ㉤ 바퀴 상태
         • 바퀴의 조임, 헐거움의 유무
         • 림(Rim)의 손상 유무
         • 타이어 균열 및 손상 유무(편마모가 없을 것, 틈 깊이가 충분할 것, 공기압이 충분할 것)
      ㉥ 샤시, 스프링 부분
         • 스프링의 절손 또는 스프링 부착부의 손상 유무 점검(점검 해머나 손 또는 육안검사)
      ㉦ 기타 부속품
         • 전조등, 점멸 표시등, 차폭등 및 차량번호판 등의 손상 및 작동상태

         • 경음기, 방향지시기 및 윈도우 클리너 작동 상태
   ② 탑재기기, 탱크 및 부속품 점검
      ㉠ 탑재기기, 탱크 및 부속품 등의 일상점검에서 다음 사항을 확인한다.
      ㉡ 일상점검기록부에 의거 점검을 행한다.
         ⓐ 탱크 본체가 차량에 부착되어 있는 부분에 이완이나 어긋남이 없을 것
         ⓑ 밸브류가 확실히 정확히 닫혀 있어야 한다.
         ⓒ 밸브 등의 개폐상태를 표시하는 꼬리표(Tag)가 정확히 부착되어 있을 것
         ⓓ 밸브류, 액면계, 압력계 등이 정상적으로 작동하고 그 본체 이음매, 조작부 및 배관 등에 누설부분이 없을 것
         ⓔ 호스 접속구에 캡이 부착되어 있을 것
         ⓕ 접지탭, 접지클립, 접지코드 등의 정비 상태가 양호할 것

2) 운송시 주의사항
   ① 도로상이나 주택가, 상가 등 지정된 장소가 아닌 곳에서는 탱크로리 상호간에 취급물질을 입·출하시키지 말 것.
   ② 운송 전에는 아래와 같은 운행계획 수립 및 확인 필요
      ㉠ 운송 도착지까지 이용하는 주행로 확정
      ㉡ 이용도로에 대한 제한속도
      ㉢ 운송지역에 대한 기상상태
      ㉣ 눈·비 등 기상 악화시 도로상태
      ㉤ 운송중 주·정차 예정지 확인
      ㉥ 운송 도중의 사고 또는 수리에 대비하여 미리 정비공장을 지정하고 고장을 고려한 대비책을 수립
      ㉦ 기타 안전운송에 필요한 사항
   ③ 운송중은 물론 정차 시에도 허용된 장소 이외에서는 흡연이나 그 밖의 화기를 사용하지 말 것
   ④ 수리를 할 때에는 통풍이 양호한 장소에서 실시할 것
   ⑤ 운송할 물질의 특성, 차량의 구조, 탱크 및 부속품의 종류와 성능, 정비점검방법, 운행 및 주차시의 안전조치와 재해발생 시에 취해야 할 조치를 숙지할 것

3) 안전운송기준
   차량에 고정된 탱크 속 취급물질을 안전하게 운송하기 위해서는 다음의 기준을 준수 하여야 한다.
   ① 법규, 기준 등의 준수
      도로교통법, 고압가스 안전 관리법, 액화석유가스의 안전관리 및 사업법 등 관계법규 및 기준을 잘 준수할 것
   ② 운송중의 임시점검
      ㉠ 도로의 노면이 나쁜 도로를 통과할 경우에는 그 주행 직전에 안전한 장소를 선택하여 주차한다.
      ㉡ 가스의 누설, 밸브의 이완, 부속품의 부착부분 등을 점검하여 이상여부를 확인할 것
   ③ 운행 경로의 변경
      ㉠ 운행계획에 따른 운행 경로를 임의로 바꾸지 말아야 한다.
      ㉡ 부득이하여 운행 경로를 변경하고자 할 때에는 긴급한 경우를 제외하고는 소속사업소, 회사 등에 사전연락하여 비상사태를 대비해야 한다.
   ④ 육교 등 밑의 통과
      ㉠ 차량이 육교 등 밑을 통과할 때는 육교 등 높이에 주의하여 서서히 운행하여야 한다.

ⓒ 차량이 육교 등의 아래 부분에 접촉할 우려가 있는 경우에는 다른 길로 돌아서 운행해야 한다.
ⓓ 빈 차의 경우는 적재차량보다 차의 높이가 높게 되므로 적재차량이 통과한 장소라도 주의해야 한다.

⑤ 철길건널목 통과
ⓐ 철길건널목을 통과하는 경우는 건널목 앞에서 일시정지하고 열차가 지나가지 않는가를 확인하여 건널목위에 차가 정지하지 않도록 통과한다.
ⓑ 야간의 강우, 짙은 안개, 적설의 경우, 또한 건널목 위에 사람이 많이 지나갈 때는 차를 안전하게 운행할 수 있는가를 생각하고 통과할 것.

⑥ 터널 내의 통과
터널에 진입하는 경우는 전방에 이상사태가 발생하지 않았나를 표시등을 확인하면서 진입할 것.

⑦ 취급물질 출하 후 탱크속 잔류가스 취급
취급물질을 출하한 후에도 탱크 속에는 잔류가스가 남아 있으므로 내용물이 적재된 상태와 동일하게 취급 및 점검을 실시할 것.

⑧ 주차
ⓐ 운송도중 노상에 주차할 필요가 있는 경우에는 주택 및 상가 등이 밀집한 지역을 피한다.
ⓑ 교통량이 적고 부근에 화기가 없는 안전하고 지반이 평탄한 장소를 선택하여 주차한다.
ⓒ 부득이하게 비탈길에 주차하는 경우에는 사이드브레이크를 확실히 걸고 차바퀴를 고임목으로 고정한다.
ⓓ 차량운전자가 차량으로부터 이탈한 경우에는 항상 눈에 띄는 곳에 있어야 한다.

⑨ 여름철 운행
ⓐ 탱크로리의 직사광선에 의한 온도상승을 방지하기 위하여 노상에 주차할 경우, 직사광선을 받지 않도록 그늘에 주차시킨다.
ⓑ 탱크에 덮개를 씌우는 조치를 한다.

⑩ 고속도로 운행
ⓐ 고속도로를 운행할 경우에는 속도감이 둔하여 실제의 속도 이하로 느낄 수 있으므로 제한속도와 안전거리를 필시 준수한다.
ⓑ 커브길 등에서는 특히 신중하게 운행할 것.
ⓒ 200km 이상의 거리를 운행하는 경우에는 중간에 충분한 휴식을 취한 후 운행할 것.

4) 이입 작업할 때의 기준

저장시설로부터 차량에 고정된 탱크에 가스를 주입하는 작업을 할 경우에는 당해 사업소의 안전관리자가 직접 다음 ① 내지 ⑨ 기준에 적합하게 작업을 해야 하며, 차량 운전자는 안전관리자 책임하에 다음 ⑩의 조치를 취한다.

① 차를 소정의 위치에 정차시키고 사이드브레이크를 확실히 건 다음, 엔진을 끄고(엔진 구동방식의 것은 제외한다) 메인스위치 그 밖의 전기장치를 완전히 차단하여 스파크가 발생하지 아니하도록 하고 커플링을 분리하지 아니한 상태에서는 엔진을 사용할 수 없도록 적절한 조치를 강구할 것
② 차량이 앞, 뒤로 움직이지 않도록 차바퀴의 전·후를 차바퀴 고정목 등으로 확실하게 고정시킬 것
③ 정전기 제거용의 접지코드를 기지(基地)의 접지텍에 접속할 것
④ 부근의 화기가 없는가를 확인 할 것
⑤ '이입작업 중(충전중) 화기엄금'의 표시판이 눈에 잘 띄는 곳에 세워져 있는가를 확인할 것
⑥ 만일의 화재에 대비하여 소화기를 즉시 사용할 수 있도록 할 것
⑦ 저온 및 초저온가스의 경우에는 가죽장갑 등을 끼고 작업을 할 것
⑧ 만일 가스누설을 발견 할 경우에는 긴급차단장치를 작동시키는 등의 신속한 누출방지조치를 할 것
⑨ 이입(移入)작업이 끝난 후에는 차량 및 이출(移出)시설 쪽에 있는 각 밸브의 폐지, 호스의 분리, 각 밸브의 캡 부착 등을 끝내고, 접지코드를 제거한 후 각 부분의 가스누출을 점검하고, 밸브상자를 뚜껑을 닫은 후, 차량 부근에 가스가 체류되어 있는 지 여부를 점검하고 이상 없음을 확인한 후 차량운전자에게 차량이동을 지시할 것
⑩ 차량에 고정된 탱크의 운전자는 이입작업이 종료될 때까지 탱크로리차량의 긴급차단장치 부근에 위치하여야 하며, 가스누출등 긴급사태 발생시 안전관리자의 지시에 따라 신속하게 차량의 긴급차단장치를 작동하거나 차량이동 등의 조치를 취하여야 한다.

5) 이송(移送)작업할 때의 기준

차량에 고정된 탱크로부터 저장설비등에 가스를 주입하는 작업(이하 "이송작업"이라 한다)을 할 경우에는 당해 사업소의 안전관리자가 직접 다음 기준에 적합하게 작업을 해야 한다.

① 이입(移入)작업할 때의 기준 중 ① 내지 ⑧ 및 ⑩에 적합하게 할 것
② 이송 전·후에 밸브의 누출유무를 점검하고 개폐는 서서히 행할 것
③ 탱크의 설계압력 이상의 압력으로 가스를 충전하지 않을 것
④ 저울, 액면계 또는 유량계를 사용하여 과충전에 주의할 것
⑤ 가스 속에 수분이 혼입되지 않도록 하고, 슬립튜브식 액면계의 계량시에는 액면계의 바로 위에 얼굴이나 몸을 내밀고 조작하지 말 것
⑥ 액화석유가스 충전소 내에서는 동시에 2대 이상의 고정된 탱크에서 저장설비로 이송작업을 하지 않을 것
⑦ 충전장내에서는 동시에 2대 이상의 차량에 고정된 탱크를 주정차 시키지 않을 것. 다만, 충전가스가 없는 차량에 고정된 탱크의 경우에는 그러하지 아니하다.

6) 운행을 종료한 때의 점검

운행을 종료한 때는 다음 기준에 따라 점검을 하여 이상이 없도록 한다.
① 밸브 등의 이완이 없을 것
② 경계표지 및 휴대품 등의 손상이 없을 것
③ 부속품등의 볼트 연결상태가 양호할 것
④ 높이검지봉 및 부속배관 등이 적절히 부착되어 있을 것

5. 충전용기 등의 적재·하역 및 운반방법

1) 고압가스 충전용기의 운반기준

충전 용기를 차량에 적재하여 운반하는 때에는 당해 차량의 앞뒤 보기 쉬운 곳에 각각 붉은 글씨로 "위험 고압가스"라는 경계 표시를 할 것.

제5장 안전운전

2) 밸브의 손상방지 용기취급
밸브가 돌출한 충전 용기는 고정식 프로텍터 또는 캡을 부착시켜 밸브의 손상을 방지하는 조치를 하고 운반할 것.

3) 충전 용기 등을 적재한 차량의 주·정차시는 다음 기준을 따를 것
① 충전용기 등을 적재한 차량의 주·정차장소 선정은 지형을 충분히 고려하여 가능한 한 평탄하고 교통량이 적은 안전한 장소를 택할 것.
② 시장 등 차량의 통행이 현저히 곤란한 장소 등에는 주·정차하지 말 것
③ 충전용기 등을 적재한 차량의 주·정차시는 가능한 한 언덕길 등 경사진 곳을 피하여야 한다.
④ 엔진을 정지시킨 다음, 사이드브레이크를 걸어 놓고 반드시 차바퀴를 고정목으로 고정시킬 것.
⑤ 충전용기 등을 적재한 차량은 제1종 보호시설에서 15m 이상 떨어지고, 제2종 보호시설이 밀착되어 있는 지역은 가능한 한 피한다.
⑥ 주위의 교통상황, 주위의 화기 등이 없는 안전한 장소에 주정차할 것.
⑦ 차량의 고장, 교통사정 또는 운반책임자·운전자의 휴식, 식사 등 부득이한 경우를 제외하고는 당해 차량에서 동시에 이탈하지 아니할 것.
⑧ 이탈할 경우에는 차량이 쉽게 보이는 장소에 주차할 것.
⑨ 차량의 고장 등으로 인하여 정차하는 경우는 적색표지판 등을 설치하여 다른 차와의 충돌을 피하기 위한 조치를 할 것

4) 충전용기 등을 차량에 싣거나, 내리거나 또는 지면에서 운반 작업 등을 하는 경우에는 다음 기준을 따를 것.
① 충전용기 등을 차에 싣거나, 내릴 때에는 당해 충전용기 등의 충격이 완화될 수 있는 고무판 또는 가마니 등의 위에서 주의하여 취급하여야 하며 이들을 항시 차량에 비치할 것
② 충전용기 몸체와 차량과의 사이에 헝겊, 고무링 등을 사용하여 마찰을 방지하고 당해 충전용기 등에 흠이나 찌그러짐 등이 생기지 않도록 조치할 것.
③ 고정된 프로텍터가 없는 용기는 보호캡을 부착한 후 차량에 실을 것.
④ 충전 용기를 용기보관소로 운반할 때는 가능한 손수레를 사용하거나 용기의 밑부분을 이용하여 운반할 것.
⑤ 지반면 위를 운반하는 경우는 용기 등의 몸체가 지반면에 닿지 않도록 할 것.
⑥ 충전용기 등을 차량에 적재하여 운반할 때는 그물망을 씌우거나, 전용 로프 등을 사용하여 떨어지지 않도록 하여야 한다.
⑦ 충전용기 등을 차량에 싣거나, 내릴 때에는 로프 등으로 충전용기 등 일부를 고정하여 작업 도중 충전용기 등이 무너지거나 떨어지지 않도록 작업할 것.
⑧ 독성가스 충전 용기를 운반하는 때에는 용기 사이에 목재 칸막이 또는 패킹을 할 것.
⑨ 가연성 가스 또는 산소를 운반하는 차량에서 소화 설비 및 재해발생 방지를 위한 응급조치에 필요한 자재 및 공구 등을 휴대할 것.
⑩ 가연성 가스와 산소를 동일차량에 적재하여 운반하는 때에는 그 충전용기의 밸브가 서로 마주보지 아니 하도록 적재할 것.
⑪ 충전용기와 소방법이 정하는 위험물과는 동일 차량에 적재하여 운반하지 아니할 것.
⑫ 납붙임용기 및 접합용기에 고압가스를 충전하여 차량에 적재

할 때에는 포장상자(외부의 압력 또는 충격 등에 의하여 당해 용기 등에 흠이나 찌그러짐 등이 발생되지 않도록 단단하게 만들어진 상자를 말한다)의 외면에 가스의 종류·용도 및 취급시 주의사항을 기재한 것에 한하여 적재한다.

5) 충전용기 등을 차량에 적재할 때에는 다음 기준에 따를 것.
① 차량의 최대 적재량을 초과하여 적재하지 않을 것.
② 차량의 적재함을 초과하여 적재하지 않을 것.
③ 운반중의 충전 용기는 항상 40℃ 이하를 유지할 것.
④ 자전거 또는 오토바이에 적재하여 운반하지 아니할 것
⑤ 차량이 통행하기 곤란한 지역 그 밖에 시·도지사가 지정하는 경우에는 그러하지 아니하다.
⑥ 충전 용기 등의 적재는 다음 방법에 따를 것
  ㉠ 충전 용기를 차량에 적재하여 운반하는 때에는 차량운행 중의 동요로 인하여 용기가 충돌하지 아니하도록 고무링을 씌우거나 적재함에 넣어 세워서 운반할 것.
  ㉡ 압축가스의 충전용기 중 그 형태 및 운반차량의 구조상 세워서 적재하기 곤란한 때에는 적재함 높이 이내로 눕혀서 적재할 수 있다.
  ㉢ 충전용기 등을 목재·플라스틱 또는 강철재로 만든 팔레트(견고한 상자 또는 틀)내부에 넣어 안전하게 적재하는 경우와 용량 10kg미만의 액화석유가스 충전용기를 적재할 경우를 제외하고 모든 충전용기는 1단으로 쌓을 것.
  ㉣ 충전용기 등은 짐이 무너지거나, 떨어지거나 차량의 충돌 등으로 인한 충격과 밸브의 손상 등을 방지하기 위하여 차량의 짐받이에 바싹대고 로프, 짐을 조이는 공구 드는 그물 등(이하"로프 등"이라 한다)을 사용하여 확실하게 묶어서 적재하여야 한다.
  ㉤ 운반차량 뒷면에는 두께가 5mm이상, 폭 100mm이상의 범퍼 (SS400 또는 이와 동등이상의 강도를 갖는 강재를 사용한 것에 한한다. 이하 같다) 또는 이와 동등이상의 효과를 갖는 완충장치를 설치하여야 한다.
⑥ 차량에 충전용기 등을 적재한 후에 당해 차량의 측판 및 뒤판을 정상적인 상태로 닫은 후 확실하게 걸게 쇠로 걸어 잠글 것.
⑦ 가스운반용 차량의 적재함
  ㉠ 가스운반전용차량의 적재함에는 리프트를 설치하여야 한다.
  ㉡ 적재할 충전용기 최대 높이의 2/3이상까지 SS400 또는 이와 동등이상의 강도를 갖는 재질(가로·세로·두께가 75×40×5mm 이상인 ㄷ 형강 또는 호칭지름·두께가 50×3.2mm 이상의 강관)로 적재함을 보강하여 용기고정이 용이하도록 할 것.
  ㉢ 충전 용기는 적재함의 구조가 ㉠과 ㉡에 적합한 가스전용 운반차량에 의하여 적재·운반 및 하역을 할 것.
  ㉣ 적재능력 1톤 이하의 차량에는 적재함에 리프트를 설치하지 않을 수 있다.

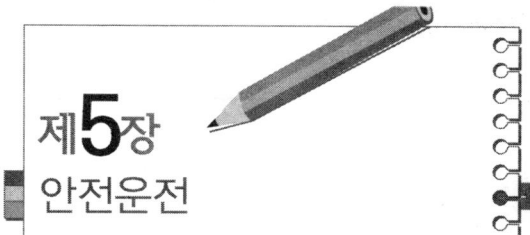

제5장 안전운전

제5절 고속도로 교통안전

1. 고속도로 통행방법

1) 고속도로 안전운전 방법
   ① 전방주시
      ㉠ 고속도로 교통사고 원인의 대부분은 전방주시 의무를 게을리 한 탓이다.
      ㉡ 운전자는 앞차의 뒷부분만 봐서는 안 되며 앞차의 전방까지 시야를 두면서 운전한다.
      ㉢ 운전 중 스마트폰 사용 등은 사고로 이어질 위험이 매우 높으므로 각별한 주의가 필요하다.
   ② 진입은 안전하게 천천히, 진입 후 가속은 빠르게
      ㉠ 고속도로에 진입할 때는 방향지시등으로 진입 의사를 표시한 후 가속차로에서 충분히 속도를 높이고 주행하는 다른 차량의 흐름을 살펴 안전을 확인한 후 진입한다.
      ㉡ 진입한 후에는 빠른 속도로 가속해서 교통흐름에 방해가 되지 않도록 한다.
   ③ 주변 교통흐름에 따라 적정속도 유지
      ㉠ 고속도로에서는 주변 차량들과 함께 교통흐름에 따라 운전하는 것이 중요하다.
      ㉡ 주변차량들과 다른 속도로 주행하면 다른 차량의 운행과 교통흐름을 방해할 수 있기 때문에 최고속도 하에서 적정 속도를 유지해야 한다.
   ④ 주행차로로 주행
      ㉠ 느린 속도의 앞차를 추월하는 경우 앞지르기 차로를 이용하며 추월이 끝나면 주행차로로 복귀한다.
      ㉡ 복귀할 때에는 뒤차와 거리가 충분히 벌려졌을 때 안전하게 차로를 변경한다.
   ⑤ 전 좌석 안전띠 착용
      ㉠ 교통사고로 인한 인명피해를 예방하기 위해 전 좌석 안전띠를 착용해야 한다.
      ㉡ 고속도로 및 자동차 전용도로는 전 좌석 안전띠 착용이 의무사항이다.

   ※ 올바른 안전띠 착용 방법
   1. 어깨끈 머리에 닿지 않도록 조심한다.
   2. 등받이를 바로 세운다.
   3. 허리 쪽은 복부에 매지 말고 반드시 골반뼈에 밀착시킨다.

   ⑥ 후부 반사판 부착(차량 총중량 7.5톤 이상 및 특수 자동차는 의무 부착)
      ㉠ 후부 반사판은 화물차나 특수차량 뒷면에 부착해야 하는 안전표지판이다.
      ㉡ 야간에 후방에서 주행 중인 자동차가 전방을 잘 식별할 수 있도록 도와준다.
   ⑦ 비상 시 비상등 켜기
      주행 중 전방에 사고나 고장차, 정체, 작업장 등 주의가 필요한 경우에는 비상등을 점멸하여 주변차량에게 알림으로써 사고를 예방할 수 있다.
   ⑧ 2시간 운전 시 15분 휴식
      장거리 운전 시 피곤한 상태로 계속 운전하는 것은 졸음사고로 이어질 위험이 매우 크다. 졸음이 오면 가까운 휴게소나 졸음쉼터를 이용한다. 또한 겨울에 히터나 여름에 에어컨 작동 시 1~2시간 주기로 창문을 열어 환기시키는 것이 예방에 도움이 된다.
   ⑨ 차간거리 확보
      고속도로 운행 중 전방에 작업장, 돌발상황(교통사고, 고장차 등), 교통정체 시 차량 속도가 급격하게 줄어들면서 차간거리 미확보 시 추돌사고로 이어질 위험이 높다. 앞 차량과 간격은 100m(3초 간격) 이상으로 유지하면서 추돌사고에 대비하여야 한다.

2) 고속도로 작업구간 통행방법
   ① 작업구간의 구분
      고속도로 작업구간은 일반구간과 비교 시 차량 운행 특성이 다르며 주의구간, 변화구간, 작업구간, 종결구간으로 구분하여 교통안전관리를 시행한다.
      ㉠ 주의구간: 운전자들이 전방의 교통상황 변화를 사전에 인지하여 안전운행에 미리 대비하는 구간으로 길어깨(갓길)에 안내표지 등이 설치된다.
      ㉡ 변화구간: 진행 중인 차로를 변화시키는 구간으로 작업 중인 해당차로 전방에 일정 거리를 두어 차로를 차단하여 차로를 변경하게 하는 구간이다.
      ㉢ 작업구간: 실제 작업 이루어지는 구간으로 운전자들이 차로변경을 하지 못한 경우에 대비하여 운전자 및 작업자를 보호하기 위한 완충구간을 포함한다.
      ㉣ 종결구간: 작업구간을 통과하여 작업 이전의 정상적인 교통흐름으로 복귀하는 구간이다.
   ② 작업구간 안내표지
      고속도고 작업구간에는 운전자의 안전한 운행과 도로의 소통을 위하여 안내표지를 설치하며 운전자가 전방의 작업구간에 대한 내용을 인지하고 미리 차로변경 및 감속운행 등의 조치를 준비하도록 하는데 목적이 있다.
      ㉠ 작업구간 전용 주의표지: 안전한 주행방향 등을 알려주는 통행방법 표지와 작업장 종점 등 작업구간 정보를 알려주는 정보제공 표지 등이 있다.

도로의 좌/우측 공사 및 합류 안내 / 공사장 종점

   ㉡ 작업구간 전용 주의표지: 작업구간 진입 전 차로변경이 필요한 경우에 안전한 주행경로를 나타낼 때 설치한다.

화살 표지판 (변화구간에 설치) / 갈매기 표지 (곡선부에 설치) / 싸인보드 (고정식/이동식) / 싸인보드 (이동식)

   ㉢ 기타표지: 작업구간 최고속도를 제한하는 규제표지, 작업장 위치를 알려주는 작업장 안내표지, 작업구간 표지를 보완하는 보조표지 등이 있다.

최고속도제한 규제표지 / 공사장 전방 안내표지 / 400m 앞/3차로 차단 보조표지

③ 작업구간 안전운행 방법

고속도로를 주행할 때에는 기본적으로 '2. 고속도로 안전운행 방법'에 따라 안전하게 주행해야 하며, 주행 중 작업구간을 통과할 때에는 작업구간 안내시설에서 제공하는 정보에 따라 제한속도, 차로변경 등을 실시해야 한다. 또한, 과속운행이나 무리한 추월을 시도하지 않아야 하며, 언제든 전방 통행 상황변화에 대비할 수 있도록 전방주시를 철저히 해야 한다.

3) 고속도로 통행방법

① 고속도로의 제한속도
  ㉠ 우리나라는 교통안전을 위해 다음과 같이 고속도로에서 법정속도 규정을 두고 있다.

종류		최고속도	최저속도
고속도로	편도 2차로 이상	모 든 고속도로	• 매시 100km • 매시 80km(적재중량 1.5톤 초과 화물자동차, 특수자동차, 건설기계, 위험물운반자동차)	매시 50km
		지정·고시한 노선 또는 구간의 고속도로	• 매시 120km 이내 • 매시 90km 이내(적재중량 1.5톤 초과 화물자동차, 특수자동차, 건설기계, 위험물운반자동차)	매시 50km
	편도 1차로		• 매시 80km	매시50km

② 고속도로 통행차량 기준
  ㉠ 고속도로의 이용효율을 높이기 위해 다음과 같이 차로별 통행가능 차량을 지정하고 있으며, 지정차로제, 버스 전용차로제를 시행하고 있다.
  ㉡ 지정차로

도 로	차로	통행할 수 있는 차종
고속도로	편도 2차로	1차로	• 앞지르기를 하려는 모든 자동차. 다만, 차량통행량 증가 등 도로상황으로 인하여 부득이하게 시속 80킬로미터 미만으로 통행할 수밖에 없는 경우에는 앞지르기를 하는 경우가 아니라도 통행할 수 있다.
		2차로	• 모든 자동차
	편도 3차로 이상	1차로	• 앞지르기를 하려는 승용자동차 및 앞지르기를 하려는 경형·소형·중형 승합자동차. 다만, 차량통행량 증가 등 도로상황으로 인하여 부득이하게 시속 80킬로미터 미만으로 통행할 수밖에 없는 경우에는 앞지르기를 하는 경우가 아니라도 통행할 수 있다.
		왼쪽 차로	• 승용자동차 및 경형·소형·중형 승합자동차
		오른쪽 차로	• 대형 승합자동차, 화물자동차, 특수자동차, 법 제2조제18호나목에 따른 건설기계

㉢ 버스전용차로

구분	행구간 및 시간				시행시간
	시작지점		종료지점		
	경부선	영동선	경부선	영동선	
평일	오산IC	-	한남대교 남단	-	07:00~21:00
토요일, 공휴일* *정부에서 수시 지정하는 날은 제외	신탄진IC	신갈JCT	한남대교 남단	호법JCT	
설날·추석 연휴(공휴일이 이어지는 경우 포함) 및 연휴 전날	- 경부고속도로: 서울·부산 양방향 07:00부터 다음날 01:00까지 - 영동고속도로: 인천·강릉 양방향 07:00부터 다음날 01:00까지				

주1: 통행가능한 차는 9인승 이상 승용자동차 및 승합자동차(단, 승용자동차 또는 12인승 이하의 승합자동차는 6인 이상 승차한 경우에 한함)

주2: 시행근거
  - 경찰청 고시 제2022-1호(2022.01.14): 양재IC~오산IC 또는 신탄진IC
  - 서울특별시 고시 제2018호-128호(2018.04.26): 한남대교 남단~양재IC

4) 교통사고 및 고장 발생 시 대처 요령

① 2차사고의 방지
  ㉠ 2차사고는 선행 사고나 고장으로 정차한 차량 또는 사람(선행차량 탑승자 또는 사고 처리자)을 후방에서 접근하는 차량이 재차 충돌하는 사고를 말한다.
  ㉡ 고속도로는 차량이 고속으로 주행하는 특성 상 2차사고 발생 시 사망사고로 이어질 가능성이 매우 높다.(고속도로 2차사고 치사율은 일반사고 보다 6배 높음)
  ㉢ 2차사고 예방 안전행동요령은 다음과 같다.
    ⓐ 첫째, 신속히 비상등을 켜고 다른 차의 소통에 방해가 되지 않도록 갓길로 차량을 이동시킨다(트렁크를 열어 위험을 알리는 것도 좋은 방법). 만일, 차량 이동이 어려운 경우 탑승자들은 안전조치 후 신속하고 안전하게 가드레일 바깥 등의 안전한 장소로 대피한다.
    ⓑ 둘째, 후방에서 접근하는 차량의 운전자가 쉽게 확인할 수 있도록 고장자동차의 표지(안전삼각대)를 한다. 야간에는 적색 섬광신호·전기제동 또는 불꽃신호를 추가로 설치한다.(시인성 확보를 위한 안전조끼 착용 권장)
    ⓒ 셋째, 운전자와 탑승자가 차량 내 또는 주변에 있는 것은 매우 위험하므로 가드레일 밖 등 안전한 장소로 대피한다.
    ⓓ 넷째, 경찰관(112), 소방관서(119) 또는 한국도로공사 콜센터(1588-2504)로 연락하여 도움을 요청한다.

② 부상자의 구호
  ㉠ 사고 현장에 의사, 구급차 등이 도착할 때까지 부상자에게는 가제나 깨끗한 손수건으로 지혈하는 등 가능한 응급조치를 한다.
  ㉡ 함부로 상처를 움직여서는 안 되며, 특히 두부에 상처를 입었을 때에는 움직이지 말아야 한다.
  ㉢ 2차사고의 우려가 있을 경우에는 부상자를 안전한 장소로 이동시킨다.

제5장 안전운전

③ 경찰공무원등에게 신고
  ㉠ 사고를 낸 운전자는 사고 발생 장소, 사상자 수, 부상정도, 그 밖의 조치사항을 경찰공무원에 현장에 있을 때에는 경찰 공무원에게, 경찰공무원이 없을 때에는 가장 가까운 경찰관서에 신고한다.
  ㉡ 사고발생 신고 후 사고 차량의 운전자는 경찰공무원이 말하는 부상자 구호와 교통안전 상 필요한 사항을 지켜야 한다.

※고속도로 2504 긴급견인 서비스(1588-2504, 한국도로공사 콜센터)
  • 고속도로 본선, 갓길에 멈춰 2차사고가 우려되는 소형차량을 안전지대(휴게소, 영업소, 쉼터 등)까지 견인하는 제도로서 한국도로공사에서 비용을 부담

5) 고속도로의 금지사항
  ① 횡단금지: 고속도로에서는 긴급자동차나 도로의 보수·유지 작업을 하는 자동차가 임무를 수행할 때 외에는 횡단·유턴 또는 후진할 수 없다.
  ② 보행자 통행 금지: 자동차 외의 보행자는 고속도로를 통행하거나 횡단하면 안 된다. 단, 이륜자동차는 긴급자동차에 한해 통행할 수 있다.
  ③ 정체 및 주차 금지: 고속도로에서는 다음과 같은 경우나 장소를 제외하고 정차나 주차를 해서는 안 된다.
    • 법령의 규정 또는 경찰공무원의 지시에 따르거나 위험을 방지하기 위한 경우
    • 정차 또는 주차할 수 있도록 안전표지를 설치한 곳이나 정류장
    • 고장이나 그 밖의 부득이한 사유가 있는 경우
    • 통행료를 지불하기 위한 경우
    • 도로 관리자가 보수·유지 작업을 하거나 순회하는 경우
    • 경찰용 긴급자동차가 범죄수사, 교통단속, 그 밖의 경찰임부의 수행을 위한 경우
    • 교통정체나 그 밖의 부득이한 사유로 움직일 수 없을 때
  ④ 갓길 주행금지: 자동차 고장 등 부득이한 사정이 있는 경우를 제외하고는 행정안전부령으로 정하는 차로에 따라 주행해야 하며, 갓길로 주행해서는 안 된다. 긴급사항으로 갓길에 정차하더라도 '4. 교통사고 및 고장 발생 시 대처 요령'에 따라 안전한 도로밖으로 대피하도록 한다.

※갓길 주행 위반 시 처분

차량	범칙금	벌점	과태료
승용차, 4톤 이하 화물차	6만원	30점	9만원
승합차, 4톤 초과 화물차 등	7만원		10만원

6) 도로터널 안전운전
  ① 도로터널 화재의 위험성
    ㉠ 터널은 반밀폐된 공간으로 화재가 발생할 경우, 내부에 열기가 축적되어 급속한 온도상승과 종방향으로 연기확산이 빠르게 진행되어 시야확보가 어렵고 연기 질식에 의한 다수의 인명피해가 발생 될 수 있다.
    ㉡ 또한 대형차량 화재 시 약 1,200℃까지 온도가 상승하여 구조물에 심각한 피해를 유발하게 된다.

② 터널 안전운전 수칙은 다음과 같다.
  ㉠ : 터널 진입전 입구 주변에 표시된 도로정보를 확인한다.
  ㉡ : 터널 진입시 라디오를 켠다.
  ㉢ : 선글라스를 벗고 라이트를 켠다.
  ㉣ : 교통신호를 확인한다.
  ㉤ : 안전거리를 유지한다.
  ㉥ : 차선을 바꾸지 않는다.
  ㉦ : 비상시를 대비하여 피난연결통로, 비상주차대 위치를 확인한다.

③ 터널내 화재 시 행동요령은 다음과 같다.
  ㉠ 터널내 화재 시 행동요령
    ⓐ 운전자는 차량과 함께 터널 밖으로 신속히 이동한다.
    ⓑ 터널 밖으로 이동이 불가능한 경우 최대한 갓길 쪽으로 정차한다.
    ⓒ 엔진을 끈 후 키를 꽂아둔 채 신속하게 하차한다.
    ⓓ 비상벨을 누르거나 비상전화로 화재발생을 알려줘야 한다.
    ⓔ 사고 차량의 부상자에게 도움을 준다.(비상전화 및 휴대폰 사용 터널관리소 및 119 구조요청 / 한국도로공사 1588-2504)
    ⓕ 터널에 비치된 소화기나 설치되어 있는 소화전으로 조기 진화를 시도한다.
    ⓖ 조기 진화가 불가능할 경우 젖은 수건이나 손등으로 코와 입을 막고 낮은 자세로 화재 연기를 피해 유도등을 따라 신속히 터널 외부로 대피한다.

2. 고속도로 안전시설 및 표지판

1) 안전시설
  ① 노면색깔유도선
    ㉠ 자동차의 주행방향을 안내하기 위하여 차로 한가운데 그려진 선으로 나들목, 분기점 등 진행방향에 대한 혼선으로 인해 교통사고로 이어지는 경우 예방하기 위하여 12년 서해안 고속도로에 최초로 도입되었다.
    ㉡ 현재는 요금소 하이패스 차로, 졸음쉼터 등에도 확산되어 운행차로에 대한 혼선 최소화에 탁월한 효과를 나타내고 있다.
  ② 도로전광표지(VMS)
    ㉠ 교통, 기상상황 및 작업으로 인한 통제 정보 등을 도로이용자에게 실시간으로 제공하는 시설로 효율적인 교통의 흐름과 운전자의 안전운행을 돕는 역할을 한다.
    ㉡ 평상시 운전 중 도로전광표지의 정보를 통해 혼잡구간을 우회하거나, 교통사고 등 돌발상황에 따른 2차사고 또는 그로 인한 정체 등에 미리 대비하여 교통사고를 예방할 수 있다.

③ 가변형 속도제한표지(VLS)
㉠ 결빙, 강설 등과 같은 기상 악화 시 또는 재난 발생 시 상황에 따라 제한속도를 변경하여 표출하는 시설로 운전자가 도로의 상황에 맞춰 안전하게 주행할 수 있도록 하는데 목적이 있다.
㉡ 고속도로 내 기상취약구간에 집중적으로 설치되며, 최소한의 정보로 운전자가 안전운전 할 수 있도록 도와준다. 평상시에는 안전띠 착용, 졸음주의 등 안전문구가 보조적으로 표출되나, 비·눈·안개 등 기상악화나 도로 살얼음 상황 발생 시 하향된 속도를 표출한다.
㉢ 속도제한 기준은 도로교통법 시행규칙 제 19조의 자동차 등의 속도에 대한 규정에 따른다.

> ※도로교통법 시행규칙 제 19조(자동차 등의 속도)
> 1. 최고 속도의 100분의 20을 줄인 속도로 운행하여야 하는 경우
>   가. 비가 내려 노면이 젖어있는 경우
>   나. 눈이 20밀리미터 미만 쌓인 경우
> 2. 최고속도의 100분의 50을 줄인 속도로 운행하여야 하는 경우
>   가. 폭우·폭설·안개 등으로 가시거리가 100미터 이내인 경우
>   나. 노면이 얼어 붙은 경우
>   다. 눈이 20밀리미터 이상 쌓인 경우

2) 표지판
① 도로표지의 종류
㉠ 도로표지는 이정표지, 방향표지, 노선표지, 경계표지 등으로 크게 구분한다.
  • 이정표지: 목표지까지의 거리를 나타내는 표지, 나들목을 지나 1km 내외지점에 설치
  • 방향표지: 목표까지의 방향을 나타내는 표지, 고속도로 출구 전방의 2km, 1km, 150m 및 출구지점에 설치
  • 노선표지: 주행노선 또는 분기노선을 나타내는 표지, 분기점의 경우 1.5km 전방, 출구지점에 설치
  • 경계표지: 특별시·광역시·특별자치시·도 또는 시·군·읍·면 사이의 행정구역의 경계를 나타내는 표지, 경계지점에 설치
  • 기타표지: 오르막지 또는 시설물 등을 안내하는 표지

대전 143km 수원 23km	33 청원	고속국도 남(S) 55	경상북도 Gyeongsangbuk-do	오르막차로 Climbing Lane
이정표지	방향표지	노선표지	경계표지	기타표지

② 표지판의 의미
㉠ 방향표지
  • 나들목에 대한 번호와 명칭, 연결도로의 번호, 안내지명 등의 정보를 운전자에게 제공한다.

① 나들목의 번호
② 나들목의 명칭
③ 나들목의 표시
④ 연결도로의 번호
⑤ 안내지명

  • 위 도로표지판은 경부고속도로 기점(부산)에서 44번인 수원나들목이 150m 앞에 있으며, 나들목으로 나간다면 수원, 신갈 및 42번 국도를 안날 수 있음을 의미한다.

㉡ 갓길 이정표지
  • 긴급상황 발생 시 고객에게 신속한 고속도로 위치정보를 제공하고 유지관리 효율성에 대한 효과를 극대화하는데 목적이 있다.
  • 기존에는 200m 간격으로 설치되었다가 2018년부터 신속한 위치파악과 거리정보 제공의 편리성 향상이 필요한 구간은 100m로 단축되었다.
  • 표지 위에는 km, 아래는 m 단위를 표시하는데, 아래 그림은 해당위치가 고속도로 기점으로부터 267.5km 위치에 있음을 의미한다.

  • 갓길뿐아니라 중앙분리대에도 고속도로 거리안내용 이정표지가 존재하며 아래와 같은 의미를 담고 있다.

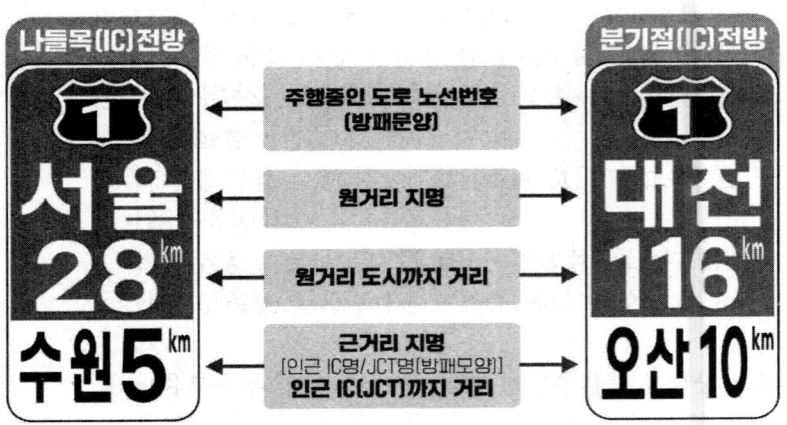

> ※비상상황시 이용방법
> 사고발생이나 사고차량 등 발견 시 사고위치의 노선과 이정표지를 활용하여 한국도로공사 콜센터(1588-2504)에 신고를 하면 보다 신속하고 정확하게 처리가 가능하다.

3. 운행 제한 차량 단속

1) 운행 제한차량 종류
① 차량의 축하중 10톤, 총중량 40톤을 초과한 차량
② 적재물을 포함한 차량의 길이(16.7m), 폭(2.5m), 높이(4m)를 초과한 차량
③ 다음에 해당하는 적재 불량 차량
㉠ 편중적재, 스페어 타이어 고정 불량
㉡ 덮개를 씌우지 않았거나 묶지 않아 결속 상태가 불량한 차량
㉢ 액체 적재물 방유차량, 견인 시 사고 차량 파손품 유포 우려가 있는 차량
㉣ 기타 적재 불량으로 인하여 적재물 낙하 우려가 있는 차량

제5장 안전운전

2) 단속근거

구분	정의	근거법규 법	근거법규 시행령	벌칙
과적	차량승차 불응 관계서류 제출 불응 등	77조 1항	79조 2항 1호	500만원 이하 과태료 (도로법 117조)
제원초과	폭 3.0미터 초과 높이 4.2미터 초과 길이 19.0미터 초과	77조 1항	79조 2항 2호	
단속원 요구불응	차량승차 불응 관계서류 제출 불응 등 의심차량 재측정 불응	77조 4항 78조 2항	80조	1년이하 징역 또는 1천만원 이하 벌금 (도로법 115조)
3대명령 불응	회차, 분리운송, 운행중지 명령 불응	-		2년이하 징역 또는 2천만원 이하 벌금 (도로법 114조)

3) 과적차량 제한 사유
① 고속도로의 포장균열, 파손, 교량의 파괴
② 저속주행으로 인한 교통소통 지장
③ 핸들 조작의 어려움, 타이어 파손, 전·후방 주시 곤란
④ 제동장치의 무리, 동력연결부의 잦은 고장 등 교통사고 유발

4) 운행제한차량 통행이 도로포장에 미치는 영향
① 축하중 10톤: 승용차 7만대 통행과 같은 도로파손
② 축하중 11톤: 승용차 11만대 통행과 같은 도로파손
③ 축하중 13톤: 승용차 21만대 통행과 같은 도로파손
④ 축하중 15톤: 승용차 39만대 통행과 같은 도로파손

5) 적재량 측정 방해 행위
① 승강조작장치 또는 압력조절장치를 이용하여 차축을 조작하는 행위
② 차량 바퀴의 공기압을 조절하는 행위
③ 차량의 축간 거리 또는 차축 높이를 조절하는 행위
④ 단축장비의 정해진 위치를 벗어나 차량을 운행하는 행위
⑤ 적재량 측정장비 미설치 차로로 진입하는 행위
⑥ 측정차로 통행 기준인 10km를 초과하여 진압하는 행위

구분		정의	근거법규 법	근거법규 시행령	벌칙
적재량 측정방해 행위	축 조작	차축 조작, 공기압 조절, 측정위치 이탈, 측정속도 위반 등	78조 1항	80조	1년이하 징역 또는 1천만원 이하 벌금 (도로법 115조)
	측정차로 위반	적재량 측정장비 미설치 차로 진입	78조 3항	80조의 2	
	측정 속도초과	측정차로 통행 속도 10km/h 초과			

5) 운행제한차량 운행허가
① 출발지 및 경유지 관할 도로관리청에 제한차량 운행허가 신청서 및 구비서류를 준비하여 신청
② 제한차량 인터넷 운행허가 시스템 (http://www.ospermit.go.kr) 신청 가능
③ 구조물이 없을 시 허가 가능한 최대 제원

구분	길이	폭	높이	축하중	총중량
최대 허가기준	25m	3.5m	4.5m	12t	48t

실전 문제

01 교통사고의 3대 요인 중 차량요인에 속하지 않는 것은 어느 것인가?

① 차량구조장치　　　② 방호책
③ 부속품　　　④ 적하

02 운전자의 시각특성에 대한 설명으로 옳지 않은 것은?

① 운전자는 운전에 필요한 정보의 대부분을 시각을 통하여 획득한다.
② 속도가 빨라질수록 전방주시점은 가까워진다.
③ 속도가 빨라질수록 시야의 범위가 좁아진다.
④ 속도가 빨라질수록 시력은 떨어진다.

03 암순응에 대한 설명으로 틀린 것은?

① 일광 또는 조명이 어두운 조건에서 밝은 조건으로 변할 때 사람의 눈이 그 상황에 적응하여 시력을 회복하는 것을 말한다.
② 일광 또는 조명이 밝은 조건에서 어두운 조건으로 변할 때 사람의 눈이 그 상황에 적응하여 시력을 회복하는 것을 말한다.
③ 맑은 날 낮시간에 밝은곳을 운행하던 운전자가 갑자기 터널 같은 어두운 곳으로 주행하는 순간 일시적으로 일어나는 운전자의 심한 시각장애이다.
④ 시력회복이 명순응에 비해 매우 느리다.

04 다음 중 교통사고의 원인이 아닌 것은?

① 안전 불감증　　　② 음주운전
③ 과식 후 운전　　　④ 졸음운전

05 다음 중 운전자의 주간에 비하여 야간시력의 저하율로 맞는 것은?

① 20%　　　② 30%
③ 40%　　　④ 50%

06 교통사고의 요인 중 중간적 요인에 속하는 것은 무엇인가?

① 운전자에 대한 홍보활동 결여
② 운전자 성격
③ 무리한 운행 계획
④ 위험인지의 지연

07 다음 중 음주운전 교통사고의 특징에 대한 설명으로 틀린 것은?

① 주차 중인 자동차와 같은 고정 물체 등에 충돌한다.
② 단독 사고의 가능성이 높다.
③ 대향차의 전조등에 의한 현혹 현상 발생 시 정상운전 보다 교통사고의 위험이 감소한다.
④ 치사율이 높다.

08 다음 중 알코올 농도 0.05%가 체내에서 제거되는 시간은?

① 7시간　　　② 10시간
③ 19시간　　　④ 30시간

09 고령자의 교통안전 장애요인 중 고령자의 시각 능력 저하 요인에 속하지 않는 것은?

① 암순응에 필요한 시간 증가
② 시력자체의 저하현상 발생
③ 주파수 높이의 판별력이 저하됨
④ 대비(contrast)능력 저하

10 다음 중 어린이들이 당하기 쉬운 교통사고의 유형 중에서 잘못된 것은?

① 도로에 갑자기 뛰어들기
② 도로를 횡단하는 동안에도 오는 차가 있는지 주의를 계속 기울이기
③ 도로상에서 위험한 놀이를 할 때
④ 차내에서의 안전사고

11 비탈길을 내려갈 경우 브레이크를 반복사용하면 마찰열이 라이닝에 축적되어 브레이크 제동력이 저하되는 현상은?

① 베이퍼 록　　　② 모닝록
③ 페이드　　　④ 스텐딩 웨이브

12 이것은 앞 바퀴의 직진성을 부여하여 롤링을 방지하고 핸들 복원력을 좋게 하기위해 필요하다. 이것은 무엇인가?

① 토우인　　　② 캠버
③ 캐스터　　　④ 브레이크

정답 ○ 01.② 02.② 03.① 04.③ 05.④ 06.② 07.③ 08.① 09.③ 10.② 11.③ 12.③

실전 문제

13 주행하는 자동차를 감속 또는 정지시킴과 동시 주차 상태를 유지하는 장치는?
① 주행장치
② 제동장치
③ 조향장치
④ 현가장치

14 유압식 브레이크의 휠 실린더나 브레이크 파이프 속에서 브레이크액이 기화하여 페달을 밟아도 스펀지를 밟는 것 같고 유압이 전달되지 않아 브레이크가 작용하지 않는 현상을 무엇이라 하는가?
① 베이퍼 로크 현상
② 페이드 현상
③ 하이드로 플래닝 현상
④ 스탠딩 웨이브 현상

15 운전자가 자동차를 정지시켜야 할 상황임을 지각하고 브레이크로 발을 옮겨 브레이크가 작동을 시작하는 순간까지의 시간을 무엇이라 하는가?
① 운행시간
② 제동시간
③ 정지시간
④ 공주시간

16 자동차의 점검에 있어 오감에 의한 점검방법이 아닌 것은?
① 촉각에 의한 점검방법
② 육감에 의한 점검방법
③ 후각에 의한 점검방법
④ 청각에 의한 점검방법

17 다음 중 엔진 계통에 고장이 발생하였을 때, 엔진 온도가 과열 되었을 때의 조치 방법은?
① 실린더라이너를 교환해 준다.
② 연료공급 계통의 공기빼기 작업을 한다.
③ 플라이밍 펌프 내부의 휠터를 청소한다.
④ 냉각수를 보충해 준다.

18 운행 중 제동 시 차량의 쏠림현상에 대하여 점검방법으로 옳은 것은?
① 앞 브레이크 드럼 및 라이닝 점검
② 사이드슬립 및 제동력 테스트
③ 브레이크 에어 및 오일 파이프 점검
④ 조향장치 및 파워스티어링 펌프 점검

19 일반적 도로가 되기 위한 4가지 조건 중 이용성에 대한 설명으로 옳은 것은?
① 공중교통에 이용되고 있는 불특정 다수인 및 예상할 수 없을 정도로 바뀌는 숫자의 사람을 위해 이용이 허용되고 실제 이용되고 있는 곳
② 사람의 왕래, 화물의 수송, 자동차 운행 등 공중의 교통영역으로 이용되고 있는 곳
③ 공공의 안전과 질서유지를 위하여 교통경찰권이 발동될 수 있는 장소
④ 차로의 설치, 비포장의 경우에는 노면의 균일성 유지 등으로 자동차 기타 운송수단의 통행에 용이한 형태를 갖출 것

20 다음 중 주·정차대에 대한 설명으로 옳은 것은 어느 것인가?
① 자동차의 주차 또는 정차에 이용하기 위하여 도로에 접속하여 설치하는 부분을 말한다.
② 차도를 통행의 방향에 따라 분리하고 옆 부분의 여유를 확보하기 위하여 도로의 중앙에 설치하는 분리대와 측대를 말한다.
③ 자동차를 가속시키거나 감속시키기 위하여 설치하는 차로를 말한다.
④ 도로의 진행방향에 직각으로 설치하는 경사로서 도로의 배수를 원활하게 하기 위하여 설치하는 경사와 평면곡선부에 설치하는 편경사를 말한다.

21 다음 중에서 방어운전의 요령에 대한 설명으로 옳은 것은?
① 신호기가 설치되어 있지 않은 교차로에서는 속도를 줄이고 좌, 우의 안전을 확인한 다음 통과한다.
② 다른 차의 옆을 통과할 때에는 여유가 없는 상태에서도 상대방에게 신호를 보내고 진로를 변경한다.
③ 대형차의 뒤를 소형차가 뒤따라 진행하게 된 때에는 대형차가 다른 도로로 빠져 나갈 때까지 그대로 따라간다.
④ 진로를 바꿀 때에는 여유가 없는 상태에서도 상대방에게 신호를 보내고 진로를 변경한다.

22 다음 중 커브 길에서 교통사고의 위험을 설명한 것으로 적합하지 않은 것은?
① 도로 외에 이탈 위험이 있다.
② 시야의 확보가 쉬우므로 사고 위험이 적다.
③ 중앙선을 침범하여 대향차와 충돌할 위험이 있다.
④ 시야 불량으로 인한 사고의 위험이 있다.

정답 ➡ 13.② 14.① 15.④ 16.② 17.④ 18.③ 19.② 20.① 21.① 22.②

실전 문제

화물운송종사자격시험

23 다음 중 철길 건널목에서의 방어운전에 대한 설명으로 옳지 않은 것은 어느 것인가?

① 건널목 통과 시 기어는 변경하지 않는다.

② 앞 차가 서행으로 통과할 때에는 그 차를 따라 서행으로 통과한다.

③ 일시정지 후 좌 · 우의 안전을 확인한다.

④ 건너편의 여유 공간을 확인 후 통과한다.

24 고속도로의 운행에 대한 설명으로 잘못된 것은?

① 앞차의 움직임 뿐 아니라 가능한 한 앞차 앞의 3～4대 차량의 움직임도 살핀다.

② 속도의 흐름과 도로사정, 날씨 등에 따라 안전거리를 충분히 확보한다.

③ 차로 변경 시엔 최소한 30m 전방으로부터 방향지시등을 켜고, 전방 주시점은 속도가 빠를수록 멀리 둔다.

④ 고속도로 진입 시 충분한 가속으로 속도를 높인 후 주행차로로 진입하여 주행 차에 방해를 주지 않도록 한다.

25 다음 중 엔진의 연소실 내에서 연료가 완전 연소 될 때의 배출가스의 색은?

① 백색　　　　　　② 흑색

③ 적색　　　　　　④ 무색

26 교차로에 대한 설명으로 가장 적합한 것은?

① 교차로는 자동차만 교차하는 장소이다.

② 입체교차로는 교통의 흐름을 시간적으로 분리하는 기능을 한다.

③ 교차로 및 교차로 부근은 횡단보도 및 횡단보도 부근과 더불어 교통사고가 가장 많이 발생하는 지점이다

④ 교차로의 신호기는 교통의 흐름을 공간적으로 분리하는 기능을 한다.

27 다음 중 위험물 탑재 차량의 주차 장소로 적합하지 않은 곳은?

① 교통량이 적은 평탄한 곳

② 운반 책임자나 운전자가 차량을 이탈시 쉽게 볼 수 있는 곳

③ 사람의 통행이 적고 주위의 화기 등이 없는 곳

④ 교통량이 적은 경사진 곳

28 다음 중 낙석위험이 가장 높은 계절은 언제인가?

① 겨울　　　　　　② 가을

③ 여름　　　　　　④ 봄

29 다음 중 커브길 주행 요령에 대한 설명으로 옳지 않은 것은?

① 후사경으로 오른쪽 후방의 안전을 확인한다.

② 풋 브레이크를 사용하여 충분히 속도를 줄인다.

③ 고단 기어로 변속한다.

④ 커브 내각의 연장선에 차량이 이르렀을 때 핸들을 꺾는다.

30 다음 중 자동차 운행 중 교통사고가 발생하였을 때의 조치사항으로 적합하지 않은 것은?

① 임의 처리하지 않고 사고 경위를 정확하게 회사에 보고한다.

② 인명의 구호 조치, 경찰서 신고 등의 의무를 다한다.

③ 현장에서 상대방과 적당히 합의하여 처리한다.

④ 운전자 개인의 자격으로 합의 보상 이외 회사 손실과 직결되는 보상 업무의 수행은 불가한 것이 일반적이다.

정답 ◑ 23.② 24.③ 25.④ 26.③ 27.④ 28.④ 29.③ 30.③

제4편 공동주거지

제1장 공동주거지의 기초지식
- 제1절 고려마을
- 제2절 고려사시
- 제3절 고려마을을 이룬 3요소
- 제4절 기본이칭
- 제5절 고려마을 공동예의집

제2장 몰불의 이해
- 제1절 몰불의 기록 개관
- 제2절 제3자 몰불의 이해에 기여공과
- 제3절 몰불
- 제4절 몰불시의 이해
- 제5절 홀동공동정보시스템의 이해

제3장 홀동공동사시의 이해
- 제1절 몰불의 시대대한 토퀴수동의 실원
- 제2절 신 몰불사시 기원의 이해

제4장 홀동공동사시의 운치점
- 제1절 몰불고사시
- 제2절 테해공동사시
- 제3절 공동사시의 사성용·자기용 등정 비교
- 제4절 제도 홀동기업 몰불의 운치점

◀ 일진공지

제4편 운송서비스
제1장 직업 운전자의 기본자세

오늘날 물류 생산과 마케팅기능중의 물류관련 영역까지도 포함하며, 이를 로지스틱스(logistics)라고 한다.

제1절 고객만족

고객이 무엇을 원하고 있으며 무엇이 불만인지 알아내어 고객의 기대에 부응하는 좋은 제품과 양질의 서비스를 제공하는 것이다.

1. 친절이 중요한 이유

1) 한 업체에서 고객이 거래를 중단하는 이유를 조사한 결과 접점에서 종업원의 불친절(68%), 제품에 대한 불만(14%), 경쟁사의 회유(9%), 가격이나 기타(9%)로 조사되었다.
2) 고객이 거래를 중단하는 가장 큰 이유는 제품에 대한 불만이 아니라 일선 종업원의 불친절에 의한 것임을 알 수 있다.
(종업원의 친절이 고객에게 가장 큰 영향을 미치는 것으로 나타났다.)

2. 고객의 욕구

1) 기억되기를 바란다.
2) 환영받고 싶어 한다.
3) 관심을 가져 주기를 바란다.
4) 중요한 사람으로 인식되기를 바란다.
5) 편안해 지고 싶어 한다.
6) 칭찬받고 싶어 한다.
7) 기대와 욕구를 수용하여 주기를 바란다.

제2절 고객서비스

서비스도 제품과 마찬가지로 하나의 상품으로서 서비스 품질의 만족을 위하여 고객에게 계속적으로 제공하는 모든 활동을 뜻한다.

1. 무형성 - 보이지 않는다.

서비스는 형태가 없는 무형의 상품으로서 제품과 같이 객관적으로 누구나 볼 수 있는 형태로 제시되지도 않으며 측정하기도 어렵지만 누구나 느낄 수는 있다.

2. 동시성- 생산과 소비가 동시에 발생한다.

1) 서비스는 공급자에 의하여 제공됨과 동시에 고객에 의하여 소비되는 성격을 갖는다.
2) 서비스는 재고가 없고, 불량 서비스가 나와도 다른 제품처럼 반품할 수도 없고, 고치거나 수리할 수도 없다.
3) 한번 불량 서비스를 팔게 되면 그 결과는 제품판매의 경우보다 훨씬 나쁜 결과를 가져온다.

3. 인간주체(이질성) - 사람에 의존한다.

1) 서비스는 사람에 의하여 생산되어 고객에게 제공되기 때문에 똑같은 서비스라 하더라도 그것을 행하는 사람에 따라 품질의 차이가 발생하기 쉽다.
2) 제품은 기계나 설비로 얼마든지 균질의 것을 만들어 낼 수 있다는 점과 대조적이다.

4. 소멸성 - 즉시 사라진다.

서비스는 오래도록 남아있는 것이 아니고 제공한 즉시 사라져서 남아있지 않는다.

5. 무소유권 - 가질 수 없다.

서비스는 누릴 수는 있으나 소유할 수는 없다.

제3절 고객만족을 위한 3요소

1. 고객만족을 위한 서비스 품질의 분류

1) 상품품질
성능 및 사용방법을 구현한 하드웨어(Hardware) 품질이다. 고객의 필요와 욕구등을 각종 시장조사나 정보를 통해 정확하게 파악하여 상품에 반영시킴으로서 고객만족도를 향상시킨다.

2) 영업품질
고객이 현장사원 등과 접하는 환경과 분위기를 고객만족 쪽으로 실현하기 위한 소프트웨어(Software) 품질이다. 고객에게 상품과 서비스를 제공하기까지의 모든 영업활동을 고객지향적으로 전개하여 고객만족도 향상에 기여하도록 한다.

3) 서비스품질
고객으로부터 신뢰를 획득하기 위한 휴먼웨어(Human-ware) 품질이다.

2. 서비스 품질을 평가하는 고객의 기준

1) 서비스 품질에 대한 평가는 오로지 고객에 의해서만 이루어진다.
2) 서비스가 좋으냐, 나쁘냐 하는 판단은 고객의 기대치가 실제로 어느 정도 충족되었느냐에 달려있다.

제1장
직업 운전자의 기본자세

화물운송종사자격시험

3) 서비스 품질이란 '고객의 서비스에 대한 기대와 실제로 느끼는 것의 차이에 의해서 결정되는 것'이라 할 수 있다.

4) 고객의 결정에 영향을 미치는 요인들은 구전에 의한 의사소통, 개인적인 성격이나 환경적 요인, 과거의 경험, 서비스 제공자들의 커뮤니케이션 등을 들 수 있다.
  ① 신뢰성
    ㉠ 정확하고 틀림없다.
    ㉡ 약속기일을 확실히 지킨다.
  ② 신속한 대응
    ㉠ 기다리게 하지 않는다.
    ㉡ 재빠른 처리, 적절한 시간 맞추기
  ③ 정확성 : 서비스를 행하기 위한 상품 및 서비스에 대한 지식이 충분하고 정확하다.
  ④ 편의성
    ㉠ 의뢰하기가 쉽다.
    ㉡ 언제라도 곧 연락이 된다.
    ㉢ 곧 전화를 받는다.
  ⑤ 태도
    ㉠ 예의 바르다.
    ㉡ 경의, 배려, 느낌이 좋다.
    ㉢ 복장이 단정하다.
  ⑥ 커뮤니케이션(Communication)
    ㉠ 고객의 이야기를 잘 듣는다.
    ㉡ 알기 쉽게 설명한다.
  ⑦ 신용도
    ㉠ 회사를 신뢰할 수 있다.
    ㉡ 담당자가 신용이 있다.
  ⑧ 안전성 : 신체적 안전, 재산적 안전, 비밀유지
  ⑨ 고객의 이해도
    ㉠ 고객이 진정으로 요구하는 것을 안다.
    ㉡ 사정을 잘 이해하여 만족시킨다.
  ⑩ 환경 : 쾌적한 환경, 좋은 분위기, 깨끗한 시설 등의 완비

제4절 기본예절

1) 상대방을 알아준다.
  ① 사람을 기억한다는 것은 인간관계의 기본조건이다.
  ② 상대가 누구인지 알아야 어떠한 관계든지 이루어질 수 있다.
  ③ 기억을 함으로써 관심을 갖게 되어 관계는 더욱 가까워진다.

2) 자신의 것만 챙기는 이기주의는 바람직한 인간관계형성의 저해 요소이다.

3) 약간의 어려움을 감수하는 것은 좋은 인간관계 유지를 위한 투자이다.

4) 예의란 인간관계에서 지켜야할 도리이다.

5) 연장자는 사회의 선배로서 존중하고, 공·사를 구분하여 예우한다.

6) 상스러운 말을 하지 않는다.

7) 상대에게 관심을 갖는 것은 상대로 하여금 내게 호감을 갖게 한다.

8) 관심을 가짐으로 인간관계는 더욱 성숙된다.

9) 상대방의 입장을 이해하고 존중한다.

10) 상대방의 여건, 능력, 개인차를 인정하여 배려한다.

11) 상대의 결점을 지적할 때에는 진지한 충고와 격려로 한다.

12) 상대 존중은 돈 한 푼 들이지 않고 상대를 접대하는 효과가 있다.

13) 모든 인간관계는 성실을 바탕으로 한다.

14) 항상 변함없는 진실한 마음으로 상대를 대한다.

15) 성실성으로 상대는 신뢰를 갖게 되어 관계는 깊어지게 된다.

16) 상대방과의 신뢰관계가 이익을 창출하는 것이 아니라 상대방에게 도움이 되어야 신뢰관계가 형성된다.

제5절 고객만족 행동예절

1. 인사
인사는 서비스의 첫 동작이요 마지막 동작으로 인사는 서로 만나거나 헤어질 때 말, 태도 등으로 존경, 사랑, 우정을 표현하는 행동양식이다.

1) 인사의 중요성
  ① 인사는 평범하고도 대단히 쉬운 행위이지만 습관화되지 않으면 실천에 옮기기 어렵다.
  ② 인사는 애사심, 존경심, 우애, 자신의 교양과 인격의 표현이다.
  ③ 인사는 서비스의 주요 기법이다.
  ④ 인사는 고객과 만나는 첫걸음이다.
  ⑤ 인사는 고객에 대한 마음가짐의 표현이다.
  ⑥ 인사는 고객에 대한 서비스정신의 표시이다.

2) 인사의 마음가짐
  ① 정성과 감사의 마음으로
  ② 예절바르고 정중하게
  ③ 밝고 상냥한 미소로
  ④ 경쾌하고 겸손한 인사말과 함께

3) 꼴불견 인사
  ① 얼굴을 빤히 보고하는 인사 (턱을 쳐들고 눈을 치켜뜨고 하는 인사)
  ② 할까 말까 망설이면서 하는 인사
  ③ 인사말이 없거나 분명치 않거나 성의 없이 말로만 하는 인사
  ④ 무표정한 인사
  ⑤ 경황없이 급히 하는 인사
  ⑥ 뒷짐을 지고 하는 인사
  ⑦ 상대방의 눈을 보지 않는 인사

제1장 직업 운전자의 기본자세

⑧ 자세가 흐트러진 인사
⑨ 높은 곳에서 윗사람에게 하는 인사
⑩ 머리만 까닥거리는 인사
⑪ 고개를 옆으로 돌리는 인사
⑫ 머리로 얼굴을 덮거나 바로 하기 위해 머리를 흔드는 인사

4) 올바른 인사방법
① 머리와 상체를 숙인다(가벼운인사: 15°, 보통인사: 30°, 정중한인사: 45°)
② 머리와 상체를 직선으로 하여 상대방의 발끝이 보일 때까지 천천히 숙인다.
③ 항상 밝고 명랑한 표정의 미소를 짓는다.
④ 인사하는 지점의 상대방과의 거리는 약 2m 내외가 적당하다.
⑤ 턱을 지나치게 내밀지 않도록 한다.
⑥ 손을 주머니에 넣거나 의자에 앉아서 하는 일이 없도록 한다.

2. 악수

1) 상대와 적당한 거리에서 손을 잡는다.
2) 손은 반드시 오른손을 내민다.
3) 손이 더러울 땐 양해를 구한다.
4) 상대의 눈을 바라보며 웃는 얼굴로 악수한다.
5) 허리는 건방지지 않을 만큼 자연스레 편다.
   (상대방에 따라 10~15° 굽히는 것도 좋다)
6) 계속 손을 잡은 채로 말하지 않는다.
7) 손을 너무 세게 쥐거나 또는 힘없이 잡지 않는다.
8) 왼손은 자연스럽게 바지 옆선에 붙이거나 오른손 팔꿈치를 받쳐준다.

3. 호감 받는 표정관리

1) 표정의 중요성
① 표정은 첫인상을 크게 좌우한다.
② 첫인상은 대면 직후 결정되는 경우가 많다.
③ 첫인상이 좋아야 그 이후의 대면이 호감 있게 이루어질 수 있다.
④ 밝은 표정은 좋은 인간관계의 기본이다.
⑤ 밝은 표정과 미소는 자신을 위하는 것이라 생각한다.

2) 시선
① 자연스럽고 부드러운 시선으로 상대를 본다.
② 눈동자는 항상 중앙에 위치하도록 한다.
③ 가급적 고객의 눈높이와 맞춘다.
   *고객이 싫어하는 시선 : 위로 치켜뜨는 눈, 곁눈질, 한 곳만 응시하는 눈, 위·아래로 훑어보는 눈

3) 좋은 표정 체크사항(check-point)
① 밝고 상쾌한 표정인가
② 얼굴전체가 웃는 표정인가
③ 돌아서면서 표정이 굳어지지 않는가
④ 입은 가볍게 다문다.
⑤ 입의 양 꼬리가 올라가게 한다.

4) 고객 응대 마음가짐 10가지
① 사명감을 가진다.
② 고객의 입장에서 생각한다.
③ 원만하게 대한다.
④ 항상 긍정적으로 생각한다.
⑤ 고객이 호감을 갖도록 한다.
⑥ 공사를 구분하고 공평하게 대한다.
⑦ 투철한 서비스 정신을 가진다.
⑧ 예의를 지켜 겸손하게 대한다.
⑨ 자신을 가져라
⑩ 부단히 반성하고 개선하라

4. 언어예절(대화 시 유의사항)

1) 불평불만을 함부로 떠들지 않는다.
2) 독선적, 독단적, 경솔한 언행을 삼간다.
3) 욕설, 독설, 험담을 삼간다.
4) 매사 침묵으로 일관하지 않는다.
5) 남을 중상 모략하는 언동을 하지 않는다.
6) 불가피한 경우를 제외하고 논쟁을 피한다.
7) 쉽게 흥분하거나 감정에 치우치지 않는다.
8) 농담은 조심스럽게 한다. (부하직원이라 할지라도)
9) 매사 함부로 단정하지 않고 말한다.
10) 일부분을 보고 전체를 속단하여 말하지 않는다.
11) 도전적 언사는 가급적 자제한다. (하급자는 상급자에게 예의바른 행동)
12) 상대방의 약점을 지적하는 것을 피한다.
13) 남이 이야기하는 도중에 분별없이 차단하지 않는다.
14) 엉뚱한 곳을 보고 말을 듣고 말하는 버릇은 고친다. (이야기에 관심이 없거나 자기를 무시하는 것으로 간주)

5. 흡연예절

1) 흡연을 삼가야 할 곳
① 운행 중 차내에서
② 보행 중일 때
③ 재떨이가 없는 응접실
④ 혼잡한 식당 등 공공장소
⑤ 사무실내에서 다른 사람이 담배를 안 피울 때
⑥ 회의장

2) 담배꽁초의 처리방법
① 담배꽁초는 반드시 재떨이에 버린다.
② 차창 밖으로 버리지 않는다.
③ 화장실 변기에 버리지 않는다.
④ 꽁초를 바닥에 버린 후 발로 부비지 않는다.
⑤ 꽁초를 손가락으로 튕겨 버리지 않는다.

6. 음주예절

1) 경영방법이나 특정한 인물에 대하여 비판하지 않는다.
2) 상사에 대한 험담을 하지 않는다.
3) 과음하거나 지식을 장황하게 늘어놓지 않는다.
4) 술좌석을 자기자랑이나 평상시 언동의 변명의 자리로 만들지 않는다.
5) 상사와 합석한 술좌석은 근무의 연장이라 생각하고 예의바른 모습을 보여주어 더 큰 신뢰를 얻도록 한다.
6) 고객이나 상사 앞에서 취중의 실수는 영원한 오점을 남긴다.

제1장
직업 운전자의 기본자세

화물운송종사자격시험

7. 운전예절

1) 교통질서

① 교통질서의 중요성
- ㉠ 제한된 공간 속에서 수많은 사람이 안전하고 자유롭게 살아가기 위해서는 나름대로의 질서의식과 사회규범이 지켜져야 한다.
- ㉡ 질서가 지켜질 때 비로소 남도 편하고 자신도 편하게 생활하게 되어 상호 조화와 화합이 이루어진다.
- ㉢ 나아가 국가와 사회도 발전해 나간다.
- ㉣ 도로 현장에서도 운전자 스스로 질서를 지킬 때 교통사고로부터 자신과 타인의 생명과 재산을 보호할 수 있으며 교통도 원활하게 되어 능률적인 생활을 보장받을 수 있다.

② 질서의식의 함양
- ㉠ 일부 운전자들은 평소에 질서를 외치면서도 막상 운전하는 순간에는 "나 하나쯤이야"하는 생각으로 버젓이 차로를 무시하며 주행하거나 과속이나 앞지르기를 서슴없이 한다.
- ㉡ 질서는 반드시 의식적·무의식적으로 지켜질 수 있도록 되어야 한다.
- ㉢ 적재된 화물의 안전에 만전을 기하여 난폭운전이나 사고로 적재물이 손상되지 않게 한다.

2) 운전자의 사명과 자세

① 운전자의 사명
- ㉠ 남의 생명도 내 생명처럼 존중
  사람의 생명은 이 세상의 다른 무엇보다도 존귀하므로 인명을 존중하며, 안전운행을 이행하고 교통사고를 예방하여야 한다.
- ㉡ 운전자는 '공인'이라는 자각이 필요

② 운전자가 가져야 할 기본적 자세
- ㉠ 교통법규의 이해와 준수
  교통법규나 규칙은 단지 알고 있는 것만으로는 부족하며, 운전자는 실제로 차를 운전하면서 변화하는 주의상황에 맞추어 적절한 판단으로 교통규칙을 준수하는 것이 중요하다.
- ㉡ 여유 있고 양보하는 마음으로 운전
  교통사고의 밑바탕에는 조급성과 자기중심적인 생각이 깔려 있으므로 항상 마음의 여유를 갖고 서로 양보하는 마음의 자세로 운전한다.
- ㉢ 주의력 집중
  운전은 한 순간의 방심도 허용되지 않는 어려운 과정이므로 운전 중에는 방심하지 말고 온 신경을 운전에만 집중하여 위험을 빨리 발견하고 대응 조치를 할 수 있어야 사고를 예방할 수 있다.
  (방심으로 인한 전방 주시 태만, 과속, 운전 부주의 등은 대형사고의 주요 원인이 되고 있다.)
- ㉣ 심신상태의 안정
  운전자의 몸과 마음이 안정되어야 운전도 안전하게 할 수 있으므로 심신 상태를 조절하여 냉정하고 침착한 자세로 운전을 하여야 한다.
- ㉤ 추측 운전의 삼가
  - 운전자는 자기에게 유리한 판단이나 행동은 삼가야 한다.
  - 조그마한 의심이라도 반드시 안전을 확인한 후 행동으로 옮겨야 한다.
- ㉥ 운전기술의 과신은 금물
  운전이란 혼자 하는 것이 아니라 많은 다른 운전자와 보행자 사이에서 하는 것이므로 아무리 유능하고 자신 있는 운전자라 하더라도 상대방의 실수로 사고가 일어날 수 있다.
- ㉦ 저공해 등 환경보호, 소음공해 최소화 등

3) 올바른 운전예절

① 운전예절의 중요성
- ㉠ 사람은 일상생활의 대인관계에서 예의범절을 중시하고 있다.
- ㉡ 예절은 인간 고유의 것이며, 사람의 됨됨이를 그 사람이 얼마나 예의 바른가에 따라 가늠하기도 한다.
- ㉢ 교통 현장에서도 이와 같은 예절을 지키려는 노력이 보다 크게 요구된다.
- ㉣ 예절 바른 운전습관은 명랑한 교통질서를 가져오며 교통사고를 예방케 할 뿐 아니라 교통문화를 선진화하는데 지름길이 되기 때문이다.

② 예절바른 운전습관
- ㉠ 명랑한 교통질서 유지
- ㉡ 교통사고의 예방
- ㉢ 교통문화를 정착시키는 선두주자

③ 지켜야 할 운전예절
- ㉠ 과신은 금물
  안전운전은 운전 기술만이 뛰어나다고 해서 되는 것이 아니며, 교통규칙을 준수함은 물론 아래와 같은 예절 바른 행동이 뒷받침될 때만이 비로소 가능해진다.
- ㉡ 횡단보도에서의 예절
  보행자가 먼저 지나가도록 일시 정지하여 보행자를 보호하는데 앞장서고 횡단보도 내에 자동차가 들어가지 않도록 정지선을 반드시 지킨다.
- ㉢ 전조등 사용법
  교차로나 좁은 길에서 마주 오는 자동차가 있을 경우 양보해 주고 전조등은 끄거나 하향으로 하여 상대방 운전자의 눈이 부시지 않도록 한다.
- ㉣ 고장차량의 유도
  도로상에서 고장차량을 발견하였을 때에는 즉시 서로 도와 길 가장자리 구역으로 유도한다.
- ㉤ 올바른 방향전환 및 차로변경
  - 방향지시등을 켜고 차선변경 등을 할 경우에는 눈인사를 하면서 양보해 주는 여유를 가진다.
  - 도움이나 양보를 받았을 때 정중하게 손을 들어 답례한다.
- ㉥ 여유 있는 교차로 통과
  교차로에 교통량이 많거나 교통정체가 있을 경우 자동차의 흐름에 따라 여유를 가지고 서행하며 안전하게 통과한다.

④ 삼가야 할 운전행동
- ㉠ 흔히 운전을 하다보면 갑자기 끼어들기를 하거나 욕설을 하고 지나가는 운전자를 볼 수 있으며, 이는 다른 운전자의 입장을 전혀 생각하지 않는 안하무인격의 무례한 운전자세이다.
- ㉡ 예절 바르지 못한 행동 하나가 상대방 운전자의 기분을 나

제1장 직업 운전자의 기본자세

쁘게 하여 결국 교통질서를 혼란케 할 수 있다는 사실을 자각하고 다음의 행동을 삼가는 것이 바람직하다.
ⓒ 욕설이나 경쟁심의 운전행위
ⓔ 도로상에서 사고 등으로 차량을 세워 둔 채로 시비, 다툼 등의 행위를 하여 다른 차량의 통행을 방해하는 행위
ⓜ 음악이나 경음기 소리를 크게 하여 다른 운전자를 놀라게 하거나 불안하게 하는 행위
ⓗ 신호등이 바뀌기 전에 빨리 출발하라고 전조등을 켰다 껐다하거나 경음기로 재촉하는 행위
ⓢ 자동차 계기판 윗부분 등에 발을 올려놓고 운행하는 행위
ⓞ 교통 경찰관의 단속 행위에 불응하고 항의하는 행위
ⓩ 방향지시등을 켜지 않고 차선을 변경하거나, 버스 전용차로를 무단 통행하거나 갓길로 주행하는 행위 등

4) 운송종사자의 서비스자세
① 운송 직업의 특성(화물차량 운전자의 특성)
㉠ 화물을 적재한 차량이 출고되면 모든 책임은 회사의 간섭을 받지 않고 운전자의 책임으로 이어진다.
㉡ 화물과 서비스가 함께 수송되어 목적지까지 운반된다.
② 화물차량의 작업상의 어려움 예상
㉠ 차량의 장시간 운전으로 제한된 작업공간부족(차내 운전)
㉡ 주·야간의 운행으로 생활리듬의 불규칙한 생활 연속
㉢ 공로운행에 따른 타 차량과 교통사고에 대한 위기의식 잠재
㉣ 화물의 특수수송에 따른 운임에 대한 불안감(회사부도 등)
③ 화물운전자의 서비스 확립자세
화물운송의 서비스 향상 및 고객만족을 위하여 화물수송과정에서 요구되는 사항은 다음과 같다.
㉠ 화물운송의 기초로서 도착지의 주소가 명확한지 재확인하고 연락전화 번호 기록을 유지할 것
㉡ 현지에서 화물의 파손위험 여부 등 사전 점검 후 최선의 안전수송을 하여 착지의 화주에 인수인계한다.
㉢ 컨테이너 내품의 경우는 외부에서 보이지 않으므로 인수인계시 철저한 화물관리가 요구됨.
㉣ 일반화물 중 이삿짐 수송 시에도 자신의 물건으로 여기고 소중히 수송 하여야 한다.
㉤ 화물운송 시 중간지점(휴게소)에서 화물의 이상 유무, 결속/풀림상태, 자동차 점검 등 안전 유무를 반드시 점검한다.
㉥ 화주가 요구하는 최종지점까지 배달하고 특히, 택배차량은 신속하고 편리함을 추구하여 자택까지 수송하여야 한다.
④ 화물운전자의 운전자세
㉠ 다른 자동차가 끼어들더라도 안전거리를 확보하는 여유를 가진다.
㉡ 운전이 미숙한 자동차의 뒤를 따를 경우 서두르거나 선행자동차의 운전자를 당황하게 하지 말고 여유 있는 자세로 운행한다.
㉢ 일반 운전자는 화물차의 뒤를 따라가는 것을 싫어해 틈만 있으면 화물차의 앞으로 추월하려는 마음이 강하다. 따라서 적당한 장소에서 후속자동차에게 진로를 양보하는 미덕을 갖는다.
㉣ 직업운전자는 다른 차가 끼어들거나 운전이 서툴러도 상대에게 성을 내거나 보복하지 말아야 한다.
㉤ 고객을 소중히 여기고, 친절하고 예의바른 서비스를 하여 고객과 불필요한 마찰을 일으키지 않는다.
㉥ 항상 자동차에 대한 점검 및 정비를 철저히 하여 자동차를 항상 최상의 상태로 유지한다.
㉦ 안전운행이나 고객의 서비스에 있어서 운전자의 건강이 중요하므로 자신의 건강을 항상 가장 좋은 상태로 유지하도록 건강관리를 한다.

8. 용모, 복장

1) 인성과 습관의 중요성
운전자의 습관은 운전행동에 영향을 미치게 되어 운전태도로 나타나므로 나쁜 운전습관을 개선하기 위해 노력하여야 한다.

2) 운전자의 습관 형성
① 습관은 후천적으로 형성되는 조건반사 현상이므로 무의식중에 어떤 것을 반복적으로 행하게 될 때 자기도 모르게 습관화된 행동이 나타난다.
② 습관은 본능에 가까운 강력한 힘을 발휘하게 되어 나쁜 운전습관이 몸에 배면 나중에 고치기 어려우며 잘못된 습관은 교통사고로 이어진다.

3) 기본원칙
① 깨끗하게
② 단정하게
③ 품위 있게
④ 규정에 맞게
⑤ 통일감 있게
⑥ 계절에 맞게
⑦ 편한 신발을 신되 샌들이나 슬리퍼는 삼가 한다.

4) 고객에게 불쾌감을 주는 몸가짐
① 충혈된 눈
② 잠잔 흔적이 남은 머릿결
③ 정리되지 않은 덥수룩한 수염
④ 길게 자란 코털
⑤ 지저분한 손톱
⑥ 무표정 등

5) 단정한 용모·복장의 중요성
① 첫인상
② 고객과의 신뢰형성
③ 활기찬 직장 분위기 조성
④ 일의 성과
⑤ 기분전환 등

9. 운전자의 기본적 주의사항

1) 법규 및 사내 안전관리 규정 준수
① 수입포탈 목적 장비운행 금지
② 배차지시 없이 임의 운행금지
③ 정당한 사유 없이 지시된 운행경로 임의 변경운행 금지
④ 승차 지시된 운전자 이외의 타인에게 대리운전 금지
⑤ 사전승인 없이 타인을 승차시키는 행위 금지
⑥ 운전에 악영향을 미치는 음주 및 약물복용 후 운전 금지
⑦ 철도 건널목에서는 일시정지 준수 및 주·정차행위 금지
⑧ 본인이 소지하고 있는 면허로 관련법에서 허용하고 있는 차종

제1장
직업 운전자의 기본자세

이외의 차량 운전금지
⑨ 회사차량의 불필요한 집단운행 금지. 다만, 적재물의 특성상 집단운행이 불가피 할 때에는 관리자의 사전승인을 받아 사고를 예방하기 위한 제반 안전 조치를 취하고 운행
⑩ 자동차 전용도로, 급한 경사길 등에 주·정차 금지
⑪ 기타 사회적인 물의를 야기 시키거나 회사의 신뢰를 추락시키는 난폭운전 등의 운전행위 금지
⑫ 차량은 이동 홍보물로써 청결함이 요구된다.
⑬ 차량의 청결은 회사든 개인이든 신뢰도를 제고하고 적재된 물품의 상태까지 신뢰하게 할 수 있는 요인으로 작용한다.
⑭ 외관 뿐 아니라 운전석 등 내부도 청결하게 하여 쾌적한 운행 환경을 유지한다.

2) 운행 전 준비
① 용모 및 복장 확인 (단정하게)
② 항상 친절하여야 하며, 고객 및 화주에게 불쾌한 언행금지
③ 세차를 하고 화물의 외부덮개 및 결박상태를 철저히 확인한 후 운행
④ 운전석 내부를 항상 청결하게 유지
⑤ 일상점검을 철저히 하고 이상 발견 시는 정비 관리자에게 즉시 보고하여 조치 받은 후 운행
⑥ 배차사항 및 지시, 전달사항을 확인하고 적재물의 특성을 확인하여 특별한 안전조치가 요구되는 화물에 대하여는 사전 안전장비 장치 및 휴대 후 운행

3) 운행상 주의
① 주·정차 후 운행을 개시하고자 할 때에는 차량주변의 노상취객·유희자 등을 확인 후 안전하게 운행
② 내리막길에서는 풋 브레이크 장시간 사용을 삼가하고, 엔진 브레이크 등을 적절히 사용하여 안전운행
③ 보행자, 이륜차, 자전거 등과 교행, 병진, 추월운행 시 서행하며 안전거리를 유지하고 주의의무를 강화하여 운행
④ 후진 시에는 유도요원을 배치, 신호에 따라 안전하게 후진
⑤ 노면의 적설, 빙판 시 즉시 체인을 장착한 후 안전운행
⑥ 후속차량이 추월하고자 할 때에는 감속 등으로 양보운전

4) 교통사고 발생 시 조치
① 교통사고를 발생시켰을 때에는 법이 정하는 현장에서의 인명구호, 관할경찰서에 신고 등의 의무를 성실히 수행함.
② 어떠한 사고라도 임의처리는 불가하며 사고발생 경위를 육하원칙에 의거 거짓 없이 정확하게 회사에 즉시 보고함.
③ 사고로 인한 행정, 형사처분(처벌) 접수 시 임의처리 불가하며 회사의 지시에 따라 처리함.
④ 형사합의 등과 같이 운전자 개인의 자격으로 합의 보상 이외 회사의 어떠한 경우라도 회사손실과 직결되는 보상업무는 일반적으로 수행 불가함.
⑤ 회사소속 차량 사고를 유·무선으로 통보 받거나 발견즉시 최 인근 점소에 기착 또는 유·무선으로 육하원칙에 의거 즉시 보고함.

5) 신상변동 등의 보고
① 결근, 지각, 조퇴가 필요하거나 운전면허증 기재사항 변경, 질병 등 신상변동 시 회사에 즉시 보고함.
② 운전면허 일시정지, 취소 등의 면허행정 처분 시 즉시 회사에 보고하여야 하며 어떠한 경우라도 운전 금지함.

10. 직업관

1) 직업의 4가지 의미
① 경제적 의미 : 일터, 일자리, 경제적 가치를 창출하는 곳
② 정신적 의미 : 직업의 사명감과 소명의식을 갖고 정성과 정열을 쏟을 수 있는 곳
③ 사회적 의미 : 자기가 맡은 역할을 수행하는 능력을 인정받는 곳
④ 철학적 의미 : 일한다는 인간의 기본적인 리듬을 갖는 곳

2) 직업윤리
① 직업에는 귀천이 없다(평등)
② 천직의식(운전으로 성공한 운전기사는 긍정적인 사고방식으로 어려운 환경을 극복)
③ 감사하는 마음(본인, 부모, 가정, 직장, 국가에 대하여 본인의 역할이 있음을 감사하는 마음)

3) 직업의 3가지 태도
① 애정
② 긍지
③ 열정

11. 고객응대 예절

1) 집하 시 행동방법
① 집하는 서비스의 출발점이라는 자세로 한다.
② 인사와 함께 밝은 표정으로 정중히 두 손으로 화물을 받는다.
③ 책임 집배달 구역을 정확히 인지하여 24시간, 48시간, 배달 불가 지역에 대한 배달점소의 사정을 고려하여 집하한다.
④ 2개 이상의 화물은 반드시 분리 집하한다.(결박화물 집하금지)
⑤ 취급제한 물품은 그 취지를 알리고 정중히 집하를 거절한다.
⑥ 택배운임표를 고객에게 제시 후 운임을 수령한다.
⑦ 운송장 및 보조송장 도착지란에 시, 구, 동, 군, 면 등을 정확하게 기재하여 터미널 오분류를 방지할 수 있도록 한다.
⑧ 송하인용 운송장을 절취하여 고객에게 두 손으로 건네준다.
⑨ 화물 인수 후 감사의 인사를 한다.

2) 배달시 행동방법
① 배달은 서비스의 완성이라는 자세로 한다.
② 긴급배송을 요하는 화물은 우선 처리하고, 모든 화물을 반드시 기일 내 배송한다.
③ 수하인 주소가 불명확할 경우 사전에 정확한 위치를 확인 후 출발한다.
④ 무거운 물건일 경우 손수레를 이용하여 배달한다.
⑤ 고객이 부재 시에는 "부재중 방문표"를 반드시 이용한다.
⑥ 방문 시 밝고 명랑한 목소리로 인사하고 화물을 정중하게 고객이 원하는 장소에 가져다 놓는다.
⑦ 인수증 서명은 반드시 정자로 실명 기재 후 받는다.
⑧ 배달 후 돌아갈 때에는 이용해 주셔서 고맙다는 뜻을 표하며 밝게 인사한다.

3) 고객 불만 발생 시 행동방법
① 고객의 감정을 상하게 하지 않도록 불만 내용을 끝까지 참고 듣는다.
② 불만사항에 대하여 정중히 사과한다.
③ 고객의 불만, 불편 사항이 더 이상 확대되지 않도록 한다.

제1장 직업 운전자의 기본자세

④ 고객 불만을 해결하기 어려운 경우 적당히 답변하지 말고 관련부서와 협의 후에 답변을 하도록 한다.
⑤ 책임감을 갖고 전화를 받는 사람의 이름을 밝혀 고객을 안심시킨 후 확인 연락을 할 것을 전해준다.
⑥ 불만전화 접수 후 우선적으로 빠른 시간 내에 확인하여 고객에게 알린다.

4) 고객 상담시의 대처방법
① 전화벨이 울리면 즉시 받는다(3회 이내)
② 밝고 명랑한 목소리로 받는다.
③ 집하의뢰 전화는 고객이 원하는 날, 시간 등에 맞추도록 노력한다.
④ 배송확인 문의전화는 영업사원에게 시간을 확인한 후 고객에게 답변한다.
⑤ 고객의 문의전화, 불만전화 접수 시 해당 점소가 아니더라도 확인하여 고객에게 친절히 답변한다.
⑥ 담당자가 부재중일 경우 반드시 내용을 메모하여 전달한다.
⑦ 전화가 끝나면 마지막 인사를 하고 상대편이 먼저 끊고 난 후 전화를 끊는다.

제4편 운송서비스

제2장 물류의 이해

제1절 물류의 기초 개념

1. 물류의 개념

1) 물류(物流, 로지스틱스 ; Logistics)
공급자로부터 생산자, 유통업자를 거쳐 최종 소비자에게 이르는 재화의 흐름을 의미한다.

2) 물류관리
이러한 재화의 효율적인 "흐름"을 계획, 실행, 통제할 목적으로 행해지는 제반활동을 의미한다.

3) 물류의 기능
수송(운송)기능, 포장기능, 보관기능, 하역기능, 정보기능 등이 있다.

4) 물류시설
① 물류에 필요한 화물의 운송·보관·하역을 위한 시설
② 화물의 운송·보관·하역 등에 부가되는 가공·조립·분류·수리·포장·상표부착·판매·정보통신 등을 위한 시설
③ 물류의 공동화·자동화 및 정보화를 위한 시설
④ 물류터미널 및 물류단지시설
   *최근 물류는 단순히 장소적 이동을 의미하는 운송 (physical distribution)의 개념에서 발전하여 자재조달이나 폐기, 회수 등까지 총괄하는 경향이다.

2. 기업경영과 물류

1) 기업경영에서 본 물류관리와 로지스틱스
① 로지스틱스(Logistics)
   병참을 의미하는 프랑스어로서 전략물자(사람, 물자, 자금, 정보, 서비스 등)를 효과적으로 활용하기 위해서 고안해낸 관리조직에서 유래하였다.
   (병참에는 군수자재의 발주, 생산계획, 구입, 재고관리, 배급, 수송, 통신 외에 자재의 규격화, 품질관리 등 주로 군의 작전 활동에 필요한 관리 내용의 대부분이 포함된다.)
② 기업경영에서 본 물류관리도 로지스틱스(병참)와 유사함.
   (기업경영의 물류관리시스템 구성 요소는 원재료의 조달과 관리, 제품의 재고관리, 수송과 배송수단, 제품능력과 입지 적응 능력, 창고 등의 물류거점, 정보관리, 인간의 기능과 훈련 등)
③ 로지스틱스와 기업경영에서 본 물류관리 내용이 유사하여 로지스틱스라는 군사용어가 경영이론에 도입되었다.
   (그 의미를 생산지에서 소비지까지의 원재료와 제품, 정보의 흐름을 관리하는 기술이라고 광범위하게 해석하게 되면서 광의의 물류개념과 유사개념으로 인식)

2) 물류(로지스틱스 ; Logistics)개념의 국내 도입
① 물류(로지스틱스(Logistics)
   1922년 미국의 마케팅 학자인 클라크(F.E. Clark) 교수가 처음 사용
② 1950년대 미국기업들이 2차 대전중 전략물자(사람, 물자, 자금, 정보, 서비스 등)의 효율적 지원을 위하여 발달한 군의 병참학(Logistics)을 응용하여 기업의 자재관리, 공급관리 및 유통관리분야에 "물적유통"이라는 개념을 도입하면서 학문적으로 본격 사용되기 시작하였다.
③ 우리나라에 물류(로지스틱스)가 소개된 것은 제2차 경제개발 5개년계획이 시작된 1962년 이후, 교역규모의 신장에 따른 물동량 증대, 도시교통의 체증 심화, 소비의 다양화·고급화가 시작되면서이다.

3. 물류와 공급망관리

1) 1970년대 : 경영정보시스템(Management Information System)단계
① 1970년대는 경영정보시스템단계의 시기로서 창고보관·수송을 신속히 하여 주문처리시간을 줄이는데 초점을 둔 단계이다.
② 경영정보시스템(MIS)
   기업경영에서 의사결정의 유효성을 높이기 위해 경영 내외의 관련 정보를 필요에 따라 즉각적으로 그리고 대량으로 수집, 전달, 처리, 저장, 이용할 수 있도록 편성한 인간과 컴퓨터와의 결합시스템을 말한다.

2) 1980~90년대 : 전사적자원관리(Enterprise Resource Planning)단계
① 이 시기는 물류단계로서 정보기술을 이용하여 수송, 제조, 구매, 주문관리기능을 포함하여 합리화하는 로지스틱스 활동이 이루어졌던 전사적자원관리(ERP)단계이다
② 전사적자원관리(ERP)
   기업활동을 위해 사용되는 기업 내의 모든 인적, 물적 자원을 효율적으로 관리하여 궁극적으로 기업의 경쟁력을 강화시켜 주는 역할을 하는 통합정보시스템을 말한다.

3) 1990년대 중반이후 : 공급망관리(Supply Chain Management)단계
① 1990년대 중반이후 공급망관리(Supply Chain Management)단계로서, 이 단계는 최종고객까지 포함하여 공급망 상의 업체들이 수요, 구매정보 등을 상호 공유하는 통합 공급망관리(SCM)단계를 말한다.
② 공급망관리의 정의
   ㉠ 공급망관리란
      고객 및 투자자에게 부가가치를 창출할 수 있도록 최초의 공급업체로부터 최종 소비자에게 이르기까지의 상품·서비스 및 정보의 흐름이 관련된 프로세스를 통합적으로 운

제2장 물류의 이해

영하는 경영전략이다(글로벌 공급망 포럼, 1998)
  ㉡ 공급망관리란
    제조, 물류, 유통업체 등 유통공급망에 참여하는 모든 업체들이 협력을 바탕으로 정보기술(Information Technology)을 활용하여 재고를 최적화하고 리드타임을 대폭 감축하여 결과적으로 양질의 상품 및 서비스를 소비자에게 제공함으로써 소비자 가치를 극대화시키기 위한 전략이다(한국유통정보센터, 1999).
  ㉢ 공급망관리란
    "제품생산을 위한 프로세스를 부품조달에서 생산계획, 납품, 재고관리 등을 효율적으로 처리할 수 있는 관리 솔루션"으로 파악하기도 한다.
③ 공급망관리의 기능
  ㉠ 제조업의 가치사슬은 보통 부품조달 → 조립·가공 → 판매유통으로 구성되고, 가치사슬의 주기가 단축되어야 생산성과 운영의 효율성을 증대시킬 수 있다.
  ㉡ 인터넷 비즈니스에서 물류가 중시됨에 따른 인터넷유통에서의 물류원칙은 첫째 적정수요예측, 둘째 배송기간의 최소화, 셋째 반송과 환불시스템이다.

4. 물류의 역할

1) 물류에 대한 개념적 관점에서의 물류의 역할
① 국민경제적 관점
  ㉠ 기업의 유통효율 향상으로 물류비를 절감하여 소비자물가와 도매물가의 상승을 억제하고 정시배송의 실현을 통한 수요자 서비스 향상에 이바지한다.
  ㉡ 자재와 자원의 낭비를 방지하여 자원의 효율적인 이용에 기여한다.
  ㉢ 사회간접자본의 증강과 각종 설비투자의 필요성을 증대시켜 국민경제개발을 위한 투자기회를 부여한다.
  ㉣ 지역 및 사회개발을 위한 물류개선은 인구의 지역적 편중을 막는다.
  ㉤ 도시의 재개발과 도시교통의 정체완화를 통한 도시생활자의 생활환경개선에 이바지한다.
  ㉥ 물류합리화를 통하여 상거래흐름의 합리화를 가져와 상거래의 대형화를 유발한다.
② 사회경제적 관점
  생산, 소비, 금융, 정보 등 우리 인간이 주체가 되어 수행하는 경제활동의 일부분으로 운송, 통신, 상업 활동을 주체로 하며 이들을 지원하는 제반활동을 포함한다.
③ 개별 기업적 관점
  ㉠ 최소의 비용으로 소비자를 만족시켜서 서비스 질의 향상을 촉진시켜 매출신장을 도모한다.
  ㉡ 고객욕구만족을 위한 물류서비스가 판매경쟁에 있어 중요하며, 제품의 제조, 판매를 위한 원재료의 구입과 판매와 관련된 업무를 총괄관리하는 시스템 운영이다.

2) 기업경영에 있어서 물류의 역할
① 마케팅의 절반을 차지
  물류가 마케팅 기능으로서 간주되기 시작한 것은 1950년대이다. 지금은 고객조사, 가격정책, 판매조직화, 광고선전만으로는 마케팅을 실현하기 힘들고 결품방지나 즉납서비스 등의 물리적인 고객서비스가 수반되지 않으면 안 되는 시점이다.
  *마케팅(Marketing) : 생산자가 상품 또는 서비스를 소비자에게 유통시키는 것과 관련 있는 모든 체계적 경영활동
② 판매기능 촉진
  물류는 고객서비스를 향상시키고 물류코스트를 절감하여 기업이익을 최대화하는 것이 목표이며, 판매기능은 물류의 7R 기준을 충족할 때 달성된다.

■ 물류관리의 기본원칙
▶ 7R 원칙
① Right Quality(적절한 품질)
② Right Quantity(적절한 량)
③ Right Time(적절한 시간)
④ Right Place(적절한 장소)
⑤ Right Impression(좋은 인상)
⑥ Right Price(적절한 가격)
⑦ Right Commodity(적절한 상품)
▶ 3S 1L 원칙
① 신속하게(Speedy)
② 안전하게(Safely)
③ 확실하게(Surely)
④ 저렴하게(Low)
▶ 제3의 이익원천
매출증대, 원가절감에 이은 물류비절감은 이익을 높일 수 있는 세 번째 방법
① 적정재고의 유지로 재고비용 절감에 기여
② 물류합리화로 불필요한 재고의 미보유에 따른 재고비용 절감
③ 물류(物流)와 상류(商流) 분리를 통한 유통합리화에 기여 등

■ 물류와 상류
▶ 유통(distribution)
물적유통(物流) + 상적유통(商流)
· 물류
  발생지에서 소비지까지의 물자의 흐름을 계획, 실행, 통제하는 제반관리 및 경제활동
· 상류
  검색, 견적, 입찰, 가격조정, 계약, 지불, 인증, 보험, 회계처리, 서류발행, 기록 등(전산화)

5. 물류의 기능

1) 운송기능
  물품을 공간적으로 이동시키는 것으로, 수송에 의해서 생산지와 수요지와의 공간적 거리가 극복되어 상품의 장소적(공간적) 효용 창출.

2) 포장기능
① 물품의 수·배송, 보관, 하역 등에 있어서 가치 및 상태를 유지하기 위해 적절한 재료, 용기 등을 이용해서 포장하여 보호하고자 하는 활동이다.
② 포장활동에서 중요한 모듈화는 일관시스템 실시에 중요한 요소. 포장은 단위포장(개별포장), 내부포장(속포장), 외부포장(겉포장)으로 구분.

제2장 물류의 이해

3) 보관기능

① 물품을 창고 등의 보관시설에 보관하는 활동이다.

② 생산과 소비와의 시간적 차이를 조정하여 시간적 효용을 창출

4) 하역기능

① 수송과 보관의 양단에 걸친 물품의 취급으로 물품을 상하좌우로 이동시키는 활동으로 싣고 내림, 시설 내에서의 이동, 피킹, 분류 등의 작업이다.

② 하역작업의 대표적인 방식이 컨테이너(container)화와 파레트(pallet)화임. 컨테이너화물과 파레트화물은 기계를 사용하여 하역하는데 크레인, 지게차, 컨베이어 등이 이용됨.

5) 정보기능

① 물류활동과 관련된 물류정보를 수집, 가공, 제공하여 운송, 보관, 하역, 포장, 유통가공 등의 기능을 컴퓨터 등의 전자적 수단으로 연결하여 줌으로써 종합적인 물류관리의 효율화를 도모할 수 있도록 하는 기능.

② 물류의 각 기능은 서로 연계를 유지함에 따라 효율을 발휘하는데 이것을 가능하게 하는 것이 정보임.

6) 유통가공기능

① 물품의 유통과정에서 물류효율을 향상시키기 위하여 가공하는 활동이다.

② 단순가공, 재포장, 또는 조립 등 제품이나 상품의 부가가치를 높이기 위한 물류 활동임.

6. 물류관리의 정의

1) 경제재의 효용을 극대화시키기 위한 재화의 흐름에 있어서 운송, 보관, 하역, 포장, 정보, 가공 등의 모든 활동을 유기적으로 조정하여 하나의 독립된 시스템으로 관리하는 것.

2) 물류관리

① 그 기능의 일부가 생산 및 마케팅 영역과 밀접하게 연관되어 있음.

② 입지관리결정, 제품설계관리, 구매계획 등은 생산관리 분야와 연결되며, 대고객서비스, 정보관리, 제품포장관리, 판매망 분석 등은 마케팅관리 분야와 연결.

3) 물류관리는 경영관리의 다른 기능과 밀접한 상호관계를 갖고 있으므로 물류관리의 고유한 기능 및 연결기능을 원활하게 수행하기 위해서는 기업 전체의 전략수립 차원에서 통합된 총괄 시스템적 접근이 이루어져야 함.

4) 로지스틱스 시대에 있어서는 조달, 생산, 판매와 관련된 물류부문 뿐만 아니라 수요예측, 구매계획, 재고관리, 물류비 관리, 반품·회수·폐기 등을 포함하여 종합적으로 관리함으로써 기업경영에 있어서 최저비용으로 최대의 효과를 추구하는 종합적인 로지스틱스 개념하의 물류관리가 중요.

7. 물류관리의 의의

1) 기업외적 물류관리

고도의 물류서비스를 소비자에게 제공하여 기업경영의 경쟁력을 강화

2) 물류의 신속, 안전, 정확, 정시, 편리, 경제성을 고려한 고객지향적인 물류서비스를 제공

3) 기업 내적 물류관리

물류관리의 효율화를 통한 물류비 절감

4) 기업경영에 있어 대 고객서비스 제고와 물류비 절감을 동시에 달성하기 위한 물류전략을 구사하기 위해서는 종합물류관리체제로서 고객이 원하는 적절한 품질의 상품 적량을, 적시에, 적절한 장소에, 좋은 인상과 적절한 가격으로 공급해 주어야 함.

8. 물류관리의 목표

1) 비용절감과 재화의 시간적·장소적 효용가치의 창조를 통한 시장능력의 강화

2) 고객서비스 수준 향상과 물류비의 감소(트레이드오프관계)

▶트레이드오프(trade-off) : 상충관계

두 개의 정책목표 가운데 하나를 달성하려고 하면 다른 목표의 달성이 늦어지거나 희생되는 경우 양자간의 관계

3) 고객서비스 수준의 결정

① 고객 지향적이어야 하며

② 경쟁사의 서비스 수준을 비교한 후

③ 그 기업이 달성하고자 하는 특정한 수준의 서비스를 최소의 비용으로 고객에게 제공

9. 물류관리의 활동

1) 중앙과 지방의 재고보유 문제를 고려한 창고입지 계획, 대량·고속운송이 필요한 경우 영업운송을 이용

2) 말단 배송에는 자차를 이용한 운송

3) 고객주문을 신속하게 처리 할 수 있는 보관·하역·포장활동의 성력화, 기계화, 자동화 등을 통한 물류에 있어서 시간과 장소의 효용증대를 위한 활동

4) 물류예산관리제도, 물류원가계산제도, 물류기능별단가(표준원가), 물류사업부 회계제도 등을 통한 원가절감에서 프로젝트 목표의 극대화

5) 물류관리 담당자 교육, 직장간담회, 불만처리위원회, 물류의 품질관리, 무하자운동, 안전위생관리 등을 통한 동기부여의 관리

10. 기업물류

1) 기업물류 – 중요한 주제

① 물류체계가 개선되면 생산과 소비가 지리적으로 분리됨.

② 각 지역간의 재화의 교환을 가져옴.

③ 이는 생산의 비교우위이론에 따름.

④ 두 가지 재화가 모두 특정의 한 지역에서 생산되는 것이 절대적으로 우위에 있을지라도 물류비가 상대적으로 차이가 나면 한 재화는 특정 지역에서 계속 생산되고 다른 한 재화는 다른 지역에서 생산되어 유통(교환)이 가능해짐.

⑤ 물류체계가 개선되면, 무엇보다도 장소적으로 생산지와 소비지가 달라도 되므로 지역간 재화의 교환은 더욱 촉진되며 이는 재화의 부가가치(장소적 가치)를 향상시키게 되고 소비의 증가를 통한 부의 증가를 가져옴.

⑥ 물류체계 또는 물류시스템의 개선은 기업이든 국가든 부가가치의 증대를 통해 부를 증가시킴.

제2장 물류의 이해

⑦ 개별기업의 물류활동이 효율적으로 이루어지는 것은 기업의 경쟁력 확보에 매우 중요함.
⑧ 개별기업의 물류활동이 효율적으로 이루어지면 투입이 절감되거나 더 많은 산출을 가져와 비용 또는 가격경쟁력을 제고하고 나아가 총이윤이 증가함.
⑨ 기업에 있어서의 물류관리는 소비자의 요구와 필요에 따라 효율적인 방법으로 재화와 서비스를 공급하는 것을 말함.
⑩ 기업물류의 범위
 ㉠ 물류활동의 범위는 물적공급과정과 물적유통과정에 국한됨.
 ㉡ 물적공급과정은 원재료, 부품, 반제품, 중간재를 조달·생산하는 물류과정이다.
 ㉢ 물적유통과정은 생산된 재화가 최종 고객이나 소비자에게까지 전달되는 물류과정을 말함.
⑪ 기업물류의 활동
 ㉠ 주활동과 지원활동으로 크게 구분
 ㉡ 주활동 : 대고객서비스수준, 수송, 재고관리, 주문처리가 있다.
 ㉢ 지원활동 : 보관, 자재관리, 구매, 포장, 생산량과 생산일정 조정, 정보관리가 포함됨.
⑫ 고객서비스 수준은 물류체계의 수준을 결정
 ㉠ 물류비용은 소비자에 대한 서비스 수준에 비례하여 증가.
 ㉡ 물류서비스의 수준은 물류비용의 증감에 큰 영향을 끼침.
 ㉢ 운송은 재화와 서비스의 공간적 가치를 창출하고, 재고는 시간적 가치를 증가시킴. (기업활동에 있어서 원자재나 완제품의 원활한 운송은 매우 중요함.)
 ㉣ 원활한 운송서비스가 제공되지 않는다면 적시에 제품을 시장에 공급할 수 없게 된다.
 ㉤ 재고기간이 길어져서 제품의 가치가 떨어질 수 있음.
 ㉥ 생산과 수요의 시간적 차이를 해소하는 역할인 재고관리 또한 물류관리에서 중요함.
 ㉦ 주문처리의 중요성 : 다품종소량화 및 재고비용의 절감에 따른 다빈도 소량주문화에 따른 주문처리의 신속성 요구 증대에 기인.
⑦ 물류의 발전방향
 ㉠ 비용절감, 요구되는 수준의 서비스 제공, 기업의 성장을 위한 물류전략의 개발 등이 물류의 주된 문제로 등장.
 ㉡ **물류비용의 변화** : 제품의 판매가격에 대해 물류비용이 차지하는 비율
 ㉢ **기업의 국제화** : 효율적인 국제물류체계 구축이 성공의 한 요소
 ㉣ **시간**
  • 기업경쟁력의 우위확보를 위한 새로운 경영전략 요소임.
  • 고객의 새로운 요구에 신속히 대응함으로써 기업의 비용을 줄일 수 있음.
  • 수요를 정확히 예측하고 제품의 재고량과 진부화를 줄일 수 있음.
 ㉤ **서비스업체의 물류**
  • 서비스업체 대부분의 기업활동은 재화의 이동을 직접 발생시키지는 않지만 간접적으로 재화의 이동과 관련이 있다.
  • 물류문제와 관련된 의사결정을 하는 경우가 많음.
⑧ 기업물류

 ㉠ 전형적인 기업조직은 생산과 마케팅을 중심으로 구성.
 ㉡ 생산과 소비가 일어나는 장소와 시간 사이에 이루어지는 기업활동이 물류활동임.
 ㉢ 이는 생산과 마케팅의 효율을 높이는 기능을 담당함.
 ㉣ 생산과 마케팅부서는 물류의 중요성을 각자의 관점에서 인식하므로 상호간에는 차이가 있어 물류문제에 있어 상호협조가 이루어지기 어려울 수 있음.
 ㉤ 기업물류는 종전에 부분적으로 생산부서와 마케팅부서에 속해 있던 재화의 흐름과 보관기능을 기업조직 측면에서 통합하거나 기능적으로 통합하는 것임.
 ㉥ 기업활동과 관련하여 체계적으로 조직을 분리할 때 조직 간의 상호협조가 잘 이루어지며 기업의 목적을 가장 잘 달성할 수 있음.
⑨ 기업물류의 조직
 ㉠ 기업 전체의 목표 내에서 물류관리자는 그 나름대로의 목표를 수립하여 기업 전체의 목표를 달성하는데 기여하도록 함.
 (물류관리자는 해당 기간 내에 투자에 대한 수익을 최대화할 수 있도록 물류활동을 계획, 수행, 통제함.)
 ㉡ 물류관리의 목표
  • 물류체계를 구축함으로써 얻을 수 있는 이윤
  • 물류체계의 확충에 소요되는 비용이라는 두 가지 측면으로 둘 수 있다.
  (이윤증대와 비용절감을 위한 물류체계의 구축이 물류관리의 목표임.)
⑩ 기업물류는 생산비, 고용, 전략적인 측면에서 상당한 의미를 가짐. (최근에 와서는 물류활동을 통합적으로 관리하기 시작하였음.)

2) 물류전략과 계획
물류부문에 있어 의사결정사항은 창고의 입지선정, 재고정책의 설정, 주문접수, 주문접수 시스템의 설계, 수송수단의 선택 등에 있음.
① 기업전략
 ㉠ 기업전략은 기업의 목적을 명확히 결정함으로써 설정. 이를 위해서는 기업이 추구하는 것이 이윤획득, 존속, 투자에 대한 수익, 시장점유율, 성장목표 가운데 무엇인지를 이해하는 것이 필요. 그 다음으로 비전수립이 필요.
 ㉡ 훌륭한 전략수립을 위해서는 소비자, 공급자, 경쟁사, 기업 자체의 4가지 요소를 고려할 필요가 있음.
  • 세부계획 수립
   기업의 비용, 재무구조, 시장점유율 수준, 자산기준과 배치, 외부환경, 경쟁력, 고용자의 기술 등을 이해, 기업의 위험과 가능성을 고려하여 대안 전략을 선택.
② 물류전략
 ㉠ 물류전략은 비용절감, 자본절감, 서비스개선을 목표로 함.
 ㉡ 비용절감은 운반 및 보관과 관련된 가변비용을 최소화하는 전략임.
 ㉢ 자본절감은 물류시스템에 대한 투자를 최소화하는 전략임.
 ㉣ 서비스개선전략은 제공되는 서비스수준에 비례하여 수익이 증가한다는데 근거를 둠.
 ㉤ 프로액티브(proactive) 물류전략
  사업목표와 소비자 서비스 요구사항에서부터 시작. 경쟁

업체에 대항하는 공격적인 전략임.
ⓑ 크래프팅(crafting) 중심의 물류전략은 특정한 프로그램이나 기법을 필요로 하지 않으며, 뛰어난 통찰력이나 영감에 바탕을 둠.
(물류서비스전략이 수립되면 서비스 수준은 수립된 전략을 통해 달성됨.)

③ 물류계획
ㄱ 계획수립의 단계
- 무엇을, 언제, 그리고 어떻게
- 전략, 전술, 운영의 3단계(단계의 주요 차이점은 계획기간에 있음)
- 전략적 계획은 불완전하고 정확도가 낮은 자료를 이용해서 수행됨.
- 운영계획은 정확하고 세부자료를 이용해서 수행됨.
ㄴ 계획수립의 주요 영역
- 고객서비스 수준, 설비의 입지, 재고의사결정, 수송의사결정
- 고객서비스 수준
- 시스템의 설계에 많은 영향을 끼침.
- 전략적 물류계획을 수립할 시에 우선적으로 고려해야 할 사항은 적절한 고객서비스 수준을 설정하는 것임.
- 설비(보관 및 공급시설)의 입지결정
- 보관지점과 여기에 제품을 공급하는 공급지의 지리적인 위치를 선정하는 것임.
- 이는 비용이 최소가 되는 경로를 발견함으로써 이윤을 최대화하는 것임.
- 재고의사결정
- 재고를 관리하는 방법에 관한 것을 결정하는 것임.
- 여기에는 재고보충규칙에 따라 보관지점에 재고를 할당하는 전략과 보관지점에서 재고를 인출하는 전략 두 가지가 있음.
- 수송의사결정
수송수단선택, 적재규모, 차량운행로 결정, 일정계획
ㄷ 계획수립의 주요 영역들은 서로 관련이 있으므로 이들 간의 트레이드 오프를 고려할 필요가 있음
ㄹ 물류계획수립문제의 개념화
- 물류계획수립문제를 해결하는 하나의 방법은 물류체계를 링크(link)와 노드(node : 보관지점)로 이루어지는 네트워크로 추상화하여 고찰하는 것임.
- 링크는 재고 보관지점들간에 이루어지는 제품의 이동경로를 나타냄. (노드간에는 수송서비스(mode, 수송기관)의 대안, 제품이동경로의 대안, 다양한 제품을 나타내기 위해 몇 개의 링크를 둘 수 있다.)
- 노드는 재고의 흐름이 일시적으로 정지하는 지점임.
- 재고흐름에 대한 이동(운송)·보관활동과 더불어 정보네트워크를 고려할 필요가 있음.
- 정보는 판매수익, 생산비용, 재고수준, 창고의 효용, 예측, 수송요율 등에 관한 것임.
- 노드는 주문처리나 운송서류(B/L : Bill of Lading)를 준비하거나 재고기록을 유지하는 등의 다양한 자료수집 지점과 처리 지점에 해당함.
- 정보네트워크는 링크와 노드의 집합체라는 관점에서 제

품이 이동하는 물류네트워크와 동일함. (제품은 주로 유통채널의 최종소비자를 향해서, 정보는 유통채널의 원자재의 공급지를 향해서 흐른다.)
- 제품 이동 네트워크와 정보 네트워크가 결합되어 물류시스템을 구성함. (물류체계의 각 요소들은 상호의존적이므로 물류시스템을 전체적으로 고찰할 필요가 있음.)
- 물류네트워크의 구축 및 운영 시 비용과 수익에 적절히 균형을 이룰 수 있도록 해야 함.
ㅁ 물류계획수립 시점
- 신설기업이나 신제품 생산 시 새로운 물류네트워크의 구축이 필요함.
- 기존의 물류네트워크를 수정하는 것이 필요한지, 아니면 최적은 아니지만 계속 운영하는 것이 이익인지를 결정할 필요가 있음.
- 물류네트워크의 평가와 감사를 위한 일반적 지침은 수요, 고객서비스, 제품 특성, 물류비용, 가격결정 정책임.
- 수요
수요량, 수요의 지리적 분포
- 고객서비스
재고의 이용가능성, 배달 속도, 주문처리 속도 및 정확도
- 제품특성
- 물류비용은 제품의 무게, 부피, 가치, 위험성 등의 특성에 민감함.
- 제품의 특성이 변화하면 물류믹스상의 비용요소를 상당히 변화시킬 수 있으며, 이는 물류시스템상의 새로운 비용균형점을 낳음.
- 운송제품의 특성이 달라지면 물류시스템을 재구축하는 것이 이익이 될 수도 있음.
- 물류비용
- 물적공급과 물적유통에서 발생하는 비용은 기업의 물류시스템을 얼마나 자주 재구축해야 하는지를 결정함.
- 물류비용이 높은 경우에는 물류계획을 자주 수행함으로써 얻는 작은 개선사항일지라도 상당한 비용절감을 가져올 수 있음.
- 가격결정정책
- 상품의 매매에 있어서 가격결정정책을 변경하는 것은 물류활동을 좌우하므로 물류전략에 많은 영향을 끼침.
- 상품의 배달비용을 고객에게 부담시키는 가격결정정책을 사용한다면 보관지점의 수를 줄이는 효과를 가져옴.
- 총 물류비용에 있어 차지하는 수송비용의 중요성으로 인해 가격정책을 변경하는 것은 물류전략을 재수립하도록 함.
ㅂ 물류전략수립 지침
- 총비용 개념의 관점에서 물류전략을 수립.
- 이는 물류비용들간의 트레이드오프(상충) 관계에 기인함.
- 물류비용들간에는 상충(역비례)이 있으므로 관련활동들 간의 균형을 이루도록 조정하여 전체적으로 활동을 최적화하는 것이 필요함.
- 재고수준에 영향을 미치는 간접비용과 수송서비스의 직접비용이 상충됨.
- 최선의 선택은 총비용이 최소가 되도록 하는 것임
- 물류네트워크의 구축시에 물류와 관련한 대부분의 잠재

제2장 물류의 이해

적 비용의 상반관계를 통합하는 것이 필요.
- 가장 좋은 트레이드오프는 100% 서비스 수준보다 낮은 서비스 수준에서 발생함.
- 제공되는 서비스 수준으로부터 얻는 수익에 대해 재고·수송비용(총비용)이 균형을 이루는 점에서 보관지점의 수를 결정.
- 안전재고 수준 결정
  평균재고수준은 재고유지비와 판매손실비가 트레이드 오프관계에 있으므로 이들 두 비용이 균형을 이루는 점에서 결정.
- 다품종 생산일정 계획수립
  제품을 생산하는 가장 좋은 생산순서와 생산시간은 생산비용과 재고비용의 합이 최소가 되는 곳에서 결정.
- 트레이드 오프관계에 있는 모든 비용을 평가하는 것은 바람직하지 않을 수도 있음. 최고경영진이 고려해야 할 비용요소를 결정.

3) 물류관리 전략의 필요성과 중요성
▶ 로지스틱스(Logistics)
가치창출이 중심으로 물류를 전쟁의 대상이 아닌 수단으로 인식하는 것이며, 물류관리가 전략적 도구가 되는 개념임.
(기업이 살아남기 위한 중요한 경쟁우위의 원천으로서 물류를 인식하는 것이 전략적 물류관리의 방향이라 할 수 있음.)

① 전략적 물류
  ㉠ 코스트 중심
  ㉡ 제품효과 중심
  ㉢ 기능별 독립 수행
  ㉣ 부분 최적화 지향
  ㉤ 효율 중심의 개념
② 로지스틱스
  ㉠ 가치창출 중심
  ㉡ 시장진출 중심(고객 중심)
  ㉢ 기능의 통합화 수행
  ㉣ 전체 최적화 지향
  ㉤ 효과(성과) 중심의 개념
③ 21세기 초일류회사 ➡ 변화관리
  ㉠ 미래에 대한 비전(vision)과 경영전략 및 물류전략에 대한 전사적인 공감대 형성
  ㉡ 전략적 물류관리 마인드 제고를 위한 전사적인 계획 및 지속적인 실행
  ㉢ 전사적인 업무·전산 교육체계 도입 및 확산
  ㉣ 로지스틱스에 대한 정보수집, 분석, 공유를 위한 모니터 체계 확립
④ 전략적 물류관리(SLM : Strategic Logistics Management)의 필요성
  ㉠ 대부분의 기업들이 경영전략과 로지스틱스 활동을 적절하게 연계시키지 못하고 있는 것이 문제점으로 지적되고 있다.
  ㉡ 이를 해결하기 위한 방안으로 전략적 물류관리가 필요하게 된 것임.
⑤ 전략적 물류관리의 목표(물류전략 프로세스 혁신의 목표)
  비용, 품질, 서비스, 속도와 같은 핵심적 성과에서 극적인 (dramatic) 향상을 이루기 위해 물류의 각 기능별 업무 프로세스를 기본적으로 다시 생각하고 근본적으로 재설계하는 것
  - 업무처리속도 향상, 업무품질 향상, 고객서비스 증대, 물류원가 절감
  - 고객만족 = 기업의 신경영체제 구축
⑥ 로지스틱스 전략관리의 기본요건
  ㉠ 전문가 집단 구성
    - 물류전략계획 전문가
    - 현업 실무관리자
    - 물류서비스 제공자(프로바이더, Provider)
    - 물류혁신 전문가
    - 물류인프라 디자이너
  ㉡ 전문가의 자질
    - 분석력 : 최적의 물류업무 흐름 구현을 위한 분석 능력
    - 기획력 : 경험과 관리기술을 바탕으로 물류전략을 입안하는 능력
    - 창조력 : 지식이나 노하우를 바탕으로 시스템모델을 표현하는 능력
    - 판단력 : 물류관련 기술동향을 파악하여 선택하는 능력
    - 기술력 : 정보기술을 물류시스템 구축에 활용하는 능력
    - 행동력 : 이상적인 물류인프라 구축을 위하여 실행하는 능력
    - 관리력 : 신규 및 개발프로젝트를 원만히 수행하는 능력
    - 이해력 : 시스템 사용자의 요구(needs)를 명확히 파악하는 능력
⑦ 전략적 물류관리의 접근대상
  ㉠ 자원소모, 원가 발생 ➡ 원가경쟁력 확보, 자원 적정 분배
  ㉡ 활동 ➡ 부가가치 활동 개선
  ㉢ 프로세스 ➡ 프로세스 혁신
  ㉣ 흐름 ➡ 흐름의 상시 감시
⑧ 물류전략의 실행구조(과정순환)
  전략수립(Strategic) ➡ 구조설계(Structural) ➡ 기능정립(Functional) ➡ 실행(Operational)
⑨ 물류전략의 8가지 핵심영역
  ㉠ 전략수립
    - 고객서비스수준 결정
      고객서비스 수준은 물류시스템이 갖추어야 할 수준과 물류성과 수준을 결정
  ㉡ 구조설계
    - 공급망설계
      고객요구 변화에 따라 경쟁 상황에 맞게 유통경로를 재구축
    - 로지스틱스 네트워크전략구축
      원·부자재 공급에서부터 완제품의 유통까지 흐름을 최적화
  ㉢ 기능정립
    - 창고설계·운영(Warehouse design and operation)
    - 수송관리(Transportation management)
    - 자재관리(Materials management)
  ㉣ 실행
    - 정보, 기술관리(Information and technology management)
    - 조직, 변화관리(Organization and change management)

제2장
물류의 이해

화물운송종사자격시험

제2절 제3자 물류의 이해와 기대효과

1. 제3자 물류의 이해

1) 정의

① 제3자 물류업은 화주기업이 고객서비스 향상, 물류비 절감 등 물류활동을 효율화할 수 있도록 공급망(Supply Chain)상의 기능 전체 혹은 일부를 대행하는 업종으로 정의되고 있음.

② 화주기업이 직접 물류활동을 처리하는 자사물류를 제1자 물류, 물류자회사에 의해 처리하는 경우를 제2자 물류, 그리고 이들 물류와 구분하는 차원에서 화주기업이 자기의 모든 물류활동을 외부에 위탁하는 경우(단순 물류아웃소싱 포함)를 제3자 물류로 칭함.

　㉠ 자사물류
　　기업이 사내에 물류조직을 두고 물류업무를 직접 수행하는 경우

　㉡ 제2자 물류(물류자회사)
　　기업이 사내의 물류조직을 별도로 분리하여 자회사로 독립시키는 경우

　㉢ 제3자물류
　　외부의 전문물류업체에게 물류업무를 아웃소싱 하는 경우

＊제3자 물류의 발전과정

자사물류(1자) ➡ 물류자회사(2자) ➡ 제3자물류 라는 단순한 절차로 발전하는 경우가 많으나 실제 이행과정은 이보다 복잡한 구조를 보임.

　1. 서비스의 깊이 측면에서 볼 때 물류활동의 운영 및 실행 ➡ 관리 및 통제 ➡ 계획 및 전략으로 발전하는 과정을 거치고

　2. 서비스의 폭 측면에서는 기능별 서비스 ➡ 기능간 연계 및 통합서비스의 발전과정을 거치는 것이 보편적이며 이를 위해서는 공급망 관리기법이 필수적임.

＊국내의 제3자 물류수준은 물류아웃소싱 단계에 있다.

＊물류아웃소싱과 제3자 물류의 차이점

　• 물류아웃소싱은 화주로부터 일부 개별서비스를 발주 받아 운송서비스를 제공한다.

　• 제3자 물류는 1년의 장기계약을 통해 회사전체의 통합물류서비스를 제공함.

〈물류아웃소싱과 제3자 물류의 비교〉

구분	물류아웃소싱	제3자 물류
화주와의 관계	거래기반, 수발주관계	계약기반, 전략적 제휴
관계내용	일시 또는 수시	장기(1년이상), 협력
서비스 범위	기능별 개별서비스	통합물류서비스
정보공유여부	불필요	반드시 필요
도입결정권한	중간관리자	최고경영층
도입방법	수의계약	경쟁계약

＊제3자 물류서비스가 활성화된다면 화주기업이 물류기능별 물류사업자와 개별적으로 접촉해야 하는 현재의 거래·계약구조는 화주기업과 제3자 물류업체간의 계약만으로 모든 물류서비스를 제공받을 수 있는 형태로 변화할 것임.

2) 제3자 물류의 발전동향

① 국내 물류시장은 최근 공급자와 수요자 양 측면 모두에서 제3자 물류가 활성화될 수 있는 기본적인 여건을 형성하고 있는 중임.

② 공급자 측면에서는 최근 신규 물류업체와 외국 물류기업의 시장 참여가 늘어남에 따라 물류시장의 경쟁구조가 한층 더 심화된다. (기존의 단순 운송·보관서비스에서 차별화된 저가격-고품질 물류서비스가 크게 확산될 전망.)

③ 물류산업의 경쟁촉진을 제한하던 각종 행정규제가 크게 완화됨에 따라 특정 물류업종 안에서의 물류업체간(기존업체-신규업체 등) 경쟁은 물론이고 기능이 유사한 물류업종 간의 경쟁이 더욱 더 치열해지고 있음.

④ 수요자 측면에서는 최근 물류전문업체와의 전략적 제휴·협력을 통해 물류효율화를 추진하고자 하는 화주기업이 점증적으로 증가.

⑤ IMF 외환위기 이후 비록 운송기능에 국한되어 있기는 하지만 화주기업의 물류아웃소싱이 큰 폭으로 증가.

⑥ 기업간 경쟁에서 기업네트워크간 경쟁으로 경쟁구조가 변하면서 경쟁력 제고를 위한 공급망관리(SCM)의 중요성이 크게 부각되고 있다. (물류전문업체와의 전략적 제휴·협력에 의한 물류효율화에 대한 화주기업의 관심이 고조.)

⑦ 고객만족 경영환경 하에서 소비자 수요 변화에 따른 소량다빈도 배송업무를 효율적으로 실시하기 위해 물류전문업체를 활용하는 화주기업이 크게 증가.

⑧ 물류시장의 수요기반 확충과 공급 측면에서 통합물류서비스의 확산이 맞물려 서로 상승 작용한다면 제3자 물류의 활성화는 훨씬 더 빠른 속도로 이루어질 수 있다.

⑨ 물류산업 구조의 취약성, 물류기업의 내부역량 미흡 소프트 측면의 물류기반요소 미확충, 물류환경의 변화에 부흥하지 못하는 물류정책 등 제3자 물류의 발전 및 확산을 저해하는 제반 문제점이 조기에 개선되지 못할 경우 이 같은 전망은 실현되기 어려울 것임.

2. 제3자 물류의 도입이유와 기대효과

1) 도입이유

① 자가물류활동에 의한 물류효율화의 한계

　㉠ '90년대에 물류가 경쟁력 강화를 위한 주요 개선대상의 하나로 부각됨에 따라 물류효율화를 위한 기업의 투자와 노력이 계속 확대되어 왔으나 제조업체·유통업체가 운행하는 자가용 화물차량에 전체 수송 물량의 78.7%를 담당하고 있고, 차량 대수도 91.8%에 이를 정도로 자가용에 대한 편중구조가 매우 심함('98년 기준).

　㉡ 화주기업들은 자가물류 체제를 확충하는데 너무 치중한 결과 물류시설 확충, 물류자동화·정보화, 물류전문인력 충원 등에 따른 고정투자비 부담이 크게 증가하였음.

　㉢ 자가물류의 한계

　　• 경기변동과 수요 계절성에 의한 물량의 불안정

　　• 기업 구조조정에 따른 물류경로의 변화 등에 효율적으로 대처하기 어렵다는 구조적 한계가 있다.

　　• 물류부문에 대한 과도한 투자비는 적정수준의 물량을 확보하지 못할 경우 투자비 회수가 어렵다.

　　• 고물류비 구조개선에 걸림돌이 될 수 있음.

② 물류자회사에 의한 물류효율화의 한계
　㉠ 물류자회사모기업의 물류관련업무를 수행·처리하기 위하여 모기업의 출자에 의하여 별도로 설립된 자회사를 말한다.(위양된 업무내용·업무영역에 따라 운송자회사, 창고자회사 등으로 구분할 수 있지만, 일반적으로 물류관리 전반을 담당하는 회사를 지칭함.)
　㉡ 물류자회사는 물류비의 정확한 집계와 이에 따른 물류비 절감요소의 파악, 전문인력의 양성, 경제적인 투자결정 등 이점이 있다. (반면에 태생적 제약으로 인한 구조적인 문제점도 다수 존재함.)
　㉢ 물류자회사는 모기업의 물류효율화를 추진할수록 그 만큼 자사의 수입이 감소하는 이율배반적 상황에 직면하므로 궁극적으로 모기업의 물류효율화에 소극적인 자세를 보이게 됨.
　㉣ 노무관리 차원에서 모기업으로부터의 인력퇴출 장소로 활용되어 인건비 상승에 대한 부담이 가중되기도 함.
　㉤ 모기업의 지나친 간섭과 개입으로 자율경영의 추진에 한계가 있음.

③ 제3자 물류 ➡ 물류산업 고도화를 위한 돌파구
　㉠ 사회간접자본(SOC : Social Overhead Capital) 시설의 부족 및 물류부문의 경쟁을 저해하는 각종 행정규제와 더불어 물류산업의 낙후와 비효율은 고물류비 구조를 초래하는 주요 원인의 하나.
　㉡ 우리나라 국가물류비는 주요 경쟁국가에 비해 훨씬 높은 수준이고, 기업의 매출액에서 물류비가 차지하는 비율도 선진외국기업에 비해 높은 실정.
　㉢ 물류산업의 낙후·비효율은 자가물류의 비대화와 물류시장의 위축을 초래하였다. (물류시장의 위축은 물류산업의 낙후·비효율을 더욱 심화시켜 자가물류가 더욱 더 확대되는 악순환이 반복되고 있음.)
　㉣ 제3자 물류의 활성화는 물류산업이 현재의 낙후와 비효율을 극복하여 자생적인 발전능력을 확보할 수 있는 돌파구로 인식.
　㉤ 고도화된 물류산업은 자가물류와의 적절한 경쟁·보완관계에 의하여 더욱 발전할 수 있다. (이것은 현 고물류비구조를 개선하는데 주도적인 역할을 할 수 있을 것이다.)

④ 세계적인 조류로서 제3자 물류의 비중 확대
　㉠ 주요 선진국에서는 자가물류활동을 가능한 한 축소하고, 물류전문업체에 자사물류활동을 위탁하는 물류아웃소싱·제3자 물류가 활성화되어 있다. (앞으로 그 비중은 더욱 더 확대될 것으로 전망된다.)
　㉡ 우리나라의 화주기업들
　　• 물류아웃소싱에 대한 신뢰가 낮다.
　　• 물류활동에 대한 통제력 상실에 대한 우려 때문에 자사물류체제를 고수하고 있다. (화주기업의 물류서비스 요구를 제대로 충족시킬 수 있는 능력을 갖춘 물류전문업체가 거의 없는 우리 물류산업의 낙후성이 원인이다.)
　㉢ 저가격·고품질의 물류서비스를 제공하는 물류전문업체가 풍부하다면 굳이 고정투자비 부담을 감수하면서까지 자가물류체제를 고수하려는 기업은 많지 않을 것이다.
　(물류전문업체를 이용한 물류공동화가 활성화될수록 기업의 투자비·운영비 부담의 경감과 물류비 절감효과가 더 확대될 것이다.)

2) 기대효과
　① 화주기업 측면
　　㉠ 제3자 물류업체의 고도화된 물류체계를 활용함으로써 자사의 핵심사업주력 화주기업은 각 부문별로 최고의 경쟁력을 보유하고 있는 기업 등과 통합·연계하는 공급망을 형성하여 공급망 대 공급망간 경쟁에서 유리한 위치를 차지할 수 있음.
　　㉡ 조직 내 물류기능 통합화와 공급망상의 기업간 통합·연계화로 자본, 운영시설, 재고, 인력 등의 경영자원을 효율적으로 활용할 수 있고 또한 리드타임(lead time)단축과 고객서비스의 향상이 가능함.
　　㉢ 물류시설 설비에 대한 투자부담을 제3자 물류업체에게 분산시킴으로써 유연성확보와 자가물류에 의한 물류효율화의 한계를 보다 용이하게 해소할 수 있음.
　　㉣ 고정투자비 부담을 없애고, 경기변동, 수요계절성 등 물동량 변동, 물류경로변화에 효과적으로 대응할 수 있음.
　② 물류업체 측면
　　㉠ 제3자 물류의 활성화는 물류산업의 수요기반 확대로 이어져 규모의 경제효과에 의해 효율성, 생산성 향상을 달성함.
　　㉡ 물류업체는 고품질의 물류서비스를 개발·제공함에 따라 현재보다 높은 수익률을 확보할 수 있고, 또 서비스 혁신을 위한 신규투자를 더욱 활발하게 추진할 수 있음.
　＊화주기업이 제3자 물류를 사용하지 않는 주된 이유
　　• 화주기업은 물류활동을 직접 통제하기를 원할 뿐 아니라, 자사물류이용과 제3자 물류서비스 이용에 따른 비용을 일대일로 직접 비교하기가 곤란하고
　　• 운영시스템의 규모와 복잡성으로 인해 자체운영이 효율적이라 판단할 뿐만 아니라 자사물류 인력에 대해 더 만족하기 때문임.

3) 제3자 물류에 의한 물류혁신 기대효과
　① 물류산업의 합리화에 의한 고물류비 구조를 혁신
　　㉠ 제3자 물류서비스의 개선 및 확충으로 물류산업의 수요기반이 확대될수록 물류시설에 대한 고정투자비 부담의 감소로 규모의 경제효과를 얻을 수 있다.
　　㉡ 물류산업의 합리화가 촉진될 것이며, 그 결과 물류산업은 제조업 지원산업으로서의 역할을 효과적으로 수행할 수 있을 것이다.
　　㉢ 규모의 경제효과에 의한 효율성 증대와 더불어 무엇보다 중요한 점은 여러 화주기업의 물류활동을 장기간 수탁 운영하는 과정에서 축적되는 운영·관리기술 및 노하우로 전문성을 갖출 수 있다. (위의 효과는 협력·제휴관계에 있는 화주기업과 공유할 수 있다는 것임.)
　② 고품질 물류서비스의 제공으로 제조업체의 경쟁력 강화 지원
　　㉠ 제조업체의 고객만족 경영체제를 지원할 수 있는 물류서비스가 신속하게 개발·제공됨에 따라 물류수요자인 제조업체들이 자사의 핵심사업에 모든 경영자원을 집중하여 경쟁력을 강화할 수 있는 여건이 조성된다.

ⓛ 물류전문업체가 제공하는 물류서비스의 높은 신뢰성, 보관창고의 신속한 입출고관리, 화물의 위치추적 등 다양한 부가서비스를 이용하는 제조업체는 생산성 경쟁뿐만 아니라 시간기반 경쟁에서도 유리한 위치를 확보할 수 있다.
ⓒ 물류전문업체의 입장에서는 고품질의 물류서비스를 개발·제공함에 따라 현재보다 높은 수익률을 확보할 수 있다.
ⓔ 서비스 혁신을 위한 신규투자가 더욱 활발해지는 효과가 있는 등 제조업체와 물류업체 모두에게 윈윈(win-win)게임이 될 것임.

③ 종합물류서비스의 활성화
여러 물류서비스 중 가장 비중이 높은 운송서비스는 현행 화물자동차 의존형 개별직송방식보다는 다른 운송수단과 연계되는 연계수송방식과 물류시설을 이용한 거점운송방식이 활성화되는 등 종합물류서비스로서의 면모를 갖추게 될 것이다.

④ 공급망관리(SCM)도입·확산의 촉진
ⓗ 공급망관리(SCM)은 원자재 구매에서 최종소비자에 이르기까지 일련의 공급망(supply chain)상에 있는 사업주체 간의 연계화·통합화를 통해 경쟁우위를 확보하려는 경영기법으로 이해할 수 있음.
ⓛ 통합물류(integrated logistics)가 조직내 물류관련 기능 및 업무의 통합에 의한 최적화에 초점을 두고 있는 반면, 공급망관리(SCM)은 기업간 통합을 위한 물류협력체제 구축에 중점을 두고 있음.

제3절 제4자 물류

1. 제4자 물류의 개념

1) 제4자 물류(4PL, Fourth-Party Logistics)
① 앤더슨컨설팅사에서 처음 사용한 용어로서 이외에도 LLP(Lead Logistics Provider)로도 사용되고 있음.
② 제4자 물류의 개념
다양한 조직들의 효과적인 연결을 목적으로 하는 통합체(single contact point)로서 공급망의 모든 활동과 계획 관리를 전담하는 것임.

2) 본질적으로 제4자 물류 공급자는 광범위한 공급망의 조직을 관리하고 기술, 능력, 정보기술, 자료 등을 관리하는 공급망 통합자임.

3) 제4자 물류란 제3자 물류의 기능에 컨설팅 업무를 추가 수행하는 것임.
(제4자 물류의 개념은 '컨설팅 기능까지 수행할 수 있는 제3자 물류'로 정의 내릴 수도 있다.)

4) 제4자 물류(4PL)의 핵심은 고객에게 제공되는 서비스를 극대화하는 것(Best of Breed)임.

5) 제4자 물류(4PL)의 발전은 제3자 물류(3PL)의 능력, 전문적인 서비스제공, 비즈니스 프로세스관리, 고객에게 서비스기능의 통합과 운영의 자율성을 배가시키고 있음.

6) 제4자 물류(4PL)의 두 가지 중요한 특징
① 제3자 물류보다 범위가 넓은 공급망의 역할을 담당
② 전체적인 공급망에 영향을 주는 능력을 통하여 가치를 증식

2. 공급망관리에 있어서의 제4자 물류의 4단계

1) 1단계 – 재창조(Reinvention)
① 공급망에 참여하고 있는 복수의 기업과 독립된 공급망 참여자들 사이에 협력을 넘어서 공급망의 계획과 동기화에 의해 가능.
② 재창조는 재 디자인하고 참여자의 공급망을 통합하기 위해서 비즈니스 전략을 공급망 전략과 제휴하면서 전통적인 공급망 컨설팅 기술을 강화함.

2) 2단계 – 전환(Transformation)
① 판매, 운영계획, 유통관리, 구매전략, 고객서비스, 공급망 기술을 포함한 특정한 공급망에 초점을 맞춤.
② 전환(Transformation)은 전략적 사고, 조직변화관리, 고객의 공급망 활동과 프로세스를 통합하기 위한 기술을 강화함.

3) 3단계 – 이행(Implementation)
① 제4자 물류(4PL)는 비즈니스 프로세스 제휴, 조직과 서비스의 경계를 넘은 기술의 통합과 배송운영까지를 포함하여 실행.
② 제4자 물류(4PL)에서 있어서 인적자원관리가 성공의 중요한 요소로 인식.

4) 4단계 – 실행(Execution)
① 제4자 물류(4PL) 제공자는 다양한 공급망 기능과 프로세스를 위한 운영상의 책임을 짐.
② 그 범위는 전통적인 운송관리와 물류 아웃소싱보다 범위가 큼.
③ 조직은 공급망 활동에 대한 전체적인 범위를 제4자 물류(4PL) 공급자에게 아웃소싱할 수 있음.
④ 제4자 물류(4PL) 공급자가 수행할 수 있는 범위는 제3자 물류(3PL) 공급자, IT회사, 컨설팅회사, 물류솔루션 업체들임.

제4절 물류시스템의 이해

1. 물류시스템의 구성

1) 운송
① 물품을 장소적·공간적으로 이동시키는 것을 말한다.
② 운송시스템의 하드웨어적인 요소
터미널이나 야드 등을 포함한 운송결절점인 노드(Node), 운송경로인 링크(Link), 운송기관(수단)인 모드(Mode)를 포함한다.
③ 운송시스템의 소프트웨어적인 요소
운송의 컨트롤과 오퍼레이션 등을 포함한다.
(운송시스템은 하드웨어적인 요소와 소프트웨어적인 측면의 각종 요소가 조직적으로 결합되고 통합됨으로써 전체적인 효율성이 발휘된다.)

제2장 물류의 이해

〈수·배송의 개념〉

수송	배송
• 장거리 대량화물의 이동	• 단거리 소량화물의 이동
• 거점↔거점간 이동	• 기업↔고객간 이동
• 지역간 화물의 이동	• 지역내 화물의 이동
• 1개소의 목적지에 1회에 직송	• 다수의 목적지를 순회하면서 소량 운송

④ 운송 관련 용어의 의미

장소적 효용을 창출하는 물리적인 행위인 운송은 흔히 수송이라는 용어로 사용된다. 이와 관련한 유사용어로서 다음과 같은 것들이 있다.
   ㉠ 교통 : 현상적인 시각에서의 재화의 이동
   ㉡ 운송 : 서비스 공급측면에서의 재화의 이동
   ㉢ 운수 : 행정상 또는 법률상의 운송
   ㉣ 운반 : 한정된 공간과 범위 내에서의 재화의 이동
   ㉤ 배송 : 상거래가 성립된 후 상품을 고객이 지정하는 수하인에게 발송 및 배달하는 것으로 물류센터에서 각 점포나 소매점에 상품을 납입하기 위한 수송을 말한다.
   ㉥ 통운 : 소화물 운송
   ㉦ 간선수송 : 제조공장과 물류거점(물류센터 등)간의 장거리 수송으로 컨테이너 또는 팔레트(pallet)를 이용, 유닛화(unitization)되어 일정단위로 취합되어 수송된다.

⑤ 선박 및 철도와 비교한 화물자동차 운송의 특징
   ㉠ 원활한 기동성과 신속한 수·배송
   ㉡ 신속하고 정확한 문전운송
   ㉢ 다양한 고객요구 수용
   ㉣ 운송단위가 소량
   ㉤ 에너지 다소비형의 운송기관 등

2) 보관
   ① 물품을 저장·관리하는 것을 의미하고 시간·가격조정에 관한 기능을 수행한다.
   ② 수요와 공급의 시간적 간격을 조정함으로써 경제활동의 안정과 촉진을 도모한다.
   ③ 최근에는 상품가치의 유지와 저장을 목적으로 하는 장기보관보다는 판매정책상의 유통목적을 위한 단기보관의 중요성이 강조되고 있다.
   ④ 보관을 위한 시설인 창고에서는 물품의 입고, 정보에 기초한 재고관리가 행해진다.

3) 유통가공
   ① 보관을 위한 가공 및 동일 기능의 형태 전환을 위한 가공 등 유통단계에서 상품에 가공이 더해지는 것을 의미한다.
   ② 여기에는 절단, 상세분류, 천공, 굴절, 조립 등의 경미한 생산활동이 포함된다.
   ③ 유닛화, 가격표·상표 부착, 선별, 검품 등 유통의 원활화를 도모하는 보조작업이 있다.
   ④ 최근에는 상품의 부가 가치를 높여 상품차별화를 목적으로 하는 유통가공의 중요성이 강조되고 있다.

4) 포장
   ① 물품의 운송, 보관 등에 있어서 물품의 가치와 상태를 보호하는 것을 말한다.
   ② 기능면에서 품질유지를 위한 포장을 의미하는 공업포장과 소비자의 손에 넘기기 위하여 행해지는 포장으로서 상품가치를 높여, 정보전달을 포함하여 판매촉진의 기능을 목적으로 한 포장을 의미하는 상업포장으로 구분된다.

5) 하역
   ① 운송, 보관, 포장의 전후에 부수하는 물품의 취급으로 교통기관과 물류시설에 걸쳐 행해진다.
   ② 적입, 적출, 분류, 피킹(picking) 등의 작업이 여기에 해당한다.
   ③ 하역합리화의 대표적인 수단으로는 컨테이너화(containerization)와 팔레트화(palletization)가 있다.

6) 정보
   ① 물류활동에 대응하여 수집되며 효율적 처리로 조직이나 개인의 물류활동을 원활하게 한다.
   ② 컴퓨터와 정보통신기술에 의해 물류시스템의 고도화가 이루어져 수주, 재고관리, 주문품 출하, 상품조달(생산), 운송, 피킹 등을 포함한 5가지 요소기능과 관련한 업무흐름의 일괄관리가 실현되고 있다.
   ③ 정보에는 상품의 수량과 품질, 작업관리에 관한 물류정보와 수·발주, 지불 등에 관한 상류정보가 있다.
   ④ 대형소매점과 편의점에서는 유통비용의 절감과 판로확대를 위해 POS(Point of Sales, 판매시점관리)가 사용되고 EDI(Electronic Data Interchange, 전자문서교환)가 결부된 물류정보시스템이 급속하게 보급되고 있다.

2. 물류 시스템화

1) 오늘날의 물류활동은 광범위한 정보가 지원되고 정보를 축으로 한 물류시스템화가 실현되고 있기에 물류시스템의 기능을 작업서브시스템과 정보서브시스템으로 분류한다.
   ① 작업서브시스템
      운송·하역·보관·유통가공·포장
   ② 정보서브시스템
      수발주·재고·출하를 포함한다.
      (물류시스템은 이러한 기능의 유기적인 관련을 고려하여 6가지의 개별물류활동을 통합하고 필요한 자원을 이용하여 물류서비스를 산출하는 체계인 것이다.)

2) 물류시스템의 목적은 최소의 비용으로 최대의 물류서비스를 산출하기 위하여 물류서비스를 3S1L의 원칙(Speedy, Safely, Surely, Low)으로 행하는 것이다. 이를 보다 구체화시키면 다음과 같다.
   ① 고객에게 상품을 적절한 납기에 맞추어 정확하게 배달하는 것
   ② 고객의 주문에 대해 상품의 품절을 가능한 한 적게 하는 것
   ③ 물류거점을 적절하게 배치하여 배송효율을 향상시키고 상품의 적정재고량을 유지하는 것
   ④ 운송, 보관, 하역, 포장, 유통·가공의 작업을 합리화하는 것
   ⑤ 물류비용의 적절화·최소화 등

3) 개별 물류활동은 이를 수행하는데 필요한 비용과 서비스레벨의 트레이드오프(trade-off, 상반)관계가 성립한다.
   (이는 두 가지의 목적이 공통의 자원(예를 들어, 비용)에 대하여 경합하고 일방의 목적을 보다 많이 달성하려고 하면 다른 목적의 달성이 일부 희생되는 관계가 개별 물류활동간에 성립한다는 것이다.)

제2장 물류의 이해

4) 각 물류활동간에는 트레이드오프 관계가 성립하므로 토털코스트(Total cost) 접근방법의 물류시스템화가 필요하다.
(물류시스템은 운송, 보관, 하역, 포장, 유통가공 등의 시스템을 비용이 최소가 될 수 있도록 각각의 활동을 전체적으로 조화·양립시켜 전체최적에 근접시키려는 노력이 필요한 것이다.)

5) 물류서비스와 물류비용간에도 트레이드오프 관계가 성립한다.
(물류서비스의 수준을 향상시키면 물류비용도 상승하므로 비용과 서비스의 사이에는 '수확체감의 법칙'이 작용한다.)

6) 물류의 목적
① 물류에 얼마만큼의 비용을 투자하여 얼마만큼의 물류서비스를 얻을 수 있는가 하는 시스템 효율의 개념을 도입하고 나서야 올바른 이해가 가능하다.
② 운송서비스를 제공하는 경우 물류비용의 증대에 대한 비용절감 요구가 있다고 할지라도 이를 물류서비스와 연관하여 고려하는 것이 반드시 필요하다.

7) 비용과 물류서비스간의 관계에 대하여 다음 4가지를 고려할 수 있다.
① 물류서비스를 일정하게 하고 비용절감을 지향하는 관계이다.
(물류서비스 수준을 일정하게 유지한 채로 물류비용의 절감을 도모하는 것으로 이는 일정한 서비스를 가능한 한 낮은 비용으로 달성하고자 하는 효율추구의 사고이다.)
② 물류서비스를 향상시키기 위해 물류비용이 상승하여도 달리 방도가 없다는 서비스 상승, 비용 상승의 관계이다.
③ 적극적으로 물류비용을 고려하는 방법으로 물류비용 일정, 서비스 수준 향상의 관계이다. 이는 물류비용을 유효하게 활용하여 최적의 성과를 달성하는 성과추구의 사고이다.
④ 보다 낮은 물류비용으로 보다 높은 물류서비스를 실현하려는 물류비용 절감, 물류서비스 향상의 관계이다. 이는 판매증가와 이익증가를 동시에 도모하는 전략적 발상인 셈이다.

3. 운송 합리화 방안

1) 적기 운송과 운송비 부담의 완화
① 적기에 운송하기 위해서는 운송계획이 필요하며 판매계획에 따라 일정량을 정기적으로 고정된 경로를 따라 운송하고 가능하면 공장과 물류거점간의 간선운송이나 선적지까지 공장에서 직송하는 것이 효율적이다.
② 출하물량 단위의 대형화와 표준화가 필요하다.
③ 출하물량 단위를 차량별로 단위화·대형화하거나 운송수단에 적합하게 물품을 표준화하며 차량과 운송수단을 대형화하여 운송횟수를 줄이고 화주에 맞는 차량이나 특장차를 이용한다.
④ 트럭의 적재율과 실차율의 향상을 위하여 기준 적재중량, 용적, 적재함의 규격을 감안하여 최대허용치에 접근시키며, 적재율 향상을 위해 제품의 규격화나 적재품목의 혼재를 고려해야 한다.

2) 실차율 향상을 위한 공차율의 최소화
화물을 싣지 않은 공차상태로 운행함으로써 발생하는 비효율을 줄이기 위하여 주도면밀한 운송계획을 수립한다.
▶화물자동차운송의 효율성 지표
① 가동률 : 화물자동차가 일정기간(예를 들어, 1개월)에 걸쳐 실제로 가동한 일수

② 실차율 : 주행거리에 대해 실제로 화물을 싣고 운행한 거리의 비율
③ 적재율 : 차량적재톤수 대비 적재된 화물의 비율
④ 공차거리율 : 주행거리에 대해 화물을 싣지 않고 운행한 거리의 비율
⑤ 적재율이 높은 실차상태로 가동률을 높이는 것이 트럭운송의 효율성을 최대로 하는 것임.

3) 물류기기의 개선과 정보시스템의 정비
유닛로드시스템의 구축과 물류기기의 개선 뿐 아니라 차량의 대형화, 경량화 등을 추진하며 물류거점간의 온라인화를 통한 화물정보시스템과 화물추적시스템 등의 이용을 통한 총 물류비의 절감 노력이 필요하다.

4) 최단 운송경로의 개발 및 최적 운송수단의 선택
최단 운송경로의 개발과 최적 운송수단의 선택은 운송비 절감과 매출액 증대의 첩경이므로 이를 위해 신규 운송경로 및 복합운송경로의 개발과 운송정보에 관심을 집중하고 최적의 운송수단을 선택하기 위한 종합적인 검토와 계획이 필요하다.

5) 공동 수·배송

〈공동 수·배송의 장단점〉

구분	공동수송	공동배송
장점	• 물류시설 및 인원의 축소 • 발송작업의 간소화 • 영업용 트럭의 이용증대 • 입출하 활동의 계획화 • 운임요금의 적정화 • 여러 운송업체와의 복잡한 거래교섭의 감소 • 소량 부정기화물도 공동수송 가능	• 수송효율 향상(적재효율, 회전율 향상) • 소량화물 혼적으로 규모의 경제효과 • 차량, 기사의 효율적 활용 • 안정된 수송시장 확보 • 네트워크의 경제효과 • 교통혼잡 완화 • 환경오염 방지
단점	• 기업비밀 누출에 대한 우려 • 영업부문의 반대 • 서비스 차별화에 한계 • 서비스 수준의 저하 우려 • 수화주와의 의사소통 부족 • 상품특성을 살린 판매전략 제약	• 외부 운송업체의 운임덤핑에 대처 곤란 • 배송순서의 조절이 어려움 • 출하시간 집중 • 물량파악이 어려움 • 제조업체의 산재에 따른 문제 • 종업원 교육, 훈련에 시간 및 경비 소요

제5절 화물운송정보시스템의 이해

1) 수·배송관리시스템
① 주문상황에 대해 적기 수·배송체제의 확립과 최적의 수배·송계획을 수립함으로써 수송비용을 절감하려는 체제이다.
② 출하계획의 작성, 출하서류의 전달, 화물 및 운임계산의 명확성 등 컴퓨터와 통신기기를 이용하여 기계적으로 처리하게 된다.
③ 수배·송관리시스템의 대표적인 것으로는 터미널화물정보시

스템이 있다.

2) 화물정보시스템
화물이 터미널을 경유하여 수송될 때 수반되는 자료 및 정보를 신속하게 수집하여 이를 효율적으로 관리하는 동시에 화주에게 적기에 정보를 제공해주는 시스템을 의미한다.

3) 터미널화물정보시스템
수출계약이 체결된 후 수출품이 트럭터미널을 경유하여 항만까지 수송되는 경우, 국내거래시 한 터미널에서 다른 터미널까지 수송되어 수하인에게 이송될 때까지의 전과정에서 발생하는 각종 정보를 전산시스템으로 수집, 관리, 공급, 처리하는 종합정보 관리체제이다.

4) 수·배송활동의 각 단계(계획-실시-통제)에서의 물류정보처리 기능
① 계획
　수송수단 선정, 수송경로 선정, 수송로트(lot) 결정, 다이어그램 시스템 설계, 배송센터의 수 및 위치 선정, 배송지역 결정 등
② 실시
　배차 수배, 화물적재 지시, 배송지시, 발송정보 착하지에의 연락, 반송화물 정보관리, 화물의 추적 파악 등
③ 통제
　운임계산, 차량적재효율 분석, 차량가동률 분석, 반품운임 분석, 빈 용기운임 분석, 오송 분석, 교착수송 분석, 사고분석 등

제4편 운송서비스 · 제3장 화물운송서비스의 이해

제1절 물류의 신시대와 트럭수송의 역할

1. 물류를 경쟁력의 무기로

1) 물류
① 합리화 시대를 거쳐 혁신이 요구되고 있다.
② 경영합리화에 필요한 코스트를 절감하는 영역 뿐 아니라 경쟁자와의 격차를 벌이려고 하는 중요한 경쟁수단이 되고 있다.

2. 총물류비의 절감

1) 고빈도·소량의 수송체계는 필연적으로 물류코스트의 상승을 가져온다.

2) 물류가 기업 간 경쟁의 중요한 수단으로 되면, 자연히 물류의 서비스체제에 비중을 두게 되고, 그에 따라 물류코스트가 과대하게 되며 코스트 면에서 경쟁력을 저하 시키는 요인으로 된다. (이러한 사정으로 하여 자주 물류전문업자에게 운임, 보관료 등의 인하를 요청하게 된다.)

3) 물류의 합리화
① 시스템을 구축하지 않고 개개의 요소를 생각해서는 안된다.
② 아무리 훌륭한 참모가 있어도 상대적인 물류코스트의 상승분을 물류전문업자에게 맡기려는 것이 일반적인 방법이다.

4) 전문 물류참모를 두고 있지 못한 화주에게 물류시스템을 논한다는 것은 무리다.

5) 물류의 세일즈는 컨설팅 세일즈이다.

6) 화주기업에 대해서 물류비의 절감은 사내의 생산, 판매의 조정을 시작으로 하는 물류시스템의 개선이야말로 최대의 요건이라고 하는 것을 설명하고, 구체적인 개선안을 제시할 필요가 있다.

7) 신경을 써야 하는 것은 총물류비를 어느 정도 절감할 수 있는가가 문제의 초점이라고 설득하는 것이다.

8) 가장 중요한 것의 하나는 경영관리자와 이를 보좌하는 입장에 있는 참모, 기획부나 사장실의 물류담당자와의 접촉을 도모하는 것이다.

9) 물류전문업자가 고객에 대해 코스트의 면에서 공헌할 수 있는 것은 총물류비의 억제나 절감에 있다.
(화주에게 물류를 시스템으로 파악하고 총물류비의 관리가 필요하다고 설명하기에는 커다란 장애를 넘지 않으면 안 될 것이다.)

3. 적정요금을 품질(서비스)로 환원

1) 신고 또는 표준운임제도의 시행유무에 관계없이 물류업무의 적정한 대가를 받는다.

2) 정당한 이익을 계상함과 동시에 노동조건의 개선에 힘쓴다.

3) 서비스의 향상, 운송기술의 개발, 원가절감 등의 성과를 일을 통해 화주(고객)에게 환원한다는 이념을 갖는다.

4. 혁신과 트럭운송

1) 기업존속 결정의 조건
사업의 존속을 결정하는 조건은 매상을 올릴 수 있는가, 코스트를 내릴 수 있는가? 라는 2가지이다. 이 중에 어느 한 가지라도 실현시킬 수 있다면 사업의 존속이 가능하지만, 어느 쪽도 달성할 수 없다면 살아남기 힘들 것이다.

2) 기업의 유지관리와 혁신
① 기업경영에는 두 가지의 면이 있다.
㉠ 기업고유의 전통과 실적을 계승하여 유지·관리하는 것
㉡ 기업의 전통과 현상을 부정하여 새로운 기업체질을 창조하는 것이다. (현상 부정의 연속에 의해 기업의 생명력을 축적한다는 사상으로 혁신을 의미한다.)
② 위의 ㉠, ㉡에 의해 기업의 영속적 발전을 기대할 수 있다.

3) 기술혁신과 트럭운송사업
① 고객인 화주기업의 시장개척의 일부를 담당할 수 있는가.
② 소비자가 참가하는 물류의 신경쟁시대에 무엇을 무기로 하여 싸울 것인가.
③ 고도정보화시대, 그리고 살아남기 위한 진정한 협업화에 참가할 수 있는가.
④ 트럭이 새로운 운송기술을 개발할 수 있는가.
⑤ 의사결정에 필요한 정보를 적시에 수집할 수 있는가 등

4) 수입확대와 원가절감
① 수입 확대
수입의 확대는 자신이 가지고 있는 상품을 손님에게 팔려고 노력하기보다는 팔리는 것, 손님이 찾고 있는 것, 손님이 찾고 있는 것, 찾고는 있지만 느끼지 못하는 것을 손님에게 제공하는 것이다.
② 원가절감(트럭업계)
㉠ 연료의 리터당 주행거리나 연료구입단가, 차량수리비, 타이어가 견딜 수 있는 킬로수 등인데 이것이 운송원가의 단위이다.
㉡ 운송비가 원가 가운데 변동비의 주요한 요소로서 제조업에서 말하는 생산원가에 필적하는 것으로 제1차적인 관리대상이 된다.
㉢ 차량관리를 충실히 하여 원가를 절감한다는 것은 트럭운송사업경영의 기본이다. (간접적인 원가절감으로는 성역화 되어 있는 간접부분에 대한 절감인데 그것은 배차담당직원, 화주기업의 공장근로자(적재담당자), 등에 대한 인사비용 등을 말한다.)

제3장 화물운송서비스의 이해

5) 운송사업의 존속과 번영을 위한 변혁의 외부적 요인과 내부적 요인
  ① 운송사업의 존속과 번영을 위해서는 다음 사항을 명심해야 할 것이다.
    ㉠ 경쟁에 이겨 살아남지 않으면 안 된다.
    ㉡ 살아남기 위해서는 조직은 물론 자신의 문제점을 정확히 파악할 필요가 있다.
    ㉢ 문제를 알았으면 그 해결방법을 발견해야만 한다.
    ㉣ 문제를 해결한다고 하는 것은 현상을 타파하고 변화를 불러일으키는 것이다.
    ㉤ 모든 방책 중에 최선의 방법을 선택하여 결정해야 한다.
    ㉥ 새로운 과제, 새로운 변화, 새로운 위험, 새로운 선택과 결정을 맞이하여 끊임없이 전진해 나가는 것이다.
  ② 조직이든 개인이든 변혁을 일으키지 않으면 안 되는 이유로는 외부적 요인과 내부적 요인의 두 가지가 있다.
    ㉠ 외부적 요인 : 조직이나 개인을 둘러싼 환경의 변화, 특히 고객의 욕구행동의 변화에 대응하지 못하는 조직이나 개인은 언젠가는 붕괴하게 된다.
    ㉡ 내부적 요인 : 이는 조직이나 개인의 변화를 말한다. 조직이든 개인이든 환경에 대한 오픈시스템으로 부단히 변화하는 것이다.
  ③ 현상의 부정, 타파, 변혁이라는 추상적인 용어를 이해하기 힘들므로 현상의 변혁에 필요한 4가지 요소를 들어 보면 다음과 같다.
    ㉠ 조직이나 개인의 전통, 실적의 연장선상에 존재하는 타성을 버리고 새로운 질서를 이룩하는 것으로, 현재 상태에 만족하거나 안주하지 않는 것이다.
    ㉡ 유행에 휩쓸리지 않고 독자적이고 창조적인 발상을 가지고 새로운 체질을 만드는 것이다. (독자적인 창조란, 타 조직이나 개인의 성공사례나 일시적인 풍조에 따라 겉모습만을 흉내내는 것이 아닌 독창성이다.)
    ㉢ 형식적인 변혁이 아니라 실제로 생산성 향상에 공헌할 수 있도록 일의 본질에서부터 변혁이 이루어져야 한다.
    ㉣ 전통적인 체질은 좋든 나쁘든 견고하다. 과거의 체질에서 새로운 체질로 바꾸는 것이 목적이라면 변혁에 대한 노력은 계속적인 것이어야 성과가 확실해진다.

6) 현상의 변혁에 성공하는 비결
   현상의 변혁에 성공하는 비결은 개혁을 적시에 착수하는 것이다. 즉 회사 창립기념일이나 종사기념일, 실적이 호조를 보일 때, 위기에 직면했을 때, 새건물이나 새차량을 구입하였을 때, 신규노선이나 신지역에 진출하였을 때 등이다.

7) 트럭운송을 통한 새로운 가치 창출
  ① 트럭운송은 사회의 공유물이다.
  ② 트럭운송은 사회와 깊은 관계를 가고 있다.
  ③ 물자의 운송 없이 사회는 존재할 수 없다.
  ④ 운수회사든 종사자든 트럭이 사회에 대해서 해야만 하는 사명을 바르게 이해하는 것만이 진정한 목적달성을 할 수 있다는 것을 알아야 한다.
  ⑤ 트럭이 사회적 책임을 다한다는 것이 결코 희생을 해야만 한다는 의미는 아니다.

제2절 신 물류서비스 기법의 이해

1. 공급망관리(SCM ; Supply Chain Management)

1) 공급망관리의 개념
   공급망관리(SCM : Supply Chain Management)란 최종고객의 욕구를 충족시키기 위하여 원료공급자로부터 최종소비자에 이르기까지 공급망 내의 각 기업간에 긴밀한 협력을 통해 공급망인 전체의 물자의 흐름을 원활하게 하는 공동전략을 말한다.

2) 물류 ➔ 로지스틱스(Logistics) ➔ 공급망관리(SCM)로의 발전

구분	물류	Logistics	SCM
시기	1970~1985년	1986~1997년	1998년
목적	물류부문내 효율화	기업내 물류 효율화	공급망 전체 효율화
대상	수송,보관,하역,포장	생산,물류,판매	공급자,메이커,도소매,고객
수단	물류부문내 시스템 기계화, 자동화	기업내 정보시스템 POS, VAN, EDI	기업간 정보시스템 파트너관계, ERP, SCM
주제	효율화 (전문화,분업화)	물류코스트＋서비스대행 다품종수량, JIT, MRP	ECR, ERP, 3PL, APS 재고소멸
표방	무인 도전	토탈물류	종합물류

＊APS(Advanced Planing Scheduling) : 고급계획수립시스템

2. 전사적 품질관리(TQC : Total Quality Control)

1) 전사적 품질관리(TQC : Total Quality Control)
   제품이나 서비스를 만드는 모든 작업자가 품질에 대한 책임을 나누어 갖는다는 것을 말하는 것으로 불량품을 원천에서 찾아내고 바로잡기 위한 방안이며, 작업자가 품질에 문제가 있는 것을 발견하면 생산라인 전체를 중단시킬 수도 있다.

2) 물류서비스의 품질관리를 보다 효율적으로 하기 위해서는 물류현상을 정량화하는 것이 중요하다. 즉 물류서비스의 문제점을 파악하여 그 데이터를 정량화하는 것이 중요하다. 이렇게 하면 보다 효율적인 전사적 물류서비스 품질관리가 가능해진다.

3. 제3자 물류(TPL 또는 3PL : Third-party logistics)

1) 파트너쉽(partnership)
   상호합의한 일정기간동안 편익과 부담을 함께 공유하는 물류채널 내의 두 주체간의 관계를 말한다.

2) 제휴(alliance)
   특정 목적과 편익을 달성하기 위한 물류채널내의 독립적인 두 주체간의 계약적인 관계를 말한다.

3) 전략적 파트너쉽 또는 제휴
   참여주체들이 중장기적인 상호편익을 추구하는 물류채널관계의 한 형태를 말한다.

4) 제3자 물류
   기업이 사내에서 수행하던 물류기능을 아웃소싱(outsourcing)한다는 의미로 사용되었다고 볼 수 있다.
   ▶제3자(third-party)
   물류채널 내의 다른 주체와의 일시적이거나 장기적인 관계를 가지고 있는 물류채널 내의 대행자 또는 매개자를 의미하여,

제3장 화물운송서비스의 이해

화주와 단일 혹은 복수의 제3자 물류 또는 계약물류(contract logistics)이다.
- 공급망 내 관련주체간의 파트너십 또는 제휴의 형성이 제조업체와 유통업체간의 전략적 제휴라는 형태로 나타난 것이 신속대응(QR ; quick response), 효율적 고객대응(ECR ; efficient customer response)이라면, 제조업체, 유통업체 등의 화주와 물류서비스 제공업체간의 제휴라는 형태로 나타난 것이 제3자 물류(third-party logistics)이다.

5) 물류아웃소싱
기업이 사내에서 수행하던 물류업무를 전문업체에 위탁하는 것을 말한다.
① 기업이 물류아웃소싱을 도입하는 이유
 ㉠ 이를 통해 물류관련 자산비용의 부담을 줄임으로써 비용절감을 기대할 수 있다.
 ㉡ 전문물류서비스의 활용을 통해 고객서비스를 향상시킬 수 있다.
 ㉢ 자사의 핵심사업 분야에 더욱 집중할 수 있어서, 전체적인 경쟁력을 제고할 수 있다는 기대에서 출발한다.
② 물류아웃소싱을 특수관계가 없는 물류서비스 제공업체에게 위탁할 때 이를 제3자 물류라고 부를 수 있다.

6) 제3자 물류의 개념에는 크게 두 가지 관점이 포함되어 있다.
① 기업이 사내에서 직접 수행하던 물류업무를 외부의 전문물류업체에게 아웃소싱한다는 관점
② 전문물류업체와의 전략적 제휴를 통해 물류시스템 전체의 효율성을 제고하려는 전략의 일환으로 보는 관점

4. 신속대응(QR : Quick Response)

1) 신속대응(QR)
기업들은 시간과의 경쟁에서 우위를 확보하기 위해 기존의 JIT(Just in time)전략 보다 더 신속하고 민첩한 체계를 통하여 물류효율화를 추구하는 최신 물류기법이다.

2) 신속대응 전략
생산·유통기간의 단축, 재고의 감소, 반품손실 감소 등 생산·유통의 각 단계에서 효율화를 실현하고 그 성과를 생산자, 유통관계자, 소비자에게 골고루 돌아가게 하는 기법을 말한다.

3) 신속대응(QR)의 원칙
① 생산·유통관련업자가 전략적으로 제휴하여 소비자의 선호 등을 즉시 파악
② 시장변화에 신속하게 대응함으로써 시장에 적합한 상품을 적시에, 적소로, 적당한 가격으로 제공함.

4) 신속대응(QR)을 활용함으로써 얻는 혜택
① 소매업자는 유지비용의 절감, 고객서비스의 제고, 높은 상품회전율, 매출과 이익증대 등의 혜택을 볼 수 있다.
② 제조업자는 정확한 수요예측, 주문량에 따른 생산의 유연성 확보, 높은 자산회전율 등의 혜택을 볼 수 있다.
③ 소비자는 상품의 다양화, 낮은 소비자 가격, 품질개선, 소비패턴 변화에 대응한 상품구매 등의 혜택을 볼 수 있다.

5. 효율적 고객대응 (ECR : Efficient Consumer Response)

1) 효율적 고객대응(ECR) 전략
① 소비자 만족에 초점을 둔 공급망 관리의 효율성을 극대화하기 위한 모델
② 제품의 생산단계에서부터 도매·소매에 이르기까지 전 과정을 하나의 프로세스로 보아 관련기업들의 긴밀한 협력을 통해 전체로서의 효율 극대화를 추구하는 효율적 고객대응기법이다.

2) 효율적 고객대응(ECR)
제조업체와 유통업체가 상호 밀접하게 협력하여 기존의 상호기업간에 존재하던 비효율적이고 비생산적인 요소들을 제거하여 보다 효용이 큰 서비스를 소비자에게 제공하자는 것이다.

3) 효율적 고객대응(ECR)이 단순한 공급망 통합전략과 다른 점
① 산업체와 산업체간에도 통합을 통하여 표준화와 최적화를 도모할 수 있다는 것
② 신속대응(QR)과의 차이점은 섬유산업뿐만 아니라 식품 등 다른 산업부문에도 활용할 수 있다는 것

6. 주파수 공동통신(TRS : Trunked Radio System)

1) 주파수 공동통신(TRS)의 개념
① 주파수 공동통신(TRS: Trunked Radio System)이란 중계국에 할당된 여러 개의 채널을 공동으로 사용하는 무전기시스템으로서 이동차량이나 선박 등 운송수단에 탑재하여 이동간의 정보를 리얼타임(real-time)으로 송수신할 수 있는 통신서비스이다.
(현재 꿈의 로지스틱스의 실현이라고 부를 정도로 혁신적인 화물추적통신망시스템으로서 주로 물류관리에 많이 이용된다.)
② 주파수 공동통신(TRS)에서의 대표적인 서비스
 ㉠ 음성통화(voice dispatch)
 ㉡ 공중망접속통화(PSTN I/L)
 ㉢ TRS데이터통신(TRS data communication)
 ㉣ 첨단차량군 관리(advanced fleet management) 등이다.
③ 주파수 공동통신(TRS)기능을 유통관리에 이용할 수 있는 방법
 ㉠ 주파수 공동통신(TRS)과 공중망접속통화로 물류의 3대 축인 운송회사·차량·화주의 통신망을 연결하면 화주가 화물의 소재와 도착시간 등을 즉각 파악할 수 있다.
 ㉡ 운송회사에서도 차량의 위치추적에 의해 사전 희귀배차(廻歸配車)가 가능해지고 단말기 화면을 통한 작업지시가 가능해져 급격한 수요변화에 대한 신축적 대응이 가능해진다.
④ 주파수 공동통신(TRS)의 도입의 이점
 ㉠ 데이터통신을 통해 신용카드 조회 및 화물인수서류가 축소된다.
 ㉡ 기업은 화물추적기능, 화주의 요구에 대한 신속대응, 서류처리의 축소, 정보의 실시간 처리 등의 이점이 있다.

2) 주파수 공동통신(TRS)의 도입 효과
① 업무분야별 효과
 ㉠ 차량운행 측면 : 사전배차계획 수립과 배차계획 수정이 가능해지며, 차량의 위치추적기능의 활용으로 도착시간의

정확한 추정이 가능해진다.
ⓒ 집배송 측면 : 음성 혹은 데이터통신을 통한 메시지 전달로 수작업과 수·배송 지연사유 등 원인분석이 곤란했던 점을 체크아웃 포인트의 설치나 화물추적기능 활용으로 지연사유 분석이 가능해져 표준운행시간 작성에 도움을 줄 수 있다.
ⓒ 차량 및 운전자관리 측면 : TRS를 통해 고장차량에 대응한 차량 재배치나 지연사유 분석이 가능해진다.
• 이 외에도 데이터통신에 의한 실시간 처리가 가능해져 관리업무가 축소되며, 대고객에 대한 정확한 도착시간 통보로 JIT(卽納)가 가능해지고 분실화물의 추적과 책임자 파악이 용이하게 된다.
② 기능별 효과
㉠ 차량의 운행정보 입수와 본부에서 차량으로 정보전달이 용이해지고 차량으로 접수한 정보의 실시간 처리가 가능하다.
㉡ 화주의 수요에 신속히 대응할 수 있다는 점이며 또한 화주의 화물추적이 용이해진다.

7. 범지구측위시스템
(GPS ; Global Positioning System)

1) GPS 통신망의 개념
① 범지구측위시스템(GPS)
관성항법(慣性航法)과 더불어 어두운 밤에도 목적지에 유도하는 측위(測衛)통신망이다.
㉠ 유도기술의 핵심이 되는 것은 인공위성을 이용한 범지구측위시스템(GPS)이며 주로 차량위치추적을 통한 물류관리에 이용되는 통신망이다.
㉡ 최근에는 범지구측위시스템(GPS)에 의한 이동체와 고정점의 측위가 민간에도 활용되는 방안이 모색되고 있다.

2) GPS의 도입 효과
① 각종 자연재해로부터 사전대비를 통해 재해를 회피할 수 있다.
② 토지조성공사에도 작업자가 건설용지를 돌면서 지반침하와 침하량을 측정하여 리얼 타임으로 신속하게 대응할 수 있다.
③ 대도시의 교통혼잡시에 차량에서 행선지 지도와 도로 사정을 파악할 수 있다.
④ 공중에서 온천탐사도 할 수 있다.
⑤ 밤낮으로 운행하는 운송차량추적시스템을 GPS로 완벽하게 관리 및 통제할 수 있다.

8. 통합판매·물류·생산시스템
(CALS ; Computer Aided Logistics Support)

1) CALS의 개념
① 통합판매·물류·생산시스템(CALS ; Computer Aided Logistics Support)이란 제품의 생산에서 유통 그리고 로지스틱스의 마지막 단계인 폐기까지 전 과정에 대한 정보를 한 곳에 모은다는 뜻으로 통합유통·물류·생산시스템이라고 부른다.
② CALS는 특정 시스템의 개발기간 단축, 유통비와 물류비 절감, 상품의 품질향상 등 산업전반의 생산성과 경쟁력을 향상시킬 수 있다는 기대 속에서 기업들이 앞 다투어 도입하고 있다.

2) 통합판매·물류·생산시스템(CALS)의 효과
① 정보유통의 혁명을 통해 제조업의 생산·유통(상류와 물류)·거래 등 모든 과정을 컴퓨터망으로 연결
② 자동화·정보화 환경을 구축하고자 하는 첨단컴퓨터시스템으로서 설계·개발·구매·생산·유통·물류에 이르기까지 표준화된 모든 정보를 기업간·국가간에 공유토록 하는 정보화시스템의 방법론이다.
③ 컴퓨터 네트워크를 사용하여 전 과정을 단시간에 처리할 수 있어 기업으로서는 품질향상, 비용절감 및 신속처리에 큰 효과를 거둘 수 있다.

3) 통합판매·물류·생산시스템(CALS)의 목표
▶ 설계, 제조 및 유통과정과 보급·조달 등 물류지원과정을
첫째는 비즈니스 리엔지니어링을 통해 조정하고,
둘째는 동시공학(同時工學, concurrent engineering)적 업무처리과정으로 연계하며,
셋째는 다양한 정보를 디지털화하여 통합데이타베이스(Database)에 저장하고 활용하는 것이다.
(이를 통해 업무의 과학적·효율적 수행이 가능하고 신속한 정보공유 및 종합적 품질관리 제고가 가능하게 되었다.)

4) 통합판매·물류·생산시스템(CALS)의 중요성과 적용범주
① 정보화 시대의 기업경영에 필수적인 산업정보화
② 방위산업뿐 아니라 중공업, 조선, 항공, 섬유, 전자, 물류 등 제조업과 정보통신 산업에서 중요한 정보전략화
③ 과다서류와 기술자료의 중복 축소, 업무처리절차 축소, 소요시간 단축, 비용절감
④ 기존의 전자데이타정보(EDI)에서 영상, 이미지 등 전자상거래(e-Commerce)로 그 범위를 확대하고 궁극적으로 멀티미디어 환경을 지원하는 시스템으로 발전
⑤ 동시공정, 에러검출, 순환관리 자동활용을 포함한 품질관리와 경영혁신 구현 등

5) 통합판매·물류·생산시스템(CALS)의 도입 효과
① CALS/EC는 새로운 생산·유통·물류의 패러다임으로 등장하고 있다.
㉠ 패러다임의 변화에 따른 새로운 생산시스템
㉡ 첨단생산시스템
㉢ 고객요구에 신속하게 대응하는 고객만족시스템
㉣ 규모경제를 시간경제로 변화
㉤ 정보인프라로 광역대 ISDN(B-ISDN)으로써 그 효과를 나타내고 있다.
② CALS의 추진전략
㉠ 모든 정보기술과 통신기술의 통합화전략
㉡ 정보화사회의 새로운 생산모델 및 경영혁신수단
㉢ 정보의 공유와 활용으로 기업을 수평적이고 동시공학적(同時工學的) 체제로 전환함으로써 고객만족에 기반을 두게 됨
㉣ 시장의 개방화와 전자상거래의 확산에 따른 정보의 글로벌화와 함께 21세기 정보화사회의 핵심전략으로서 부각됨
③ 특이한 CALS/EC의 도입효과
㉠ CALS/EC가 기업통합과 가상기업을 실현할 수 있을 것이라는 점
㉡ 기술정보를 통합 및 공유한 세계화된 실시간 경영실현을

통해 기업통합이 가능할 것이라는 점

ⓒ 정보시스템의 연계는 조직의 벽을 허물어 가상기업 (virtual enterprise, VE)의 출현을 낳게 하고 이는 기업 내 또는 기업간 장벽을 허물 것이란 점이다.

④ 가상기업

　ⓐ 급변하는 상황에 민첩하게 대응키 위한 전략적 기업제휴를 뜻한다.

　ⓑ 정보시스템으로 동시공학체제를 갖춘 생산·판매·물류 시스템과 경영시스템을 확립한 기업, 시장의 급속한 변화에 대응키 위해 수익성 낮은 사업은 과감히 버린다.

　ⓒ 리엔지니어링을 통해 경쟁력 있는 사업에 경영자원을 집중 투입함.

　ⓓ 필요한 정보를 공유하면서 상품의 공동개발을 실현함.

　ⓔ 제품단위 또는 프로젝트 단위별로 기동적인 기업 간 제휴를 할 수 있는 수평적 네트워크형 기업관계 형성을 의미한다.

제4편 운송서비스
제4장 화물운송서비스와 문제점

제1절 물류고객서비스

1. 물류부문 고객서비스의 개념

1) 어떤 기업이 제공하는 고객서비스의 수준은 기존의 고객이 고객으로서 계속 남을 것인가 말 것인가를 결정할 뿐만 아니라 얼마만큼의 잠재고객이 고객으로 바뀔 것인가를 결정하게 된다.
2) 어떠한 고객서비스의 주요 목적도 고객 유치를 증대시키지 않으면 안된다. 고객서비스는 또 명백하게 신규고객을 획득하는데 일정한 역할을 하지만, 이는 고객 유치를 위한 마케팅자원 중에서 가장 유효한 무기이다.
3) 물류부문의 고객서비스에는 먼저 기존고객과의 계속적인 거래관계를 유지, 확보하는 수단으로서의 의의가 있다.
4) 뿐만 아니라 여기에는 잠재적 고객이나 신규고객을 획득하는 수단이라는 의의도 존재한다.
5) 이상과 같이 물류 부문의 고객서비스에는 기존 고객의 유지 확보를 도모하고 잠재적 고객이나 신규고객의 획득을 도모하기 위한 수단이라는 의의가 있다.
6) 물류부문의 고객서비스란 물류시스템의 산출(output)이라고 할 수 있다.
   ① 물류고객서비스의 정의
      ㉠ 주문처리, 송장작성 내지는 고객의 고충처리와 같은 것을 관리해야 하는 활동
      ㉡ 수취한 주문을 48시간 이내에 배송 할 수 있는 능력과 같은 성과척도
      ㉢ 하나의 활동 내지는 일련의 성과척도라기보다는 전체적인 기업철학의 한 요소임.
   ② 물류고객서비스는 "장기적으로 고객수요를 만족시킬 것을 목적으로 주문이 제시된 시점과 재화를 수취한 시점과의 사이에 계속적인 연계성을 제공하려고 조직된 시스템"고 말할 수 있다.
7) 물류부문의 고객서비스란
   ① 제조기업이 물류활동을 통하여 고객에게 단순히 발주·구매한 제품을 배송한다든지, 납품한다든지 하는 것이 아니다.
   ② 제품의 이용가능성을 향상시킨다.
   ③ 제품의 품절이나 결품율을 최소화한다.
   ④ 제품의 배송이나 납품시의 신뢰성을 높인다.
   ⑤ 제품의 배송이나 납품의 스피드를 향상시키는 것 등을 통하여 고객에 대한 물류서비스의 수준을 높여 고객만족도의 향상을 가져온다.

2. 물류고객서비스의 요소

1) 아이템의 이용가능성, A/S와 백업, 발주와 문의에 대한 효율적인 전화처리, 발주의 편의성, 유능한 기술담당자, 배송시간, 신뢰성, 기기성능 시범, 출판물의 이용가능성 등
2) 발주 사이클 시간, 재고의 이용가능성, 발주 사이즈의 제한, 발주의 편리성, 배송빈도, 배송의 신뢰성, 서류의 품질, 클레임 처리, 주문의 달성, 기술지원, 발주상황 정보
3) ① 주문처리시간
      고객주문의 수취에서 상품구색의 준비를 마칠 때까지의 경과시간, 즉 주문을 받아서 출하까지 소요되는 시간
   ② 주문품의 상품구색시간
      출하에 대비해서 주문품 준비에 걸리는 시간, 즉 모든 주문품을 준비하여 포장하는데 소요되는 시간
   ③ 납기
      고객에게로의 배송시간, 즉 상품구색을 갖춘 시점에서 고객에게 주문품을 배송하는데 소요되는 시간
   ④ 재고신뢰성
      품절, 백오더, 주문충족률, 납품률 등, 즉 재고품으로 주문품을 공급할 수 있는 정도
   ⑤ 주문량의 제약
      허용된 최소주문량과 최소주문금액, 즉 주문량과 주문금액의 하한선
   ⑥ 혼재
      수 개소로부터 납품되는 상품을 단일의 발송화물인 혼재화물로 종합하는 능력, 즉 다품종 주문품의 배달방법
   ⑦ 일관성
      전술한 요소들의 각각의 변화 폭, 즉 각각의 서비스 표준이 허용하는 변동 폭
4) 거래전·거래시·거래후 요소
   ① 거래전 요소
      문서화된 고객서비스 정책 및 고객에 대한 제공, 접근가능성, 조직구조, 시스템의 유연성, 매니지먼트 서비스
   ② 거래시 요소
      재고품절 수준, 발주정보, 주문사이클, 배송촉진, 환적(還積, transship), 시스템의 정확성, 발주의 편리성, 대체 제품, 주문상황 정보
   ③ 거래후 요소
      설치, 보증, 변경, 수리, 부품, 제품의 추적, 고객의 클레임, 고충·반품처리, 제품의 일시적 교체, 예비품의 이용가능성
5) 일반적으로 제공되는 임의의 물류서비스는 비용의 이전을 요하지만 이는 최종소비자가 서비스를 위해 지불해도 좋다고 여기는 가격의 트레이드오프 범위를 반영하고 있는 것이다.

제4장
화물운송서비스와 문제점

3. 고객서비스전략의 구축

1) 성공한 조직은 서비스수준의 향상 또는 재고축소에 주안점을 두고 있는 추세이다.

2) 서비스수준의 향상은 수주부터 도착까지의 리드타임 단축, 소량 출하체제, 긴급출하 대응실시, 수주마감시간 연장 등을 목표로 정하고 있다.
(물론 코스트에도 신경을 써야 하겠지만, 물류기능의 코스트 절감보다는 비즈니스 프로세스를 고려한 코스트 절감을 추구하는 것이 바람직하다.)

제2절 택배운송서비스

1. 고객의 불만사항

1) 약속시간을 지키지 않는다(특히 집하요청시)

2) 전화도 없이 불쑥 나타난다.

3) 임의로 다른 사람에게 맡기고 간다.

4) 너무 바빠서 질문을 해도 도망치듯 가버린다.

5) 불친절하다.
   ① 인사를 잘 하지 않는다.
   ② 용모가 단정치 못하다.
   ③ 빨리 사인(배달확인)이나 해달라고 윽박지르듯 한다.

6) 사람이 있는데도 경비실에 맡기고 간다.

7) 화물을 함부로 다룬다.
   ① 담장 안으로 던져놓기
   ② 화물을 발로 밟고 작업한다.
   ③ 화물을 발로 차면서 들어온다.
   ④ 적재상태가 뒤죽박죽이다.
   ⑤ 화물이 파손되어 배달된다.

8) 화물을 무단으로 방치해 놓고 간다.

9) 전화로 불러내기

10) 길거리에서 화물을 건내준다.

11) 배달이 지연된다.

12) 기타
   ① 잔돈이 준비되어 있지 않다.
   ② 포장이 안되었다고 그냥 간다.
   ③ 운송장을 고객에게 작성하라고 한다.
   ④ 전화 불친절(통화중, 여러 사람 연결)
   ⑤ 사고배상 지연 등

2. 고객요구 사항

1) 할인 요구

2) 포장불비로 화물 포장 요구

3) 착불요구(확실한 배달을 위해)

4) 냉동화물 우선 배달

5) 판매용 화물 오전 배달

6) 규격 초과화물, 박스화되지 않은 화물 인수 요구
   고객들은 화물의 성질, 포장상태에 따라 각각 다른 형태의 취급 절차와 방법을 사용하는 것으로 생각

3. 택배종사자의 서비스 자세

1) 애로사항이 있더라도 극복하고 고객만족을 위하여 최선을 다한다.
   ① 송하인, 수하인, 화물의 종류, 집하시간, 배달시간 등이 모두 달라 서비스의 표준화가 어렵다. (그럼에도 불구하고 수많은 고객을 만족시켜야 한다)
   ② 특히 개인고객의 경우 어려움이 많다. (고객 부재, 지나치게 까다로운 고객, 주소불명, 산간오지 · 고지대 등)

2) 진정한 택배종사자로서 대접받을 수 있도록 행동한다.
   단정한 용모, 반듯한 언행, 대고객 약속 준수 등

3) 상품을 판매하고 있다고 생각한다.
   ① 많은 화물이 통신판매나 기타 판매된 상품을 배달하는 경우가 많다.
   ② 배달이 불량하면 판매에 영향을 준다.
   ③ 내가 판매한 상품을 배달하고 있다고 생각하면서 배달

4) 택배종사자의 용모와 복장
   ① 복장과 용모는 언행을 통제한다.
   ② 고객도 복장과 용모에 따라 대한다.
   ③ 신분확인을 위해 명찰을 패용한다.
   ④ 선글라스는 강도, 깡패로 오인
   ⑤ 슬리퍼는 혐오감을 준다.
   ⑥ 항상 웃는 얼굴로 서비스 한다.

5) 택배차량의 안전운행과 차량관리
   ① 사고와 난폭운전은 회사와 자신의 이미지 실추 → 이용 기피
   ② 골목길 처마, 간판주의
   ③ 어린이, 노인 주의
   ④ 후진 주의(반드시 뒤로 돌아 탈 것)
   ⑤ 골목길 네거리 주의 통과
   ⑥ 후문은 확실히 잠그고 출발(과속방지턱 통과시 뒷문이 열려 사고발생)
   ⑦ 골목길 난폭운전은 고객들의 이미지 손상
   ⑧ 차량의 외관은 항상 청결하게 관리

6) 택배화물의 배달방법
   ① 배달 순서 계획
      ㉠ 관내 상세지도를 보유한다.(비닐코팅)
      ㉡ 배달표에 나타난 주소대로 배달할 것을 표시한다.
      ㉢ 우선적으로 배달해야 할 고객의 위치 표시
      ㉣ 배달과 집하 순서표시(루트 표시)
      ㉤ 순서에 입각하여 배달표 정리
   ② 개인고객에 대한 전화
      ㉠ 전화를 100% 하고 배달할 의무는 없다.
      ㉡ 전화는 해도 불만, 안해도 불만을 초래할 수 있다. 그러나 전화를 하는 것이 좋다.(약속은 변경 가능)

제4장 화물운송서비스와 문제점

ⓒ 위치 파악, 방문예정 시간 통보, 착불요금 준비를 위해 방문예정시간은 2시간 정도의 여유를 갖고 약속
ⓓ 전화를 안 받는다고 화물을 안 가지고 가면 안된다.
ⓔ 주소, 전화번호가 맞아도 그런 사람이 없다고 할 때가 있다.(며느리 이름)
ⓕ 방문예정시간에 수하인 부재중일 경우 반드시 대리 인수자가 지명받아 그 사람에게 인계해야 한다.(인계용이, 착불요금, 화물안전 확보)
ⓖ 약속시간을 지키지 못할 경우에는 재차 전화하여 예정시간 정정
  *전화통화시 주의할 점
  • 본인 아닌 경우 화물명을 말하지 않아야 할 경우가 있다. (보약, 다이어트용 상품, 보석, 성인용품 등)
  • 전화하면 수취거부로 반품율이 높은 품목이 있다. : 족보, 명감(동문록) 등 (전화시 반품율 30% 이상)

③ 수하인 문전 행동방법
  ㉠ 배달의 개념 : 가정이나 사무실에 배달
  ㉡ 인사방법
    초인종을 누른 후 인사한다. 사람이 안나온다고 문을 쾅쾅 두드리거나 발로 차지 않는다. (용변중, 통화중, 샤워중, 장애인 등)
  ㉢ 화물인계방법
    ○○○한테서 또는 ○○에서 소포가 왔습니다. 판매상품인 경우는 ○○회사의 상품을 배달하러 왔습니다. 겉포장의 이상 유무를 확인한 후 인계한다.
  ㉣ 배달표 수령인 날인 확보
    반드시 정자 이름과 사인(또는 날인)을 동시에 받는다. 가족 또는 대리인이 인수할 때는 관계를 반드시 확인한다.
  ㉤ 고객의 문의 사항이 있을시
    집하 이용, 반품 등을 문의할 때는 성실히 답변한다. 조립방법, 사용방법, 입어 보이기 등은 정중히 거절한다.
  ㉥ 불필요한 말과 행동을 하지 말 것(오해 소지)
    배달과 관계없는 말은 하지 않는다.
    (예) 여자만 있는 가정 방문 시 눈길 주의(잠옷 차림, 샤워복 차림), 많은 선물에 대한 잡담, 외제품 사용에 대한 말, 배달되는 상품의 품질에 대한 말
  ㉦ 화물에 이상이 있을시 인계방법
    • 약간의 문제가 있을 시는 잘 설명하여 이용하도록 한다.
    • 완전히 파손, 변질 시에는 진심으로 사과하고 회수 후 변상. 내품에 이상이 있을 시는 전화할 곳과 절차를 알려준다.
    • 배달완료 후 파손, 기타 이상이 있다는 배상 요청 시 반드시 현장 확인을 해야 한다. (책임을 전가 받는 경우 발생)
  ㉧ 반드시 약속 시간(기간)내에 배달해야 할 화물
    • 모든 배달품은 약속 시간(기간)내에 배달되어야 한다.
    • 한약, 병원조제약, 식품, 학생들 기숙사 용품, 채소류, 과일, 생선, 판매용 식품(특히 명절 전), 서류 등은 약속 시간(기간)내에 좀 더 신속히 배달되도록 한다.
  ㉨ 과도한 서비스 요청 시
    • 설치 요구, 방안까지 운반, 제품 이상 유무 확인까지 요청 시 정중히 거절.
    • 노인, 장애인 등이 요구할 때는 방안까지 운반
  ㉩ 엉뚱한 집에 배달할 경우도 생기므로 주의한다.
    아파트 등에서 너무 바쁘게 배달하다보면 동을 잘못 알거나 호수를 착각하여 배달하는 경우가 있다.(인계전 동, 호수, 성명 확인)

④ 대리 인계 시 방법
  ㉠ 인수자 지정
    • 전화로 사전에 대리 인수자를 지정받는다.(원활한 인수, 파손·분실 문제 책임, 요금수수).
    • 반드시 이름과 서명을 받고 관계를 기록한다. 서명을 거부할 때는 시간, 상호, 기타 특징을 기록한다.
  ㉡ 임의 대리 인계
    • 수하인이 부재중인 경우 외에는 대인 인계를 절대 해서는 안된다.
    • 불가피하게 대리 인계를 할 때는 확실한 곳에 인계해야 한다.(옆집, 경비실, 친척집 등)
    • 대리 인수 기피 인물-노인, 어린이, 가게 등.
    • 화물의 인계 장소-아파트는 현관문 안. 단독주택은 집에 딸린 문안.
    • 사후확인 전화
    • 대리 인계시는 반드시 귀점 후 통보

⑤ 고객부재시 방법
  ㉠ 부재안내표의 작성 및 투입
    반드시 방문시간, 송하인, 화물명, 연락처 등을 기록하여 문안에 투입(문밖에 부착은 절대 금지)한다. 대리인 인수 시는 인수처 명기하여 찾도록 해야 함.
  ㉡ 대리인 인계가 되었을 때는 귀점 중 다시 전화로 확인 및 귀점 후 재확인
  ㉢ 밖으로 불러냈을 때의 방법
    반드시 죄송하다는 인사를 한다. 소형화물 외에는 집까지 배달한다(길거리 인계는 안됨).

⑥ 기타 배달시 주의 사항
  ㉠ 화물에 부착된 운송장의 기록을 잘 보아야 한다.(특기사항)
  ㉡ 중량초과화물 배달시 정중한 조력 요청
  ㉢ 손전등 준비(초기 야간 배달)

⑦ 미배달화물에 대한 조치
  미배달 사유를 기록하여 관리자에게 제출하고 화물은 재입고(주소불명, 전화불통, 장기부재, 인수거부, 수하인 불명)

7) 택배 집하 방법
  ① 집하의 중요성
    ㉠ 집하는 택배사업의 기본
    ㉡ 집하가 배달보다 우선되어야 한다.
    ㉢ 배달있는 곳에 집하가 있다.
    ㉣ 집하를 잘 해야 고객불만이 감소한다.
  ② 방문 집하 방법
    ㉠ 방문 약속시간의 준수
      고객 부재 상태에서는 집하 곤란. 약속시간이 늦으면 불만 가중(사전 전화)
    ㉡ 기업화물 집하 시 행동
      • 화물이 준비되지 않았다고 운전석에 앉아있거나 빈둥거리지 말것(작업을 도와주어야 함)
      • 출하담당자와 친구가 되도록 할 것.

제4장
화물운송서비스와 문제점

화물운송종사자격시험

ⓒ 운송장 기록의 중요성
운송장 기록을 정확하게 기재하지 않고 부실하게 기재하면 오도착, 배달불가, 배상금액 확대, 화물파손 등의 문제점 발생.
＊정확히 기재해야 할 사항
- 수하인 전화번호(주소는 정확해도 전화번호가 부정확하면 배달 곤란)
- 정확한 화물명(포장의 안전성 판단기준, 사고시 배상기준, 화물수탁 여부판단기준, 화물취급요령)
- 화물가격(사고시 배상기준, 화물수탁 여부 판단기준, 할증여부 판단기준)

ⓔ 포장의 확인
- 화물종류에 따른 포장의 안전성 판단. 안전하지 못할 경우에는 보완 요구 또는 귀점 후 보완하여 발송
- 포장에 대한 사항은 미리 전화하여 부탁해야 한다.

제3절 운송서비스의 사업용·자가용 특징 비교

1. 철도와 선박과 비교한 트럭 수송의 장단점

1) 장점
① 문전에서 문전으로 배송서비스를 탄력적으로 행할 수 있다.
② 중간 하역이 불필요하고 포장의 간소화·간략화가 가능하다.
③ 다른 수송기관과 연동하지 않고서도 일관된 서비스를 할 수가 있어 싣고 부리는 횟수가 적어도 된다는 점 등이다.

2) 단점
① 수송 단위가 작고 연료비나 인건비(장거리의 경우) 등 수송단가가 높다는 점 등이다.
② 진동, 소음, 광학학 스모그 등의 공해 문제, 유류의 다량소비에서 오는 자원 및 에너지절약 문제 등 편익성의 이면에는 해결해야 할 문제도 많이 남겨져 있다.

2. 사업용(영업용) 트럭운송의 장단점

1) 장점
① 수송비가 저렴하다.
② 물동량의 변동에 대응한 안정수송이 가능하다.
③ 수송 능력이 높다.
④ 융통성이 높다.
⑤ 설비투자가 필요 없다.
⑥ 인적투자가 필요 없다.
⑦ 변동비 처리가 가능하다.

2) 단점
① 운임의 안정화가 곤란하다.
② 관리기능이 저해된다.
③ 기동성이 부족하다.
④ 시스템의 일관성이 없다.
⑤ 인터페이스가 약하다.

⑥ 마케팅 사고가 희박하다.

3. 자가용 트럭운송의 장단점

1) 장점
① 높은 신뢰성이 확보된다.
② 상거래에 기여한다.
③ 작업의 기동성이 높다.
④ 안정적 공급이 가능하다.
⑤ 시스템의 일관성이 유지된다.
⑥ 리스크가 낮다.(위험부담도가 낮다)
⑦ 인적 교육이 가능하다.

2) 단점
① 수송량의 변동에 대응하기가 어렵다.
② 비용의 고정비화
③ 설비투자가 필요하다.
④ 인적 투자가 필요하다.
⑤ 수송능력에 한계가 있다.
⑥ 사용하는 차종, 차량에 한계가 있다.

4. 트럭운송의 전망

▶트럭 운송은 국내 운송의 대부분을 차지하고 있다.
첫째, 트럭 수송의 기동성이 산업계의 요청에 적합한 때문이다.
둘째, 트럭 수송의 경쟁자인 철도수송에서는 국철의 화물수송이 독립적으로 시장을 지배해 왔던 관계로 경쟁원리가 작용하지 않게 되고 그 지위가 낮은 때문이다.
셋째, 고속도로의 건설 등과 같은 도로시설에 대한 공공투자가 철도시설에 비해 적극적으로 이루어져 왔다는 사실에 기인하고 있다.
넷째, 오늘날에는 소비의 다양화, 소량화가 현저해지고 종래의 제2차 산업 의존형에서 제3차 산업으로의 전환이 강해지고, 그 결과 가일층 트럭 수송이 중요한 위치를 차지하게 되었다는 사실을 지적할 수가 있을 것이다.

1) 고효율화
① 트럭 수송의 전국화, 고속화, 대형화, 전용화 등, 트럭 수송은 오늘날 한국의 수송 네트워크의 중추적 존재이다.
② 반면에 에너지 효율과 운전자에 의존하는 노동집약적 업무로서 경비의 면에서는 향후 합리화해야 할 요소가 다분히 내재하고 있는 실정이다.
(차종, 차량, 하역, 주행의 최적화를 도모하고 낭비를 배제하도록 항상 유의하여야 할 것이다.)

2) 왕복실차율을 높인다.
① 지역간 수·배송의 경우 교착 등 운행의 시스템화가 이루어져 있지 않기 때문에 왕복 수송을 할 수 있는 경우에도 이것을 하지 않고 낭비가 되는 운행을 하고 있는 경우가 있다.
② 공차로 운행하지 않도록 수송을 조정하고 효율적인 운송시스템을 확립하는 것이 바람직스럽다.

3) 트레일러 수송과 도킹시스템화
트레일러의 활용과 시스템화를 도모함으로써 대규모 수송을 실현함과 동시에 중간지점에서 트랙터와 운전자가 양방향으로 되

제4장 화물운송서비스와 문제점

돌아오는 도킹시스템에 의해 차량 진행 관리나 노무관리를 철저히 하고, 전체로서의 합리화를 추진하여야 한다.

4) 바꿔 태우기 수송과 이어타기 수송
트럭의 보디를 바꿔 실음으로서 합리화를 추진하는 것을 바꿔 태우기 수송이라고 한다. 그리고 도킹 수송과 유사한 것이 이어타기 수송이며, 이것은 중간지점에서 운전자만 교체하는 수송방법을 말한다.

5) 컨테이너 및 팔레트 수송의 강화
① 컨테이너를 차량에 적재할 시
  ㉠ 포크레인 등 싣는 기기가 있기 때문에 문제가 없으나, 하역의 경우에는 기기가 없는 경우가 있다. 이 경향은 말단으로 가면 갈수록 현저하다.
  ㉡ 컨테이너를 내릴 수 있는 장치를 트럭에 장비함으로써 컨테이너 단위의 짐을 내리는 작업이 쉽게 이루어 질 수 있는 시스템을 실현하는 것이 필요하다.
② 파렛트의 화물 취급에
  ㉠ 파렛트를 측면으로부터 상·하 하역 할 수 있는 측면개폐 유개차
  ㉡ 후방으로부터 화물을 상·하 하역할 때에 가드레일이나 롤러를 장치한 팔레트 로더용 가드레일차나 롤러 장착차
  ㉢ 짐이 무너지는 것을 방지하는 스태빌라이저 장치차 등 용도에 맞는 차량을 활용할 필요가 있다.

6) 집배 수송용차의 개발과 이용
① 택배 수송이 상징하듯이 다품종 소량화 시대를 맞아 집배 수송은 가일층 중요한 위치를 차지하고 있다.
② 택배운송 등 소량화물운송용의 집배차량은 적재능력, 주행성, 하역의 효율성, 승강의 용이성 등의 각종 요건을 충족시키지 않으면 안된다.
③ 이 요청에 응해서 출현한 것이 델리베리카(워크트럭차)이다.

7) 트럭터미널
① 간선 수송에 사용되는 차량은 대형화 경향에 있으나, 이와 반면에 집배 차량은 가일층 소형화되는 추세이다.
② 양자의 결절점에 해당하는 트럭터미널은 이와 같이 모순된 2개의 시스템을 해결하는 장소라고 할 수가 있다.
③ 트럭터미널의 복합화, 시스템화는 필요조건이라고 하겠다.

제4절 국내 화주기업 물류의 문제점

1) 각 기업의 독자적 물류기능 보유(합리화 장애)
2) 제3자 물류기능의 약화(재한적, 변형적 형태)
3) 시설간·업체간 표준화 미약
4) 제조·물류업체간 협조성 미비
5) 물류 전문업체의 물류인프라 활용도 미약

실전 문제

01 고객서비스 중 생산과 소비가 동시에 발생하는 것은 어느 것인가?
① 인간주체(이질성)　　② 동시성
③ 이질성　　　　　　　④ 소멸성

02 다음 중 고객의 서비스에 대한 기대와 실제로 느끼는 것의 차이에 의해서 결정되는 것은 무엇인가?
① 서비스 품질　　　　② 영업품질
③ 제조품질　　　　　④ 상품품질

03 다음 중 고객만족 행동예절 중 올바른 인사방법이 아닌 것은?
① 머리와 상체를 직선으로 하여 상대방의 발끝이 보일 때까지 천천히 숙인다.
② 손을 주머니에 넣거나 의자에 앉아서 하는 일이 없도록 한다.
③ 턱을 지나치게 내밀지 않도록 한다.
④ 얼굴을 빤히 보고 인사한다.

04 다음 중 택배 종사자의 서비스 자세로 옳지 않은 것은?
① 애로사항이 있더라도 극복하고 고객 만족을 위하여 최선을 다한다.
② 상품을 판매하고 있다고 생각한다.
③ 진정한 택배 종사자로 대접 받을 수 있도록 행동한다.
④ 운송장 작성은 반드시 고객에게 작성하라고 한다.

05 택배종사자의 용모와 복장에 대한 설명으로 적합하지 않은 것은?
① 항상 웃는 얼굴로 서비스 한다
② 슬리퍼 착용은 혐오감을 줄 수 있으니 피한다.
③ 명찰은 신분확인증과 같으므로 꼭 착용한다.
④ 선글라스 착용은 고객에게 신뢰감을 준다.

06 호감을 받을 수 있는 시선이 아닌 것은?
① 자연스럽고 부드러운 시선으로 상대를 본다.
② 눈동자는 항상 중앙에 위치하도록 한다.
③ 가급적 고객의 눈높이와 맞춘다.
④ 위·아래로 훑어보는 듯한 시선.

07 다음은 운전자의 기본적 주의사항 중 운행상 주의에 대한 설명이다 잘못된 것은?
① 주·정차 후 운행을 개시하고자 할 때에는 차량주변의 노상취객·유희자 등을 확인 후 안전하게 운행
② 보행자, 이륜차, 자전거 등과 교행, 병진, 추월운행 시 서행하며 안전거리를 유지하고 주의의무를 강화하여 운행
③ 내리막길에서는 풋 브레이크 장시간 사용하고, 엔진 브레이크 등을 적절히 사용하여 안전운행
④ 후속차량이 추월하고자 할 때에는 감속 등으로 양보운전

08 다음 중 화물취급에 대한 고객 불만 사항이 아닌 것은?
① 단정한 용모와 친절한 언행으로 대한다.
② 화물이 파손되어 배달된다.
③ 화물을 발로 밟고 작업한다.
④ 화물을 담장 안으로 던져 놓는다.

09 물류의 역할 중 기업경영에 있어서 물류의 역할에 속하는 것은?
① 국민경제적 관점
② 마케팅의 절반을 차지
③ 사회 경제적 관점
④ 개별 기업적 관점

10 물류의 기능 중 하역기능에 대한 설명을 한 것은 어느 것인가?
① 수송과 보관의 양단에 걸친 물품의 취급으로 물품을 상하좌우로 이동시키는 활동으로 싣고 내림, 시설 내에서의 이동, 피킹, 분류 등의 작업이다.
② 물품의 수·배송, 보관, 하역 등에 있어서 가치 및 상태를 유지하기 위해 적절한 재료, 용기 등을 이용해서 포장하여 보호하고자 하는 활동이다.
③ 물류활동과 관련된 물류정보를 수집, 가공, 제공하여 운송, 보관, 하역, 포장, 유통가공 등의 기능을 컴퓨터 등의 전자적 수단으로 연결하여 줌으로써 종합적인 물류관리의 효율화를 도모할 수 있도록 하는 기능.
④ 물품의 유통과정에서 물류효율을 향상시키기 위하여 가공하는 활동이다.

정답 ➡ 01.② 02.① 03.④ 04.④ 05.④ 06.④ 07.③ 08.① 09.② 10.①

실전 문제

11 다음 중 3S1L(Speedy, Safety, Surely, Low)의 원칙에 대한 설명으로 옳지 않은 것은?
① 고객에게 상품을 적절한 납기에 맞추어 정확하게 배달하는 것
② 고객의 주문에 대해 상품의 품절을 가능한 한 적게 하는 것
③ 운송, 보관, 하역, 포장, 유통가공의 작업을 합리화하는 것
④ 물류비용의 최대화

12 다음 중 물류관리 7R 원칙이 아닌 것은?
① 적절한 품질(Right Quality)
② 적절한 회사(Right Company)
③ 좋은 인상(Right Impression)
④ 적절한 가격(Right Price)

13 다음 중 물류아웃소싱과 제3자 물류의 비교 중 잘못된 것은?

	구분	물류아웃소싱	제3자 물류
①	화주와의 관계	거래기반, 수발주관계	계약기반, 전략적 제휴
②	관계내용	일시 또는 수시	장기(1년 이상), 협력
③	서비스 범위	기능별 개별서비스	통합물류서비스
④	도입방법	경쟁계약	수의계약

14 다음 중 공급망 관리에 있어서의 제4자 물류의 4단계가 옳은 것은?

	1단계	2단계	3단계	4단계
①	전환	이행	재창조	실행
②	재창조	전환	이행	실행
③	이행	재창조	실행	전환
④	실행	이행	재창조	전환

15 다음 중 물류시스템의 구성에 속하지 않는 것은?
① 적재
② 보관
③ 포장
④ 정보

16 다음 중 공동수송의 정점이 아닌 것은?
① 운임요금의 적정화
② 소량 부정기화물도 공동수송 가능
③ 안정된 수송시장 확보
④ 영업용 트럭의 이용증대

17 운송 합리화 방안이라 할 수 없는 것은?
① 최장 운송경로의 개발 및 선택
② 적기 운송과 운송비 부담의 완화
③ 실차율 향상을 위한 공차율의 최소화
④ 물류기기의 개선과 정보시스템의 정비

18 다음 중 화주기업이 고객서비스 향상, 물류비 절감 등 물류활동을 효율화할 수 있도록 공급사슬(Supply Chain)상의 기능 전체 혹은 일부를 대행하는 업종을 무엇이라 하는가?
① 제 1자 물류업
② 제 2자 물류업
③ 제 3자 물류업
④ 자회사물류

19 다음 중 트럭 수송의 단점이 아닌 것은?
① 수송 단위가 작다.
② 연료비 비용이 많다.
③ 수송단가가 낮다.
④ 인건비가 많이 든다.

20 주파수 공동통신(TRS)의 도입 효과에 대한 설명으로 옳지 않은 것은?
① 사전배차계획 수립과 배차계획 수정이 가능해진다.
② 데이터통신에 의한 실시간 처리가 가능해져 관리업무가 확대되어진다.
③ 차량의 위치추적기능의 활용으로 도착시간의 정확한 추정이 가능해진다.
④ 화주의 기착지 변경이나 취소에 따른 신속 대응이 가능해진다.

21 다음 중 인터넷 유통에서의 물류원칙으로 볼 수 없는 것은?
① 적정 수요 예측
② 부품의 조달
③ 배송 기간의 최소화
④ 반송과 환불 시스템

22 다음 중 택배운송서비스 이용 고객의 불만사항으로 보기 어려운 것은?
① 전화도 없이 불쑥 나타난다.
② 임의로 다른 사람에게 맡기고 간다.
③ 너무 바빠서 질문을 해도 도망치듯 가버린다.
④ 사고배상의 신속한 처리

정답 ◯ 11.④ 12.② 13.④ 14.② 15.① 16.③ 17.① 18.③ 19.③ 20.② 21.② 22.④

실전 문제

화물운송종사자격시험

23 방문 집하요령에 대한 설명으로 옳지 않은 것은?

① 방문 약속시간을 준수한다.

② 단골일 경우 포장의 확인은 중요하지 않다.

③ 운송장 기록을 정확하게 기재하여야 한다.

④ 기업화물 집하 시 화물이 준비되지 않았다고 운전석에 앉아 있거나 빈둥거리지 말 것

24 제조공장과 물류거점 간 장거리구간의 물품을 컨테이너 등을 이용하여 운반하는 것은?

① 운송   ② 운반

③ 통운   ④ 간선수송

25 다음 중 하역 작업이 아닌 것은?

① 적입   ② 적출

③ 수주   ④ 피킹

26 자가용 트럭을 이용할 경우 단점으로 보기 어려운 것은?

① 수송량의 변동에 대응하기가 어렵다.

② 작업의 기동성이 떨어진다.

③ 설비투자가 필요하다.

④ 사용하는 차종, 차량에 한계가 있다.

27 다음 중 운송장에 정확히 기록해야 할 사항이 아닌 것은?

① 화물의 무게

② 화물 가격

③ 정확한 화물명

④ 수하인 전화번호

28 다음 중 사업용(영업용) 트럭운송의 장점이 아닌 것은?

① 인적 투자가 필요 없다.

② 물동량의 변동에 대응한 안정수송이 가능하다.

③ 작업의 기동성이 높다.

④ 변동비 처리가 가능하다.

29 다음은 국내 화주기업 물류의 문제점을 말한 것이다. 틀린 것은 어느 것인가?

① 물류 전문업체의 물류인프라 활용도 미약

② 각 기업의 독자적 물류기능을 보유하지 못함

③ 제3자 물류기능의 약화

④ 제조 · 물류업체간 협조성 미비

정답 ◐ 23.② 24.④ 25.③ 26.② 27.① 28.③ 29.②

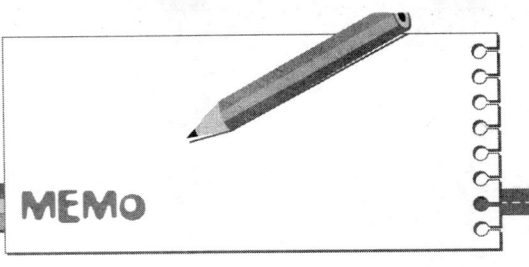

목차

제1회 1교시 2교시　　**제2회** 1교시 2교시

제3회 1교시 2교시　　**제4회** 1교시 2교시

제1회 실전 모의고사

1교시 교통 및 화물자동차운수사업 관련법규, 화물취급요령

01 다음 중 제2종 보통면허로 운전할 수 없는 차종은?
① 승차정원 10인승 이하의 승합자동차
② 이륜자동차(총 배기량 125cc 이상, 측차부를 포함)
③ 적재중량 4톤이하 화물자동차
④ 원동기장치자전거

02 편도 2차로 이상 고속도로에서 최고 속도 중 옳은 것은? (단, 중부고속도로 및 서해안 고속도로는 제외)
① 특수자동차 90km/h
② 승합차동차 110km/h
③ 적재중량 1.5톤 초과 화물자동차 80km/h
④ 승용차 120km/h

03 다음 중 교통사고처리특례법의 중대과실 10개항의 음주운전 위반에서 음주의 기준이 되는 혈중알코올농도로 옳은 것은?
① 혈중알코올농도 0.03% 이상
② 혈중알코올농도 0.01% 이상
③ 혈중알코올농도 0.50% 이상
④ 혈중알코올농도 0.10% 이상

04 국토교통부장관은 화물자동차 운송사업자가 중대한 교통사고 또는 빈번한 교통사고로 인하여 많은 사상자를 발생하게 한 때 몇 월 이내의 기간을 정하여 화물자동차 운송사업의 전부 또는 일부의 정지를 명하거나 감차 조치를 명할 수 있는가?
① 3개월　② 6개월
③ 12개월　④ 24개월

05 노폭이 대등한 신호등 없는 교차로에서 동시 진입 시 가장 통행에 우선이 되는 차는?
① 긴급자동차
② 우측도로에서 진입하는 화물자동차
③ 넓은 도로에서 진입하는 승용차
④ 직진하는 승합차

06 다음 중 4톤 이하 화물자동차의 속도위반(20km/h 이하) 범칙 금액으로 맞는 것은?
① 3만원
② 5만원
③ 6만원
④ 7만원

07 다음중 비보호 좌회전을 할 수 있는 신호로 맞는 것은?
① 황색등화의 점멸
② 녹색등화
③ 적색의 등화
④ 황색의 등화

08 운전면허 행정처분기준의 감경사유에 대한 설명으로 옳지 않은 것은?
① 주취운전중 인적 피해 교통사고를 일으켰으나 생활이 곤란한 경우
② 음주운전으로 운전면허에 관한 행정처분을 받은 경우에는 과거 5년 이내에 음주운전 전력이 없는 사람으로서 운전이 외에는 가족의 생계를 감당할 수단이 없을 경우
③ 모범운전자로서 처분당시 3년이상 교통봉사 활동에 종사하고 있는 경우
④ 취소처분 개별기준 및 정지처분 개별기준을 적용하는 것이 현저하게 불합리하다고 인정되는 경우

09 편도 2차로 이상의 일반도로에서 제한속도 표지판이 설치되어 있지 않을 경우 최고 속도는?
① 65km/h
② 70km/h
③ 80km/h
④ 95km/h

10 화물운송사업 종사자 준수사항에 속하는 것이 아닌 것은?
① 부당한 운임 또는 요금을 요구하거나 받는 행위
② 정당한 이유 없이 화물을 중도에서 내리게 하는 행위
③ 운행 전 반드시 분해정비를 하여 안전운행을 할 것
④ 정당한 이유 없이 화물의 운송을 거부하는 행위

정답 ◐ 01.② 02.③ 03.① 04.② 05.① 06.① 07.② 08.① 09.③ 10.③

제1회
실전 모의고사

화물운송종사자격시험

11 다음 중 도로교통법의 목적에 대한 설명으로 맞지 않은 것은?

① 공공복리 증진

② 안전하고 원활한 교통 확보

③ 도로교통상의 위험과 장해를 방지 · 제거

④ 여객의 원활한 운송

12 만약 단속 경찰관의 면허증제시 요구(면허증제시의무 위반)에 불응 할 경우 교통법규 벌점 기준은?

① 15점

② 20점

③ 25점

④ 30점

13 제한속도 60km/h 도로에서 눈이 20mm 미만 내린 때의 감속운행 해야 하는 속도로 옳은 것은?

① 35km/h

② 45km/h

③ 48km/h

④ 50km/h

14 다음 중 산업현장의 일반적인 화물자동차 호칭 중 화물실의 지붕이 없고 옆판이 운전대와 일체로 되어 있는 소형트럭을 무엇이라 하는가?

① 픽업

② 밴

③ 캡 오버 트럭

④ 보닛 트럭

15 고속도로 편도2차로에서 모든 자동차가 통행할 수 있는 차로는?

① 왼쪽 차로

② 1차로

③ 오른쪽 차로

④ 2차로

16 다음 중 운전면허취득 응시기간의 제한에 대한 설명으로 틀린 것은?

① 주취운전금지 또는 과로 · 질병 · 약물의 영향으로 정상적 운전을 못할 염려가 있는 때의 운전금지 규정에 위반하여 구호조치 및 사고발생 신고의무를 위반한 경우에는 그 위반한 날부터 5년

② 무면허운전 금지의 규정에 위반하여 자동차등을 운전한 경우에는 그 위반한 날부터 3년

③ 무면허운전금지, 주취운전금지, 과로 · 질병 · 약물로 정상적 운전을 못할 염려가 있는 때의 운전금지 이외의 사유로 사람을 사상한 후 구호조치 및 사고발생 신고의무를 위반한 경우에는 그 위반한 날부터 4년

④ 주취운전금지 규정에 위반하여 운전하다가 3회이상 교통사고를 일으킨 경우에는 운전면허가 취소된 날부터, 자동차등을 이용하여 범죄행위를 하거나 다른 사람의 자동차등을 훔치거나 빼앗은 사람이 무면허운전금지 규정에 위반하여 그 자동차등을 운전한 경우에는 그 위반한

17 최고 속도의 100분의 5●●인 속도로 운행하여야 하는 경우로 맞지 않은 것은?

① 폭우, 폭설, 안개 등으로 가시거리가 100m 이내일 때.

② 눈이 20mm 이상 쌓인 때

③ 눈이 20mm 미만 쌓인 때

④ 노면이 얼어 붙은 때

18 다음 중 화물이 인도 기한을 경과한 후 몇 월 이내에 인도되지 아니한 경우 당해 화물은 멸실된 것으로 보는가?

① 1개월

② 2개월

③ 3개월

④ 4개월

19 다음 중 1종 대형면허로 운전 할 수 있는 차량이 아닌 것은?

① 아스팔트살포기

② 트레일러

③ 콘크리트 믹서트럭

④ 원동기장치자전거

20 교통사고처리 특례법상의 특례가 적용되지 않는 10개항의 사고가 아닌 것은?

① 신호 · 지시위반사고

② 속도위반(20km/h 초과) 과속사고

③ 무면허운전사고

④ 주차위반

21 다음 중 운송장의 기능이 아닌 것은?

① 수입금 관리자료

② 배달에 대한 증빙

③ 운송자 개인이력

④ 행선지 분류정보 제공

정답 11.④ 12.④ 13.③ 14.① 15.④ 16.② 17.③ 18.③ 19.② 20.④ 21.③

제1회 실전 모의고사

22 화물사고 발생 방지요령에 대한 설명으로 옳지 않은 것은?

① 충격에 약한 화물은 보강포장 및 특기사항을 표기해 둔다.
② 집하 시 화물의 포장상태에 관계없이 집하 한다.
③ 사고위험품은 안전박스에 적재하거나 별도 적재 관리한다.
④ 가까운 거리거나 가벼운 화물이라도 절대 함부로 취급하지 않는다.

23 송하인이 운송장에 기재하여야 하는 사항으로 옳지 않은 것은?

① 배송인의 주소, 성명, 전화번호
② 특약사항 약관 설명, 확인필 자필 서명
③ 파손품 및 냉동 부패성 물품의 경우 면책확인서 자필서명
④ 물품의 품명, 수량, 가격

24 다음 중 길이가 긴 화물의 이동방법으로 적합하지 않은 것은?

① 긴 물건은 앞을 좀 높게 들어 운반한다.
② 공동 작업을 할 때에는 균형 있게 조를 구성하고 리더의 통제하에 큰 소리로 신호하여 호흡을 맞춘다.
③ 긴 물건은 뒤를 좀 높게 들어 운반한다.
④ 두 사람이 운반 작업을 할 때에는 체력 및 신장이 비슷한 사람으로 조를 짜고 중량의 균형을 유지하며 신호에 의하여 동작을 취한다.

25 다음 중 공업포장에 대한 설명으로 옳은 것은?

① 포장의 목적 중 보호성과 수송, 하역의 편리성을 주체로 하는 포장을 말하며, 여기에는 1차 상품, 기계, 전자제품 등이 해당된다.
② 포장된 포장물 또는 단위포장물이 포장재료나 용기의 유연성 때문에 본질적인 형태는 변화되지 않으나 일반적으로 외모가 변화될 수 있는 포장. 예로서 필름이나 필름대포장지 대나 합성수지 직포대, 면대, 지지포장 등이 여기에 속한다.
③ 포장의 외부나 내부로부터 물이 스며들지 못하게 막는 포장을 말한다. 외부로부터 오는 물의 누설요인은 비, 물이 고인 곳의 적재 등이 있으며, 내부로부터의 요인은 내용물이 액상이라든가 또는 물을 많이 함유하고 있을 때 적용되는 포장방법이다.
④ 포장의 목적 중 보호성과 판매촉진의 기능을 주체로 하는 포장을 말하며, 예로서 가공식품, 의류, 제약, 화장품, 잡화, 완구 등이 해당된다.

26 독극물 취급 시 주의사항으로 적합하지 않은 것은?

① 독극물을 취급하거나 운반할 때는 소정의 안전한 용기, 도구, 운반구 및 운반차를 이용할 것.
② 표지불명의 독극물을 함부로 취급하지 말고 확실히 안 다음 취급할 것.
③ 독극물이 들어 있는 용기는 마개를 단단히 닫고 빈 용기와 함께 보관하여 놓을 것.
④ 독극물의 취급 및 운반은 거칠게 다루지 말 것.

27 인수증 관리요령에 대한 설명으로 옳지 않은 것은?

① 인수증은 반드시 인수자 확인란에 실수령 인지 정자를 자필로 적도록 한다.
② 수령인이 물품의 수하인과 틀릴 경우 반드시 수령인과 수하인의 관계를 기재할 필요는 없다.
③ 같은 곳을 여러 박스 배송 시에는 인수증상에 반드시 실제 배달 수량을 기재받아 차후에 수량차이의 시비에 휘말리지 않도록 하여야 한다.
④ 실수령인 구분: 본인, 동거인, 관리인, 지정인, 기타에 체크

28 지연배달사고의 원인으로 보기 어려운 것은?

① 화주와 사전연락 후 배송 업무 진행
② 제3자 배송 후 사실 미통지
③ 집하부주의, 터미널 오분류로 터미널 오착 및 잔류
④ 당일 미배송 화물에 대한 별도 관리 미흡

29 다음 중 운송장에 기록되어야 할 내용으로 틀린 것은?

① 인수자 날인
② 수입내용
③ 운임의 지급 방법
④ 송수하인 주소, 성명, 전화번호

30 집하 담당자가 운송장에 기재하여야 하는 사항으로 옳은 것은?

① 특약 사항의 약관을 설명한 수 확인필 자필 서명을 받는다.
② 수하인의 주소, 성명, 전화번호를 기재한다.
③ 접수일자, 발송점, 도착점, 배달예정일을 기재한다.
④ 배송인의 성명 및 전화번호를 기재한다.

31 화물차량 운행 상 유의할 사항에 대한 설명으로 옳지 않은 것은?

① 냉동차량 또한 무게중심이 높기 때문에 급회전 시 특별한 주의운전과 서행운전이 필요하다.
② 드라이벌크탱크(Dry bulk tanks) 차량은 흔히 무게중심이 높고 적재물이 이동하기 쉬우므로 커브길과 급회전시 운행에 주의해야 한다.
③ 폭이 넓은 화물을 운반하는 때에는 마주오는 차량의 운전자에게 멀리서도 잘 보이므로 경고표시를 할 필요는 없다.
④ 소나 돼지와 같은 가축 또는 살아있는 동물을 운반하는 차량은 무게중심이 이동하여 전복될 우려가 높으므로 커브길 등에서 특별한 주의운전이 필요하다.

정답 ○ 22.② 23.① 24.③ 25.① 26.③ 27.② 28.① 29.② 30.③ 31.③

32 다음 중 화물 인계요령으로 적합하지 않은 것은?

① 산간 오지 및 당일배송이 불가능한 경우 시간이 날 경우 배송하면 된다.

② 지점에 도착된 물품에 대해서는 당일 배송을 원칙으로 한다.

③ 수하인의 주소 및 수하인이 맞는지 확인한 후에 인계한다.

④ 각 영업소로 분류된 물품은 수하인에게 물품의 도착 사실을 알리고 배송 가능한 시간을 약속한다.

33 다음 중 화물을 취급하기 전에 준비, 확인 또는 확인할 사항으로 옳지 않은 것은?

① 취급할 화물의 품목별, 포장별, 비포장별 등에 따른 취급 방법 및 작업 순서를 사전 검토한다.

② 보호구의 자체 결함은 없는지 또는 사용방법은 알고 있는지 확인한다.

③ 작업 도구는 당해 작업에 적합한 정상품으로 필요한 수량만큼 준비한다.

④ 유해, 유독화물은 위험에 대비한 약품 세척용구 등을 준비하지 않아도 된다.

34 이사 화물의 일부 멸실 또는 훼손에 대한 사업자의 손해배상 책임은 화물인도 후 몇일까지인가?

① 10일

② 20일

③ 30일

④ 40일

35 다음 중 화물의 인수 거절이 가능한 물품은?

① 운송이 적합하도록 포장할 것을 사업자가 요청한 내용대로 고객이 이행한 물건

② 위험성이 없고 다른 화물에 손해를 끼칠 염려가 없는 물건

③ 현금, 유가증권, 예금통장, 인감 등 고객이 휴대할 수 있는 귀중한 물건

④ 특수한 관리를 요하지 않고 다른 화물과 동시에 운송이 가능한 물건

36 운송장이 제 역할을 다하기 위해서는 최소한 기록 되어야 할 내용이 아닌 것은?

① 운송장 번호와 바코드

② 수하인 주소 및 전화번호

③ 송하인 주소, 성명 및 전화번호

④ 물품 판매 계약내용

37 팔레트 화물의 붕괴 방지요령 중 포장화물을 안쪽으로 기울여서, 화물이 갈라지는 것을 방지하는 방식을 무엇이라 하는가?

① 밴드걸기 방식

② 주연어프 방식

③ 슬립멈추기 시트삽입 방식

④ 풀붙이기 접착방식

38 EDI시스템이 구축될 수 있는 경우에 이용될 수 있는 운송장은?

① 보조운송장

② 스티커형 운송장

③ 기본형 운송장

④ 배달형 운송장

39 성인 남자 단독으로 계속 작업할 때 1인당 화물의 두께 한도로 옳은 것은?

① 5~10kg

② 10~15kg

③ 15~20kg

④ 20~25kg

40 다음 중 기본형 운송장에 기록되는 내용으로 틀린 것은?

① 수하인용

② 송하인용

③ 지출관리용

④ 수입관리용

정답 ◎ 32.① 33.④ 34.③ 35.④ 36.④ 37.② 38.② 39.② 40.③

제1회 실전 모의고사

2교시 안전운행, 운송서비스

01 다음 중 고속도로 운행제한 차량에 대한 기준으로 틀린 것은?
① 차량 총중량이 30톤을 초과
② 차량의 축하중이 10톤을 초과
③ 적재물을 포함한 차량의 길이가 19m 초과
④ 적재물을 포함한 차량의 폭이 3m 초과

02 교통사고와 가장 큰 관련이 있는 교통정보 인지결함의 원인이 아닌 것은?
① 술에 많이 취해 있었다.
② 등교 또는 출근시간 때문에 급하게 서둘러 걷고 있었다.
③ 동행자와 이야기에 열중했거나 놀이에 열중했다.
④ 운행 중 운전에만 집중했다.

03 타이어의 회전속도가 빨라지면 접지부에서 받은 타이어의 변형(주름)이 다음 접지 시점까지도 복원되지 않고 접지의 뒤쪽에 진동의 물결이 일어난다. 이러한 현상을 무엇이라 하는가?
① 페이드 현상
② 스텐딩 웨이브현상
③ 수막현상
④ 베이퍼 로크 현상

04 브레이크 마찰재가 물에 젖어 마찰계수가 작아져 브레이크의 제동력이 저하되는 현상을 무엇이라 하는가?
① 워터 페이드 현상
② 스탠딩 웨이브 현상
③ 수막현상
④ 하이드로 플래닝 현상

05 우리나라 도로교통법령에 정한 교정시력에 대한 설명으로 옳지 않은 것은?
① 제1종 면허에 필요한 시력은 두 눈을 동시에 뜨고 잰 시력이 0.8이상 이어야 한다.
② 제2종 면허에 필요한 시력은 한쪽 눈을 보지 못하는 사람의 경우 다른 쪽 눈의 시력이 0.5이상이고 시야가 150도 이상 이어야 한다.
③ 제2종 면허에 필요한 시력은 두 눈을 동시에 뜨고 잰 시력이 0.7이상 이어야 한다.
④ 제1종 면허에 필요한 시력은 양쪽 눈의 시력이 각각 0.5이상 이어야 한다.

06 교통사고의 직접적 요인으로 볼 수 없는 것은?
① 사고 직전 과속과 같은 법규위반
② 위험인지의 지연
③ 운전조작의 잘못, 잘못된 위기대처
④ 불량한 운전태도

07 어린이 교통사고의 특징이 아닌 것은?
① 어릴수록 그리고 학년이 낮을수록 교통사고를 많이 당한다.
② 보행 중 사상자는 집에서 2km이내의 거리에서 가장 적게 발생되고 있다.
③ 시간대별 어린이 사상자는 오후 4시에서 오후 6시 사이에 가장 많다.
④ 보행 중 교통사고를 당하여 사상당하는 비율이 절반이상으로 가장 높다.

08 다음 중 보행자의 인지결함, 판단 착오, 동작 착오 중 교통사고와 가장 큰 관련이 있는 교통정보인지결함의 원인에 속하는 것이 아닌 것은?
① 횡단 중 전방과 좌.우 방향을 잘 확인 하였다.
② 술에 많이 취해 있었다.
③ 피곤한 상태여서 주의력이 저하되었다.
④ 다른 생각을 하면서 보행하고 있었다.

09 보통의 성인 남자를 기준으로 체내에 알코올이 제거되는 시간에 대한 설명으로 옳지 않은 것은?
① 알코올 농도 0.2%일 경우 제거 소요시간은 15시간
② 알코올 농도 0.05%일 경우 제거 소요시간은 7시간
③ 알코올 농도 0.1%일 경우 제거 소요시간은 10시간
④ 알코올 농도 0.5%일 경우 제거 소요시간은 30시간

10 방어운전 요령에 대한 설명으로 옳지 않은 것은?
① 눈이나 비가 올 때는 가시거리 단축, 수막현상 등 위험요소를 염두에 두고 운전한다.
② 기상변화에 대비해 체인이나 스노타이어 등을 미리 준비한다.
③ 장애물이 나타나 앞차가 브레이크를 밟았을 때 즉시 브레이크를 밟을 수 있도록 준비태세를 갖춘다.
④ 교통이 혼잡할 때는 끼어들기 등으로 빨리 혼잡지역을 빠져나간다.

정답 01.① 02.④ 03.② 04.① 05.② 06.④ 07.② 08.① 09.① 10.④

제1회 실전 모의고사

11 다음 중 커브 길 주행 시의 안전운전 및 방어운전에 대한 설명으로 옳지 않은 것은?

① 항상 반대 차로에서 차가 오고 있다는 것을 염두에 두고 차로를 준수하여 운전한다.

② 중앙선을 침범하거나 중앙으로 치우쳐 운전하지 않는다.

③ 커브 길에서 앞지르기는 대부분 안전표지로 금지하고 있으나 안전표지가 없는 곳에서는 앞지르기를 해도 안전하다.

④ 커브 길에서는 미끄러지거나 전복될 위험이 있으므로 부득이한 경우가 아니면 급핸들 조작이나 급제동을 하지 않는다.

12 다음 중 수막현상에 대한 설명으로 옳지 않은 것은?

① 타이어의 마모가 심할 경우 잘 일어난다.

② 타이어의 공기압이 부족할 때에 잘 일어난다.

③ 수막현상은 저속주행 시에 잘 일어나는 현상이다.

④ 수막현상은 고속주행 시에 잘 일어나는 현상이다.

13 차량의 운행요령에 대한 설명으로 부적합한 것은?

① 배차지시에 따라 차량을 운행하여야 한다.

② 내리막길 운전 시에는 기어를 중립에 두어 클러치를 유리시켜야 한다.

③ 운전에 지장이 없도록 충분한 수면을 취하고 음주운전이나 운전중 흡연 또는 잡담을 하지 않도록 한다.

④ 주차 시는 엔진을 끄고 주차브레이크 장치로서 완전 제동토록 하여야 한다.

14 고령자의 교통행동 특성에 대한 설명으로 틀린 것은?

① 시력·청력 등 감지기능이 약화되어 위급시 회피능력이 둔화되는 연령층이다.

② 신체적인 면에서 운동능력이 떨어진다.

③ 오랜 사회생활을 통하여 풍부한 지식과 경험을 가지고 있어 위급시 회피능력이 강화되는 연령층이다.

④ 움직이는 물체에 대한 판별능력이 저하되고 야간의 어두운 조명이나 대향차가 비추는 밝은 조명에 적응능력이 상대적으로 부족하다.

15 다음 중 운전자의 시각 특성에 의해 교통사고가 가장 많이 발생하는 시간대는?

① 새벽

② 해질 무렵

③ 밤중

④ 낮

16 암순응에 대한 설명으로 맞는 것은?

① 대향차의 전조등의 빛이 눈에 비추면 일시적으로 시력의 장해를 일으키는 현상을 말한다.

② 어두운 조건에서 밝은 조건으로 변할 때 눈이 그 상황에 적응하여 시력을 회복하는 것을 말한다.

③ 밝은 조건에서 어두운 조건으로 변할 때 눈이 그 상황에 적응하여 시력을 회복하는 것을 말한다.

④ 정지 상태에서 한 물체에 눈을 고정시킨 자세로 양쪽 눈으로 볼 수 있는 좌, 우의 범위를 말한다.

17 도로교통체계를 구성하는 요소가 아닌 것은?

① 사람

② 도로

③ 차량

④ 지하철

18 고령 운전자의 특성에 대한 설명으로 맞지 않는 것은?

① 젊은 층에 비하여 상대적으로 돌발사태시 대응력이 뛰어나다.

② 젊은 층에 비하여 상대적으로 과속을 하지 않는다.

③ 젊은 층에 비하여 상대적으로 반사신경이 둔하다.

④ 젊은 층에 비하여 상대적으로 신중하다.

19 엔진브레이크에 대한 설명으로 옳지 않은 것은?

① 엔진 브레이크는 구동바퀴에 의해 엔진이 역으로 회전하는 것과 같이 되어 그 회전 저항으로 제동력이 발생한다.

② 가속 페달을 밟았다 놓으면 엔진 브레이크가 작동하여 속도가 떨어지게 된다.

③ 고단 기어에서 저단 기어로 바꾸게 되면 엔진 브레이크가 작용하여 속도가 떨어지게 된다.

④ 내리막길에서는 풋 브레이크와 엔진 브레이크를 같이 사용하면 위험하다.

20 다음 중 운전자의 주간에 비하여 야간시력의 저하율로 맞는 것은?

① 20%

② 30%

③ 40%

④ 50%

정답 ○ 11.③ 12.③ 13.② 14.③ 15.② 16.③ 17.④ 18.① 19.④ 20.④

제1회 실전 모의고사

21 직업 운전자의 기본예절에 대한 설명으로 옳지 않은 것은?
① 일 때문에 만난 사람이라면 신뢰감을 줄 필요가 없다.
② 약간의 어려움을 감수하는 것은 좋은 인간관계 유지를 위한 투자이다.
③ 상대방의 입장을 이해하고 존중한다.
④ 자신의 것만 챙기는 이기주의는 바람직한 인간관계형성의 저해요소이다.

22 제3자 물류의 도입 시 화주기업 측면의 기대효과가 아닌 것은?
① 고도화된 물류체계를 활용함으로써 자사의 핵심 사업주력 화주기업은 각 부문별로 최고의 경쟁력을 보유하고 있는 기업 등과 통합·연계하는 공급체인을 형성하여 공급체인 대 공급체 인간 경쟁에서 유리한 위치를 차지할 수 있다.
② 물류활동을 직접 통제할 수 있을 뿐 아니라, 자사물류이용과 제3자 물류서비스 이용에 따른 비용을 일대일로 직접 비교할 수 있다.
③ 물류시설 설비에 대한 투자부담을 제3자 물류업체에게 분산시킴으로써 유연성확보와 자가 물류에 의한 물류효율화의 한계를 보다 용이하게 해소할 수 있다.
④ 조직 내 물류기능 통합화와 공급체인상의 기업 간 통합·연계화로 자본, 운영시설, 재고, 인력 등의 경영자원을 효율적으로 활용할 수 있고 또한 리드타임(lead time)단축과 고객서비스의 향상이 가능하다.

23 다음 중 운전자가 운행 전에 확인하여야 할 사항이 아닌 것은?
① 배차사항 및 지시사항 확인
② 전달사항 확인
③ 적재물의 탁송인 확인
④ 적재물의 특성 확인

24 화주기업이 고객서비스 향상, 물류비 절감 등 물류활동을 효율화할 수 있도록 공급사슬(Supply Chain)상의 기능 전체 혹은 일부를 대행하는 업종을 무엇이라 하는가?
① 제1자 물류업
② 제2자 물류업
③ 제3자 물류업
④ 제4자 물류업

25 인사의 중요성에 대한 설명으로 적합하지 않은 것은?
① 인사는 평범하고도 대단히 쉬운 행위이지만 습관화되지 않으면 실천에 옮기기 어렵다.
② 인사는 고객에 대한 서비스와 무관한 것이다.
③ 인사는 고객과 만나는 첫걸음이다.
④ 인사는 애사심, 존경심, 우애, 자신의 교양과 인격의 표현이다.

26 국내 화주기업 물류의 문제점에 대한 설명으로 옳지 않은 것은 어느 것인가?
① 제3자 물류기능의 강화
② 각 기업의 독자적 물류기능 보유(합리화 장애)
③ 제조, 물류기업간 협조성 미비
④ 시설간, 업체간 표준화 미약

27 다음 중 호감 받는 표정의 중요성을 설명한 것으로 맞지 않는 것은?
① 표정은 첫인상을 크게 좌우한다.
② 첫인상은 대면 직후 결정되는 경우가 많다.
③ 표정은 가능한 무표정한 것이 좋다.
④ 첫 인상이 좋아야 그 이후의 대면이 호감 있게 이루어 질 수 있다.

28 다음 중 호감 받는 시선에 대한 설명으로 옳지 못한 것은?
① 눈동자는 항상 중앙에 위치하도록 한다.
② 가급적 상대방의 눈높이와 맞춘다.
③ 부드러운 시선으로 상대방을 본다.
④ 상대방의 위·아래를 훑어본다.

29 트럭 운송이 국내 운송의 대부분을 차지하는 요인에 대한 설명으로 적합하지 않은 것은 어느 것인가?
① 소비의 형태가 대량화 되어지는 현상이 현저해지고 종래의 제3차 산업 의존형에서 제2차 산업으로의 전환이 강해지고 있기 때문이다.
② 고속도로의 건설 등과 같은 도로시설에 대한 공동투자가 철도시설에 비해 적극적으로 이루어져 왔기 때문이다.
③ 트럭수송의 기동성이 산업계의 요청에 적합하기 때문이다.
④ 트럭수송의 경쟁자인 관계로 철도수송에서는 국철의 화물수송이 독립적으로 시장을 지배해 왔던 관계로 경쟁원리가 작용하지 않게되고 그 지위가 낮기 때문이다.

30 다음 중 '물류전략'의 목표로 볼 수 없는 것은?
① 서비스개선
② 비용절감
③ 자본절감
④ 운반에 관련된 가변비용의 최대화

31 고객에게 인사할 때의 마음가짐으로 옳지 않은 것은?
① 인사는 무표정하게 한다.
② 밝고 상냥한 미소로 한다.
③ 정성과 감사의 마음으로 한다.
④ 경쾌하고 겸손한 인사말과 함께 한다.

정답 21.① 22.② 23.③ 24.③ 25.② 26.① 27.③ 28.④ 29.① 30.④ 31.①

제1회 실전 모의고사

32 다음 중 운전자의 용모와 복장에 대한 설명으로 옳지 않은 것은?

① 복장을 품위 있게 갖춘다.
② 본인의 편리함과 기호에 맞춘다.
③ 용모와 복장은 단정하게 한다.
④ 용모와 복장은 규정에 맞춘다.

33 다음 중 꼴불견 인사가 아닌 것은?

① 높은 곳에서 윗사람에게 하는 인사
② 상냥한 미소로 하는 인사
③ 턱을 쳐들고 눈을 치켜뜨고 하는 인사
④ 머리만 까닥거리는 인사 밖고

34 물류네트워크의 평가와 감사를 위한 일반적 지침이 아닌 것은?

① 수요
② 제품 특성
③ 제품의 품질
④ 물류비용

35 다음 중 운행 전 일상점검을 하여 이상이 발견된 경우에는 누구에게 즉시 보고하여야 하는가?

① 정비 관리자
② 배차계
③ 정비 책임자
④ 운수업 사장

36 다음 중 직업 운전자의 기본예절에 대한 설명으로 옳은 것은?

① 상대방의 존중은 돈이 한 푼도 들지 않으므로 상대를 접대하는 효과가 없다.
② 상대방과의 신뢰 관계는 이익을 창출하며, 상대방에게 도움이 되지 않아야 신뢰 관계가 형성된다.
③ 모든 인간관계는 성실을 바탕으로 하며, 항상 변함없는 진실한 마음으로 상대를 대한다.
④ 상대방의 여건, 능력, 개인차를 인정하는 바탕이 없어야 한다.

37 고객의 욕구로 볼 수 없는 것은?

① 편안해 지고 싶어 한다.
② 관심을 가져 주기를 바란다.
③ 중요한 사람으로 인식되기를 바란다.
④ 기억되지 않기를 바란다.

38 제3자 물류의 기능에 컨설팅 업무를 추가 수행하는 것을 무엇이라 하는가?

① 제 1자 물류업
② 제 2자 물류업
③ 제 3자 물류업
④ 제 4자 물류업

39 고객과 대화할 때 유의사항으로 옳지 않은 것은?

① 매사를 함부로 단정하지 않고 말한다.
② 남들 앞에서 상대방의 약점을 지적한다.
③ 남이 이야기하는 도중에 분별없이 차단하지 않는다.
④ 엉뚱한 곳을 보고 말을 듣고 말하는 버릇은 고친다.

40 자가용 트럭 이용 시 장점이 아닌 것은?

① 시스템의 일관성이 유지 된다.
② 작업의 기동성이 높다.
③ 설비 투자가 필요 없다.
④ 높은 신뢰성이 확보된다.

정답 ● 32.② 33.② 34.③ 35.① 36.③ 37.④ 38.④ 39.② 40.③

실전 모의고사

1교시 교통 및 화물자동차운수사업 관련법규, 화물취급요령

01 편도 2차로 이상인 자동차전용도로에서 자동차의 법정 최고 속도는?

① 60km/h
② 75km/h
③ 85km/h
④ 90km/h

02 다음 중 일단정지 해야 할 곳에 대한 설명으로 옳은 것은?

① 철길 건널목을 통과할 때
② 횡단보도상에 보행자가 통행할 때
③ 길가의 주차장, 주유소 등을 출입키 위해 보도를 통행할 때
④ 교통정리가 행하여지고 있지 아니한 교통이 빈번한 교차로를 통행할 때

03 다음 중 서행하여야 하는 경우에 해당되지 않는 것은?

① 차로가 설치되지 아니한 좁은 도로에서 보행자의 옆을 통과할 때
② 교통정리가 행하여지고 있지 않은 교차로
③ 편도 3차로의 다리 위
④ 비탈길의 고갯마루 부근

04 다음 중 가장 우선적으로 통행할 수 있는 자동차는?

① 검찰청 업무용 자동차
② 화재현장 출동 중인 소방차
③ 출, 퇴근용 군용차량
④ 수사관이 운전하는 승용차

05 편도 2차로 이상인 고속도로에서 위험물운반자동차의 법정 최고 속도는(중부고속도로 및 서해안 고속도로 제외)?

① 65km/h
② 80km/h
③ 95km/h
④ 110km/h

06 다음 중 무면허운전에 해당되는 경우가 아닌 것은?

① 외국인이 국제운전면허를 받고 운전하는 경우
② 유효기간이 지난 운전면허증으로 운전하는 경우
③ 면허를 취득치 않고 운전하는 경우
④ 면허 취소처분을 받은 자가 운전하는 경우

07 다음 중 일시정지의 의미에 대한 설명으로 올바른 것은?

① 차가 5km/h 미만의 속도로 진행하는 것을 말한다.
② 반드시 차가 멈추어야 하되 얼마간의 시간동안 정지상태를 유지해야 하는 교통상황의 의미로서 정지상황의 일시적 전개를 말한다.
③ 차가 일시적으로 바퀴를 완전히 멈추어야 하는 행위 자체를 의미한다.
④ 차가 즉시 정지할 수 있는 느린 속도로 진행하는 것을 말한다.

08 다음 중 서행하여야 하는 경우에 속하는 것은?

① 교통정리가 행하여지고 있지 아니하는 교차로 진입 시
② 안전지대에 보행자가 없을 때
③ 차로가 설치되어 있는 도로를 주행 시
④ 신호기가 설치되어 있는 교차로 진입 시

09 다음 중 긴급자동차 접근시의 피양 방법으로 옳지 않은 것은?

① 교차로 부근 이외의 곳에서는 도로의 우측 가장자리로 피하여 진로를 양보하여야 한다.
② 교차로 부근에서는 교차로를 피하여 도로의 우측 가장자리에 일시 정지한다
③ 긴급자동차 접근 시 차량을 운행하는 중이라면 긴급자동차가 앞지르기 할 때까지 서행한다.
④ 일방통행도로에서 우측 가장자리 피양이 긴급자동차 통행에 지장을 주는 때에는 좌측가 장자리로 피하여 정지할 수 있다.

10 교통사고처리특례법상의 과속이란 도로교통법에 규정된 법정 속도와 지정속도를 몇 km/h초과된 경우를 말하는가?

① 10 km/h
② 13 km/h
③ 15 km/h
④ 20 km/h

정답 ▶ 01.④ 02.③ 03.③ 04.② 05.② 06.① 07.② 08.① 09.③ 10.④

제2회 실전 모의고사

11 다음 중 일시정지를 하여야 하는 경우가 아닌 것은?

① 정지선이나 횡단보도가 있는 곳에서 적색등화가 점멸 작동하고 있는 때
② 앞을 보지 못하는 사람이 흰색 지팡이를 가지고 도로를 횡단하고 있을 때
③ 가파른 비탈길의 내리막을 내려갈 때
④ 철길 건널목을 통과 하고자 하는 때

12 다음 중 편도 1차로 도로에서 최고속도로 옳은 것은?

① 45 km/h
② 50 km/h
③ 60 km/h
④ 75 km/h

13 다음 중 안전지대에 대한 설명으로 옳은 것은?

① 보행자가 도로를 횡단할 수 있도록 안전표지로써 표시한 도로의 부분을 말한다.
② 도로를 횡단하는 보행자나 통행하는 차마의 안전을 위하여 안전표지 그밖의 이와 비슷한 공작물로서 표시한 도로의 부분을 말한다.
③ 十자로, T자로 그 밖에 둘 이상의 도로가 교차하는 경우에 그 둘 이상의 도로(보도와 차도가 구분되어 있는 도로에서는 차도)가 교차하는 부분을 말한다.
④ 차로와 차로를 구분하기 위하여 그 경계지점을 안전표지에 의하여 표시한 선을 말한다.

14 다음 중 화물자동차운수사업법의 목적이 아닌 것은 ?

① 운수사업의 효율적 관리
② 공공복리 증진
③ 화물의 원활한 운송
④ 교통시스템의 효과적 관리

15 다음 중 교통안전 표지의 종류가 아닌 것은?

① 주의표지
② 지시표지
③ 규제표지
④ 경계표지

16 무면허운전에 해당되는 것은 다음 중 어느 것인가?

① 제2종 보통면허로 중형 승용자동차 운전
② 제1종 대형면허로 9인승 승합자동차 운전
③ 제2종 소형면허로 소형 승용자동차 운전
④ 제1종 보통면허로 12인승 승합자동차 운전

17 다음 중 제1종 보통면허로 운전할 수 없는 차종은?

① 승차정원 15인 이상의 긴급자동차
② 승용자동차
③ 승차정원 15인 이하의 승합자동차
④ 적재중량 12톤 미만의 화물자동차

18 다음의 횡단보도 사고 중에서 보행자보호의무위반 적용이 되지 않는 것은?

① 오토바이 끌고 횡단보도 보행 중 사고
② 이륜차를 타고가다 멈추고 한발을 페달에, 한발을 노면에 딛고 서 있던 중 사고
③ 이륜차를 끌고 횡단보도 보행 중
④ 이륜차를 타고 횡단보도 통행 중 사고

19 다음 중 무면허 운전 금지규정 위반 또는 그 밖의 사유로 운전 면허가 취소된 후 면허시험에 응시 할 수 있는 기간에 대한 설명으로 옳지 않은 것은?

① 무면허 운전금지 규정에 위반하여 자동차 등을 운전한 경우 위반한 날로부터 2년
② 주취운전 금지규정에 위반하여 운전 중 3회 이상 교통사고를 일으킨 경우 운전면허가 취소된 날로부터 4년
③ 무면허운전금지, 주취운전금지, 과로·질병·약물로 정상적 운전을 못할 염려가 있는 때의 운전금지 이외의 사유로 사람을 사상한 후 구호조치 및 사고발생 신고의무를 위반한 경우에는 그 위반한 날부터 4년
④ 주취운전금지 또는 과로·질병·약물의 영향으로 정상적 운전을 못할 염려가 있는 때의 운전금지 규정에 위반하여 구호조치 및 사고발생 신고의무를 위반한 경우에는 그 위반한 날부터 5년

20 다음 중 산업현장의 일반적인 화물자동차 호칭 중 원동기의 전부 또는 대부분이 운전실 아래쪽에 있는 트럭을 무엇이라 하는가?

① 밴
② 캡 오버 트럭
③ 픽업
④ 보닛트럭

21 다음 중 운송장 부착요령에 대한 설명으로 옳지 않은 것은?

① 운송장은 물품의 하단 구석에 부착한다.
② 운송장 부착은 원칙적으로 접수장소에서 매 건마다 작성하여 화물에 부착한다.
③ 물품 정중앙 상단에 부착이 어려운 경우 최대한 잘 보이는 곳에 부착한다.
④ 박스 모서리나 후면부 또는 측면 부착으로 혼동을 주어서는 안 된다.

정답 ○ 11.③ 12.③ 13.② 14.② 15.④ 16.③ 17.① 18.④ 19.② 20.② 21.①

제2회 실전 모의고사

22 사고화물의 배달시의 요령으로 부적합 한 것은?

① 화주의 심정은 상당히 격한 상태임을 생각하고 사고의 책임 여하를 떠나 대면시 정중히 인사를 한 뒤, 사고경위를 설명한다.
② 화주와 화물상태를 상호 확인하고 상태를 기록한 뒤, 사고 관련 자료를 요청한다.
③ 사고화물의 책임이 배송인이 아님을 강조하고 되도록 빠르게 자리를 피한다.
④ 대략적인 사고처리과정을 알리고 해당점소 연락처와 사후 조치사항에 대해 안내를 하고, 사과를 한다.

23 다음 중 운송화물의 적재방법에 대한 설명으로 옳지 않은 것은?

① 부피가 큰 것을 쌓을 때에는 가벼운 것은 밑에 무거운 것은 위에 쌓는다.
② 볼트와 같이 세밀한 물건은 상자에 넣고 쌓는다.
③ 둥글고 구르기 쉬운 물건은 상자에 넣고 쌓는다.
④ 차의 동요로 안전이 파괴되기 쉬운 짐은 로프로 반드시 묶는다.

24 다음 중 화물 인수요령으로 적합하지 않은 것은?

① 집하 자제 품목 및 금지 품목의 경우는 그 취지를 알리고 양해를 구한 후 정중히 거절한다.
② 제주도 및 도서지역인 경우 그 지역에 적용되는 부대비용을 수하인에게 징수할 수 있음을 반드시 알려주고 양해를 구한 뒤 인수한다.
③ 포장 및 운송장 기재 요령 등은 숙지하지 않은 상태로 인수한다.
④ 집하 물품의 도착지와 고객의 배달 요청일이 배송 소요일 수 내에 가능한 지 여부를 확인하고 인수한다.

25 다음 중 송하인이 운송장에 기재하여야 하는 사항이 아닌 것은?

① 운송료
② 수하인의 주소, 성명, 전화번호
③ 물품의 품명, 수량, 물품가격
④ 송하인의 주소, 성명(또는 상호) 및 전화번호

26 다음 중 캡 오우버 트럭(cab-over-engine truck)에 대한 설명으로 옳은 것은?

① 탱크모양의 용기와 펌프 등을 갖추고 물·휘발유 등과 같은 액체를 수송하는 특별 장비차이다.
② 화물실의 지붕이 없고, 옆판이 운전대와 일체로 되어 있는 소형트럭을 말한다.
③ 원동기의 전부 또는 대부분이 운전실의 아래쪽에 있는 트럭을 말한다.
④ 크레인 등을 갖추고 고장차의 앞 또는 뒤를 매달아 올려서 수송하는 특별 장비차이다.

27 집하 담당자가 운송장에 기재하여야 하는 사항이 아닌 것은?

① 접수일자, 발송점, 도착점, 배달 예정일
② 기타 물품의 운송에 필요한 사항
③ 집하자 성명, 전화번호
④ 배송인의 성명, 전화번호

28 다음 중 화물의 하역 방법으로 옳지 않은 것은?

① 길이가 고르지 못하면 한쪽 끝이 맞도록 한다.
② 화물의 종류별로 규정된 적재단 이상 적재한다.
③ 상자 화물은 지시 표시에 따라 취급하여야 한다.
④ 종류가 다른 것은 적치할 때는 무거운 것을 밑에 쌓는다.

29 다음 중 운송장의 기능이라고 할 수 없는 것은?

① 계약서 기능
② 물품판매 증대 기능
③ 운송요금 영수증 기능
④ 화물인수증 기능

30 다음 중 세미 트레일러용 트랙터에 연결하여, 총 하중의 일부분이 견인하는 자동차에 의해서 지탱되도록 설계된 트레일러를 무엇이라 하는가?

① 폴 트레일러(pole trailer)
② 풀 트레일러(full trailer)
③ 세미 트레일러(semi-trailer)
④ 돌리(dolly)

31 트레일러의 장점이 아닌 것은 어느 것인가?

① 저렴한 운송비용
② 트랙터의 효율적 이용
③ 트랙터와 운전자의 효율적 운영
④ 일시보관기능의 실현

32 다음 중 운송장에 기록하여야 할 내용으로 옳은 것은?

① 화물 운송자 주소, 성명, 전화번호
② 주문번호 또는 고객번호
③ 배송인 주소, 성명, 전화번호
④ 화물의 도착 예정일

정답 ○ 22.③ 23.① 24.③ 25.① 26.③ 27.④ 28.② 29.② 30.③ 31.① 32.②

제2회 실전 모의고사

화물운송종사자격시험

33 다음 중 위험물을 취급할 때 확인 점검사항으로 옳지 않은 것은?

① 담당자 이외에는 손대지 않도록 조치한다.
② 주위 정리 정돈 상태는 양호한지 점검한다.
③ 탱크로리에 커플링은 잘 연결되었는지 확인한다.
④ 주위에 안전표지를 부착하였는지 확인한다.

34 다음 중 운송장 기재 시 유의사항으로 옳지 않은 것은?

① 수하인의 주소 및 전화번호가 맞는지 재차 확인한다.
② 운송장은 꼭꼭 눌러 기재하여 맨 뒷면까지 잘 복사되도록 한다.
③ 화물 인수 시 적합성 여부를 확인한 다음, 운송장 정보를 필히 집하담당자가 기입하도록 한다.
④ 파손, 부패, 변질 등 물품의 특성상 문제의 소지가 있을 때는 면책확인서를 받는다.

35 한국공업규격에 의한 화물자동차의 종류 중 화물실의 지붕이 없고, 옆판이 운전대와 일체로 되어 있는 소형트럭을 무엇이라 하는가?

① 밴(van)
② 본네트 트럭 (cab-behind-engine truck)
③ 캡 오우버 트럭(cab-over-engine truck)
④ 픽업(pick up)

36 다음 중 운송이나 하역 중에 발생되는 가속도의 증가에서 발생되는 물품의 파손을 방지하기 위해서 적용되는 포장방법으로서 소요완형재의 두께를 산정, 조건에 적응할 수 있는 포장을 무엇이라 하는가?

① 완충포장
② 방청포장
③ 방습포장
④ 방수포장

37 화물사고의 원인에 대한 설명으로 옳지 않은 것은?

① 집하 시 화물의 포장상태 미확인
② 화물 적재 시 부분별한 적재로 압착되는 경우
③ 화물을 함부로 던지거나 발로 차거나 끄는 행위
④ 보강포장해서 배송한 충격에 약한 화물

38 다음 중 유연포장의 예가 아닌 것은?

① 지지포장
② 면대포장
③ 직포대포장
④ 판지상자포장

39 다음 중 독극물을 취급할 때 주의사항으로 옳지 않은 것은?

① 독극물 저장소, 드럼통, 용기, 배관 등은 내용물을 알 수 있도록 표시하지 않는다.
② 표지 불명의 독극물을 함부로 취급하지 말고 완전히 안 다음 취급할 것.
③ 도난방지 및 오용방지를 위해 보관을 철저히 할 것.
④ 독극물을 취급하거나 운반할 때는 소정의 안전한 용기, 도구, 운반구 및 운반차를 이용한다.

40 화물을 취급하기 전에 준비, 확인 또는 확인할 사항에 대한 설명으로 옳지 않은 것은?

① 보호구의 자체결함은 없는지 또는 사용방법은 알고 있는지 확인한다.
② 위험물, 유해물 취급 시는 간편한 옷차림으로 주의해서 작업을 신속히 처리한다.
③ 취급할 화물의 품목별, 포장별, 비포장별(산물, 분탄, 유해물) 등에 따른 취급방법 및 작업순서를 사전 검토한다.
④ 유해, 유독화물 확인을 철저히 하고 위험에 대비할 약품, 세척용구 등을 준비한다.

정답 ❍ 33.④ 34.③ 35.④ 36.① 37.④ 38.④ 39.① 40.②

192

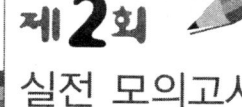

2교시 안전운행, 운송서비스

01 다음 중 동체시력의 특징이라 할 수 없는 것은?
① 동체시력은 물체의 이동속도가 빠를수록 상대적으로 저하된다.
② 동체시력은 연령이 높을수록 더욱 저하된다.
③ 동체시력은 연령에 관계없이 일정하다.
④ 동체시력은 장시간 운전에 의한 피로상태에서도 저하된다.

02 다음 중 과다한 음주의 문제점에 대한 설명으로 옳지 않은 것은?
① 과도한 음주는 반사회적 행동, 정신장애, 기타 약물 남용, 강박신경증 등을 유발할 가능성이 높고, 우울증과 자살도 음주와 밀접한 관련이 있는 것으로 나타나고 있다.
② 과다음주(알콜 남용)는 신체의 거의 모든 부분에 영향을 미쳐 간질환, 위염, 췌장염, 고혈압, 중풍, 식도염, 당뇨병, 그리고 심장병 등 많은 질환을 일으키는 것으로 보고되고 있다.
③ 적당한 음주는 안전한 교통생활에 긍정적인 영향을 미치며 소심한 운전자에게는 용기를 주어 치명적인 교통사고를 예방하는 경우가 많다.
④ 음주는 본인뿐 아니라 가족구성원들의 정서와 생활에 부정적인 큰 영향을 미쳐 가정의 가족응집력, 생활만족도가 일반 가족에 비해 낮아질 뿐만 아니라 문제성 음주자의 배우자들은 불안, 우울, 강박, 적대감 등이 높다.

03 다음 중 어린이 교통사고의 특징에 대한 설명으로 옳지 않은 것은?
① 학년이 높을수록 교통사고를 많이 당한다.
② 보행 중 교통사고를 당하여 사상 당하는 비율이 절반 이상으로 가장 높다.
③ 시간대별 어린이 사상자는 오후 4시에서 오후 6시 사이에 가장 많다.
④ 보행 중 사상자는 집에서 2km 이내의 거리에서 가장 많이 발생되고 있다.

04 급커브 길 주행 요령에 대한 설명으로 옳지 않은 것은?
① 후사경으로 오른쪽 후방의 안전을 확인한다.
② 커브 내각의 연장선에 이르렀을 때 핸들을 꺾인다.
③ 풋 브레이크를 사용하여 충분히 속도를 줄인다.
④ 고단 기어로 변속한다.

05 내리막 길 안전운전 및 방어운전의 요령에 대한 설명으로 적합하지 않은 것은?
① 엔진 브레이크를 사용하면 페이드 현상을 예방하여 운행 안전도를 더욱 높일 수 있다.
② 경사가 가파르지 않은 긴 내리막길을 내려갈 때 시선은 먼 곳을 바라보는 경향이 있기 때문에 무심코 가속페달을 밟게 되어 자신도 모르게 속도가 높아질 위험이 있다.
③ 내리막길에서 연료를 절약하기 위하여 기어를 중립에 놓고 내려가는 것이 안전하다.
④ 내리막길을 내려가기 전에는 미리 감속하여 천천히 내려가며 엔진 브레이크로 속도를 조절하는 것이 바람직하다.

06 어두운 조건에서 밝은 조건으로 변할 때 사람의 눈이 그 상황에 적응하여 시력을 회복하는 것을 무엇이라 하는가?
① 명순응
② 심시력
③ 주변시력
④ 암순응

07 다음 중 운전피로의 3요인이 아닌 것은?
① 운전피로는 수면·생활환경 등 생활요인
② 차내환경·차외환경·운행조건 등 운전작업중의 요인
③ 차량 노후화 및 자동차 설비에 따른 기능적 요인
④ 신체조건·경험조건·연령조건·성별조건·성격·질병 등의 운전자 요인

08 자동차의 점검에 있어 오감에 의한 점검방법이 아닌 것은?
① 촉각에 의한 점검
② 청각에 의한 점검
③ 후각에 의한 점검
④ 육감에 의한 점검

09 교통사고의 3대 요인 중 환경요인이 아닌 것은?
① 운전습관
② 교통환경
③ 구조환경
④ 자연환경

10 고령 보행자 교통안전 계몽 방법으로 적합하지 않은 것은?
① 야간에 운전자들의 눈에 잘 보이도록 의복, 야광재의 보조 착용을 권유
② 필요시 안경착용을 권유 한다.
③ 도로를 횡단시에는 되도록 단독으로 횡단 할 수 있도록 권유
④ 도로 횡단시 2륜자동차(모터사이클)를 잘 살피도록 권유

정답 ◐ 01.③ 02.③ 03.① 04.④ 05.③ 06.① 07.③ 08.④ 09.① 10.③

제2회 실전 모의고사

화물운송종사자격시험

11 다음 중 교통사고의 3대 요인이 아닌 것은?

① 도로 환경 요인　　　② 물리적 요인
③ 인적 요인　　　　　④ 차량 요인

12 다음은 교량과 교통사고에 대한 설명이다. 옳지 않은 것은?

① 교량의 접근로 폭과 교량의 폭이 같을 때 사고율이 가장 낮다.
② 교량의 접근로 폭과 교량의 폭이 서로 다른 경우에도 교통 통제설비, 표지, 시선 유도표, 교량 끝단의 노면표시를 효과적으로 설치함으로써 사고를 감소시킬 수 있다.
③ 교량 접근로의 폭에 비하여 교량의 폭이 좁을수록 사고가 더 많이 발생한다.
④ 교량의 폭, 교량 접근부 등은 교통사고와 아무런 관계가 없다.

13 암순응에 대한 설명이 맞는 것은?

① 일광 또는 조명이 밝은 조건에서 어두운 조건으로 변할 때 사람의 눈이 그 상황에 적응하여 시력을 회복하는 것을 말한다.
② 전방에 있는 대상물까지의 거리를 목측하는 기능.
③ 일광 또는 조명이 어두운 조건에서 밝은 조건으로 변할 때 사람의 눈이 그 상황에 적응하여 시력을 회복하는 것을 말한다.
④ 정지한 상태에서 눈의 초점을 고정시키고 양쪽 눈으로 볼 수 있는 범위를 말한다.

14 보행자 사고에서 가장 높은 비중을 차지하는 연령층은?

① 어린이와 노약자　　② 10~20대
③ 30~40대　　　　　④ 40~50대

15 자동차가 물이 고인 노면을 고속으로 주행할 때 타이어는 그 루부(타이어 홈) 사이에 있는 물을 배수하는 기능이 감소되어 물의 저항에 의해 노면으로부터 떠올라 물위를 미끄러지듯이 되는 현상이 발생하게 되는데 이러한 현상을 무엇이라 하는가?

① 페이드 현상
② 수막현상
③ 베이퍼 로크 현상
④ 스텐딩 웨이브 현상

16 다음 중 커브 길에서 교통사고의 위험을 설명한 것으로 적합하지 않은 것은?

① 도로 외에 이탈 위험이 있다.
② 중앙선을 침범하여 대항차와 충돌할 위험이 있다.

③ 시야의 확보가 쉬우므로 사고 위험이 적다.
④ 시야 불량으로 인한 사고의 위험이 있다.

17 트랙터 운행요령에 대한 설명으로 옳지 않은 것은?

① 화물을 편중되게 적재하지 말아야 한다.
② 정량초과 적재를 절대로 하지 말아야 한다.
③ 교통법규를 항상 준수하여 타인에게 양보할 수 있는 아량을 가져야한다
④ 주차 시에는 가능한 한 경사진 곳에 주차 하여야간 한다.

18 고령자 교통안전 장애 요인이 아닌 것은?

① 사회생활을 통하여 얻은 풍부한 지식과 경험
② 주의·예측·판단의 부족
③ 자동차 주행속도와 거리의 측정능력 결여
④ 위험한 교통상황에 대처함에 있어 이를 회피할 수 있는 능력의 부족

19 도로교통의 구성요소가 아닌 것은?

① 도로　　　　　　　② 궤도
③ 차량　　　　　　　④ 사람

20 다음 중 페이드 현상에 대해 설명한 것은 어느 것인가?

① 비탈길을 내려갈 때 브레이크를 반복하여 사용하면 마찰열이 라이닝에 축적이 되면서 브레이크의 제동력이 저하되는 현상
② 브레이크오일에 기포가 발생하여 브레이크가 제대로 작동하지 않는 현상
③ 비가 자주오거나 공기 중에 습도가 높은 날, 자동차를 오랫동안 주차해 놓으면 브레이크 드럼에 미세한 녹이 발생하는 현상
④ 타이어가 회전하면 타이어의 원주에서는 변형과 복원을 반복하는데, 타이어의 회전속도가 빨라지면 접지부에서 받은 타이어의 주름이 다음 접지 시점이 되어도 복원되지 않고 접지의 뒤쪽에 진동의 물결이 일어나는 현상

21 화물차량 작업상의 어려움이 아닌 것은?

① 차량의 장시간 운전으로 제한된 작업공간부족
② 주, 야간의 운행으로 생활리듬의 불규칙한 생활 연속
③ 화물의 특수수송에 따른 운임에 대한 안정감
④ 공로운행에 따른 타 차량과 교통사고에 대한 위기의식 잠재

정답 ◆ 11.② 12.④ 13.① 14.① 15.② 16.③ 17.④ 18.① 19.② 20.① 21.③

194

제2회 실전 모의고사

22 고객 상담시의 대처요령에 대한 설명으로 옳지 않은 것은?
① 집하의뢰 전화는 고객이 원하는 날, 시간 등에 맞추도록 노력한다.
② 전화벨이 울리면 즉시 받는다(3회 이내)
③ 담당자가 부재중일 경우에는 전화를 받지 않는다.
④ 배송확인 문의전화는 영업사원에게 시간을 확인한 후 고객에게 답변한다.

23 다음 중 국내 화주기업 물류의 문제점이라고 볼 수 없는 것은?
① 시설간, 업체간 표준화 미비
② 제3자 물류(3P/L)기능의 강화(제안적, 변형적 형태)
③ 제조물류업체간 협조성 미비
④ 물류전문 업체의 물류 인프라 활용도 미약

24 다음 중 물류의 기능이 아닌 것은?
① 하역기능
② 정보기능
③ 보관기능
④ 재고관리 기능

25 언어예절에 대한 설명으로 적합하지 않은 것은?
① 매사에 침묵으로 일관하는 것이 좋다.
② 독선적, 독단적, 경솔한 언행을 삼간다.
③ 불평불만을 함부로 떠들지 않는다.
④ 부하직원이라 할지라도 농담은 조심스럽게 한다.

26 기업경영에 있어서 물류의 역할에 대한 설명으로 옳지 않은 것은?
① 마케팅의 절반을 차지
② 판매기능 촉진
③ 상류(商流)와 물류(物流)결합을 촉진
④ 적정재고의 유지로 재고비용 절감에 기여

27 다음 중 택배 종사자의 서비스 자세로 옳지 않은 것은?
① 애로사항이 있더라도 극복하고 고객만족을 위하여 최선을 다한다.
② 운송장은 반드시 고객에게 작성하라고 한다.
③ 상품을 판매하고 있다고 생각한다.
④ 진정한 택배 종사자로서 대접 받을 수 있도록 행동한다.

28 택배화물의 배달순서와 계획을 설명한 것으로 적합하지 않은 것은?
① 배달구역의 상세지도를 준비한다.
② 배달표에 나타난 주소대로 배달할 것을 표시한다.
③ 배달표는 순서 없이 정리
④ 우선적으로 배달해야 할 고객의 위치 표시

29 다음은 물류관리의 의의에 대한 설명이다. 적합지 않은 것은?
① 기업내적 물류관리는 물류관리의 효율화를 통한 물류비를 절감하는데 의의가 있다
② 기업 경영에 있어 대 고객 서비스 제고와 물류비 절감을 동시에 달성하기 취한 물류 전략을 구사하기 위해서는 종합물류관리 체제로서 고객이 원하는 적절한 품질의 상품 적량을, 적시에, 적절한 장소에, 좋은 인상과 적절한 가격으로 공급해 주어야 함.
③ 기업외적 물류관리는 고도의 물류 서비스를 소비자에게 제공하여 기업의 경쟁력을 강화하는데 있다.
④ 물류의 신속, 안전, 정확, 편리, 경제성 등에 대하여 고려하지 않고 적당한 대고객 서비스를 제공하는데 의의가 있다.

30 다음 중 운송 관련 용어의 의미 설명이 틀린 것은?
① 운송: 서비스 공급측면에서의 재화의 이동
② 운수: 행정상 또는 법률상의 운송
③ 운반: 한정된 공간과 범위 내에서의 재화의 이동
④ 통운: 현상적인 시각에서의 재화의 이동

31 악수에 대한 예절을 설명한 것으로 옳지 않은 것은?
① 손이 더러울 때에는 양해를 구한다.
② 손은 오른손이나 왼손 중 아무 손이나 상관없다.
③ 상대방의 눈을 바라보며 웃는 얼굴로 악수한다.
④ 상대와 적당한 거리에서 손을 잡는다.

32 다음 중 호감을 받을 수 있는 시선에 대한 설명으로 옳은 것은?
① 상대방을 위 아래로 훑어본다.
② 항상 부자연스러운 시선으로 상대방을 본다.
③ 눈동자는 항상 좌측에 위치하도록 한다.
④ 가급적 상대방의 눈높이와 맞춘다.

정답 22.③ 23.② 24.④ 25.① 26.③ 27.② 28.③ 29.④ 30.④ 31.② 32.④

제2회 실전 모의고사

33 삼가야 할 운전행동이 아닌 것은?

① 올바른 방향전환 및 차로변경
② 자동차 계기판 윗부분 등에 발을 올려놓고 운행하는 행위
③ 욕설이나 경쟁심의 운전행위
④ 교통 경찰관의 단속 행위에 불응하고 항의하는 행위

34 고객 불만 발생 시 행동요령으로 적합하지 않은 것은?

① 고객의 감정을 상하게 하지 않도록 불만 내용을 끝까지 참고 듣는다.
② 불만전화가 접수 되어진 것은 기타 다른 일처리를 우선 처리한 후 해결해 준다.
③ 고객의 불만, 불편사항이 더 이상 확대되지 않도록 한다.
④ 불만사항에 대하여 정중히 사과한다.

35 고객만족 행동예절에서 인사에 대한 설명으로 옳지 않은 것은?

① 인사는 상대방에게 충고를 표현하는 행동 양식이다.
② 인사는 서비스의 첫 동작이요 마지막 동작이다.
③ 인사는 고객에 대한 마음가짐의 표현이다.
④ 인사는 서로 만나거나 헤어질 때 말, 태도 등으로 사랑을 표현하는 행동 양식이다.

36 다음 중 자동차를 운행 중 교통사고가 발생된 경우 조치하여야 할 사항으로 틀린 것은?

① 사고로 인한 행정처분 등은 임의처리가 불가하며, 회사의 지시에 따라 처리한다.
② 사고현장에서 차량을 이동시키지 말고 상대방과 시비를 가리거나 합의하도록 한다.
③ 부상자의 구호 조치 및 현장 조치로 후속사고를 예방한다.
④ 어떠한 사고라도 임의 처리가 불가하여, 사고발생 경위를 육하원칙에 의거 거짓 없이 회사에 즉시 보고한다.

37 다음 중 물류의 보관에 대해 설명한 것으로 옳지 않은 것은?

① 보관은 수요와 공급의 시간적 간격을 조정한다.
② 보관은 물품을 저장, 관리하는 것을 의미한다.
③ 보관은 경제활동의 안전과 촉진을 저해한다.
④ 보관은 시간, 가격의 조정에 관한 기능을 수행한다.

38 다음은 특별 품목의 포장 시 유의사항이다. 적합하지 않는 것은?

① 노트북 등 고가품의 경우 내용물이 잘 파악되도록 별도의 박스로 이중 포장한다.
② 가구류의 경우 모서리 부분을 박스 포장하고 에어캡으로 포장 처리 후 면책 확인서를 받아 집하한다.
③ 부패 등 변질되기 쉬운 물품은 아이스박스를 사용한다.
④ 비나 눈이 올 때에는 비닐 포장을 원칙으로 한다.

39 다음 중 올바른 인사방법이 아닌 것은?

① 머리와 상체를 숙인다
② 머리와 상체를 직선으로 하여 상대방의 발끝이 보일 때까지 천천히 숙인다.
③ 인사하는 지점의 상대방과의 거리는 약 2m 내외가 적당하다.
④ 턱을 최대한 내밀고 인사를 한다.

40 다음 중 물류 계획 수립의 주요 영역으로 볼 수 없는 것은?

① 재고의사 결정
② 물류비용 결정
③ 수송의사 결정
④ 설비의 입지

정답 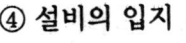 33.① 34.② 35.① 36.② 37.③ 38.① 39.④ 40.②

제3회 실전 모의고사

1교시 — 교통 및 화물자동차운수사업 관련법규, 화물취급요령

01 다음 중 이상 기후 시의 운행 속도 감속기준에 대한 설명으로 틀린 것은?

① 비가 내려 노면에 습기가 있는 때 최고 속도의 20/100을 줄인 속도
② 노면이 얼어붙는 때 최고 속도의 20/100을 줄인 속도
③ 폭우, 폭설, 안개 등으로 가시거리가 100m이내인 때 최고 속도의 50/100을 줄인 속도
④ 눈이 20mm미만 쌓인 때 최고 속도의 20/100을 줄인 속도

02 교통사고 결과에 따른 벌점기준에서 경상자 1명마다 사고차량 운전자에게 주어지는 벌점으로 옳은 것은?

① 5점   ② 10점
③ 15점   ④ 20점

03 다음 중 교통사고처리특례법상 중대과실 10개항이 아닌 것은?

① 보도 침범사고
② 신호 또는 지시위반 사고
③ 중앙선 침범사고
④ 과속 20km/h 이하 위반 사고

04 총 하중의 일부분이 견인하는 자동차에 의해서 지탱되도록 설계된 트레일러를 무엇이라 하는가?

① 세미 트레일러
② 돌리
③ 레커트럭
④ 폴 트레일러

05 다음 중 일시정지를 이행해야 할 장소에 대한 설명 중 틀린 것은?

① 교통정리가 행하여지고 있지 아니하고 좌·우를 확인할 수 없거나 교통이 빈번한 교차로 진입 시
② 지방경찰청장이 필요하다고 인정하여 일시정지 표지에 의하여 지정한 곳
③ 도로가 구부러진 부근을 운행 할 때
④ 정지선이나 횡단보도가 있는 곳에서 적색등화 점멸하는 때

06 다음 중 무면허운전 금지의 규정에 위반하여 자동차등을 운전한 경우에는 그 위반한 날부터 몇 년 후 부터 운전면허취득 응시를 할 수 있는가?

① 1년
② 2년
③ 3년
④ 4년

07 다음 중 운전면허 행정처분 기준의 감경사유에 해당되는 것은?

① 혈중알코올농도 0.11% 상태로 주취 운전한 경우
② 모범운전자로서 처분 당시 3년 이상 교통봉사활동에 종사하고 있는 경우
③ 경찰관의 음주측정 요구에 불응한 경우
④ 과거 5년 이내에 3회 이상 인적피해 교통사고를 일으킨 전력이 있는 경우

08 다음 중 도로교통법상 신호기의 신호표시 수단에 해당되지 않는 것은?

① 문자
② 등화
③ 영문자
④ 기호

09 자동차관리법상의 자동차가 아닌 것은?

① 궤도차
② 덤프트럭
③ 콘크리트믹서트럭
④ 25톤 이상의 화물차량

정답 ▶ 01.② 02.① 03.④ 04.① 05.③ 06.② 07.② 08.③ 09.①

제3회 실전 모의고사

화물운송종사자격시험

10 다음 중 자동차관리법상 소형 화물자동차의 세부 기준에 대한 설명으로 옳은 것은?

① 배기량이 1000(800)cc 미만으로서 길이 3.6(3.5)미터, 너비 1.6(1.5)미터, 높이 2.0미터 이하인 것
② 최대적재량이 1톤 초과 5톤 미만이거나, 총중량이 3톤 초과 10톤 미만인 화물자동차
③ 최대적재량이 1톤 이하인 것으로서 총중량이 3톤 이하인 화물자동차
④ 최대적재량이 5톤 이상이거나, 총중량이 10톤 이상인 화물자동차

11 다음 중 일단정지의 설명으로 옳은 것은?

① 반드시 차가 멈추어야 하되 얼마간의 시간동안 정지상태를 유지해야 하는 교통상황을 말한다.
② 반드시 차가 일시적으로 바퀴를 완전히 멈추어야 하는 행위 자체의 의미로서 운행의 순간적 정지를 말한다.
③ 반드시 차가 일시적으로 바퀴를 멈추어야 하는 행위자체만을 의미한다.
③ 차가 완전히 정지된 상태를 말한다.

12 다음 중 벌점 초과로 운전면허가 취소처분된 경우 면허시험에 응시할 수 있는 기간은?

① 1년   ② 2년
③ 3년   ④ 5년

13 편도 2차로 이상 일반도로의 최고속도와 최저속도를 알맞게 짝지은 것은?

① 최고 70km~최저 제한없음
② 최고 70km~최저 50km
③ 최고 80km~최저 제한없음
④ 최고 80km~최저 50km

14 1종 보통면허로 운전 할 수 있는 차량으로 옳은 것은?

① 천공기(트럭 적재식)
② 적재중량 11.5톤 화물자동차
③ 도로를 운행하는 3톤 이상의 지게차
④ 승차정원 17인승 승합자동차

15 다음 중 횡단보도를 횡단하는 보행자로 볼 수 없는 경우는?

① 자전거를 끌고 횡단한다.
② 이륜차를 끌고 횡단한다.
③ 뛰어서 횡단하는 어린이.
④ 이륜차를 타고 횡단한다.

16 다음 중 황색신호의 뜻으로 적합한 것은?

① 황색 점멸 작동은 아무런 의미가 없다.
② 교차로에 이미 진입한 경우라도 정지하여야 한다.
③ 정지선이 있거나 이미 진입한 경우라도 정지하여야 한다.
④ 진행신호의 연장 신호이므로 그대로 진행하여도 된다.

17 다음 중 1종 보통면허로 운전할 수 있는 차량은 어느 것인가?

① 3륜화물자동차
② 승차정원 15인 이하의 승합자동차
③ 원동기장치자전거
④ 3륜승용자동차

18 다음 중 교통사고 야기 시 조치 불이행에 따른 벌점기준 설명으로 옳지 않은 것은?

① 고속도로, 특별시·광역시 및 시의 관할구역과 군(광역시의 군을 제외한다)의 관할구역 중 경찰관서가 위치하는 리 또는 동지역에서 48시간 이내에 자진신고를 한 때 벌점 50점
② 교통사고 즉시 사상자를 구호하는 등 조치를 하지 아니하였으나 그 후 자진신고를 한때 벌점 15점
③ 고속도로, 특별시·광역시 및 시의 관할구역과 군(광역시의 군을 제외한다)의 관할구역 중 경찰관서가 위치하는 리 또는 동지역에서 3시간(그 밖의 지역에서는 12시간) 이내에 자진신고를 한 때 벌점 30점
④ 물적피해 교통사고를 야기한 후 도주한 때 벌점 15점

19 다음 중앙선 침범 사례 중 특례법상 형사 입건 사항이 아닌 것은?

① 졸다가 뒤늦게 급제동으로 중앙선 침범사고
② 빗길 과속으로 중앙선 침범사고
③ 교차로 좌회전 중 일부 중앙선 침범사고
④ 차내 잡담 등 부주의로 인한 중앙선 침범사고

20 다음 중 음주운전 금지규정의 설명으로 옳지 않은 것은?

① 혈중알코올농도 0.08%이상의 상태로 음주 운전한 경우 운전면허는 취소된다.
② 술에 취한 상태의 기준은 혈중알코올농도 0.03% 이상이다.
③ 혈중알코올농도 0.10% 미만의 상태로 음주 운전한 경우 운전면허 벌점은 100점이다.
④ 소주를 마신 후 얼굴에 주기가 나타난 상태로 운전한 경우 음주운전에 해당된다.

정답 ⊙ 10.③ 11.② 12.① 13.③ 14.② 15.④ 16.③ 17.② 18.① 19.③ 20.④

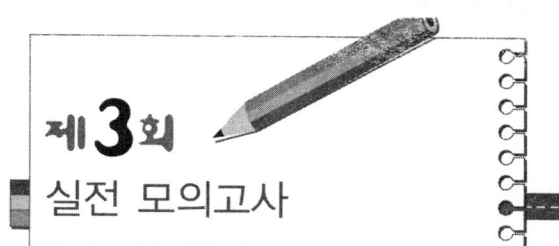

21 창고 내 및 입출고 작업요령에 대한 설명으로 적합하지 않은 것은?

① 창고 내 작업 시는 어떠한 경우도 흡연을 금한다.
② 하적단의 화물 출하 시는 하적단 아래에서부터 순차적으로 충계를 지으면서 헐어낸다.
③ 화물더미에 오르내릴 시는 정중한 동작을 해야 한다.
④ 화물적하장소에 무단출입하지 않는다.

22 전용 특장차의 종류 중 시멘트, 사료, 곡물, 화학제품, 식품 등 분립체를 자루에 담지 않고 실물상태로 운반하는 용도로 사용되는 차량은?

① 믹서차량
② 액체 수송차
③ 분·입체 수송차
④ 덤프트럭

23 다음 중 운송장을 기재할 때 유의하여야 할 사항에 대한 설명으로 옳지 않은 것은?

① 수하인의 주소 및 전화번호가 맞는지 확인은 하지 않아도 된다.
② 산가, 오지 섬지역 등 지역 특성을 고려하여 배달 예정일을 정한다.
③ 고가품에 대하여는 품목과 가격을 정확히 확인하여 기재하고 할증료를 청구하며 할증료 거절 시 특약사항을 설명하고 보상 한도에 대해 서명을 받는다.
④ 같은 곳으로 2개 이상 보내는 물품에 대하여는 보조 송장을 기재하여 보조 송장도 주송장과 같이 정확한 주소와 전화번호를 기재한다.

24 다음 중 전용 특장차에 포함되지 않는 것은?

① 액체 수송차
② 믹서 차량
③ 냉동차
④ 고체 수송차

25 하역방법에 대한 설명으로 옳지 않은 것은?

① 화물을 되도록 한줄로 높이 쌓아 붕괴 위험을 방지한다.
② 야외에 적재할 때에는 받침을 하고 덮개로 덮는다.
③ 작은 화물 위에 큰 화물을 놓지 말아야 한다.
④ 길이가 고르지 못하면 한쪽 끝이 맞도록 한다.

26 다음 중 고객 유의사항의 필요성이 아닌 것은?

① 택배는 소화물 운송으로 무한책임이 아닌 과실 책임에 한정하여 변상할 필요성.
② 내용검사가 부적당한 수탁물에 대한 송하인의 책임을 명확히 설명할 필요성.
③ 화물에 대한 배송 경로 설명에 대한 필요성
④ 운송인이 통보받지 못한 위험부분까지 책임지는 부담 해소

27 운송장에 기록되어야 하는 내용이 아닌 것은?

① 화물명
② 도착지
③ 면책사항
④ 배송인 주소 및 전화번호

28 다음 중 차량 운행요령에 대한 설명으로 적합하지 않은 것은?

① 크레인의 소정 인양 중량을 초과하는 작업을 허용해서는 안 된다.
② 배차 지시에 따라 차량을 운행하여야 한다.
③ 배차 지시에 의하여 지시된 물자를 지정된 구간에 한정된 시간 내에 안전하고 정확하게 운행할 책임이 있다.
④ 사고 예방을 위하여 관계 법규를 준수하여야 하나 운전중, 점검 및 정비는 이행하지 않는다.

29 다음 중 적재물 결박·덮개 설치 방법 중 슈링크 방식에 대한 설명으로 옳은 것은?

① 포장과 포장 사이에 미끄럼을 멈추는 시트를 넣음으로써 안전을 도모하는 방식이다.
② 열수축성 플라스틱 필름을 팔레트 화물에 씌우고 슈링크 터널을 통과시킬 때 가열하여 필름을 수축시켜서, 팔레트와 밀착시키는 방식이다.
③ 풀붙이기와 밴드걸기의 병용이며, 화물의 붕괴를 방지하는 효과를 한층 더 높이는 방식이다.
④ 스트레치 포장기를 사용하여 플라스틱 필름을 팔레트 화물에 감아서, 움직이지 않게 하는 방식이다.

30 고객 유의사항 확인이 요구되는 물품으로 보기 어려운 것은?

① 상자로 포장 되어진 15kg 정도의 책
② 기계류, 장비 등 중량 고가물로 40kg 초과 물품
③ 파손 우려 물품 및 내용검사가 부적당하다고 판단되는 부적합 물품
④ 중고 가전제품 및 A/S용 물품

정답 ▶ 21.② 22.③ 23.① 24.④ 25.① 26.③ 27.④ 28.① 29.② 30.①

제3회 실전 모의고사

31 다음 중 운송장에 기록되어야 하는 내용으로 옳은 것은?

① 화물 운송자 주소 및 전화번호

② 화물의 도착 예정일

③ 주문번호 또는 고객번호

④ 수입내용

32 화물 운반 시 기계작업이 요구되는 기계작업 운반기준이 아닌 것은?

① 단순하고 반복적인 작업

② 표준화되어 있어 지속적이고 운반량이 많은 작업

③ 취급물의 형상, 성질, 크기 등이 일정하지 않은 작업

④ 취급물이 중량물인 작업

33 다음 중 포장 기능의 성질이라고 할 수 없는 것은?

① 보호성

② 표시성

③ 상품성

④ 주의성

34 풀 트레일러(full trailer)에 대한 설명으로 옳은 것은?

① 세미 트레일러용 트랙터에 연결하여, 총 하중의 일부분이 견인하는 자동차에 의해서 지탱 되도록 설계된 트레일러이다.

② 총 하중을 트레일러만으로 지탱되도록 설계되어 선단에 견인구 즉, 트랙터를 갖춘 트레일러이다.

③ 기둥, 통나무 등 장척의 적하물 자체가 트랙터와 트레일러의 연결부분을 구성하는 구조의 트레일러이다.

④ 세미 트레일러와 조합해서 풀 트레일러로 하기 위한 견인구를 갖춘 대차를 말한다.

35 포장이 불안전하거나 파손 가능성이 높은 화물의 경우 어떤 조건을 붙여 수탁해야 하는가?

① 부패 면책

② 배달지연 면책

③ 파손면책

④ 배달불능 면책

36 다음 중 차량의 운행요령으로 옳지 않은 것은?

① 주차 시는 엔진의 시동을 끄지 말고 핸드 브레이크를 당겨 놓는다.

② 내리막 길 운전 시에는 기어를 중립에 두지 말 것이며 특히 클러치를 유리시키지 말아야 한다.

③ 운전에 지장이 없도록 충분한 수면을 취하며, 주취운전이나 운전 중 흡연이나 잡담을 하지 않도록 한다.

④ 트랙터 운전 시는 트레일러와 연결부분을 점검 확인하여야 한다.

37 다음 중 집하 담당자가 운송장에 기재하여야 하는 사항으로 옳지 않은 것은?

① 운송료

② 집하자 성명 및 전화번호

③ 물품의 품명, 수량, 물품가격

④ 접수일자, 발송점, 도착점, 배달 예정일

38 산업현장의 일반적인 화물자동차 호칭 중 본네트 트럭에 대한 설명으로 옳은 것은?

① 원동기의 전부 또는 대부분이 운전실의 아래쪽에 있는 트럭

② 원동기부와 덮개가 운전실의 앞쪽에 나와 있는 트럭

③ 냉각제를 이용하여 수송 물품을 냉각하는 설비를 갖추고 있는 특별용도차이다

④ 화물실의 지붕이 없고, 옆판이 운전대와 일체로 되어 있는 소형트럭이다.

39 다음 중 화물의 적재방법에 대한 설명으로 틀린 것은?

① 물건을 적재한 후 이동거리가 가까운 때에는 동여매지 않는다.

② 타이어를 적재할 때는 외부의 변화가 없더라도 쓰러지지 않게 적재 하여야 한다.

③ 운반용구에 물건을 적재할 때는 적재중량을 초과해서는 안 된다.

④ 높은 곳에 적재할 때나 무거운 물건을 적재할 때는 절대 무리해서는 안되며 안전모를 착용해야 한다.

40 다음 중 화물자동차 운수사업의 운전업무 종사자의 결격사유로 보기 어려운 것은?

① 화물자동차운수사업법을 위반하여 징역 이상의 실형을 선고받고 그 집행이 종료되거나 집행이 면제된 날로부터 2년이 경과되지 아니한 자.

② 금치산자 및 한정치산자

③ 화물자동차운수사업법을 위반하여 징역 이상의 형의 집행유예 선고를 받고 그 유예 기간이 경과된 자.

④ 파산선고를 받고 복권되지 아니한 자

정답 ◐ 31.③ 32.③ 33.④ 34.② 35.③ 36.① 37.③ 38.② 39.① 40.①

제3회 실전 모의고사

2교시 안전운행, 운송서비스

01 자동차, 사람 등과 같이 움직이는 물체 또는 운전하면서 다른 자동차나 사람 등의 물체를 보는 시력을 무슨 시력이라 하는가?

① 야간시력 ② 정지시력
③ 주간시력 ④ 동체시력

02 고령 운전자의 불안감에 대한 설명으로 옳지 않은 것은?

① 고령 운전자의 '급후진', '대형차 추종운' 등은 고령 운전자를 위험에 빠뜨리고 다른 운전자에게도 불안감을 유발시킨다.
② '좁은 길에서 대형차와 교행할 때' 연령이 높을수록 불안감이 높아지는 경향이 있다. 특히 60세를 넘으면 불안감은 더해진다.
③ 고령에서 오는 운전기능과 반사기능의 저하는 고령 운전자에게 강한 불안감을 준다.
④ 고령 운전자의 경우는 후사경을 통해서 인지하고 반응해야 하는 '후방으로부터의 자극'에 대한 동작은 연령의 증가에 따라 빨라진다.

03 자동차의 점검방법 중에서 오감에 의한 점검방법으로 옳지 않은 것은?

① 배기가스의 색깔 점검
② 엔진의 이음 발생 여부 확인
③ 타이어 공기압을 게이지로 점검
④ 계기판의 계기 확인

04 어린이 교통 행동의 특성에 대한 설명으로 옳지 않은 것은?

① 판단력이 부족하고 모방 행동이 많다.
② 교통 상황에 대한 주의력이 풍부하다.
③ 추상적인 말은 잘 이해하지 못하는 경우가 많다.
④ 사고방식이 단순하다.

05 운전자가 야간 운행 중 무엇인가 있다는 것을 인지하기 가장 쉬운 옷의 색깔은?

① 흰색
② 엷은 황색
③ 녹색
④ 회색

06 음주자의 알콜 농도가 0.1%라면 음주자의 알콜 농도가 제거되는데 소요되는 시간은 대략 몇 시간 정도 인가?

① 4시간
② 6시간
③ 8시간
④ 10시간

07 다음 중 횡단보도를 두고도 횡단보도가 아닌 곳으로 횡단하는 보행자의 심리상태로 옳지 않은 것은?

① 평소 교통질서를 잘 지키는 습관을 그대로 답습
② 자동차가 달려오지만 충분히 횡단할 수 있다고 판단해서
③ 술이 취해서
④ 횡단보도로 건너면 거리가 멀고 시간이 더 걸리기 때문에

08 다음 중 자동차 점검방법 중 후각에 의해 점검할 수 있는 것으로 옳은 것은?

① 배기가스의 색깔
② 가. 감속 시 차체의 떨림
③ 연료의 누설, 전선의 타는 냄새, 클러치 디스크나 라이닝의 마찰로 인해 발생되는 타는 냄새.
④ 오일이나 냉각수의 누수

09 다음 중 도로교통의 구성요소에 대한 설명으로 옳지 않은 것은?

① 열차 운행에 이용되는 궤도 및 항공의 환경
② 운전자 및 보행자를 비롯한 도로 사용자
③ 도로를 운행하는 차량
④ 도로 및 교통 신호기 등의 환경

10 정상적인 시력을 가진 사람의 시야범위로 알맞은 것은?

① 160°~ 180°
② 170°~ 190°
③ 180°~ 200°
④ 190°~ 210°

11 명순응에 대한 설명으로 맞는 것은?

① 밝은 장소에서 어두운 장소로 들어간 후 눈이 익숙해져 시력이 회복되는 것을 말한다.
② 어두운 장소에서 밝은 장소로 나온 후 눈이 익숙해져 시력이 회복되는 것을 말한다.
③ 주행 중 대향차량의 전조등 빛이 운전자의 눈에 비추면 일시적으로 시력의 장애를 일으키는 현상을 말한다.
④ 정지된 상태에서 한 물체에 눈을 고정시킨 자세로 양쪽 눈으로 볼 수 있는 시력의 좌.우 범위를 말한다.

정답 ○ 01.② 02.④ 03.③ 04.② 05.① 06.④ 07.① 08.③ 09.① 10.③ 11.②

제3회 실전 모의고사

화물운송종사자격시험

12 커브 길에 대한 설명으로 틀린 것은?

① 곡선반경이 길수록 완만한 커브 길이 된다.

② 도로가 왼쪽 또는 오른쪽으로 굽은 곡선부의 도로구간을 말한다.

③ 곡선부위 곡선반경이 극단적으로 길어져 무한대에 이르면 완전한 직선도로가 된다.

④ 곡선반경이 짧을수록 완만한 커브 길이 된다.

13 다음 중 운전자의 시각의 특성과 거리에 대한 설명으로 옳지 않은 것은?

① 속도가 빨라질수록 시력은 떨어진다.

② 속도가 빨라질수록 시야의 범위는 좁아진다.

③ 속도가 빨라질수록 신경이 예민해져 장애물의 발견이 쉬워진다.

④ 속도가 빨라질수록 전방 주시점은 멀어진다.

14 다음 중 핸드 브레이크의 기능에 대한 설명으로 옳지 않은 것은?

① 주차 또는 정차시킬 때 사용하는 제동장치이다.

② 레버를 당기면 와이어에 의해 앞·뒤의 좌, 우바퀴가 모두 고정된다.

③ 운전석에서 손으로 작동시키는 제동장치이다.

④ 레버를 당기면 와이어에 의해 좌, 우의 뒷바퀴가 고정된다.

15 전방에 있는 대상물까지의 거리를 목측하는 기능(능력)을 무엇이라 하는가?

① 암순응

② 주변시력

③ 명순응

④ 심시력

16 다음 중 음주운전 교통사고의 특징이 아닌 것은?

① 차량단독사고의 가능성이 거의 없다.

② 전신주, 가로시설물, 가로수 등과 같은 고장물체와 충돌한다.

③ 주차 중인 자동차와 같은 정지물체 등에 충돌한다.

④ 대향차의 전조등에 의한 현혹 현상 발생 시 정상운전보다 교통사고 위험이 증가된다.

17 다음 중 원심력에 대한 설명으로 옳은 것은?

① 자동차가 감속하고 멈추게 하기 위한 힘을 말한다.

② 물체가 원운동을 하고 있을때 그 물체가 작용하는 원의 중심에서 벗어나려고 하는 힘으로써 일명 구심력이라고도 한다.

③ 물체가 원운동을 할 때 그 물체가 작용하는 원의 중심에서 벗어나려는 힘을 말한다.

④ 자동차가 어떤 속도로 선회할 때 선회 중심의 방향에 작용하는 힘을 말한다.

18 교통사고의 인적 요인이 아닌 것은?

① 정부의 교통정책

② 위험의 인지와 회피에 대한 판단

③ 운전자의 습관

④ 운전자 또는 보행자의 신체적 생리적 조건

19 다음 중 속도의 착각에 대한 설명으로 옳지 않은 것은?

① 좁은 시야에서는 빠르게 느껴진다.

② 먼 곳에 있는 것은 빠르게 느껴진다.

③ 반대 방향으로 자동차가 서로 달릴 때는 보다 빠르게 느껴진다.

④ 넓은 시야에서는 느리게 느껴진다.

20 정상적인 시력을 가진 사람의 경우 시축(視軸)에서 시각이 약 3° 벗어나면 시력은 어느 정도 저하 되는가?

① 75%

② 80%

③ 90%

④ 95%

21 올바른 음주예절이라 할 수 없는 것은?

① 술좌석을 자기자랑이나 평상시 언동의 변명의 자리로 만들지 않는다.

② 상사에 대한 험담을 하지 않는다.

③ 과음하거나 지식을 장황하게 늘어놓지 않는다.

④ 술자리에서만 경영방법이나 특정한 인물에 대하여 비판하는게 좋다.

22 국민경제적 관점에서 물류의 역할에 대한 설명으로 옳지 않은 것은?

① 기업의 유통효율 향상으로 물류비를 절감하여 소비자물가와 도매물가의 상승을 억제한다.

② 지역 및 사회개발을 위한 물류개선은 인구의 지역적 편중을 심화 시킨다.

③ 자재와 자원의 낭비를 방지하여 자원의 효율적인 이용에 기여한다.

④ 사회간접자본의 증강과 각종 설비투자의 필요성을 증대시켜 국민경제개발을 위한 투자기회를 부여한다.

정답 12.④ 13.③ 14.② 15.④ 16.① 17.③ 18.① 19.② 20.② 21.④ 22.②

202

제3회 실전 모의고사

23 고객만족 행동예절에서 인사의 중요성에 대한 설명으로 옳지 않은 것은?

① 인사는 서비스의 주요 기법이 아니다.
② 인사는 평범하고도 대단히 쉬운 행위이다.
③ 인사는 습관화 되지 않으면 행동에 옮기기 어렵다.
④ 인사는 고객에 대한 서비스 정신의 표시이다.

24 다음 중 고객에게 불쾌감을 주는 몸가짐으로 볼 수 없는 것은?

① 무표정
② 지저분한 손톱
③ 길게 자란 수염
④ 단정한 용모와 복장

25 화물운전자에게 화물수송과정에서 요구되는 서비스로 보기 어려운 것은?

① 장거리 화물운송시 화물점검과 결속 풀림상태, 차량점검 등 안전점검 보다는 화주에게 최대한 빨리 수송하는 것이 우선이다.
② 현지에서 화물의 파손위험 여부 등 사전 점검 후 최선의 안전수송을 하여 착지의 화주에 인수인계하며, 특히 컨테이너 내품의 경우는 외부에서 보이지 않으므로 인수인계시 철저한 화물관리가 요구됨.
③ 일반화물 중 이삿짐 수송시에도 자신의 물건으로 여기고 소중히 수송 하여야 한다.
④ 화물운송의 기초로서 착지의 주소가 명확한지 재확인하고 연락전화 번호 기록을 유지할 것

26 인터넷 유통에서의 물류원칙이라 할 수 없는 것은?

① 적정수요예측
② 배송기간의 최소화
③ 전화접수의 효율성
④ 반송과 환불시스템

27 다음은 택배 종사자의 용모와 복장에 대한 내용이다. 옳지 않은 것은?

① 명찰은 신분 확인증
② 슬리퍼는 혐오감을 준다.
③ 고객에게는 항상 웃는 얼굴로 대한다.
④ 선글라스를 반드시 착용하도록 한다.

28 물품을 장소적, 공간적으로 이동시키는 것을 물류 시스템에서 무엇이라 하는가?

① 운송
② 운반
③ 운수
④ 포장

29 다음 중 고객 응대시의 마음가짐으로 옳지 않은 것은?

① 항상 긍정적으로 생각한다.
② 사명감을 가진다.
③ 항상 자신의 입장에서 고객을 생각한다.
④ 고객이 호감을 갖도록 한다.

30 배달시 행동 요령에 대한 설명으로 옳은 것은?

① 모든 화물은 기일 내 배송할 필요는 없다.
② 고객이 부재 시에는 "부재중 방문표"를 반드시 이용한다.
③ 수하인 주소가 불명확할 경우는 창고에 쌓아두고 주인이 찾아오면 인계한다.
④ 무거운 물건일 경우 등에 메고 배달하는 것이 원칙이다.

31 제3자 물류에 의한 물류혁신 기대효과를 설명한 것으로 옳지 않은 것은?

① 물류산업의 합리화에 의한 고물류 비구조를 혁신
② 공급체인관리 도입, 확산 촉진
③ 고품질 물류 서비스의 제공으로 제조업체의 경쟁력 강화 지원
④ 종합물류서비스의 비활성화

32 다음 중 운전자가 삼가야 할 운전행동으로 볼 수 없는 것은?

① 신호가 바뀌기 전에 빨리 출발하라고 전조등을 켰다 껐다 하거나 경음기를 울려 대는 행위
② 경쟁심을 유발하는 운전행위
③ 차로를 변경할 때에는 상대방에게 신호를 보내고 안전을 확보한 후 여유 있게 차로를 변경하는 행위
④ 도로상에서 사고 등으로 차량을 세워 둔 채로 시비 등의 행위로 다른 교통에 방해가 되는 행위

정답 ◎ 23.① 24.④ 25.① 26.③ 27.④ 28.① 29.③ 30.② 31.④ 32.③

제3회 실전 모의고사

33 다음 중 고객에게 인사할 때의 마음가짐으로 옳지 않은 것은?

① 정성과 감사의 마음으로 한다.

② 무표정하게 한다.

③ 정중하고 예의 바르게 한다.

④ 경쾌하고 겸손한 말과 함께 한다.

34 다음 중 물류의 기능이 아닌 것은?

① 유통, 가공기능

② 양보기능

③ 정보기능

④ 수송기능

35 올바른 화물운전자의 운전자세가 아닌 것은?

① 안전운행이나 고객의 서비스에 있어서 운전자의 건강이 중요하므로 자신의 건강을 항상 가장 좋은 상태로 유지하도록 건강관리를 한다.

② 운전이 미숙한 자동차의 뒤를 따를 경우 서두르거나 선행자동차의 운전자를 당황하게 하지말고 여유있는 자세로 운행한다.

③ 항상 자동차에 대한 점검 및 정비를 철저히 하여 자동차를 항상 최상의 상태로 유지한다.

④ 다른 자동차가 끼어들더라도 안전거리를 확보할 필요는 없다.

36 운행 전 운전자의 준비사항에 대한 설명으로 옳지 않은 것은?

① 운전석 내부를 항상 청결하게 유지한다.

② 세차를 하고 화물의 외부덮개 및 결박상태를 철저히 확인한 후 운행한다.

③ 용모 및 복장은 최대한 간편하고 자신만의 개성을 추구한다.

④ 배차사항 및 지시, 전달사항을 확인하고 적재물의 특성을 확인하여 특별한 안전조치가 요구되는 화물에 대하여는 사전 안전장비 장치 및 휴대 후 운행한다.

37 고객만족을 위한 서비스 품질의 분류가 아닌 것은?

① 상품품질

② 개발품질

③ 영업품질

④ 서비스품질

38 다음 중 제3자 물류에 의한 물류혁신 기대효과로 보기 어려운 것은?

① 물류산업의 합리화에 의한 고 물류비 구조를 혁신

② 고품질 물류서비스의 제공으로 제조업체의 경쟁력 강화 지원

③ 공급체인관리(SCM)도입·확산의 촉진

④ 자사물류이용의 활성화

39 직업 운전자의 기본예절로 옳지 않은 것은?

① 상대방에게 관심을 갖는 것은 상대로 하여금 내게 호감을 갖게 한다.

② 상대방의 여건, 능력, 개인차를 인정하지 않는 바탕이 있어야 한다.

③ 감내할 수 있는 약간의 어려움을 감수하는 것은 좋은 인간관계 유지를 위한 투자이다.

④ 성실성으로 상대는 신뢰를 갖게 되어 관계는 깊어지게 된다.

40 다음 중 고객을 응대하는 마음가짐의 자세로 적합한 것은?

① 항상 부정적으로 생각한다.

② 고객이 반감을 갖도록 한다.

③ 자신의 입장에서만 생각한다.

④ 사명감을 가진다.

정답 33.② 34.② 35.④ 36.③ 37.② 38.④ 39.② 40.④

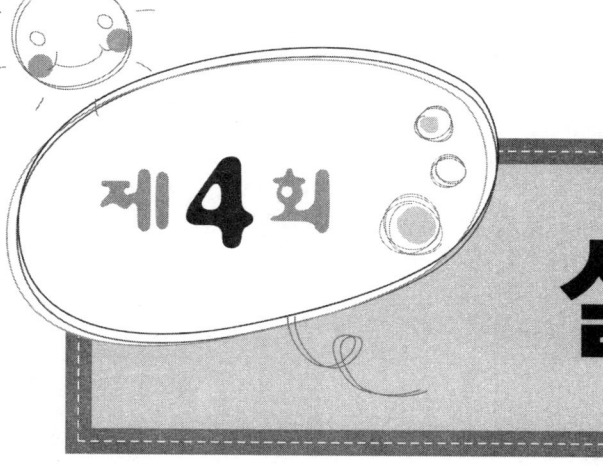

제4회 실전 모의고사

화물운송종사자격시험

1교시 교통 및 화물자동차운수사업 관련법규, 화물취급요령

01 다음 중 서행을 해야 하는 곳이 아닌 것은?

① 교통정리가 행하여지고 있지 아니하는 교차로
② 지방경찰청장이 안전표지에 의하여 지정한 곳
③ 도로가 구부러진 부근 서행
④ 보행자가 횡단보도를 통행하고 있는 때

02 다음 중 중앙선 침범이 적용되는 사례가 아닌 것은?

① 좌측도로나 건물 등으로 가기 위해 회전하며 중앙선을 침범한 경우
② 도로보수 유지 작업차의 도로 보수 작업을 위해 중앙선 침범한 경우
③ 오던 길로 되돌아가기 위해 U턴 하며 중앙선을 침범한 경우
④ 중앙선을 걸친 상태로 계속 진행한 경우

03 다음 중 음주운전에 대한 처벌 기준에서 면허취소사유에 해당하는 혈중 알코올농도 기준으로 옳은 것은?

① 0.10%이상
② 0.01%미만
③ 0.01%이상
④ 0.03%이상

04 다음 중 서행에 대한 설명으로 옳은 것은?

① 15km/h 이하의 속도로 진행하는 것을 말한다.
② 차가 완전히 정지된 상태. 즉 0km/h인 상태를 의미한다.
③ 차가 즉시 정지할 수 있는 느린 속도로 진행하는 것을 말한다.
④ 차가 반드시 멈추어야 하되 얼마간의 시간동안 정지상태를 유지해야 하는 교통상황적의 의미이다.

05 화물자동차운수사업법 제정 목적에 속하는 것이 아닌 것은?

① 화물의 원활한 수송
② 운수사업의 효율적 관리
③ 공공복리의 증진
④ 개인의 이윤추구

06 다음 중 사업용 화물자동차의 정밀검사 유효기간으로 옳은 것은?

① 1년
② 2년
③ 3년
④ 6월

07 다음 중 비보호 좌회전에 대한 설명으로 가장 적합한 것은?

① 비보호 좌회전 위반은 교차로 통행방법 위반으로 처벌된다.
② 녹색신호 시에 대향 교통에 방해되지 않게 좌회전할 수 있다.
③ 적색신호에 좌회전할 수 있다.
④ 녹색신호 시에는 언제든지 좌회전할 수 있다.

08 다음 중 폭우, 폭설, 안개 등으로 가시거리가 100m 이내일 때 감속기준으로 옳은 것은?

① 100분의 20으로 감속 운행하여야 한다.
② 100분의 50으로 감속 운행하여야 한다.
③ 최고속도 60 km/h 도로에서 48 km/h로 감속한다.
④ 최고속도 80 km/h 도로에서 64 km/h로 감속한다.

09 다음 중 교차로 내에서 할 수 있는 행위로 적합한 것은?

① 서행
② 과속
③ 주차
④ 앞지르기

10 물적피해 교통사고 후 도주한 때에 운전면허 행정처분 벌점은 몇 점인가?

① 15점
② 30점
③ 45점
④ 60점

정답 ◯ 01.④ 02.② 03.④ 04.③ 05.④ 06.① 07.② 08.② 09.① 10.①

제4회 실전 모의고사

11 다음 중 중앙선침범이 적용되지 않는 사례가 아닌 것은?
① 불가항력적 중앙선 침범사고
② 중앙선이 없는 도로나 교차로의 중앙부분을 넘어서 난 사고
③ 사고피양 등 만부득이한 중앙선 침범사고
④ 차내 잡담 등 부주의로 인한 중앙선 침범

12 교차로 또는 그 부근에서 긴급자동차에 대한 피양 방법에 대한 설명으로 옳은 것은?
① 속도를 높여 긴급자동차 보다 빨리 진행한다.
② 속도를 줄이면서 앞지르기 하라는 신호를 한다.
③ 교차로를 피하여 도로의 우측 가장자리에 일시 정지한다.
④ 교차로 중앙에 일시 정지하여 진로를 양보한다.

13 다음 중 노약자나 어린이가 도로를 횡단하거나 앉아 있는 등의 위험상황을 발견하였을 때의 안전한 운행방법으로 옳은 것은?
① 차로를 변경하여 진행한다.
② 비상등을 켜고 경음기를 울리며 진행한다.
③ 일시정지 한다.
④ 속도를 줄이고 차로를 변경한다.

14 다음 중 승객추락 방지의무 위반사고 적용이 배제되는 사례로 옳은 것은?
① 운전자가 출발하기 전 그 차의 문을 제대로 닫지 않고 출발함으로써 탑승객이 추락, 부상을 당하였을 경우
② 개문발차로 인한 승객의 낙상사고의 경우
③ 택시의 경우 승객이 타기 전에 출발하다가 부상을 당하였을 경우
④ 개문 당시 승객의 손이나 발이 끼어 사고 난 경우

15 교차로에서 좌·우회전하는 방법에 대한 설명으로 옳지 않은 것은?
① 좌회전시에는 미리 도로의 중앙선을 따라 중심 안쪽으로 서행한다.
② 우회전시에는 도로의 우측 가장자리를 따라 되도록 빠르게 회전한다.
③ 좌·우회전하기 위하여 앞차가 신호를 한 때에는 뒷차는 앞차의 진행을 방해해서는 안된다.
④ 우회전시에는 미리 도로의 우측 가장자리를 따라 서행한다.

16 다음 중 우리나라 교통사고 중 중대과실이 원인인 교통사고에서 발생빈도가 가장 높은 것은 어느 것인가?
① 중앙선 침범
② 횡단보도 보행자 보호의무 위반
③ 앞지르기 금지 또는 방법 위반
④ 과속 사고

17 다음 중 교통 안전표지의 종류에 해당되는 것은?
① 안내표지
② 경계표지
③ 규제표지
④ 이정표

18 다음 중 화물운송종사자 자격이 취소되는 경우에 해당되는 것은?
① 화물운송종사자 자격정지 기간이 종료되어 화물운송 업무에 종사한 때
② 화물운송종사자 자격증을 타인에게 대여한 때
③ 도로교통법상 화물자동차를 운전할 수 있는 운전면허를 취득한 때
④ 국토해양부장관이 시행하는 화물운송종사자 자격증을 취득한 때

19 다음 중 1종 철도건널목에 대한 설명으로 옳은 것은?
① 건널목 교통안전 표지만 설치하는 건널목
② 경보기와 건널목 교통안전 표지만 설치하는 건널목
③ 차단기, 경보기 및 건널목 교통안전 표지를 설치하고 차단기를 주야간 계속 작동시키거나 또는 건널목 안내원이 근무하는 건널목
④ 교통안전 표지도 설치되지 않은 건널목

20 다음 중 교통안전표지 중 규제표지에 해당되지 않는 것은?
① 통행금지
② 진입금지
③ 도로공사중
④ 차간거리확보

21 다음 중 위험물 취급 시 확인 점검사항에 대한 설명으로 옳지 않은 것은?
① 누유된 위험물은 물로 뿌려 흔적을 지운다.
② 접지는 연결시켰는가 확인한다.
③ 플렌지 등 연결부분에 새는 곳은 없는가 확인한다.
④ 탱크로리에 커플링(coupling)은 잘 연결되었는가 확인한다.

정답 ○ 11.④ 12.③ 13.③ 14.④ 15.② 16.① 17.③ 18.② 19.③ 20.③ 21.①

22 화물의 적재요령에 대한 설명으로 틀린 것은?

① 긴급을 요하는 화물(부패성 식품등)을 우선순위로 배송토록 하며, 이를 위하여 쉽게 꺼낼 수 있도록 적재한다.
② 중량화물은 상단에 적재하여 타 화물을 누르는 등의 영향을 최대화 한다.
③ 다수화물 도착시 미도착 수량이 있는지 여부를 확인한다.
④ 취급주의 스티커 부착 화물을 적재함 별도공간에 위치하도록 한다.

23 산업현장의 일반적인 화물자동차 호칭 중 원동기부와 덮개가 운전실의 앞쪽에 나와 있는 트럭을 무엇이라고 하는가?

① 캡 오버 트럭
② 픽업
③ 밴
④ 보닛 트럭

24 화물의 인도기한이 경과한 후 몇 월 이내에 인도되지 아니한 경우 당해 화물은 멸실된 것으로 보는가?

① 1월
② 3월
③ 6월
④ 9월

25 다음 중 성인여자 단독으로 계속 작업할 때 1인당 화물 무게의 한도는?

① 5~10kg
② 10~15kg
③ 15~20kg
④ 20~25kg

26 다음 중 차량의 운행요령으로 적합하지 못한 것은?

① 위험물 운반 시는 각별한 안전관리를 하여야 한다.
② 배차 지시에 따라 차량을 운행하여야 한다.
③ 크레인의 소정 인양 중량을 경우에 따라 초과하는 작업을 허용한다.
④ 사고 예방을 위하여 교통법규를 준수함은 물론 운전 전, 운전 중 점검 및 정비를 철저히 이행한다.

27 다음 중 화물운송장의 역할로 옳지 않은 것은?

① 지출금 관련 자료
② 행선지 분류정보 제공
③ 운송요금 영수증의 역할
④ 배달에 대한 증빙 자료

28 다음 중 화물을 인수하는 요령에 대한 설명으로 옳은 것은?

① 집하 물품의 도착지와 고객의 배달 요청이 당사의 배당 소요일 수 내에 가능한지 필히 확인하고 배송이 불가능한 물품도 인수한다.
② 도서지역인 경우 그 지역에 적용되는 부대비용(항공료, 도선료 등)을 수하인에게 징수할 수 있음을 반드시 알려주고 인수한다.
③ 집하 자제 품목 및 집하 금지 품목의 경우는 그 취지를 알릴 필요나 양해를 구할 필요 없이 거절한다.
④ 포장 및 운송장 기재 요령을 숙지하지 않아도 된다.

29 다음 중 금속, 금속제품 및 부품을 수송보관 할 때 녹의 발생 막기 위해 하는 포장은?

① 압축포장
② 방습포장
③ 완충포장
④ 방청포장

30 다음 중 화물 운송장 기재요령으로 옳지 않은 것은?

① 수하인의 주소, 성명 전화번호 기재
② 특약사항 약관설명 확인필 자필서명은 생략
③ 송하인의 주소, 성명, 전화번호 기재
④ 물품의 품명, 수량, 물품가격 기재

31 다음 중 팔레트의 가장자리를 높게 하여 포장화물을 안쪽으로 기울여서, 화물이 갈라지는 것을 방지하는 방법을 무엇이라 하는가?

① 주연어프 방식
② 밴드걸기 방식
③ 풀 붙이기 접착방식
④ 스트레치 방식

32 다음 중 하역방법에 대한 설명으로 옳지 않은 것은?

① 상자화물은 지시표시에 따라 취급하여야 한다.
② 화물의 적하순서별로 작업을 한다.
③ 길이가 고르지 못하면 한쪽 끝이 맞도록 한다.
④ 종류가 다른 것을 적치할 때는 가벼운 것을 밑에 쌓는다.

정답 ○ 22.② 23.④ 24.② 25.① 26.③ 27.① 28.② 29.④ 30.② 31.① 32.④

33 화물 분실사고 발생 원인으로 보기 어려운 것은?
① 대량화물 취급 시 수량 미확인 및 이중송장 화물집하 시 발생
② 집배송시 수령인과 물품의 수하인과의 관계 확인 시 발생
③ 집배송 차량이석 때 차량 내 화물 도난사고 발생
④ 인계 시 인수자 확인(서명 등) 부실

34 한국공업규격에 의해 분류 중 크레인을 갖추고 작업하는 특별 장비차를 무엇이라 하는가?
① 폴 트레일러
② 세미 트레일러용 트렉터
③ 트럭 크레인
④ 돌리

35 다음 중 화물 분실사고 발생 억제를 위한 대책으로 보기 어려운 것은?
① 화물 인계 시 인수자 서명은 배송인이 대리하여 서명 한다.
② 운송장 부착여부 확인 등 분실원인사항 제거 한다.
③ 집하 시 화물수량 확인을 철저히 한다.
④ 차량 이석 시 시건장치 철저 확인(점소 방범시설 확인)한다.

36 다음 중 전용특장차가 아닌 것은?
① 덤프트럭
② 믹서차량
③ 카고트럭
④ 분·입체 수송차

37 다음 중 화물의 인계요령에 대한 설명으로 가장 적합한 것은?
① 배송문제로 수하인과 마찰이 발생할 경우 운송자의 입장에서만 생각하고 적당한 언어로 마찰을 최소화할 수 있도록 한다.
② 수하인에게 집을 찾기 어려우니 적당한 장소로 나오라 하여 물품을 인계한다.
③ 배송 시에는 물품뿐만 아니라 고객의 마음까지 배달한다는 자세로 성심껏 배송을 하여야 한다.
④ 물품에 경미한 이상이 있을 경우 다른 사람의 잘못으로 돌려 고객의 불만을 최소화 한다.

38 차량 내 화물적재방법에 대한 설명으로 적합하지 않은 것은?
① 화물자동차에 화물을 적재할 때는 한쪽으로 기울지 않게 쌓고 적재하중을 초과하지 않도록 해야 한다.
② 무거운 화물을 적재함 뒤쪽에 실으면 앞바퀴가 들려서 조향이 마음대로 되지않아 위험하다.
③ 화물 적재 시 적재함의 폭을 초과하여 과다하게 적재하지 않도록 한다.
④ 화물 적재 시 최대한 무거운 화물은 적재함의 뒷부분에 무게가 집중될 수 있도록 적재한다.

39 다음 중 화물 운송장의 역할로 옳지 않은 것은?
① 화물 인수증 역할
② 계약서 역할
③ 운송요금 영수증 역할
④ 운송 물품의 광고 역할

40 다음 중 운송화물의 적재 작업방법으로 옳지 않은 것은?
① 작업 안전통로를 충분히 확보해서 적재한다.
② 같은 종류 및 동일규격끼리 적재한다.
③ 적재 시 소화기, 소화전, 배전함 등의 설비사용에 대하여 의식하지 않고 작업한다.
④ 공동 작업 시는 상호간의 신호를 정확히 하고 호흡을 같이 해야 한다.

정답 33.② 34.③ 35.① 36.③ 37.③ 38.④ 39.④ 40.③

제4회 실전 모의고사

2교시 안전운행, 운송서비스

01 운전자가 운행 시의 시야에 대한 설명으로 옳은 않은 것은?

① 시속40km로 운전 중이라면 그의 시야범위는 약 100도 이다.

② 속도가 빨라질수록 주시점은 가까워지고 시야는 넓어진다.

③ 어느 특정한 곳에 주의가 집중되었을 경우의 시야범위는 집중의 정도에 비례하여 좁아진다.

④ 속도가 빨라질수록 가까운 곳의 풍경(근경)은 더욱 흐려지고 작고 복잡한 대상은 잘 확인되지 않는다.

02 운전자 피로의 진행과정에 대한 설명으로 틀린 것은?

① 피로의 정도가 지나치면 과로가 되고 정상적인 운전이 곤란해진다.

② 피로 또는 과로 상태에서는 졸음운전이 발생될 수 있고 이는 교통사고로 이어질 수 있다.

③ 매일 시간상 또는 거리상으로 일정 수준 이상의 무리한 운전을 하면 만성피로를 초래한다.

④ 규칙적인 운전 습관은 일시적으로 급성피로를 낮게 한다.

03 비탈길을 내려가거나 할 경우 브레이크를 반복하여 사용하면 마찰열이 라이닝에 축적되어 브레이크의 제동력이 저하되는 경우가 있다. 이러한 현상을 무엇이라 하는가?

① 페이드 현상

② 베이퍼 로크 현상

③ 슬라이드 현상

④ 홀드 현상

04 다음 중 방어운전 요령에 대한 설명으로 옳은 것은?

① 대형차의 뒤를 소형차로 뒤 따라 진행할 때는 신속하게 앞지르기 하여 대형차의 뒤에서 이탈한다.

② 진로를 바꿀 때에는 상대방이 잘 알 수 있도록 여유 있게 신호를 보낸다.

③ 신호기가 설치되어 있지 않은 교차로에서는 주행하던 속도를 그대로 유지하고 좌·우의 안전을 확인한 후 통과한다.

④ 다른 차의 옆을 통과할 때는 상대방 차가 진로를 변경하지 않으므로 미리 대비할 필요가 없다.

05 다음 중 동체시력의 특징에 대한 설명으로 틀린 것은?

① 속도가 빨라지면 동체시력은 저하한다.

② 동체시력의 저하율은 연령과 관계없다.

③ 정지시력에 비하여 동체시력이 30%정도 낮다.

④ 동체시력이란 주행 중 운전자의 시력을 말한다.

06 다음 중 음주운전 교통사고의 특징에 대한 설명으로 틀린 것은?

① 대향차의 전조등에 의한 현혹 현상 발생 시 정상운전 보다 교통사고의 위험이 감소한다.

② 단독 사고의 가능성이 높다.

③ 주차 중인 자동차와 같은 고정 물체 등에 충돌한다.

④ 치사율이 높다.

07 자동차의 공주거리와 제동거리를 합한 거리를 무엇이라 하는가?

① 공주거리

② 제동거리

③ 정지거리

④ 이동거리

08 횡단보도가 아닌 곳으로 횡단하는 보행자의 심리로 보기 어려운 것은?

① 횡단거리 줄이기

② 술에 취해서

③ 갈 길이 바빠서

④ 자동차가 피할 거라는 확신

09 속도의 착각에 대한 설명으로 틀린 것은?

① 좁은 시야에서는 빠르게 느껴진다.

② 동일방향으로 차가 달릴 때는 보다 빠르게 느껴진다.

③ 반대방향으로 차가 달릴 때는 보다 빠르게 느껴진다.

④ 비교 대상이 먼 곳에 있 것을 때는 느리게 느껴진다.

10 일반적으로 주간에 비해 야간시력 저하율은 어느 정도인가?

① 35%

② 40%

③ 50%

④ 65%

11 운전자가 야간 운행 중 무엇인가가 사람이라는 것을 확인하기 가장 쉬운 옷 색깔은?

① 백색

② 회색

③ 흑색

④ 적색

정답 ◑ 01.② 02.④ 03.① 04.② 05.② 06.① 07.③ 08.④ 09.② 10.③ 11.④

12 다음 중 가장 많은 사고가 발생하는 시간은?
① 주간
② 야간
③ 새벽
④ 해질무렵

13 정상시력을 가진 운전자가 시속 40km로 운전 중이라면 그의 시야범위는 어느 정도 인가?
① 70도
② 85도
③ 95도
④ 100도

14 교통사고의 간접적 요인이 아닌 것은?
① 운전조작의 잘못, 잘못된 위기대처
② 운전자에 대한 홍보활동결여 또는 훈련의 결여
③ 차량의 운전전 점검습관의 결여
④ 안전운전을 위하여 필요한 교육태만, 안전지식 결여

15 다음 중 피로에 따른 운전착오에 대한 설명으로 옳지 않은 것은?
① 운전작업의 착오는 운전업무 개시후·종료시에 많아진다. 개시직후의 착오는 정적 부조화, 종료시의 착오는 운전피로가 그 배경이다.
② 운전 피로에 정서적 부조나 신체적 부조가 가중되면 조잡하고 난폭하며 방만한 운전을 하게된다.
③ 운전착오는 아침에서 저녁사이에 가장 많이 발생한다.
④ 피로가 쌓이면 졸음상태가 되어 차외, 차내의 정보를 효과적으로 입수하지 못한다.

16 어린이 교통 행동의 특성이 아닌 것은?
① 사고방식이 복잡하다.
② 판단력이 부족하고 모방행동이 많다.
③ 교통상황에 대한 주의력이 부족하다.
④ 추상적인 말은 잘 이해하지 못하는 경우가 많다.

17 교통사고의 차량 요인으로 옳은 것은?
① 기상 및 일광
② 운전자의 심리상태
③ 도로의 구조 및 선형
④ 차량의 구조 및 장치

18 다음 중 보행자 사고에서 가장 높은 비중을 차지하는 연령층은?
① 어린이와 노약자
② 20대
③ 30대
④ 40대

19 교통사고를 유발한 운전자의 특성이 아닌 것은?
① 후천적 능력(학습에 의해서 습득한 운전에 관계되는 지식과 기능) 부족
② 선천적능력(타고난 심신기능의 특성) 부족
③ 안정적인 생활환경
④ 바람직한 동기와 사회적 태도 결여

20 정상시력을 가진 운전자가 시속 100km로 운전중이라면 그의 시야범위는 어느 정도 인가?
① 40도
② 55도
③ 60도
④ 75도

21 운전자가 가져야 할 기본적 자세에 대한 설명으로 틀린 것은?
① 교통법규의 이해와 준수
② 추측 운전을 하려는 자세
③ 여유 있고 양보하는 마음으로 운전
④ 운전기술의 과신은 금물

22 다음 중 단정한 용모, 복장의 중요성에 대한 설명으로 적합하지 않은 것은?
① 단정한 용모·복장은 중요하지 않다.
② 고객과의 신뢰형성에 영향을 주기 때문
③ 활기찬 직장 분위기를 조성에 영향을 주기 때문
④ 첫인상에 영향을 주기 때문

제4회 실전 모의고사

화물운송종사자격시험

23 다음 중 물류의 기능이 아닌 것은?

① 운송기능
② 보관기능
③ 포장기능
④ 계약기능

24 다음 중 물류관리의 의의에 대한 설명으로 옳지 않은 것은?

① 고도의 물류서비스를 소비자에게 제공하여 기업경영의 경쟁력을 강화
② 물류관리의 효율화를 통해 물류비용 증대를 목적으로 한다.
③ 물류의 신속, 안전, 정확, 정시, 편리, 경제성을 고려한 고객 지향적인 물류서비스를 제공
④ 기업경영에 있어 대 고객서비스 제고와 물류비 절감을 동시에 달성하기 위한 물류전략을 구사하기 위해서는 종합물류 관리체제로서 고객이 원하는 적절한 품질의 상품 적량을, 적시에, 적절한 장소에, 좋은 인상과 적절한 가격으로 공급해 주어야 한다.

25 화물자동차운송의 특징이 아닌 것은?

① 원활한 기동성과 신속한 수배송
② 신속하고 정확한 문전운송
③ 다양한 고객요구 수용
④ 운송단위가 선박, 철도에 비해 대량

26 제3자 물류의 기능에 컨설팅 업무를 수행하는 것을 무엇이라 하는가?

① 제4자 물류
② 제4자 물류 공급자
③ 제4자 물류 유통
④ 제4자 물류 관리

27 운전자가 기본적으로 가져야 할 자세로 볼 수 없는 것은?

① 저공해, 환경보호, 소음공해 최소화 등을 위한 마음가짐으로 운전한다.
② 심신상태가 안정되도록 한다.
③ 운전기술을 과신한다.
④ 여유 있고 양보하는 마음으로 운전한다.

28 다음 중 택배 운송 서비스의 화물취급에 대한 고객의 불만사항으로 볼 수 없는 것은?

① 배달확인 사인을 정중하게 요구한다.
② 화물이 파손되어 배달된다.
③ 화물을 담장 안으로 던져 놓는다.
④ 화물을 발로 밟으며 작업한다.

29 다음 중 화주기업이 고객 서비스 향상, 물류비 절감 등 물류 활동을 효율화할 수 있도록 공급사실상의 기능 전체 혹은 일부를 대행하는 사업을 무엇이라 하는가?

① 제1자 물류업
② 제2자 물류업
③ 제3자 물류업
④ 제4자 물류업

30 다음 중 고객과 대화할 때 유의하여야 할 사항으로 옳지 않은 것은?

① 욕설, 독설, 험담을 삼간다.
② 매사 침묵으로 일관한다.
③ 독선적, 독단적, 경솔한 언행을 삼간다.
④ 불평, 불만을 함부로 말하지 않는다.

31 다음 중 운송 서비스의 사업용 트럭을 이용하는 경우 단점이 아닌 것은?

① 운임의 안정화가 용이하다.
② 시스템의 일관성이 없다.
③ 마케팅 사고가 희박하다
④ 기동성이 부족하다.

32 화주가 사업용(영업용) 트럭을 이용 했을 때 단점으로 옳지 않은 것은?

① 관리 기능이 저해된다.
② 운임의 안정화가 곤란하다.
③ 시스템의 일관성이 있다.
④ 기동성이 부족하다.

정답 ◑ 23.④ 24.② 25.④ 26.① 27.③ 28.① 29.③ 30.② 31.① 32.③

제4회 실전 모의고사

33 인사할 때의 마음가짐이라 할 수 없는 것은?
① 정성과 감사의 마음으로 한다.
② 예절바르고 정중하게 한다.
③ 밝고 상냥한 미소로 한다.
④ 무관심 무표정하게 한다.

34 교통사고 발생 시 조치 방법으로 틀린 것은?
① 어떠한 사고라도 임의처리는 불가하며 사고발생 경위를 육하원칙에 의거 거짓 없이 정확 하게 회사에 즉시 보고한다.
② 교통사고를 발생시켰을 때 현장에서의 인명구호는 경찰이 도착한 후 경찰의 지시에 의해서만 가능하다.
③ 사고로 인한 행정, 형사처분(처벌) 접수 시 임의처리 불가하며 회사의 지시에 따라 처리한다.
④ 형사합의 등과 같이 운전자 개인의 자격으로 합의 보상 이외 회사의 어떠한 경우라도 회사손실과 직결되는 보상업무는 일반적으로 수행이 불가하다.

35 기업물류의 활동 중 '주활동'이 아닌 것은?
① 수송
② 정보관리
③ 주문처리
④ 재고관리

36 보관에 대한 설명으로 옳지 않은 것은?
① 시간, 가격조정에 관한 기능을 수행
② 물품을 저장, 관리하는 것을 의미
③ 유통단계에서 상품에 가공이 더해지는 것을 의미
④ 수요와 공급의 시간적 간격을 조정함으로서 경제활동의 안정과 촉진을 도모한다.

37 인사의 중요성에 대한 설명으로 옳지 않은 것은?
① 인사는 서비스의 주요 기법에 포함되지 않는다.
② 인사는 고객과 만나는 첫 걸음이다.
③ 인사는 고객에 대한 마음가짐의 표현이다.
④ 인사는 애사심, 존경심, 우애, 자신의 교양과 인격의 표현이다.

38 고객에게 불쾌감을 주는 몸가짐이라 할 수 없는 것은?
① 밝은 표정
② 잠잔 흔적이 남은 머릿결
③ 충혈된 눈
④ 정리되지 않은 덥수룩한 수염

39 집하 시 행동요령에 대한 설명으로 옳지 않은 것은?
① 인사와 함께 밝은 표정으로 정중히 두 손으로 화물을 받는다.
② 책임 집 배달 구역을 정확히 인지하여 24시간, 48시간, 배달 불가 지역에 대한 배달 점소의 사정을 고려하여 집하 한다.
③ 취급제한 물품은 그 취지를 알리고 정중히 집하를 거절한다.
④ 2개 이상의 화물은 반드시 결박하여 집하 한다.

40 고객과 대화 시 유의사항으로 볼 수 없는 것은?
① 상대방의 일부분을 보고 전체를 평가하여 말한다.
② 엉뚱한 곳을 바라보고 말을 듣고 말하지 않는다.
③ 쉽게 흥분하거나 감정에 치우치지 않는다.
④ 상대방의 이야기 도중에 무분별하게 차단하지 않는다.

정답 ⊙ 33.④ 34.② 35.② 36.③ 37.① 38.① 39.④ 40.①